企业安全生产基本知识

(第二版)

《企业安全生产基本知识》编委会 编

石油工业出版社

内容提要

本书紧密结合企业生产、生活实际，重点介绍了安全生产基本常识、安全心理学基本常识、事故预防基本知识、风险管理基本知识、安全标准化基本知识、机械安全基本知识、电气安全基本知识、消防安全基本知识、特种设备安全基本知识、交通安全基本知识、施工作业安全基本知识、危险化学品安全基本知识、现场急救基本知识、社区安全管理基本知识、安全生产法规基本知识，以及有关专家提示、事故案例。

本书适合各企业安全管理人员、广大员工阅读。

图书在版编目(CIP)数据

企业安全生产基本知识／《企业安全生产基本知识》编委会编．—2版．—北京：石油工业出版社，2012.10
ISBN 978-7-5021-9142-9

Ⅰ．企…
Ⅱ．企…
Ⅲ．企业管理－安全生产－基本知识
Ⅳ．X 931

中国版本图书馆CIP数据核字(2012)第138558号

出版发行：石油工业出版社
（北京安定门外安华里2区1号　100011）
网址：www.petropub.com.cn
编辑部：(010) 64523561　发行部：(010) 64210392
经　　销：全国新华书店
印　　刷：北京中石油彩色印刷有限责任公司

2012年10月第2版　2012年10月第9次印刷
787×1092毫米　开本：1/16　印张：20.25
字数：487千字

定价：50.00元
（如出现印装质量问题，我社发行部负责调换）
版权所有，翻印必究

《企业安全生产基本知识》
编委会

主 任 委 员：董　范
副主任委员：张聪敏　段英波
编　　　委：王建国　王齐业　李　伟　张庆绥　吴耀峰
　　　　　　刘　飞　刘　兵　侯新伟　张云香　李立军
　　　　　　冉名召　姚可聪　王　琪　毛海燕　林　铭
　　　　　　田连峰　喻　华　钱　文　杜　立　宋　颖
执 行 编 委：郑立业
主　　　编：刘前进　戴国松
副 　主 　编：王向军　张有才　马志辉　田建勇
主　　　审：张英华

再版前言
Second Edition Preface

　　为使本书更符合国家、企业安全管理的要求和实际，为员工提供更全面的安全生产基本知识，根据安全管理形势和企业安全管理工作情况，对相关内容进行了补充、修订和完善。具体情况说明如下：

　　一是根据此次修改工作，调整了编委会人员名单。

　　二是依据掌握的情况，对第一章的第二节、第四节的内容，进行了充实。

　　三是结合企业新的安全管理要求，增加了第五章。

　　四是适应安全社区建设的需要，完善了原第十三章第一节的内容。

　　五是依据修订后的法律法规，修订了原第十四章第一节的内容。

编者

2012年6月8日

编者的话
Editor's Note

企业要长期实现安全生产的稳定局面，最基本的靠什么？说到底，就是要靠企业员工安全素质的不断提高。以人为本，安全第一，必须把员工的生命安全放在第一位，必须大力提高员工的安全素质，这是企业一项重要而紧迫的战略任务，也是全面建设和谐企业、和谐社区的重要内容。

专家调查表明，80%的安全事故是由于违章行为、不当操作酿成的。解决了企业员工的素质和操作技能问题，安全生产的许多问题就会迎刃而解，而安全教育培训正是提高企业员工安全素质的基本手段。

在工作中，常常感到企业员工安全知识培训教材的匮乏。在企业员工三级安全教育中，有的单位不是宣读文件规定，就是念念报纸材料，不仅枯燥乏味，而且安全生产基本知识不能系统、全面灌输，影响了安全教育培训的效果。为此，根据多年的实践和探索，根据实际编写了《企业安全生产基本知识》这一企业员工安全知识培训教材，目的主要是为了满足员工日常安全教育培训、员工学习安全知识、提高安全技能的需要。

《企业安全生产基本知识》面向企业，面向员工，内容比较全面，深入浅出，通俗易懂，是员工入厂教育、基层教育、继续教育培训的教材，相信会在企业安全教育中发挥积极的作用。

全书共15章内容，可分为三部分，第一部分为第一章至第五章，主要是企业管理人员、操作人员了解的、共性的安全生产常识；第二部分为第六章至第十四章，是企业相关人员所应了解、掌握的专业安全知识；第三部分为第十五章，为企业所有人员熟悉的安全生产法规、制度知识。

编写这样的教材，对在一线从事企业安全生产管理监督的人员来说，是一次有益尝试和探索，更是一次全面的学习，也增加了履行自己安全职责的责任感。

在此向所有为本书编写和出版付出劳动、给予支持的单位及各级领导表示衷心的感谢！向提供参考资料的人员表示衷心的感谢！向所有关注安全、关爱生命、创造和谐的人们致敬！

由于时间仓促,加上水平有限,本书可能有疏漏之处,敬请广大读者批评指正,以便我们在以后的编写工作中不断地修改、充实和完善。

郑立业
2012年6月8日

序 Foreword

　　安全和健康是人们最基本的需求，是建设和谐社会、和谐企业的重要内容。"安全是责任、是政治、是大局、也是效益"，党和国家高度重视安全生产工作，企业必须把安全生产摆在重要的位置，采取强有力的措施实现安全生产稳定局面。在加强员工安全教育、全面提高员工安全素质方面，《企业安全生产基本知识》会具有十分重要的意义。

　　安全生产第一位是人的因素。综观各类事故，缺乏安全常识和安全技能、违章指挥、违章操作和违反操作规程是主要原因。管理人员不掌握安全生产知识，就不可能实施有效管理；岗位操作人员不掌握安全生产知识，安全操作技能低或疏忽大意，都可能酿成重大事故。因此，强化企业管理人员和广大员工的安全知识和技能培训教育，提高管理人员和广大员工的安全素质和业务技能，对搞好安全工作，减少各类伤亡事故的发生，提高员工的生命质量和健康水平，是一项极为重要的基础性的工作。

　　知识就是力量，知识可以规范人的思想和行为。在安全文化的影响下，员工的思想、意识、情感和行为规范潜移默化地发生趋同性，将会使员工加深对安全法律、法规、标准以及规章、规程的理解和认识，提高遵章守法的主动性和自觉性。通过安全知识的学习，可以使员工逐步树立科学的安全意识、态度和信念，树立正确的安全道德、理想、目标、行为准则。同时，安全文化可以使员工对安全与健康、企业的稳定与发展产生正确的理解，凝聚人心，在建设和谐企业的实践中发挥巨大作用。

　　安全是管理人员和广大员工的共同希望和追求，加强安全知识培训，给员工广泛、深入、持久地灌输安全知识，是使广大员工能够拥有安全和享受安全的重要途径。《企业安全生产基本知识》为开展企业安全知识教育提供了一个极为有效的载体。《企业安全生产基本知识》紧密结合企业生产、生活实际，贴近基层、贴近生活，突出以人为本，重点介绍了安全生产基本常识、安全心理学基本常识、事故预防基本知识、风险管理基本知识、机械安全基本知识、电气安全基本知识、消防安全基本知识、特种设备安全基本知识、交通安全基本知识、施工作业安全基本知识、危险化学品安全基本知识、现场急救基本知识、安全社区基本知识、安全生产法规基本知识，以及有关的专家提示和事故案例，集知识性、可读性和实用性为一体，是一本生动、形象、实用的安全常识读本，是企业开展三级安全教育的培训教材，是企业安全管理人员、广大员工必备的"安全顾问"。

安全知识是以人为本、关爱生命的文化，是保护广大员工的安全与健康的理论基础。《企业安全生产基本知识》有利于推动石油企业"以人为本、安全第一"的氛围进一步浓厚。开卷有益，相信每一位读者都能从中有所裨益、有所收获，用从书中汲取的安全知识武装自己，做到不伤害自己，不伤害别人，不被别人伤害。

希望这本书能给广大员工带来安康、吉祥，祝愿所有的人幸福、平安！

二〇〇七年九月

目 录 Contents

第一章 安全生产基本常识

第一节　安全管理的发展过程	1
第二节　安全生产的概念、方针和原则	4
第三节　安全管理的基本原理	14
第四节　安全文化建设	15
专家提示1　什么是违章指挥	19
专家提示2　什么是违章操作	20

第二章 安全心理学基本常识

第一节　人的心理现象	22
第二节　安全心理学理论在实际中的运用	28
专家提示1　给员工建立健康档案、放"情绪假"	33
专家提示2　要科学、合理、均衡组织生产	34

第三章 事故预防基本知识

第一节　事故有关概念及分类	36
第二节　事故产生的原因	40
第三节　事故发生及预防知识	45

第四节　事故预防控制技术	47
事故案例1　违章动火发生烧伤事故	56
事故案例2　强令冒险作业发生死亡事故	57

第四章　风险管理基本知识

第一节　风险管理的概念	58
第二节　风险评价知识	59
第三节　风险辨识的主要内容及方法	60
第四节　危险、有害因素分析与辨识	61
专家提示　靠培训掌握安全知识避免事故	65

第五章　安全标准化基本知识

第一节　安全标准化的含义	67
第二节　管理标准化的要求与实施	68
第三节　操作标准化的要求与实施	70
第四节　现场标准化的要求与实施	71
第五节　安全标准化建设的考核验收	74

第六章　机械安全基本知识

第一节　机械产品分类及有关概念	76
第二节　机械设备的使用安全	78
第三节　常用机械的安全技术	81
专家提示1　机械事故的原因与对策	88
专家提示2　保养误区处理不当易酿机械事故	88
专家提示3　机械伤害及其主要危险部位	89
事故案例1　误操作导致机械伤害事故	89
事故案例2　违章作业导致机械伤害事故	90

第七章　电气安全基本知识

| 第一节　安全用电常识 | 92 |
| 第二节　电气系统故障、防护及用电安全要求 | 94 |

第三节　电气设备、装置安全要点	99
第四节　电气事故及防护技术	107
专家提示1　室内配线与照明的要求	116
专家提示2　电线老化应及时更换	117
专家提示3　怎样识别电气设备老化程度	117
专家提示4　千万不能用铜丝、铁丝代替保险丝	118
专家提示5　超负荷用电酿火灾	118
事故案例　雷雨天推铁门伤害事故	119

第八章　消防安全基本知识

第一节　燃烧及其必备条件	120
第二节　燃烧的种类	122
第三节　可燃物质的燃烧过程和热传播方式	125
第四节　火灾的分类、发生特点、发展规律及危害性	127
第五节　点火源及其控制	130
第六节　建筑的防火安全	132
第七节　电气设备的防火与防爆	138
第八节　初起火灾的扑救与人员疏散逃生	141
专家提示1　未熄烟头惹祸端	144
专家提示2　严防儿童玩火	144
专家提示3　如何应对初起火灾	145
专家提示4　哪些火灾不能用水扑救	146
专家提示5　正确使用劳动防护用品	146
专家提示6　发生火灾切忌惊慌	147
专家提示7　正确拨打"119"报警　消防队救火不收费	147
事故案例　突发火灾事故的应对措施	148

第九章　特种设备安全基本知识

第一节　特种设备和特种作业的概念	150
第二节　特种设备安全知识	150
第三节　特种设备事故的危害与预防知识	156
事故案例　设备零件不合格致灼伤	163

第十章　交通安全基础知识

第一节　道路交通安全知识　165
第二节　车辆及车辆装载管理知识　169
第三节　车辆通行常识　172
第四节　行人交通安全常识　176
第五节　道路交通事故的预防和处理　178
专家提示1　机动车辆的安全检查要点　187
专家提示2　不能携带"三品"乘坐公共交通工具　188
专家提示3　横过道路的学问　188
专家提示4　安全步行六要素　189
专家提示5　骑车安全九项注意　189
专家提示6　酒后驾车"杀人害己"　190
专家提示7　十次事故九次快　190

第十一章　施工作业安全基本知识

第一节　建筑施工及其事故的特点　192
第二节　施工现场及施工机械安全知识　194
第三节　施工作业工程安全技术　198
第四节　建筑施工防火安全　206
专家提示1　防范高空坠落事故的措施　209
专家提示2　焊工应遵守的"十不焊割"规定　210
事故案例1　电源线裸露致人死亡事故　210
事故案例2　焊接导致隔壁火灾事故　211

第十二章　危险化学品安全基本知识

第一节　危险化学品及其主要危害　212
第二节　危险化学品的管理技术　213
专家提示1　怎样预防燃气泄漏　215
专家提示2　燃气泄漏了怎么办　215
专家提示3　农药废弃物要妥善处理　216
事故案例1　居民私自排放液化气着火事故　217
事故案例2　居民楼天然气泄漏着火事故　218

第十三章　现场急救基本知识

第一节　现场急救概述　219
第二节　常见急症的急救　221
专家提示　食物中毒事故的应对措施　227

第十四章　社区安全管理基本知识

第一节　社区安全管理的概念与方法　229
第二节　社区公共设施安全　231
第三节　居民居住安全　233
第四节　公共设施（场所）安全　245
专家提示1　楼道堆物隐患多　247
专家提示2　危急时刻怎样拨打"110"　247
专家提示3　参加大型活动时遇到意外怎么办　248
专家提示4　管道疏通作业严防发生中毒　249

第十五章　安全生产法规基本知识

第一节　国家安全生产法律法规知识　251
第二节　HSE 管理基本知识　260
第三节　国外石油公司 HSE 体系剖析　262
第四节　中国石油 HSE 管理体系简介　272
第五节　企业安全生产规章制度知识　277
专家提示　对员工进行 HSE 培训的重要性、方式和内容　284

附录　安全生产知识测验题库　286

参考文献　307

第一章
安全生产基本常识

生产是人类社会的主要活动之一。生产促进了社会文明的发展，反过来社会文明也促进生产活动水平不断提高，并向更高文明层次的方向发展。企业干部员工了解掌握安全生产基本常识，从而提高自身安全素质和意识，增加搞好安全生产的责任感、紧迫感，自觉把"安全发展"、"安全第一"见之于行动，会凝聚共识，把握规律，推动工作。

（1）安全为了自己。重视安全生产首先对自己有利，善待生命，才能创造更大的财富。

（2）安全为了家庭。重视安全生产会让家庭美满，其乐融融，天伦之乐哪个人不想享受呢？

（3）安全为了企业。重视安全会减少企业的巨大损失，促进企业的稳步发展。

（4）安全为了国家。重视安全生产为国家创造巨大财富，使我们的国家日益走向富强。

第一节　安全管理的发展过程

安全管理是伴随着社会生产而产生和发展的。从其发展过程看，文明程度越高，越受到重视，并极大地促进社会进步和发展。

一、我国的安全管理

1. 我国安全管理的不同时期

中华人民共和国成立 60 多年来，安全管理工作经历了发达国家类似的过程，但也有特殊性。在成立之初的相当一段时期里，安全生产作为生产的一部分，强调"安全为了生产，生产必须安全"。在向社会主义市场经济转变后，安全生产被当作整顿规范市场经济秩序的一部分。党的十六大尤其十六届三中全会、四中全会，提出科学发展和构建社会主义和谐社会后，安全生产被视为"群众切身利益的问题"，事关实现好、维护好、发展好最广大人民的根本利益。我国安全管理的不同时期可分为 5 个阶段：

一是安全生产初创与"一五"发展期，1949—1957 年。

二是"大跃进"第一次事故高峰期与调整之后的第一个好转期，1958—1965 年。这次事故高峰是人为地破坏了在计划经济条件下的经济规律造成的。

三是"文化大革命"期间第二次事故高峰期，1966—1979 年。这次事故高峰是由于"文化大革命"破坏了经济工作（包括当时的安全生产管理构架）的正常运行，许多工作不按经济规律办事，"文化大革命"结束不久，急于求成，致使安全生产管理架构未及时到位所造成的。

四是"拨乱反正"和恢复发展第二个平稳期，1980—1992 年。

五是高速发展和开始社会主义市场经济第三次事故高峰期，1993—2003 年。这次事故高峰主要是在我国有计划经济向市场经济转轨初期发生的。2003 年开始，全国事故死亡人数和工矿企业事故死亡人数都开始下降，这一"拐点"意义重大。

2. 我国安全生产的特点及存在的问题

近年来，随着国民经济的持续发展，我国安全生产总体平稳，安全事故数量和死亡人数逐年下降，但形势十分严峻，突出表现是恶性事故不断发生、群死群伤人数居高不下。国家主管部门统计，2002 年，全年共发生各类事故 1073434 起，死亡 139393 人。2006 年，全年共发生各类事故 627158 起，死亡 112822 人。

2007 年 1 月 25 日召开的全国安全生产工作会议指出，目前安全生产工作存在着明显漏洞和薄弱环节：一是部分企业安全生产工作不认真，主体责任不落实。二是一些地方安全生产工作力度存在层层衰减问题。三是影响安全生产的诸多深层次问题尚未解决。综观这些安全体制、机制上的问题，以及隐患治理资金不到位问题，产生的原因最重要的是人的问题。企业对管理人员和操作人员培训不到位，包括时间、内容和方式，人的安全素质是引发事故不断的最深层次原因，致使目前安全生产的基础仍然比较薄弱。这使得我国的安全健康工作仍大大落后于发达国家，这与一个综合实力在国际上名列前茅的大国身份极不相称。2006 年，中国亿元 GDP 生产事故死亡率是 0.558，发达国家是 0.02～0.05；工矿商贸十万从业人员事故死亡率是 3.33，是发达国家的两倍多；万车死亡率是 6.2，发达国家是 2 左右。

3. 我国安全生产管理的积极探索

进入 21 世纪，党和政府更加重视安全生产工作。2001 年，国家安全生产监督管理局正式挂牌，新的全国安全生产监督管理体制开始建立。2002 年，把往年的安全生产周改为安全生产月。2003 年，国家安全生产监督管理局成为国务院直属机构，国务院安委会成立。2004 年，国务院处理 3 起特大事故，最高人民检察院介入重大责任事故调查，"引咎辞职"成了令人瞩目之词。2005 年，国家安全生产监督管理局升格为总局，"安全发展"指导原则首次被提出。2006 年，温家宝总理以前所未有的频率、篇幅、力度，在政府工作报告中对安全生产问题进行阐述。这表明，安全生产已成为人民群众"三最"（最关心、最直接、最现实）问题之一，属于"怎么强调、怎么抓都不过分"的重要工作。

随着党和国家的高度重视，特别是以 2002 年颁布《中华人民共和国安全生产法》（以下简称《安全生产法》）为标志，中国建立了一系列的安全法规和标准，建立起较为严谨完善的安全管理体制。同时，为适应改革、开放形势下企业管理工作的需求，人们努力探索新的安全管理原则和方法，引进国外一些先进的安全管理理论、方法，并积极研究适合中国国情的安全管理模式，探索和推广一系列安全管理方法，如推行国家职业安全健康管理体系、石油工业健康安全环境管理体系，危险源辨识与风险管理、企业安全评价等，形成了符合中国工业安全生产实际和有利于实现与国际管理惯例接轨的安全模式，反映了中国在安全管理理论和实践方面的迅速进步。

二、国外的安全管理

公元 12 世纪，英国颁布了《防火法令》，17 世纪颁布了《人身保护法》。18 世纪中期，蒸汽机的发明引起了一场工业革命。传统的作坊、工场等手工业劳动逐渐为大规模的机器生产所代替，但工人们在极其恶劣的环境下，每天劳动 10 小时以上，工人健康受到严重摧残，伤亡事故接连发生。

进入 19 世纪以后，工业发展速度加快，环境污染和重大工业事故相继发生，给社会带来极大危害。例如，1984 年 12 月 3 日，美国联合碳化物公司在印度的农药厂发生毒气泄漏事故，45 吨剧毒物质甲基异氰酸酯使 2500 多人丧生，20 万人受到不同程度的伤害。另外，大约有 300 多头牲畜和无数家禽死亡，空气、水等被严重污染，损失严重。1988 年 7 月 6 日，在欧洲北海英国大陆架发生了帕玻尔·阿尔法平台事故，167 人死于这次灾难性事故，10 亿美元平台被毁，保险索赔达 28 亿美元。这是迄今为止海上作业最大的伤亡事故。

世界上的一些经济发达的国家，如美国和日本等国家，为了缓和社会矛盾，保证社会生产的顺利进行，都建立了一套较为严格的安全管理体系，制定了比较完整的安全法律法规。多年的经验，使他们在安全管理上处于世界的领先地位。

1. 美国的安全管理

在工业发展的早期，美国主要依靠大量的外国移民作为劳动力的来源，工人的安全健康丝毫得不到关怀，劳动条件恶劣，事故恶性膨胀，死亡无人过问。在 19 世纪末到 20 世纪初由于工人们的斗争和社会公众的关切支持，迫使资本家不得不做出某些努力来改善安全健康的状况。安全立法、组织建设以及科学研究等逐渐得到了发展。20 世纪 50 年代，美国很多企业采用了实行工程教育为基础的安全管理。这标志着美国现代安全管理的起步。

美国政府正规地介入职业安全健康较晚，直到 20 世纪 60 年代以后才开始发挥主导作用，主要标志是，1969 年颁布了《联邦煤矿安全与卫生法》，1970 年颁布了《职业安全健康法》。这些法律法规大大地推动、加速职业安全健康工作的开展。

2. 日本的安全管理

日本在第二次世界大战以后，在经济恢复和开始高速发展时期，工伤事故状况非常严重，每年死亡人数基本在 6000 人以上，1961 年达历史最高纪录，死亡 6712 人。当时，日本提出了安全运动要赶上美国，工伤事故要降低到美国水平的口号，并相应地采取了一系列对策。经过努力，从 20 世纪 60 年代以后，伤亡人数逐年降低，到 1981 年下降到 3000 人以下（2912 人），到 1985 年已下降到 2672 人。结果，安全工作成效不但赶上而且超过了美国，居于世界领先的地位。

第二节 安全生产的概念、方针和原则

一、安全生产的概念

1. 安全生产的含义

安全生产是指在劳动生产过程中,要努力改善劳动条件,克服不安全因素,防止伤亡事故的发生,使劳动生产在保护劳动者的安全健康和国家财产及人民生命财产安全的前提下进行。

安全生产包括工业、商业、交通(铁路、公路、航运、民航)、建筑、矿山、农林业等企业事业单位员工的人身安全和财产安全,还包括消防、水利、电力、机械设备、建筑施工的安全。

2. 安全生产的目的

从安全生产的含义中看出,安全生产的目的就是保护劳动者在生产中的安全和健康,促进经济建设的发展。具体包括以下几个方面:

(1)积极开展控制工伤的活动,减少或消灭工伤事故,保障劳动者安全地进行生产建设。

(2)积极开展控制职业中毒和职业病的活动,保障劳动者的身体健康。

(3)搞好劳逸结合,保障劳动者有适当的休息时间,经常保持充沛精力,更好地进行经济建设。

(4)针对妇女的特点,对他们进行特殊保护,使其在经济建设中发挥更大的作用。

3. 安全生产的意义

一是安全生产的作用方面,搞好安全生产工作对于巩固社会的安定、为国家的经济建设提供重要的稳定政治环境具有现实的意义;对于保护劳动生产力,均衡发展各部门、各行业的经济劳动力资源具有重要的作用;对于增加社会财富、减少经济损失具有实在的经济意义;对于生产员工的生命安全与健康、家庭的幸福和生活的质量有直接影响。

二是安全生产的效益方面,做好劳动保护工作、保障企业安全生产除了具有重要的政治意义和社会效益外,对于企业来说,重要的是还具有现实的经济意义。发生了生产事故不但有直接的经济损失,还大量体现在工效、劳动者心理、企业商誉、资源无益耗费等间接的损失上。因此,从安全经济学的角度看,通常有这样的指标:1元的直接损失伴随着4元的间接损失;安全上有1元的合理投入,能够有6元的经济产业。安全的"全效益"应该包括:保护人的生命安全与健康的直接社会效益;减少事故损失造成的企业直接经济效益;保护企业正常生产的间接经济效益;促进生产作用的直接经济效益等。

三是安全也是生产力。安全的生产力作用表现在如下方面:首先员工的安全素质就是生产力——由于劳动力是生产力,劳动力的安全素质的提高,使劳动的直接和间接的生产潜力得到保障和提高,因此,围绕劳动安全素质提高的安全活动(安全教育、安全管理等)具有生产力意义。第二,安全装置与设施是生产资料(物的生产力)的重要组成部分——生产资料是生产力,而安全装置与设施是生产资料不可缺少的组成部分,因此,安全装置与设施是生产力的组成部分。第三,安全环境和条件保护生产力作用的发挥,从而

体现安全间接的生产力作用。

四是安全生产关系个人、家庭、企业和国家。安全是人的基本需要之一。人人都希望自己健康、长寿。随着生产力的不断发展，生活水平的日益提高，人们对健康的投资也越来越大。既然如此重视健康，那么如何保障自己在劳动中的安全，就应该成为班组员工每个人的自觉行动。

二、安全生产的方针

方针是一个国家或政党确定的引导事业前进的方向和目标，是为达到事业前进的方向和一定目标而确定的一个时期的指导原则。安全生产方针是指政府对安全生产工作总的要求，它是安全生产工作的方向。根据历史资料，中国安全生产方针大体可以归纳为3次变化，即：生产必须安全、安全为了生产—安全第一，预防为主—安全第一，预防为主，综合治理。从1949年到2009年的60年间，中国安全生产方针在逐渐演变，这种演变随着中国政治和经济的发展在渐进。

1. "生产必须安全、安全为了生产"（1949—1983年）

建国初期，百废待兴。全国人民的主要任务就是克服长期战争遗留下来的困难，加速经济建设。

1950年3月8日第一次全国劳动局长会议的报告中指出："人民政府劳动政策的基本原则就是毛主席所提出的：'发展生产，繁荣经济，公私兼顾，劳资两利'。""我们当前首要的工作，就是要保护劳动，如不采取保护劳动的措施，就不能实现'兼顾'和'两利'。因此，今天要注意保护劳动者利益，而要做到这件事情，首先要大家改变重视机器、轻视人的观点，要学会重视人，要懂得人是最可宝贵的资本，是人制造机器，而不是机器造人。千百年来，旧社会都是看不起人，看不起劳动者，现在我们懂得了世界是劳动者创造的。但要真正做到改变劳动者在生产中所处的不利条件，还是需要相当长的时间，这不是主观愿望所能决定，而是受着客观条件限制的。"

1952年，时任劳动部部长李立三根据毛泽东提出的"在实施增产节约的同时，必须注意职工的安全、健康和必不可少的福利事业；如果只注意前一方面，忘记或稍加忽视后一方面，那是错误的"这个指示精神，提出了"安全生产方针"这6个字。不过，当时仅限于这6个字，而没有确定其内涵。后来，时任国家计委主任的贾拓夫把"安全生产方针"这6个字丰富为"生产必须安全、安全为了生产"。1952年12月，劳动部召开了第二次全国劳动保护工作会议，提出了"安全与生产要同时搞好"的指导思想。在这次会议上，明确提出了"生产必须安全、安全为了生产"的安全生产统一的方针。

1954年7月13日，李立三部长在全国劳动保护工作座谈会上的总结中指出："必须根据生产发展的需要，继续贯彻安全生产方针"，"第一，必须从思想上进一步明确'生产必须安全、安全为了生产'的安全生产统一的方针。在企业领导方面，必须把安全生产的方针贯彻到生产管理工作中去，继续批判那些单纯生产任务观点，忽视安全，把安全和生产对立起来等错误思想和官僚主义的作风。另一方面，劳动部门、工会、企业劳动保护部门的干部也必须进一步明确树立为生产服务、为实现国家社会主义工业化服务的思想观点。为此，要求各级干部认真学习中央和各地党委的指示，学习生产管理和生产技术知识，钻

研业务、提高工作水平，在实际工作中克服急躁冒进和消极等待等情绪。第二，安全生产是社会主义企业管理的原则之一，必须明确管生产的管安全，确立安全生产的一长负责制，负责生产的同时负责安全，负责工程技术的人员负责技术工的安全，把安全生产工作从组织领导上统一起来。"

1958年9月15日，第三次全国劳动保护工作会议上强调："实践证明，安全生产方针是完全正确的。生产是社会发展中决定性的因素，安全是指生产中的安全，做保护工作是为了搞好生产而讲安全的，不是脱离生产去讲安全。所以，做劳动保护工作应以生产为主体，要对生产起积极作用。对于这一点，过去在思想上还不大明确，因而在进行劳动保护工作中，对生产所起的效果，有时总结不够。今后做劳动保护工作，不仅要注意安全效果，同时一定要注意生产效果。在社会主义社会中，生产是为着全体人民的利益的，发展生产和保护劳动者的安全和健康是一致的，党的安全生产方针正是体现了这种精神。"

1960年4月20日，在第四次全国劳动保护工作会议上的总结中指出："要搞好生产，必须具备安全的条件，而安全是为了搞好生产，不是为安全而安全。如果消极地求安全，而不去积极地克服种种不安全的因素以求得安全，那就会有碍生产建设，也是不对的。"

1981年6月20日，国家劳动总局副总局长章萍在全国安全生产工作会议上的讲话中指出："进一步贯彻执行党的安全生产方针，牢固地树立'安全第一'思想。在组织生产时一定要把安全工作放在首位，把安全工作作为完成各项计划和生产建设任务的前提条件，作为头等大事来抓。这是生产本身的需要，也是社会主义制度的要求。'安全第一'的指导思想是长期适用的，而且是各行各业普遍适用的。安全和生产有没有矛盾？搞好安全和生产是一致的，没有矛盾。不安全和生产则有矛盾。因此，当出现了不安全的问题，首先应该排除不安全的因素，必要时也可以停止生产，排除了不安全因素后，再进行生产。这就是说'生产必须安全，安全促进生产'。如果在生产中不按客观规律办事，只讲需要，不讲可能，只顾产量，不顾安全，而往往是破坏生产，完不成任务。真正的全面的生产观点应该是'优质、高产、安全、低消耗'的观点。"

1982年5月，国家劳动总局副总局长章萍在第三期全国行署、市劳动局长培训班的讲话指出："有些同志认为强调安全生产，安全就会影响生产。'渤2'（1979年11月25日，石油工业部海洋石油勘探局'渤海2号'钻井船在渤海湾内翻沉，造成船上72名职工死亡）事故后强调了一下安全，就认为影响了生产，使生产人员缩手缩脚，不敢干了。去年下半年生产下降，是'渤2'事故影响使人不敢抓生产了，这种看法当然是错误的。事实上，不抓安全是破坏了生产，发生事故影响了生产，大量的事故就是这样。绝不是安全工作做多了做好了影响生产。"

1983年4月1日，劳动部部长赵守一在全国安全生产工作会议和全国培训工作会议上的讲话中指出："改革的目的就是为了人民的幸福，为了促进生产力的发展。但这里有一个尖锐的问题，就是要发展生产力，首先必须保护生产力，而我们有些同志却恰恰忽视了这一点。伤亡事故的严重表明了我们有些同志并没有把世间第一个最宝贵的是人这个道理搞清楚，而是'目中无人'！生产管理部门总认为他们是管生产的，不管人的安全。他们不了解一个最基本的常识：生产是靠人来进行的。""我们的同志在安全方面做很多工作，但在新的形势下，应当防止在实行利改税、经济承包等改革中，忽视安全的问题。不能只为赢利,拼体力、拼设备、拼时间,以致冒险蛮干,给国家和人民造成重大损失。江西省乐平县涌山公社长胜煤矿和外包工签订合同时,明文写上'死伤勿论,只给埋葬费300元'。山东省有个地方煤矿和协议工签订合同时写明'每吨8元,死活不管'。干部和群众称这是野蛮的'法律'。这种只要钱,不要命,不管工人死活的做法是绝对不能允许的。"

2. "安全第一,预防为主"(1984—2004)

据《当代中国的劳动保护》一书中介绍,"文化大革命"后,国家劳动总局劳动保护局局长章萍提出了在生产中贯彻安全生产方针,实际上就是贯彻"安全第一,预防为主"的思想。1984年,主管安全生产的劳动人事部在呈报给国务院成立全国安全生产委员会的报告中把"安全第一,预防为主"作为安全生产方针写进了报告,并得到国务院的正式认可。

1985年1月3日,国务委员全国安委会主任张劲夫在全国安全生产委员会第一次会议上的讲话中指出:"最近,全总党组向中央书记处汇报时,耀邦同志等几位中央领导同志强调提出了安全生产的问题。国务院于1984年11月26日批准了全国'安全月'领导小组的报告,同意成立全国安全生产委员会。党中央、国务院从来重视安全生产。我们应当同心协力,把这件事情办好。","在经济体制改革宣传中,要把保护劳动者的安全和健康作为一项重要内容。强调安全第一,预防为主。主要领导要亲自过问。实行厂长(经理)负责制,就包括对安全的责任。要大力表扬先进典型,严肃批评差的单位。"

1987年1月26日,劳动人事部在杭州召开会议把"安全第一,预防为主"作为劳动保护工作方针写进了中国第一部《劳动法(草案)》。从此,"安全第一,预防为主"便作为安全生产的基本方针而确立下来。

1989年12月28日,在全国安全生产委员会第一批专家组成立大会上,劳动部部长阮崇武指出:"最近,党的十三届五中全会的决定中,提出了'安全第一,预防为主'的方针,这充分说明党中央对安全生产工作的重视。"随着改革开放和经济高速发展,安全生产越来越受到重视。"安全第一"的方针被有关法律所肯定,成为以法律强制实施的安全生产基本方针。《中华人民共和国煤炭法》第七条规定:"煤矿企业必须坚持安全生产、预防为主的安全生产方针"。《中华人民共和国矿产资源法》第三十一条规定:"开采矿产资源,必须遵守国家劳动安全卫生规定,具备保证安全生产的必要条件"。《中华人民共和国建筑法》第三十六条规定:"建筑工程安全生产管理必须坚持安全第一、预防为主的方针"。《中华人民共和国电力法》第十九条规定:"电力企业应当加强安全生产管理,坚持安全第一、预防为主的方针"。《中华人民共和国全民所有制工业企业法》第四十一条规定:"企业必须贯彻安全生产制度,改善劳动条件,做好劳动保护和环境保护工作,做到安全生产和文明生产"。

2002年,《中华人民共和国安全生产法》由第九届全国人民代表大会常务委员会第二十八次会议于2002年6月29日通过,自2002年11月1日起施行。"安全第一、预防为主"方针被列入《安全生产法》。这项方针在《安全生产法》中再次规定,一是表明它是正确的;二是表明它适用于所有的安全生产管理中。在法律上确立"安全第一、预防为主"的方针,就是要求在生产经营活动中将安全放在第一位,十分重视安全生产,采取一

切可能的措施保障安全,防止一切可能防止的事故,生产必须安全,安全是生产的先决条件。实现这些要求,执行"安全第一、预防为主"的方针,是一项法定的义务、法定的责任,是在法律面前必须严肃对待的大事,是要依法坚持的长期方针、基本方针。

2004年,《国务院关于进一步加强安全生产工作的决定》(国发〔2004〕2号)中指出:"适应全面建设小康社会的要求和完善社会主义市场经济体制的新形势,坚持'安全第一、预防为主'的基本方针,进一步强化政府对安全生产工作的领导,大力推进安全生产各项工作,落实生产经营单位安全生产主体责任,加强安全生产监督管理;大力推进安全生产监管体制、安全生产法制和执法队伍'三项建设',建立安全生产长效机制,实施科技兴安战略,积极采用先进的安全管理方法和安全生产技术,努力实现全国安全生产状况的根本好转。"

3. "安全第一、预防为主、综合治理"(2005年至今)

1978年以来,中国国有统配煤矿贯彻执行"安全第一,预防为主,综合治理,全面推进"的方针,出现了持续稳定发展的势头,产量逐年增长,安全状况有所好转。统配煤矿百万吨死亡率呈逐年下降趋势。把"综合治理"充实到安全生产方针当中,始于中国共产党第十六届中央委员会第五次全体会议通过的《中共中央关于制定"十一五"规划的建议》,并在胡锦涛总书记、温家宝总理的讲话中进一步明确。

2005年10月11日,中共中央第十六届五中全会公报提出了"十一五"时期经济社会发展的主要目标,"民主法制建设和精神文明建设取得新进展,社会治安和安全生产状况进一步好转,构建和谐社会取得新进步"。自此,"安全生产"指标首度出现在五年规划中。会议通过的《中共中央关于制定"十一五"规划的建议》指出:"保障人民群众生命财产安全。坚持安全第一、预防为主、综合治理,落实安全生产责任制,强化企业安全生产责任,健全安全生产监管体制,严格安全执法,加强安全生产设施建设。切实抓好煤矿等高危行业的安全生产,有效遏制重特大事故。"该《建议》还指出:"必须加快转变经济增长方式。我国土地、淡水、能源、矿产资源和环境状况对经济发展已构成严重制约。要把节约资源作为基本国策,发展循环经济,保护生态环境,加快建设资源节约型、环境友好型社会,促进经济发展与人口、资源、环境相协调。推进国民经济和社会信息化,切实走新型工业化道路,坚持节约发展、清洁发展、安全发展,实现可持续发展。""安全发展"的概念首度出现在党的文件里。

2006年1月23—24日,中共中央政治局常委、国务院总理温家宝在北京召开的全国安全生产工作会议上指出:"加强安全生产工作,要以邓小平理论和'三个代表'重要思想为指导,以科学发展观统领全局,坚持'安全第一、预防为主、综合治理',坚持标本兼治、重在治本,坚持创新体制机制、强化安全管理。"

2006年3月27日下午,中共中央总书记胡锦涛主持中共中央政治局第30次集体学习时强调:"加强安全生产工作,关键是要全面落实'安全第一、预防为主、综合治理'的方针,做到思想认识上警钟长鸣、制度保证上严密有效、技术支撑上坚强有力、监督检查上严格细致、事故处理上严肃认真。"把"综合治理"充实到安全生产方针之中,反映了近年来中国在进一步改革开放过程中,安全生产工作面临着多种经济所有制并存,而法制尚不健全完善、体制机制尚未理顺,以及急功近利的只顾快速不顾其他的发展观与科学发展观体现的又好又快的安全、环境、质量等要求的复杂局面；充分反映了近年来安全生产工作的规律特点。所以要全面理解"安全第一、预防为主、综合治理"的安全生产方针，绝不可脱离当前中国面临的国情。

2006年6月24日，国家安全生产监督管理总局局长李毅中在"安全发展"高层论坛开幕式上的讲话指出：把"综合治理"充实到安全生产方针当中，始于党的十六届五中全会《建议》，并在胡锦涛总书记、温家宝总理的讲话中进一步明确，进一步发展和完善，更好地反映了安全生产工作的规律特点。党的安全生产方针是完整的统一体，坚持安全第一，必须以预防为主，实施综合治理；只有认真治理隐患，有效防范事故，才能把"安全第一"落到实处。事故发生后组织开展抢险救灾，依法追究责任，深刻吸取教训，固然十分重要，但对于生命个体来说，伤亡一旦发生，就不再有改变的可能。事故源于隐患，防范事故的有效办法，就是主动排查、综合治理各类隐患，把事故消灭在萌芽状态。不能等到付出了生命代价、有了血的教训之后再去改进工作。从这个意义上说，综合治理是安全生产方针的基石，是安全生产工作的重心所在。"贯彻党的安全生产方针，必须坚持标本兼治，重在治本。安全生产是生产力发展水平和社会公共管理水平的综合反映。造成目前重点行业领域重特大事故多发、安全生产形势依然严峻的原因是多方面的，必须坚持标本兼治，在采取断然措施遏制重特大事故的同时，探寻和采取治本之策。综合运用经济手段、法律手段和必要的行政手段，从发展规划、行业管理、安全投入、科技进步、经济政策、教育培训、安全立法、激励约束、企业管理、监管体制、社会监督以及追究事故责任、查处违法违纪等方面着手，解决影响制约安全生产的历史性、深层次问题，建立安全生产长效机制。"

2009年1月16日，国家安全生产监督管理总局在京召开2009年全国安全生产工作会议。国家安全生产监督管理总局党组书记、局长骆琳作了题为《深入开展三项行动、全面加强三项建设，扎扎实实做好"安全生产年"各项工作》的工作报告。报告中提到，经国家安全生产监督管理总局党组研究、国务院安委会全体会议审议同意，2009年全国安全生产工作的总体思路和要求是：认真学习领会和全面贯彻落实党中央、国务院关于加强安全生产工作的一系列指示精神和决策部署，以学习实践科学发展观活动为动力，坚持以人为本，坚持安全发展，坚持"安全第一、预防为主、综合治理"的方针，坚持近期与长远、治标与治本、预防与查处相结合，以深入开展"安全生产年"活动为主线，以有效防范、坚决遏制重特大事故为目标，扎实开展安全生产宣传教育、安全生产执法、安全生产治理"三项行动"，切实加强安全生产法制体制机制、安全生产能力、安全生产监管队伍"三项建设"，推动安全生产状况的持续稳定好转，为实现到2010年全国安全生产状况明显好转的目标奠定坚实基础。

四、安全生产的原则

所谓原则，是指观察问题、处理问题的准则。原则并非一些深奥玄妙的宗教哲理，也不属于任何特定的宗教或信仰，原则其实是人类社会颠扑不破、历久而弥新，不言自明的真理。原则是人类行为的准则，也是不容置疑的基本道理，历经考验而永垂不朽。安全生产的原则也是如此。以下介绍几个安全生产的基本原则。

1. 安全与生产统一的原则

这一原则要求谁管生产就必须在管理生产的同时，管好管辖范围内的安全生产工作，并负全面责任，也就是管生产必须管安全。在生产过程中，安全和生产既是矛盾对立的，又是统一循环的。所谓矛盾，首先是生产过程中不安全、不卫生因素与生产安全顺利进行的矛盾；其次是安全工作与生产工作的矛盾。主要表现为对生产过程中的不安全、不卫生因素采取措施时，有时会影响生产，会增加生产上的成本投入，与生产进度和效益有矛盾。但如果不采取措施，一旦发生事故将会对生产产生更大的不利影响，导致生产经营单位更大的损失。因此两者是统一的，是一个有机的整体，两者不能分割，更不应对立起来，安全生产是投资，不是支出。安全寓于生产之中，科技工作者和生产组织者在生产技术实施过程中应当主动承担安全生产的责任，要把管生产必须管安全原则落实到每个职工的岗位责任制中去，从组织上、制度上固定下来，以保证这一原则的实施。

该原则也是进行安全事故责任追究的一个重要依据。就某一起安全事故来说，导致事故的原因可能很多，既有直接原因，又有间接原因。那么这些原因是怎样造成的，就追究安全职责的落实情况，而岗位的安全职责是根据管生产必须管安全原则，并根据具体生产情况进行设定的。对岗位安全职责没有履行或没有很好地履行，玩忽职守，就应对安全事故承担相应的责任。

2. "四全管理"原则

"四全管理"是指全员、全过程、全方位、全天候管理。

3. "三不违"原则

"三不违"是指不违章指挥、不违章作业、不违反劳动纪律。

1）违章指挥的识别与预防

违章指挥是指违反国家的安全生产方针、政策、法律、条例、规程、标准、制度及生产经营单位的规章制度的指挥行为。

违章指挥的原因：不从实际出发，盲目追求完成生产任务；没有安全防护措施，设备、人员、方法等条件不具备；安全意识淡薄，不懂安全技术规程，不尊重专家、员工的建议，强令或指挥他人冒险作业。

常见的违章指挥行为：不按照安全生产责任制有关本职工作规定履行职责；不按规定对员工进行安全教育培训，强令员工冒险违章作业；对已发现的事故隐患，不及时采取措施，放任自流等。

预防违章指挥的注意事项：摆正安全与生产的关系，当不具备安全生产条件时，员工可以拒绝接受生产任务。加强自身安全素质的培养，提高安全意识，掌握安全技术操作规程，能够正确处理生产作业过程中遇到的问题。对违章指挥及时提出批评并纠正。

2）违章操作的行为预防

违章操作行为是指在劳动过程中违反国家法律法规和生产经营单位指定的各项规章制度，包括工艺技术、生产操作、劳动保护、安全管理等方面的规程、规则、章程、条例、办法和制度等以及有关安全生产的通知、决定。

出现违章操作行为的原因：安全技术水平不高，不知道正确的操作方法；明知道是违章行为，但冒险作业；明知道正确的操作方法，但怕麻烦、图省事而采取违章操作行为；

侥幸心理严重，明知道这种违章可能要出事故，还采取这种违章行为。

常见的违章操作行为：不按规定正确佩戴和使用劳动防护用品；工作不负责任；发现设备或安全防护装置缺损，不向领导反映，继续操作；不执行规定的安全防范措施，对违章指挥盲目服从，不加抵制；不按操作规程、工艺要求操作设备；忽视安全，忽视警告，冒险进入危险区域。

3）违反劳动纪律

违反劳动纪律是指违反劳动生产过程，为维护集体利益并保证工作的正常进行，而制定的要求每个员工遵守的规章制度的行为。劳动纪律是多方面的，它包括组织纪律、工作纪律、技术纪律以及规章制度等。

常见违反劳动纪律的表现：迟到、早退、中途溜号；工作时间干私活、办私事；上班不干活、消极怠工；工作中不服从分配，不听从指挥；无理取闹、纠缠领导，影响正常工作；私自动用他人工具、设备；不遵守各项规章制度，违反工艺纪律和操作规程等。

4. "三不伤害"原则

"三不伤害"是指不伤害自己，不伤害别人，不被别人伤害。

5. 现场三点控制原则

现场三点是指危险点、危害点、事故多发点。

6. 四不放过原则

事故处理的"四不放过"原则，是指在调查处理工伤事故时，必须坚持事故原因分析不清不放过，事故责任者和群众没有受到教育不放过，没有采取切实可行的防范措施不放过，事故责任者没有受到严肃处理不放过的原则。它要求对安全生产工伤事故必须进行严肃认真的调查处理，接受教训，防止同类事故重复发生。

"四不放过"原则的第一层含义是要求在调查处理伤亡事故时，首先要把事故原因分析清楚，找出导致事故发生的真正原因，不能敷衍了事，不能在尚未找到事故主要原因时就轻易下结论，也不能把次要原因当成真正原因，未找到真正原因决不轻易放过，直至找到事故发生的真正原因，并搞清各因素之间的因果关系才算达到事故原因分析的目的。

"四不放过"原则的第二层含义是要求在调查处理工伤事故时，不能认为原因分析清楚了，有关人员也处理了就算完成任务了，还必须使事故责任者和广大群众了解事故的原因及所造成的危害，并深刻认识到搞好安全生产的重要性，使大家从事故中吸取教训，在今后工作中更加重视安全工作。

"四不放过"原则的第三层含义是要求在对工伤事故进行调查特大安全事故的法律责任与预防控制处理时，必须针对事故发生的原因，提出防止相同或类似事故发生的切实可行的预防措施，并督促事故发生单位加以实施。只有这样，才算达到了事故调查和处理的最终目的。

"四不放过"原则的第四层含义也是安全事故责任追究制的具体体现，对事故责任者要严格按照安全事故责任追究规定和有关法律、法规的规定进行严肃处理。

7. "三同时"、"五同时"、"三同步"原则

"三同时"，就是指新建、扩建、改建工程的职业安全健康设施必须与主体工程同时设计、同时施工、同时投入生产和使用。因此，企业在搞新建、改建、扩建基本建设项目

（工程）、技术改造项目（工程）和引进技术工程项目时，项目中的安全卫生设施必须与主体工程实施"三同时"。

"五同时"，即企业各级领导或管理者在计划、布置、检查、总结、评比生产的同时，要计划、布置、检查、总结、评比安全。

"三同步"，即企业在考虑自身的经济发展，进行机构改革，进行技术改造时，安全生产方面要相应地与之同步规划、同步组织实施、同步运作投产。

8. 安全否决权原则

安全具有否决权的原则是指安全工作是衡量企业经营管理工作好坏的一项基本内容。该原则要求，在对企业各项指标考核、评选先进时，必须要首先考虑安全指标的完成情况。安全生产指标具有一票否决的作用。

9. 中国石油天然气集团公司HSE管理九项原则

HSE管理九项原则是对集团公司HSE方针和战略目标的进一步阐述和说明，是针对集团公司HSE管理关键环节提出的基本要求和行为准则。HSE管理原则与HSE方针和战略目标共同构成集团公司HSE管理的基本指导思想。

一是任何决策必须优先考虑健康安全环境。是指HSE工作首先要做到预防为主、源头控制，即在战略规划、项目投资和生产经营等相关事务的决策时，同时考虑、评估潜在的HSE风险，配套落实风险控制措施，优先保障HSE条件，做到安全发展、清洁发展。

二是安全是聘用的必要条件。是指员工应承诺遵守安全规章制度，接受安全培训并考核合格，具备良好的安全表现是企业聘用员工的必要条件。企业应充分考察员工的安全意识、技能和历史表现，不得聘用不合格人员。

三是企业必须对员工进行健康安全环境培训。是指接受岗位HSE培训是员工的基本权利，也是企业HSE工作的重要责任。企业应持续对员工进行HSE培训和再培训，确保员工掌握相关的HSE知识和技能，培养员工良好的HSE意识和行为。

四是各级管理者对业务范围内的健康安全环境工作负责。是指各级管理者是管辖区域或业务范围内HSE工作的直接责任者，应积极履行职能范围内的HSE职责，制定HSE目标，提供相应资源，健全HSE制度并强化执行，持续提升HSE绩效水平。

五是各级管理者必须亲自参加健康安全环境审核。是指各级管理者应以身作则，积极参加现场检查、体系内审和管理评审工作，了解HSE管理情况，及时发现并改进HSE管理薄弱环节，推动HSE管理持续改进。

六是员工必须参与岗位危害识别及风险控制。是指任何作业活动之前，都必须进行危害识别和风险评估。员工应主动参与岗位危害识别和风险评估，熟知岗位风险，掌握控制方法，防止事故发生。

七是事故隐患必须及时整改。是指所有事故隐患，包括人的不安全行为，一经发现，都应立即整改，一时不能整改的，应及时采取相应监控措施。应对整改措施或监控措施的实施过程和实施效果进行跟踪、验证，确保整改或监控达到预期效果。

八是所有事故事件必须及时报告、分析和处理。是指要完善机制，鼓励员工和基层单位报告事故，挖掘事故资源。所有事故事件，无论大小，都应按"四不放过"原则，及时报告，并在短时间内查明原因，采取整改措施，根除事故隐患。应充分共享事故事件资源，广泛深刻吸取教训，避免事故事件重复发生。

九是承包商管理执行统一的健康安全环境标准。是指企业应将承包商HSE管理纳入内部HSE管理体系。承包商应按照企业HSE管理体系的统一要求，在HSE制度标准执行、员工HSE培训和个人防护装备配备等方面加强内部管理，持续改进HSE表现，满足企业的要求。

10."有感领导，直线责任，属地管理"管理理念

这是中国石油借鉴杜邦管理体系，在HSE体系管理中倡导和推行的HSE管理理念的具体体现。

"有感领导"，实际就是要求各级领导干部要带头传播安全环保理念，带头学习和遵守规章制度，带头开展风险识别，带头进行安全经验分享，不断提升个人的安全环保管理能力，认真履行好本岗位的安全环保职责，坚持安全环保从自身做起，从细节做起，以身作则，率先垂范，把安全工作落到实处。无论在舆论上、建章立制上、监督检查管理上，还是人员、设备、设施的投入保障上，都落到实处。通过领导的言行，使下属听到领导讲安全，看到领导实实在在做安全、管安全，感觉到领导真真正正重视安全。"有感领导"的核心作用在于示范性和引导作用。为此，各级领导要制定并落实个人安全行动计划，坚持安全环保从小事做起，从细节做起，切实通过可视、可感、可悟的个人安全行为，使员工感知到安全生产的重要性，感受到领导做好安全的示范性，感悟到自身做好安全的必要性，引领全体员工做好安全环保工作。

"直线责任"，就是要落实企业各级一把手对安全环保全面负责，一级对一级，层层抓落实；就是要落实各项工作的负责人对各自承担工作的安全环保负责，做到谁工作谁负责、谁管理谁负责、谁组织谁负责。具体地说，就是"谁的工作，谁负责"，"是谁的责任，谁负责"。更具体地说，就是"谁是第一责任人，谁负责"；"谁主管，谁负责"；"谁安排工作，谁负责"；"谁组织工作，谁负责"；"谁操作，谁负责"；"谁检查监督，谁负责"；"谁设计编写，谁负责"；"谁审核，谁负责"；"谁批准，谁负责"。各司其职，各负其责。在企业，"直线责任者"通常是指直接介入生产该组织的产品或服务者。他们身处组织各阶层，在各阶层、各阶段做成决策，也为最后成果负起责任。这些人包括研发人员、生产人员、业务人员等；幕僚人员则指不直接介入者，他们提供建议、咨询、支持、或服务，以协助直线责任者达到目标，如品保人员、人资人员、资管人员等。

"属地管理"，就是"谁的地盘，谁管理"，就是要落实企业每一位领导对分管领域、业务、系统的安全环保负责，落实每一名员工对自己工作岗位区域内的安全环保负责，包括对区域内设备、作业活动及承包商的安全环保负责，做到谁的领域谁负责、谁的区域谁负责、谁的属地谁负责。养成在做任何工作之前，首先进行危害辨识和风险评估，在安全的前提下再开展各项工作。把岗位职责和属地责任融为一体，做到事事有人管、人人有专责，管理过程不空位、不越位、不缺位。谁的生产经营管理区域，谁就要对该区域内的生产安全进行管理。这实际是加重了甲方的生产安全管理责任，比如各油田的采油厂、各建设用地单位。无论是甲方、乙方，还是第三方，或者是其他相关方（包括上级检查人员、外单位参观考察人员、学习实习人员、周围可能进入本辖区的公众），在安全生产方面都要受甲方的统一协调管理，当然其他各方应当接受和配合甲方的管理。施工方在自觉接受

甲方的监督管理的基础上,各自做好各自的安全管理工作,比如各修井作业单位、钻井单位、建筑施工单位。

第三节　安全管理的基本原理

安全管理遵循管理的普遍规律性,服从管理的基本原理。但安全管理还有其特殊性,因此下面介绍应用于安全管理的主要原理。

一、预防原理

安全管理工作应当以预防为主,即通过有效的管理和技术手段,防止人的不安全行为和物的不安全状态出现,从而使事故发生的概率降到最低,这就是预防原理。

预防,其本质是在有可能发生意外人身伤害或健康损害的场合,采取事前的措施,防止伤害的发生。预防与善后是安全管理的两种工作方法。善后是针对事故发生以后所采取的措施和处理工作。在这种情况下,无论处理工作如何完善,事故造成的伤害和损失已经发生,这种完善也只能是相对的。显然,预防的工作方法是主动的、积极的,是安全管理应该采取的主要方法。

安全管理以预防为主,其基本出发点源自生产过程中的事故是能够预防的观点。除了自然灾害以外,凡是由于人类自身的活动而造成的危害,总有其产生的因果关系。探索事故的原因,采取有效的对策,原则上讲就能够预防事故的发生。

由于预防是事前的工作,因此正确性和有效性就十分重要。生产系统一般都是较复杂的系统,事故的发生既有物的方面的原因,又有人的方面的原因,还有环境方面的原因,事先很难估计充分。有时,重点预防的问题没有发生,但未被重视的问题却酿成大祸。为了使预防工作真正起到作用,一方面要重视经验的积累,对既成事故和大量的未遂事故(违章行为)进行统计分析,从中发现规律,做到有的放矢;另一方面要采用科学的安全分析、评价技术,对生产中人和物的不安全因素及其后果作出准确的判断,从而实施有效的对策,预防事故的发生。

实际上,要预防全部的事故发生是十分困难的,也就是说不可能让事故发生的概率降为零。因此,为防备万一,采取充分的善后处理对策也是必要的。安全管理应该坚持"预防为主,善后为辅"的科学管理方法。

二、强制原理

采用强制管理的手段控制人的意愿和行为,使个人的活动、行为等受到安全管理要求的约束,从而实现有效的安全管理,这就是强制原理。

所谓强制,就是无需做很多的思想工作来统一认识、讲清道理,被管理者必须绝对服从,不必经被管理者同意便可采取控制行动。

一般来说,管理均带有一定的强制性。管理是管理者对被管理者施加作用和影响,并要求被管理者服从其意志，满足其要求，完成其规定的任务，这显然带有强制性。不强制便不能有效地抑制被管理者的无拘个性，将其调动到符合整体管理利益和目的的轨道上来。

安全管理更需要具有强制性，这是因为：

（1）事故损失的偶然性。企业不重视安全工作，存在人的不安全行为或物的不安全状态时，由于事故的发生及其造成的损失具有偶然性，并不一定马上会产生灾害性的后果，这样会使人觉得安全工作并不重要，可有可无，从而进一步忽视安全工作，使得不安全行为和不安全状态继续存在，直至发生事故，悔之已晚。

（2）人的"冒险"心理。这里的"冒险"是指某些人为了获得某种利益而甘愿冒受到伤害的风险。持有这种心理的人不恰当地估计了事故潜在的可能性，心存侥幸，在避免风险和获得利益之间作出了错误的选择。这里"利益"的含义包括：省事、省时、省能、图舒服、爱美、逞能逞强、提高金钱收益等。冒险往往会使人产生有意识的不安全行为。

（3）事故损失的不可挽回性。这一原因可以说是安全管理需要强制性的根本原因。事故损失一旦发生，往往会造成永久性的损害，尤其是人的生命和健康，更是无法弥补。因此，在安全问题上，经验一般都是间接的，不能允许当事人通过犯错误来积累经验和提高认识。

安全强制性管理的实现，离不开严格合理的法律、法规和种种规章制度，这些法规、制度构成了安全行为的规范。同时，还要有强有力的管理和监督体系，以保证被管理者始终控制行为规范进行活动，一旦其行为超出规范的约束，就要有严厉的惩处措施。

与强制管理相对的是民主管理。由于安全管理的特殊性，安全管理更倾向于强制性。需要注意的是，强制管理与唯长官意志的独裁管理是有本质上的区别的，虽然二者都是使被管理者服从，但强制管理强调规范化、制度化、标准化；而独裁管理完全凭企业最高领导人的个人意志行事。大量实践表明，独裁管理方式是搞不好安全工作的。

第四节　安全文化建设

一、安全文化的概念

广义的安全文化是指在人类生存、繁衍和发展的过程中，在人类生产、生活及生存实践的一切领域内，为保障人类的身心安全（健康）并使其能舒适、高效地从事活动，避免和消除伤害、毒害和病痛而建立起安全可靠的人—机—环境和谐配套的运转体系，使人类更健康、长寿，使世界太平久安而创造的特殊物质文化和精神文化。

企业安全文化，是指企业员工在预防事故、抵御灾害、创造安全文明的工作环境的实践过程中所形成的物质和精神财富的总和。

安全文化是安全生产工作基础中的基础，是安全生产工作中的精神指向，其最基本内涵就是人的安全意识。

安全文化的根本，就是让人们形成一种好习惯，即任何异常都会让你警觉，并本能下

意识地去及时处理。

二、安全文化的建设

1986年，国际原子能机构在《切尔诺贝利事故后审评会议总结报告》中首次提出"安全文化"一词。1988年，又在《核电安全的基本原则》中把安全文化的概念作为一种基本管理原则，表述为：实现安全的目标，必须渗透到为核电站发电所进行的一切活动中去。上述两份报告发表后，安全文化一词在与核安全有关的文件中越来越多地被使用。但是这时候的安全文化只能称为核安全文化。

1. 安全文化建设的重要意义

安全文化既是人们总结的安全生产的文明成果，更是无数次血的事故的沉痛教训总结的结晶。一个企业，设备到位，制度完善，规程清楚，为什么还常出事故？安全文化解决的就是这些问题。没有好的安全文化，制度、规程都无法100%执行，存在隐患，发生事故是必然。

1）安全文化建设的作用

（1）安全文化建设的本质是要形成一种观念，这种观念通过根植于人们的思想而发生作用，从而形成一种确保安全生产的习惯，没有什么比这种习惯的力量更大。安全文化可以解决企业多年存在的安全"顽疾"，多年的不良习惯会被良好的行为规范取而代之。

（2）安全文化解决的是态度、价值观的问题。态度决定成败，决定是否能做到安全生产。

（3）安全文化解决的不是一时一事，而是全面渗透企业管理的方方面面，使得安全管理诸要素紧密结合，形成完整的体系，脱离支离破碎的状态。安全文化建设注重"点"、"面"结合，是对安全组织体系、安全教育体系、评估体系以及环境体系等与安全有关的要素的全面梳理。

2）安全文化建设的误区

（1）安全文化只是一种形式。安全文化是科学的、有实质内容的，也是可操作的，安全文化不是一种形式。它通过一系列测评、建模、实践活动来实现，并不断改进，持续完善，使企业决策层、管理层、员工形成共同的价值观和理念。

（2）安全文化不可以直接移植。安全文化是个性化的，每个企业的情况不同，安全文化建设就不同，不能生搬硬套、照搬照抄，要创新形成特色。

（3）重新建立。安全文化是在融合原有文化基础上，将安全管理的诸多要素进行整合、完善，使各方面能够发挥最大效能，提高组织的运营效率。

（4）急于求成。安全文化建设实际上仅仅是搭建了一个活动平台，它是一个长期的过程，需要长期利用这个平台进行建设。以柔克刚，水滴石穿，它的作用是长久的。

2. 安全文化建设的层次理论

（1）器物层次。它包括人类因生产、生活、生存和求知的需要而制造并使用的各种安全及防护、保护人类身心安全（健康）的工具、器具和物品。

（2）制度层次。它包括安全生产、劳动安全与卫生、交通安全、减灾安全、环保安全等方面的一切制度化的社会组织形式以及人和人的社会关系网络。

（3）精神智能层次。它包括安全哲学思想、宗教信仰、安全审美意识，也包括安全文学、艺术，安全科学，安全技术以及关于自然科学的、社会科学的安全科学或安全管理方面的经验和理论。

（4）价值规范层次。它包括人们对安全的价值观念和行为规范。

3. 企业安全文化建设过程

（1）安全文化的导入。开展安全文化建设，首先要搭建安全文化基础的平台，设计、完善支撑平台的必备方案，使之在今后能够持续地发展，使企业安全文化成为一个完整的体系。

（2）安全文化建设的手段。人容易接受积极的、正确的、轻松的教育方式。而安全生产文化倡导以人为本，重视人的心理感受。安全文化建设通过激励、导向、约束、辐射、互动等方式建立信赖和谐的环境。

（3）安全文化建设的基本模式。安全文化建设遵循方案设计、参与实践、宣传教育、调研评估、持续改进闭环循环模式。

内容包括：安全物质文化的建设；安全制度文化的建设；安全精神文化的建设；安全行为文化的建设。

企业安全教育活动：①"三级安全教育"，主要对象是新进厂人员，包括新调入的干部、工人、学徒工、临时工、季节工、实习人员；包括入厂教育、车间（队）教育和班组教育。②特种作业人员安全教育；③其他安全教育形式；经常性的安全教育、安全"继续工程"教育、变换工种教育等。

4. 企业安全文化的体现形式

（1）反映本企业在安全方面的一般和特殊要求，当前安全方面的科学技术在生产中的应用。

（2）整个企业形成对安全生产的共识，创造一种人人重视安全生产的环境氛围。

（3）反映企业安全生产的管理水平，包括安全生产的法律法规执行情况、安全规章制度和各种技术标准的制定与执行情况。

（4）全体员工对一般安全生产知识的了解和对安全技术的掌握程度，每一位员工应熟悉自己所从事工作及其相关领域的安全知识和技术。

三、安全理念

安全理念是既符合当前实际，又代表长远方向的文化理念，是安全文化的灵魂。有什么样的安全理念，就会引导建设什么样的安全文化。

1. 中国的安全理念

"安全发展"是中国的安全理念。党的十六届五中全会，在《中共中央关于制定国民经济和社会发展第十一个五年规划的建议》中首次提出，要坚持节约发展、清洁发展、安全发展，实现可持续发展。胡锦涛总书记在 2006 年 3 月 27 日中央政治局第 30 次集体学习会上强调指出，要把"安全发展"作为一个重要理念纳入中国社会主义现代化建设的总体战略，这是我们对于科学发展观认识的深化。

"安全发展"是指国民经济和区域经济、各行各业和领域、各类生产经营单位的发展，以及社会的进步和发展,必须把安全作为基础前提和保障,自觉遵循党和国家安全生产方针政策和法律法规,把发展建立在安全保障能力不断增强、安全生产状况持续改善、劳动者生命安全和身体健康得到切实保证的基础上,促进安全生产与经济社会的同步协调发展。

"以人为本"首先要以人的生命为本,科学发展首先要安全发展,和谐社会首先要关爱生命。"安全发展"指导原则的提出和确立,反映了中国共产党以人为本和立党为公、执政为民的执政理念,丰富了科学发展观的内涵及其理论体系。节约发展、清洁发展、安全发展,共同构成可持续发展的深刻内涵。

安全发展是构建和谐社会的重要内容。民主法制、公平正义、诚信友爱、充满活力、安定有序、人与自然和谐相处是构成和谐社会的六大特征。这六大特征都包含了安全发展理念。

(1) 安全发展与民主法制。安全生产是关系到广大人民群众生命财产安全的工作,既需要人民群众自觉参与与监督,又需要人民群众自觉遵守和大力支持;群众要依法从业和生产,各级执法部门要严格按照法律法规进行管理,保护广大人民群众的生命财产安全。

(2) 安全发展与公平正义。在安全生产方面同样存在着公平正义的问题,也就是公平地对待劳动者,公平地享有劳动保护的权利,公平地拥有安全的生产环境。目前,中国的生产体系中仍然存在诸多有违公平正义原则的现象,这是对劳动者最大的不公平。

(3) 安全发展与诚信友爱。在安全生产上,政府讲诚信,就是要把安全生产纳入经济发展的总体布局。目前,中国企业面临的矛盾和困难非常突出,各级党委和政府要以诚信的态度,密切关注并解决员工关心的热点问题。

(4) 安全发展与充满活力。安全生产对经济有两大功能:一是"减损功能",搞好安全生产,减少事故,可以减少经济损失,间接创造价值。二是"本质增益功能",人是最强大、最活跃的生产力,只有搞好安全生产,才能保证劳动者的生命安全,维护劳动者的职业健康,保护和发展生产力。

(5) 安全发展与安定有序。安全生产具有牵一发而动全身的作用。目前,中国安全生产状况不断改善,但形势依然严峻,恶性事故时有发生,一些重点行业和领域的重特大安全生产事故仍未杜绝,给经济建设和社会稳定带来了许多负面影响。

(6) 安全发展与人与自然和谐相处。发展应当具有持久和后续能力,既要以资源、环境能够承载为前提,又要建立在人力资源合理利用、安全状况不断改善的基础上,不能以损害劳动者的生命安全和身体健康为代价来换取短期的局部的经济发展。

2. 中国石油安全理念

"以人为本,安全第一"。2006年底,集团公司新的领导班子首次召开视频会议明确,安全环保工作事关国家经济发展和社会和谐,事关集团公司改革发展稳定,事关广大职工的幸福安康。强调"做好安全环保工作,是责任、是要求,更是政治和大局"。总经理强调,"安全是第一,第一就不是第二。效益不是第一,是摆在安全之后属于第二的。安全为了效益,安全产生效益,安全更能减少损失。只要发生安全事故,一切好的想法都是一句空话"。他还强调"当前安全是政治,是大局,是责任,也是对各级领导干部的考验"。

把安全摆在第一位,就是要求在进行生产和其他活动的时候把安全工作放在一切工作的首要位置。当生产和其他工作与安全发生矛盾时,要以安全为主,生产和其他工作服从安全。安全第一可以说是安全管理的基本原则,作为中国安全生产方针的重要内容已写入《安全生产法》。

安全第一,就是要求一切经济部门和生产企业的领导者要高度重视安全,把安全工作当做头等大事来抓,要把保证安全作为完成各项任务、做好各项工作的前提条件。在计划、布置、实施各项工作时首先要想到安全。预先采取措施,防止事故发生。该原则强调,必须把安全生产作为衡量企业工作好坏的一项基本内容,作为一项有"否决权"的指标,达不到安全条件就不准进行生产。

安全第一应该成为企业的统一认识和行为准则,各级领导和全体员工在从事各项工作中都要以人为本,以安全为前提。谁违反了这个原则,谁就应该受到相应的惩处。这里不存在想得通就执行,想不通就可以不执行的问题,而应该是无条件地、毫无动摇地遵循这一原则。

坚持安全第一,就要建立和健全各级安全生产责任制,从组织上、思想上、制度上切实把安全工作摆在首位,常抓不懈,形成"标准化、制度化、经常化"的安全工作体系。

3. 杜邦公司安全理念

(1)所有的工伤及职业病都是可以预防的;
(2)管理人员对事故预防是有直接责任的,下级对上级有义务,上级对下级有责任;
(3)安全是就业的一个条件,对于公司而言,它和生产、质量、成本控制同等重要。
(4)通过培训来获取安全知识,对各项作业建立工作规程及安全性能标准;
(5)实行安全审核和检查制度;
(6)修正缺陷、更改工艺过程、改善培训以及执行纪律,使缺点得到彻底的改正;
(7)所有不安全的活动、事件和伤亡事故都应进行调查;
(8)离开工作岗位时的安全和从事工作时的安全同样重要;
(9)事故预防可以产生效益,人的损失是最大的损失;
(10)在职业安全健康计划中,人是最重要的因素,雇员要积极地参与并以提出改进建议的方式来提高安全管理水平。

专家提示1

什么是违章指挥

凡违反党和国家的安全生产方针、政策、法令、条例、规程、制度和有关规定,指挥生产作业的,均属违章指挥。根据国家有关规律、法规条文和长期实践的总结,其主要内容如下:

(1)不认真按照安全生产责任制的有关规定履行职责,对安全生产不负责任、官僚主义、玩忽职守、瞎指挥。
(2)不按照安全教育规定对职工、新工人、换岗工人进行教育;对从事特种作业的工人（国家规定的特种作业人员）不进行专业培训和考核发证；在采用新工艺、新技术、新设备、新材料生产时，操作者未经学习教育；节假日加班加点不进行安全教育等。

（3）不按照要求及时批转、传达贯彻上级有关安全生产方面的文件、规定、通知等，或借故拖延、积压、拒不执行。

（4）新建、改建、扩建、挖潜革新项目，不执行"三同时"的规定，不履行审批手续；不按照有关规定要求设计施工，乱改乱建，不经竣工验收、擅自决定投入使用。

（5）对劳动安全监察部门和上级有关管理部门已发出停止使用通知单的设备、设施，未消除隐患、擅自安排使用。

（6）已发现隐患或有重大事故预兆，不及时采取有效措施，放任自流。

（7）多工种、多层次同时作业，现场无人指挥和监护，不制定安全措施，不执行危险作业审批制度和不执行安全措施。

（8）发生工伤事故，不按照"三不放过"的原则认真接受教训和采取必要的防范措施，仍继续冒险作业。

（9）违章派车，不按照载货、载人等行驶规定用车或带病（车辆）出车，指令驾驶员违章驾驶。

（10）设备安装不按照技术标准和规定程序进行施工、检查、验收、移交；对在检查验收中提出的问题尚未解决就擅自投入使用。

（11）在有事故隐患、安全防护装置缺少或失灵的设备上，强行安排生产任务；对特种设备不按照规定制造、购置、安装和使用，以及在使用中不采取有效的防护措施或安全防护装置，缺损时仍安排生产。

（12）滥用职权、擅自批准不具备有关法规规定的、必要的安全生产条件的群众经营组织和个体经营户从事工程项目勘查设计和施工任务，或者委托转包给不具有相应等级资格的单位或个人经营建设工程项目。

（13）对建筑安装工程，不进行质量监督和检查，放任偷工减料、粗制滥造，造成严重后果的。

（14）其他违反有关规律法规明文规定的指挥行为。

专家提示2

什么是违章操作

凡在劳动生产过程中违反国家颁发的各种法规性文件和企业、事业单位及其上级管理机关制定的反映安全生产客观规律的各种规章制度，包括工艺技术、生产操作、劳动保护、安全管理等方面的规程、规则、章程、条例、办法和制度等以及有关安全生产的通知、决定等均属违章作业。主要内容概括如下：

（1）不按照规定正确穿戴和使用各类劳动保护用品，在生产过程中穿拖鞋、凉鞋、高跟鞋、裙子、喇叭裤、围巾、腰巾以及长发辫、袒胸露背等。

（2）工作不负责任。擅自离岗、串岗、饮酒、干私活，及在工作时间内从事与本职工作无关的活动。

（3）发现设备或安全防护装置缺损，不向领导反映，继续操作、自作主张、擅自将安全防护装置拆除并弃之不用者。

（4）忽视安全、忽视警告，冒险进入危险区域、场所（如动用明火采伐、集材、运材、吊装卸车时未离危险区）和攀、坐不安全位置（如平台护栏、汽车挡板、吊车、吊钩、吊篮等）。

（5）不按照操作规程、工艺要求操作设备，擅自用手代替工具操作、用手代替手动工具、用手清除切屑、不用夹具固定、用手拿工件进行机加工等。

（6）擅自运用未经检查、验收、移交或查封的设备和车辆，以及未经领导批准任意动用非本人操作的设备和车辆。

（7）不按照操作规定，擅自在机器运转时加油、修理、检查、调整、落实、焊接、清扫和排除故障等工作。

（8）不按照规定及时清理作业现场，清除的废料、垃圾不向规定地点倾倒，工件和附件任意摆放，堵塞通道。

（9）使用已失去额定负荷能力或不符合安全要求的各种起吊设备、设施和工具（如绳、链、钩、环以及各种吊具等）。

（10）不执行"危险作业申请单"所规定的安全防范措施，对领导的违章指挥盲目服从不加抵制。

（11）对易燃、易爆、剧毒物品，不按规定进行储运、收发和处理。

（12）特种作业工种无证单独操作、机动车辆持学员证单独驾驶和无证驾驶。特种设备和要害部门，不认真登记和交接班，擅自离岗或睡觉。

（13）经济承包中不讲安全，以拼设备、拼体力来抢时间、赶速度、冒险蛮干，或不按照工艺要求操作设备，使设备超负荷运行。

（14）违反其他法律、法规明文规定的行为。

第二章
安全心理学基本常识

> 人的任何活动都有心理现象，人的行为是由其内在心理所支配的。为什么在同样的场景下有的人会发生事故，有的人则不会？为什么人有时会发生事故，有时不会？影响事故行为产生的人的心理是什么？据安全专家统计：绝大多数事故是由人的不安全行为造成的。通过学习安全心理学基本常识，正确认识人的心理特性，对预防事故会起到积极作用，对做好安全生产工作具有重要的意义。

第一节 人的心理现象

心理现象（活动）包括人的心理过程和个性两个方面。认识（感觉、知觉、记忆、思维、想象）、情感（情绪、情感）、意志过程统称为心理过程，是互相联系，互相促进，统一在一起的。个性包括个性倾向性（需要、动机、兴趣、理想、信念、价值观和世界观）和个性特征（能力、气质和性格）。个性倾向性是人格结构中最具有动力特征、最活跃的因素，决定着每个人对客观对象的态度，以及相应的趋同和回避的选择。

事故统计资料表明，由人的心理因素而发生的事故约占 70%～75%，甚至更多。下面结合安全生产实际，分析人的几种主要心理现象。

一、感觉

感觉是大脑对直接作用于感觉器官（眼睛、耳朵、鼻子、舌头、皮肤）的客观事物个别属性的反映。人们在操纵机械或观察识别事物时，从开始操纵、观察、识别到采取运作，存在一个感知时间过程，即存在一段反应时间。感觉包括：视觉、听觉、嗅觉、味觉、皮肤感觉（触觉、痛觉）。

1. 反应时间

反应时间是指人从机器或外界获得信息，经过大脑加工分析发出指令到运动器官开始执行动作所需的时间。反应时间是从包括感觉反应时间到开始动作所用时间（信息加工、决策、发令开始执行所用时间）的总和。为了保证安全作业，一方面在机器设计中，应使操纵速度低于人的反应速度；另一方面应设法（包括技能训练等）提高人的反应速度。

2. 视觉

常见的几种视觉现象及对人行为的影响主要有以下几个方面：

1）适应

人眼对光亮度变化的顺应性，称为适应。适应分为明适应和暗适应两种。明适应是指人从暗处进入亮处时，能够看清被视物的适应过程，这个过渡时间很短，约需 1min 即趋于完成。暗适应是指人从亮处进入暗处，开始时一切看不见，需要经过一定时间以后才能逐渐看清被视物的轮廓。暗适应的过渡时间较长，约需要 30min。

人在明暗急剧变化的环境中工作，会因受适应性的限制，使视力出现短暂的下降，若频繁地出现这种情况，会产生视觉疲劳，并容易引起事故发生。为此，在需要频繁改变光亮度的场所，应采用缓和照明，避免光亮度的急剧变化。

2）眩光

当人的视野中有极强的亮度对比时，由光源直射或由光滑表面反射出刺激或耀眼的强烈光线，称为眩光。

眩光可使人眼感到不舒服，使可见度下降，并引起视力的明显下降。眩光造成的有害影响主要有：使暗适应受到破坏，产生视觉后像；降低视网膜上的照度；减弱观察物体与背景的对比度；观察物体时产生模糊感觉等。这些都将影响操作者的正常作业。交通法规定，汽车在会车时，要关闭车大灯、开启小灯，就是避免眩光给司机造成的影响。

3）视错觉

人在观察物体时，由于视网膜受到光线的刺激，光线使神经系统产生反应，会在横向产生扩大范围的影响，使视觉印象与物体的实际大小、形状存在差异，这种现象称为视错觉。视错觉是普遍存在的现象，其主要类型有形状错觉、色彩错觉及物体运动错觉等。

4）视觉损伤与视觉疲劳

（1）视觉损伤。在生产过程中，除切屑颗粒、火花、飞沫、热气流、烟雾、化学物质等有形物质会造成对眼的伤害之外，强光或有害光也会造成对眼的伤害。短波紫外线可引起紫外线眼炎。紫外线照射 4～5h 后眼睛便会充血，10～12h 后会使眼睛剧痛而不能睁开，这一般是暂时性症状，大多可以治愈。常受红外线照射可引起白内障。直视高亮度光源（如激光、太阳光等），会引起黄斑烧伤，有可能造成无法恢复的视力减退。低照度或低质量的光环境，会引起折光缺陷或提早形成老花。眩光或照度剧烈而频繁变化的光可引起视觉机能的降低。

（2）视觉疲劳。长期从事近距离工作和精细作业的工作者，由于长时间看近物或细小物体，睫状肌必须持续地收缩以增加晶状体的白度。这将引起视觉疲劳，甚至导致睫状肌萎缩，使其调节能力降低。长期在劣质光照环境下工作，会引起眼睛局部疲劳和全身性疲劳。全身性疲劳表现为疲倦、食欲下降、肩上肌肉僵硬发麻等自律神经失调症状；眼部疲劳表现为眼痛、头痛、视力下降等症状。此外，作为眼睛调节筋的睫状肌的疲劳，还可能形成近视。

3. 听觉

听觉的功能有分辨声音的高低和强弱，还可以判断环境中声源的方向和远近。

（1）听觉特性。人耳具有区分不同频率和不同强度声音的能力。人耳对频率的感觉最灵敏，常常能感觉出频率微小的变化。人耳对强度的感觉次之，不如对频率的感觉灵敏。在正常情况下，人的两耳的听力是一致的。因此，根据声音到达两耳的强度和时间

先后之差可以判断声源的方向。例如，声源在右侧时，距左耳稍远，声波到达左耳所需的时间就稍长。在危险情况下，除了听到警戒声之外，如能识别出声源的方向，往往会避免事故的发生。

（2）听觉的掩蔽。当几种声强不同的声音传入耳朵时，只能听到最强的声音，而较弱的声音就听不到了，即弱声被掩盖了。一个声音被其他声音干扰而使听觉发生困难，只有提高该声音的强度才能产生听觉，这种现象称为听觉的掩蔽。被掩蔽声音的听阈提高的现象，称为掩蔽效应。

二、能力

能力是指一个人完成一定任务的本领，或者说，能力是人们顺利完成某种任务的心理特征。能力标志着人的认识活动在反映外界事物时所达到的水平。影响能力的因素很多，主要有感觉、知觉、观察力、注意力、记忆力、思维想象力和操作能力等。

1. 观察力

观察是有目的、有计划、比较持久地认识某种对象的知觉过程，是知觉、思维、言语等综合作用的智力活动过程，它在感知中占有重要的地位。全面、深入、正确地观察事物的能力叫做观察力。

观察力是智力结构的重要组成因素之一。在工业生产活动中，要求安全监察员具有敏锐的观察力，善于及时发现生产中的不安全因素和潜在的事故隐患，以便采取相应措施减少或避免事故发生。

2. 注意力

注意是指心理活动对一定事物或活动的指向或集中。注意力能保证人及时反映客观事物及其变化，使人更好地适应环境，注意力在安全生产中有着特别重要的意义。工人在操作机器时集中注意力，是减少误操作、避免事故发生的重要保证。

3. 记忆力

记忆是大脑对经历过的事物的反应，是过去感知过的事物在大脑中留下的痕迹。记忆从认识开始，并将感知的知识保持下来。根据保持的程度，记忆可分为永久性记忆和暂时性记忆。记忆的特征有：持久性、敏捷性、精确性和准确性等。在安全生产中记忆力强弱也是影响事故发生的因素之一。2004年12月26日，发生印度洋海啸。当时，有一英国女孩蒂莉·史密斯在麦考海滩玩耍时，发现了类似课堂上讲到的海啸知识现象，及时告诉周围的人，使几百人得以幸免于难。

4. 思维想象力

思维就是以已有的知识经验为中心，对客观现实的概况和间接的反应。思维是通过分析、综合、概括、抽象、比较、具体化和系统化等一系列过程，实现对感性材料进行加工并转化为理性知识和解决具体问题的过程。思维能力的强弱与人的阅历（包括知识的深浅）、实践经验的丰富程度有密切关系，阅历越深，实践经验越丰富，思维能力越强。

5. 操作能力

操作是人通过运动器官执行大脑的指令对机器进行操纵控制的过程，操作能力水平的高低对安全监察人员及工人搞好本职工作极为重要，它将直接影响人身安全和设备的安全。

三、性格

性格是人们在对待客观事物的态度和社会行为方式中区别于他人所表现出来的那些比较稳定的心理特征的总和。道德品质和意志特点是构成性格的基础。

尽管人的性格千差万别，但就其主要表现形式，可归纳为冷静型、活泼型、急躁型、轻浮型和迟钝型5种。在安全生产中，有不少人就是由于鲁莽、高傲、懒惰、过分自信等不良性格促成了不安全行为而导致伤亡事故的。

安全心理学的任务就是要深入挖掘和发展劳动者的一丝不苟、踏实细致、认真负责的工作作风，提倡劳动者养成原则性、纪律性、自觉性、谦虚、克己、自制等良好性格；克服和制止粗枝大叶、得过且过、懈怠、消极、狂妄、利己、自满、任性、优柔寡断等易于肇事的不良性格。

四、气质

气质是表现在心理活动的速度、强度、指向性方面的动力特征。不同气质类型的人反映活动的速度和强度是不一样的，这些差异直接影响人的操作行为和事故指数。气质的特征可归纳为4种：精力旺盛型，灵活机智型，安静、稳定型，孤僻寡言型等。

在安全生产工作中合理地选择不同气质的人担任不同的工作，以便充分发挥其所长，有利于完成任务，可减少事故的发生。在进行安全教育时，必须从人的气质出发，使用不同的教育手段；否则，不但达不到教育的目的，而且往往会产生副作用。

五、需要与动机

动机是由需要产生的，合理的需要能推动人以一定的方式、在一定的方面去进行积极的活动，达到有益的效果。

随着社会的发展，人为了个体和社会的生存，对安全、教育、劳动、交流的需要比对衣、食、住、行的需要更为强烈。其中对安全的需要（免除灾害、意外事故、疾病等安全需要）更为突出。安全是每个人的需要，也是家庭、社会、企业和国家的需要，只有将安全意识提高到这个水平，安全生产管理人员才能各尽其责，操作人员才能自觉地遵守安全操作规程，才能杜绝重复事故的发生，达到满足安全需要的目的。

六、情绪与情感

情绪是由肌体生理需要是否得到满足而产生的体验，属于人和动物共有的；而情感则是人的社会性需要是否得到满足而产生的体验，属于人类特有。情绪带有冲动性和明显的外部表现，而情感则很少有冲动性，其外部也能加以控制。情绪带有情境性，它由一定的情境引起，并随情境的改变而消失，而情感既有情境性，又有稳定性和长期性。在生产实践中常会出现急躁情绪和烦躁情绪两种不安全情绪。

1. 急躁情绪

急躁情绪的表现特征是干活利索但毛躁，求成心切但不谨慎，工作不仔细，有章不循，手与心不一致等。

2. 烦躁情绪

烦躁情绪的特征表现为沉闷、不愉快、精神不集中，严重者自身的生理器官往往不能很好地协调，更谈不上与外界条件协调一致。

以上不良情绪发展到一定程度能够主宰人的身体及活动情况，使人的意识范围变得狭窄，判断力降低，失去理智和自制力。带着这种情绪操作机器极易导致不安全行为的发生。

七、意志

意志就是人自觉地确定目标，并调节自己的行动克服困难，以实现预定目标的心理过程，它是意识的能动作用表现。人们在日常生活和工作中，尤其是在恶劣环境中工作，必须有意志活动的参与，才能顺利地完成任务。所谓"有志者，事竟成"，就是这个道理。

八、人的大脑觉醒水平与生理节奏

1. 大脑的觉醒水平

大脑的觉醒水平划分为 5 个等级，从表 2-1 中可以看出Ⅲ级觉醒水平是最佳觉醒状态，工作能力最强，但这种状态只能维持 15min 左右。在Ⅳ级（超常态）觉醒水平下，由于过度紧张，造成精神恐慌，失误率也会明显增高。

表 2-1 大脑觉醒水平划分

等级	觉醒状态	注意能力	生理状态	工作能力	可靠度
0	无意识，失神	无	真睡、似睡、发呆	无	0
Ⅰ	常态以下，意识模糊	不注意	疲劳、单调、困倦、轻醉	易失误，易出事故	0.9 以下
Ⅱ	常态但松懈	消极注意	休息、反射性活动	可作熟练性操作，可作常规性操作	0.99～0.99999
Ⅲ	常态而清醒	积极注意	精力充沛	有随机处理能力，有准确决策能力	0.99999 以上
Ⅳ	超常态，过度紧张	注意过分集中一点	惊慌失措、思考分裂	易失误，易出事故	0.9 以上

2. 人体生物节律

人体存在着一个以 23d 为周期的体力盛衰、以 28d 为周期的情绪波动规律和以 33d 为周期的智力波。人处于正半周期为高潮期，这时人的心情舒畅，精力充沛，工作成功率高；负半周期为低潮期，这时人的心情不佳，容易疲劳、健忘，工作成绩低。如图 2-1 所示，正弦曲线与横轴交点这一天称为"临界点"。3 个临界点互不重叠称单临界点；2 个临界点重叠称双临界点；3 个临界点重叠称 3 临界点。临界点前后各一天称临界期，临界期也包括 3 个周期在负半周的重叠日期。在临界点或临界期，体力、情绪和智力极不稳定，

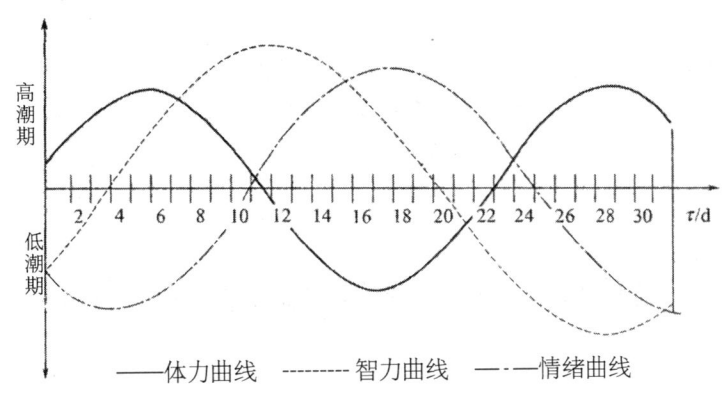

图 2-1 人体生物节律变化曲线

最易发生事故。

计算人体生物节律的方法是首先计算出人的出生时间到目前的生理节律状态的某月某日的总天数（注意加上闰年多出的天数，即周岁除以 4 所得的整数，余数舍去）；然后将总天数分别除以 23、28 和 33，所得商数中的整数分别表示已经度过的周期数，而从商数中的余数天数就可以断定某日在生物节率曲线中的位置。由此可以知道人的体力、情绪和智力在需要了解的那天所处的状态（高潮期、低潮期或临界期）。

计算通式为：

$$X = 365A \pm B + C$$

式中　A——预测年份与出生年份之差；

　　　B——本年生日到预测日的总天数，如未到生日则用"-"，已过生日则用"+"；

　　　C——从出生以来到计算日的总闰年数，即 $C=A/4$ 所得的整数；

　　　X——从出生日到计算日生活的总天数。

生物节律影响着人的行为，尤其影响着人们在生产中的安全。人在节律转折点（即临界点）的日子体力容易下降，情绪波动或精神恍惚，人的行为波动大，尤其临界点重叠越多，危险性越大。如果这时工人正在生产岗位上操作，则较容易出现操作失误，甚至导致工伤事故的发生。从许多学者对事故的调查统计资料可以充分说明这一点。另外，从应用生物节律理论指导安全生产、指导安全生产管理所取得的效果，都说明生物节律是分析事故原因、预防事故发生的有力措施。

3. 疲劳

1）疲劳的定义

疲劳分为肌肉疲劳（或称体力疲劳）和精神疲劳（或称脑力疲劳）两种。肌肉疲劳是指过度紧张的肌肉局部出现麻痛现象，一般只涉及大脑皮层的局部区域。而精神疲劳则与中枢神经活动有关，它是一种弥散的、不愿意再作任何活动和懒惰的感觉，意味着肌体迫切需要休息。

2）产生疲劳的原因及消除途径

（1）疲劳的原因。包括超过生理负荷的激烈动作和持久的体力或脑力劳动，作业环境不良，单调乏味的工作，肌体状况不良以及长期劳逸安排不当等人的生理、心理因素及管理方面的因素。

（2）消除疲劳的途径。通过改变操作内容、播放音乐等手段克服单调乏味的作业；改善工作环境，科学地安排环境色彩、环境装饰及作业场所布局，合理的温湿度，充足的光照等；避免超负荷的体力劳动或脑力劳动，合理安排作息时间，注意劳逸结合等。

第二节　安全心理学理论在实际中的运用

分析心理（生理）因素，明确预防事故的安全技术，来消除和控制各种危险，防止导致人员伤亡的各种意外事故，是事故预防的手段。比如，利用视觉原理，采取警告的方式，向有关人员通告危险、设备问题和其他值得注意的状态，以便使有关人员采取纠正措施，避免事故发生。

一、科学、合理地组织生产确保安全的总要求

科学、合理地组织生产是确保安全的总要求，主要包括以下内容：

（1）科学设置有效的生产组织体系，有效地开展生产活动。按设备操作设置岗位、班组等，合理规定劳动时间。例如：原来我国煤矿生产企业实行3班制（1个班工作，2个班休息），现在根据劳动强度测定，专家提出要实行4班制（1个班工作，3个班休息），即缩短每班在岗劳动时间，使操作人员很好地休息，保持旺盛的工作精力，确保安全生产。

（2）认真制定施工作业方案，合理安排工序。特别是要交叉作业的，更要完善安全生产措施。切记不得抢工程、赶工期，超越操作程序组织施工。不得强行要求操作人员加班加点，防止疲劳作业引发各种事故。

（3）建立操作人员健康档案，根据掌握的情况，合理安排操作人员上岗作业，严禁有禁忌症的操作人员上岗；注意观察操作人员的思想情绪和反应，及时提出调换岗位意见，使操作人员在不同岗位发挥作用。例如，有的企业将患高血压的驾驶员调换到库房管理等岗位，以避免发生交通事故。

（4）针对不同季节制定不同的安全措施，或有针对性地宣传安全知识，提示员工注意安全生产。例如，"春困"是人体生理机能随着自然气候变化的一种现象。在冬天，皮肤血管受到寒冷的刺激，血流量减少，大脑和内脏的血流量增加。而进入春天，随着外界温度的升高，皮肤毛孔舒展，血液供应增加，而供应脑的氧气相应减少，于是出现了懒洋洋、昏昏欲睡等现象，也就是"春困"。春季白天时间增长，夜晚时间缩短，人体对睡眠时间缩短还没有完全适应，因此春季要注意保证充足的睡眠，切忌疲劳作业。在工作过程中，如果感到很疲劳，切不可勉强作业，即使工作不多，也不能蛮干。平时要正确处理生活事务，娱乐要适可而止，注意控制好自己的生活习惯，避免违章作业。

二、导致人不安全行为的心理因素及预防措施

作业中的不安全行为主要是指违章作业、违章指挥。而这些违章行为又分为有意违章和无意违章。究其原因又有社会因素、环境因素、生理因素和心理因素等。这里着重列举不安全行为的心理因素。这些心理因素大体可分为侥幸心理，冒险心理，麻痹心理，贪便宜、走捷径心理，逆反心理，凑兴心理，从众心理和自私心理等。

1. 侥幸心理

侥幸心理的表现特征是：碰运气，认为操作违章不一定会发生事故。往往认为"动机是好的"，不会受到责备；自信心很强，相信自己有能力避免事故发生；别人不一定能发现。

由侥幸心理导致的事故是很常见的。人们产生侥幸心理的原因：一是错误的经验。例如某种违章作业从未发生过事故，或多年未发生过，人们心理上的危险感觉便会减弱，从而导致错误地认为违章也未必出事故。二是认识上的错误。以为事故的发生是存在着小概率随机规律的，即事故不是经常发生的，发生了不一定就会造成伤害，即便伤害也不一定很重。因此，容易容忍不安全行为的存在。但久而久之，随着不安全行为形成习惯，则必然会导致事故的发生。所谓不怕一万，就怕万一，就是这个道理。因此，必须从第一次违章起，就要坚决予以纠正，决不允许形成不安全的行为习惯。

2. 冒险心理

冒险心理的表现特征是：争强好胜，喜欢逞能；私下爱与人打赌；有违章行为而没造成事故的经历；为争取时间，不按规程作业；企图挽回某种影响等。有冒险行为的人，一般只顾眼前一时得失，自以为能一举成名，而不顾客观效果，盲目行动，蛮干且不听劝阻，把冒险当作英雄行为。这种心理尤以青年员工为盛，应引起特别注意。

3. 麻痹心理

麻痹心理的表现特征是：由于是经常干的工作，所以习以为常，并不感到有什么危险；此工作已干过多次，因此满不在乎；没注意反常现象，照常操作；责任心不强，得过且过。在这种心理支配下，沿用习惯的方式作业，凭"老经验"行事，放松对危险的警惕，终会酿成灾祸。

4. 贪便宜、走捷径心理

贪便宜、走捷径心理的表现特征是：把必要的安全规定、安全措施、安全设备认为是其实现目标的障碍。这种贪便宜、走捷径的心理是人类长期生活中养成的一种心理习惯。例如，为了图凉爽不戴安全帽；为了省时间而擅闯危险区；为了多生产而拆掉安全装置；为了尽快施工，动火不开动火证等。这种心理造成的事故举不胜举。

5. 逆反心理

逆反心理的表现特征是：不接受正确的、善意的规劝和批评，坚持其错误行为。逆反心理是指在某种特定情况下，某些人的言行在好胜心、好奇心、求知欲、思想偏见、对抗情绪之类的意识作用下，产生一种与常态行为相反的对抗心理反应。例如，要求工人按操作规程操作，他自恃技术颇佳，偏不按规程办；要他在不了解机器性能及注意事项的情况下不要动手，而在好奇心驱使下偏要去动去摸等。

6. 凑兴心理

凑兴心理是人在社会群体生活中产生的一种人际关系的反映，从凑兴中获得满足和温暖，从凑兴中给予同伴友爱和力量，通过凑兴行为发泄剩余精力。凑兴心理有增进人们团结的积极作用，但也常导致一些无节制的不理智行为。例如，某风钻工休息时开玩笑，拿一根有6个大气压的风管往另一个风管里塞，造成悲惨的人身事故。诸如上班凑热闹、开飞车兜风、跳车、乱动设备信号、工作时间嬉笑等，都是发生事故的隐患。由凑兴而违章的情况多发生在青年员工身上。他们精力旺盛，生性好动，加之缺乏安全知识和经验，常有些意想不到的违章行为。因此，经常以生动的方式加强对青年员工的安全规章制度教育，以控制无节制的凑兴行为发生。

7. 从众心理

从众心理也是人们在适应群体生活中产生的一种反映，不从众则感到有一种精神压力。由于从众心理，不安全行为或行动很容易被他人仿效。如果有些人没有遵守安全操作规程操作且未发生事故，那么同班组的其他人也就跟着不按规程操作。否则，就有可能被别人说技术不行或胆小鬼。这种从众心理严重地威胁着安全生产。因此，要大力提倡和扶植班组内遵章守纪的正气，在违章行为刚刚产生之时就予以坚决纠正，以防止从众违章行为的发生和蔓延。

8. 自私心理

自私心理与人的品德、责任感、修养、法制观念有关。自私是以自我为核心，只要自己方便而不顾他人，不顾后果。例如，某矿工偷走挂在溜井旁的安全照明灯，致使另一工人掉进井内死亡。这是影响安全生产的极重要因素。因此，要对员工进行道德、理想、遵纪守法等安全文明教育，使他们树立正确的道德观、人生观。

三、对安全生产有促进作用的心理因素及其实践运用

根据有经验的安全生产管理人员的总结，认为下列心理因素对促进安全生产有利。

（1）自卫。害怕被伤害。这是个人心理特征中最强烈且较普遍的一种特性。例如，一个怕被伤害的工人，他对安全会更加注意，他可能对机器作适当的防护，起码要站在一个安全的位置。对智能发育不足的人而言，这往往是惟一能成功利用的办法。再如，亲朋、父兄中有人曾因工伤事故而伤亡或受矽尘危害而患矽肺病的员工，其自卫心理往往较重，人道感也较强。

借自卫特性用以建立和维持兴趣的方法有：描述伤害的后果，但不宜使用太恐怖的方法。要讲伤残引起的恶果，对健康的损害。可用强烈对比法，比较健康而富有活力的人与受伤害者之间在工作能力、生活情趣等方面的差异。海报、板报、讲演、幻灯、电影、事故现场录像均可利用。

如，一个蔑视个人安全但有一定荣誉感的鲁莽汉，若对具有这种心理特征的人过分强调自卫，反而会促其逞能，任意将自己暴露于危险之中；若对其强调集体的荣誉和利益，将有利于他尽力防止事故。

当然，热心安全生产的人并非是具有强烈自卫心的怕死者，出于责任感、人道感且人自卫心的人也常有舍己为人、忘我抢救他人的壮举。

（2）人道感。即希望为他人服务，甚至舍己为人。人道主义是人类广泛具有的本质。人道感表现在事故前的预防、事故中的抢救和事故后的关怀。一般地讲，以往的事故教训、员工伤亡及患职业病后本人及家属所受的痛苦和不便，以及伤亡数字、频率等都能唤起有人道感的人的合作。

（3）荣誉感。即希望与人合作，关心集体荣誉和个人荣誉。当员工具有健全的荣誉感时，可以用下列方法建立和维持其对安全工作的兴趣：

告诉员工，发生事故将影响班组的安全记录。有荣誉感的人为保持本部门的安全记录，不会做出不安全的行动；喜欢支持上级，遵守安全规程。对此类人不必强调与人合作的好处，而应强调不合作、不安全是不光荣的。

告诉员工，不安全行动不仅易于发生事故，而且还减少产品的数量和降低产品质量，还会增加国家、企业经费开支。这些对调动有荣誉感的人的安全生产积极性都是有利的。

（4）责任感。即能认清自己义务的心理特征。大多数人不论对自己或他人都有某种程度的责任感。责任感是一种易于利用以引起安全兴趣的心理特征。通过增加有责任感的人在安全工作中所负的责任，或以指派某种工作的方法发展其兴趣。例如，选派其当安全员，分配其从事安全报道等工作。

（5）自尊心。即希望得到自我满足与受到别人的赞赏和尊重。此种自尊心来自于对自己工作价值的认识与工作已经改进的程度、效果。称赞某人工作好、表扬先进是引起自尊心的一种有力刺激；也可用展览图表、统计数字等来显示员工安全努力的成果，或颁发奖状、奖金、奖品等给表现良好的个人或集体。有自尊心的人，在交给其部分管理责任时，往往会有特别的表现。

（6）竞争性。即希望与人竞争。这种人在有人与其竞争时，往往比单独工作时有干劲。在与人比较时，他的兴趣在于证明自己的优越性。对有这种特性的人，可多提供其安全竞赛的机会，可确定目标，如安全行车若干千米、千日无事故等，但要防止其因争强好胜而冒险蛮干。

（7）从众性。即害怕被人认为与众不同。能否使具有这种特征的人遵守安全规程取决于集体的安全行为，因此，应着力培养群体的安全作风。可利用制定群体行为标准，使大多数人都能接受和遵守、采用比较法（遵章守纪光荣，违章违纪可耻），强调系统性、规律性（如定时加油、更换工具、定期召开安全会议）以及指出违反安全法规会脱离群众等方法调动其安全兴趣。

这些安全实践中常遇到的心理特征，可以根据个人的实际情况，通过正面引导和积极利用，为安全生产服务，而并非主张盲目地发展这些特性。在加强安全思想教育时，如会上发言、会下谈心或指派工作及采用各种宣传方式时，均可利用这些心理特征来提高安全工作水平。

四、遵守规程的心理状态与事故预防

人的行动受心理活动支配，不安全行动的出现，可以从操作人员的心理状态来分析。违反操作规程的心理因素主要有：

（1）对自己的技术、技能盲目自信，认为不遵守操作规程，也不会发生事故；

（2）口头上讲规章制度重要，但并不真正理解且自觉执行，无监督时，就违章操作；
（3）对制定的操作规程因感到麻烦，或因难于执行而不遵守；
（4）想减少动作步骤，或因任务紧急、心里着急而不遵守；
（5）想多挣钱，盲目冒险，或想依赖他人而不遵守；
（6）因当时情绪不好，技术不熟练，或因预先准备不够而不遵守；
（7）因联系不充分，缺乏安全知识，或因为忘记而不遵守；
（8）因为对操作步骤不熟练而不遵守；
（9）因受外界条件的影响，分散注意力而不遵守；
（10）因身心情况不正常而不遵守。

根据上述分析，可应用安全心理学预防事故的发生，要根据个人的不同心理特性采取"一把钥匙开一把锁"。如：对操作规程因不理解而不遵守时，要列举血的教训事例，加以详细说明，使之理解。对技术、技能不熟练的人，要加强现场培训教育。对于因忘记而没有遵守规程的人，要提醒、警告，使之充分注意。对作业条件差的要按照操作规程加以考虑。对于情感冲动、情绪波动的人，要查清原因，对于感到麻烦而不遵守或不愿意干的人，要进行教育。教育要动之以情、晓之以理，以高度负责的精神做好耐心细致的教育工作，使之充分理解安全的重要性。通过上述措施，提高操作人员对遵章守纪的重要性的认识，从而使之严格地遵守、自觉地执行，从心理状态上排除不安全因素，以避免事故的发生。

五、预防和消除疲劳的具体措施

预防和消除疲劳，可以采取如下措施：
（1）改善劳动的组织方式，注意劳逸结合；
（2）根据人体生理特点，科学、合理地安排劳动时间；
（3）积极合理地为人体供给营养；大力开展群众性文体活动，不断增强体质，提高耐力素质；
（4）全面改善生产环境的卫生条件，消除或减少各种职业毒害；合理布置劳动场所，尽力给人以良好、舒适、轻松的感觉；
（5）针对各种有害的物理环境因素，如噪声、振动、辐射、高温、照明不良等，采取相应的防护和消除措施；
（6）保持工作场所的空气新鲜，这是人体所有器官和组织保持活力所必需的；
（7）改善工作时的体位，尽力消除强制体位，防止长期的个别器官及系统的过度紧张而疲劳，因此，要按照人的生理解剖结构改革、设计工具和劳动姿势，使操作者省力、方便；
（8）重视劳动者的心理因素，提高劳动者对工作的兴趣，增强他们的意志，培养情感，克服厌倦工作的情绪；
（9）创造良好的人际关系，即保持良好的员工之间、上下级之间的关系。关心员工，防止社会、家庭因素对员工劳动的不良影响。

专家提示 1

给员工建立健康档案、放"情绪假"

员工上班心情非常不好，怎么办？山东胜利油田孤东三采中心的做法是，给他（她）放"情绪假"，舒缓一下情绪再上班。据了解，员工在休完"情绪假"后，心情明显改善，工作效率也得到了提高，既保证了生产安全，也赢得了员工倾情回报。在 2006 年 11 月中国石化开展安全检查时，该中心探索实施的"给员工建立健康档案、放'情绪假'"的做法得到了检查团的高度评价。

1. 单位基本情况

山东胜利油田孤东三采中心设备连续 24 小时运转，60% 以上的一线员工需要倒小班。一线员工所在的三次采油现场，设备工艺具有技术含量高、自动化程度高、设备运转速度快的特点，对员工的技能、身体和心理素质要求比较高，压力较大，使部分员工容易出现心理问题，情绪问题尤为突出。一些员工相遇，脱口一句话就是："今天真郁闷。"

2. "情绪假"的由来

2006 年初的一天早上，该中心注入站站长在清点上班员工人数时，发现女工小李一改往日的热情开朗，坐在那儿一言不发、闷闷不乐。原来她前一天晚上与爱人吵了一架，搞得情绪很差，到第二天上班都没有缓过来。

考虑到小李所在注入站的设备自动化程度高、设备高速运转、员工带着情绪上岗会给生产安全留下隐患，在与队长紧急商量后，站上决定让小李暂时离岗休息一天，由上大班的小王临时顶替她上小班。

第二天，因为小李情绪不好，队领导批了一天假的消息在全中心迅速传开。一时间员工们议论纷纷："情绪不佳也能放假？新鲜！"也有员工说："领导常说要倡导人性化管理，给员工放'情绪假'算是做到点子上了。"于是，队干部给小李批的假就有了一个新名称："情绪假"。

3. "情绪假"制度化

（1）依据。对这件事情，该中心组织专门座谈会，听取干部、员工的不同意见，最终达成共识："情绪假"值得提倡，但必须配套完善相关的管理办法，包括建立员工健康档案，使管理者对员工的身体、心理健康状况做到心中有数。

（2）措施。一是组织员工心理健康状况专项调查，给员工建立健康档案。健康档案包括静态信息和动态信息。静态信息详细记录每名员工的个人简历、家庭状况、文化程度、工作业绩、技能状况、例行体检状况等；动态信息包括员工个人爱好和专长、脾气性格、综合素质、人际关系和谐度及受奖罚后的表现等。二是制定该中心《员工"情绪假"管理办法》。办法中明确，"情绪假"是从保障安全生产、建立在诚信原则基础上，专门用于员工舒缓情绪的一种内部管理休息假，原则上在 1 天以内，最多不超过 2 天，其工资奖金不受影响。员工放"情绪假"，可以是暂离岗位，也可以离开单位回家休息。办法明确规定，原则上是领导主动提出给员工放"情绪假"。一线员工上班期间由于情绪不佳、过于劳累等原因，领导发现后应主动给员工放假；机关人员由于某项突击工作加班加点，当完成阶

段性工作感到疲劳时，领导主动提出放假，甚至奖励外出休假；特殊情况下，员工由于各种原因造成心情不好，在不影响工作的前提下，个人向领导提出，经领导批准可以放"情绪假"；对工作时要求精力高度集中的特殊岗位，如司机、注聚泵工等，员工自己感到情绪不佳时，可申请放假。

（3）意义。一是安全生产需要员工健康的体魄和良好的心态作保证。员工情绪不好，会直接影响工作质量，稍有疏忽，后果将不堪设想。为情绪不佳的员工放假，是对员工真正的关爱，也是对企业高度负责。二是给员工放"情绪假"，是实施人性化管理的具体体现，但绝不意味着可以放松管理。给员工放'情绪假'与刚性管理并不矛盾。"人性化"绝不是"任性化"。给员工放'情绪假'，以严格的规章制度为依据，使每一个员工能够融入富有人情味的刚性管理中去，更好地落实制度，执行操作规程，实现安全生产。

4."情绪假"的效果

2006年4月的一天，注聚二队员工张晓明的家属胆囊炎突然发作，而他正在值夜班脱不开身，一时焦急万分。正在值班的副队长陈少军听说后，向队长汇报后一边找车将该员工送回家，一边亲自顶替上岗，并给他放了两天假照顾家属。2006年8月25日上午，正在上大班的王雪娜因头天晚上休息不好，一副萎靡不振的样子。站长许素兰看到她脸色不好、豆大的汗珠一颗一颗掉下来，连忙向队长罗银浩作了汇报。罗银浩在了解情况后安排她离开岗位休息了半天。

事后，张晓明深有感触地说："员工如果心情不好，窝着火、憋着气在岗位上，对启停泵这样要求注意力高度集中的活，操作时必然分心、走神，操作不到位很容易发生事故。试想如果那天不给我放假，我就没有心情继续待在岗位上，很容易出事故。"

现在，该中心员工不仅很少请假，还经常在生产繁忙的时候主动加班加点。2006年"十一"长假期间，由于员工少，注聚站加交联剂是重活、累活，曾享受过一次"情绪假"的注聚一队7号注聚站副站长王来庆，主动留下来连续加了5天班，保证了生产的顺利进行。

据不完全统计，到2006年12月底，该中心共有15人休过"情绪假"，他们休完假后心情和身体状况有了明显改善。由于基础工作做得扎实，员工中间没有出现相互攀比和滥用"情绪假"的情况。

专家提示2

要科学、合理、均衡组织生产

不少事故的祸根就是抢生产进度，科学、合理、均衡地组织生产，可以避免或减少事故的发生。

（1）一项生产任务安排下来，都有完成任务的时间限制，而这个时间限制一般是比较科学的。因为安排生产任务，涉及生产工艺、工序要求；涉及队伍组织，操作人员的劳动强度、操作水平；涉及生产现场的监督、指挥、协调；涉及生产所需物料、设备的准备、供应等。所以落实生产任务，必须按规定程序和要求进行。可是在一些旧的观念的作用下，有的单位形成了违背科学的惯例：上级要求100天完成的，中层可能要求90天，下级可能要求80天。一级比一级要求更快、更严，把具体实施者逼进了无法完成任务的"死胡同"。

（2）抢进度将导致一些环节被尽量简化，或根本无法进行，往往会忙中出错，结果容易造成设备迅速老化，人员疲劳作业。如此，安全生产怎能得到保证？从人的心理角度讲，抢生产进度，指挥人员缺乏深入思考，不能周密安排，指挥作业必然顾此失彼，甚至违章指挥；操作人员没有充分的心理准备，或因连续作业，造成身心十分疲劳，或鉴于现场的气氛，超越程序作业，甚至违章作业。某工地一施工队伍为了抢进度，准备采取强行施工。可水泥在冬天受冻，必然导致工程出现安全隐患。好在上级检查时发现，施工才被制止。

（3）为制止抢进度，除强化监督约束机制外，管理者必须尊重科学，树立安全第一的理念，做到按程序、要求组织施工。

在制订施工作业工期或相关指标之前，必须对与此相关的安全生产问题进行科学评估，然后再根据评估结果制订工期和相关指标。在制订工期时，应把安全教育、安全检查等所需时间安排到工期中，以使安全生产能够得到更多保障。

操作人员遇到强令抢施工进度的行为，要敢于维护自己的权利，提出不能抢进度、蛮干的意见，制止抢进度行为，避免伤害发生。

第三章
事故预防基本知识

> 为了达到保障人的身心安全与健康,创造一个安全舒适的工作、生活环境的目的,真正体现"以人为本"的宗旨,最重要的工作就是控制和消除事故。对事故产生的原因进行理论分析,制定可靠的预防和控制的方法,正是安全生产管理的核心内容,也是员工应该掌握的基本知识。

第一节 事故有关概念及分类

事故多指在生产、工作上发生的意外的损失或灾祸。本节着重介绍企业员工伤害事故的分类。

一、事故概念及特点

事故是指已经引起或可能引起伤害、疾病和(或)对财产、环境或第三方造成损害的一件或一系列事件(引自 SY/T 6276—1997 标准)。事故有如下特点:

(1)事故是一种发生在人们生产、生活活动中的特殊事件,人们的任何生产、生活活动中都可能发生事故。因此,若想把活动按自己的意图进行下去,人们就必须努力采取措施来防止事故。

(2)事故是一种突出的、出乎人们意料的意外事件。

(3)事故是一种迫使进行着的生产、生活活动暂时或永久停止的事件。

(4)事故这种意外事件除了影响人们的生产、生活活动顺利进行之外,往往还可能造成人员伤害、财产损坏或环境破坏等后果。

事故调查的目的是寻找和分析事故发生的一切原因,并以报告的形式提交有关部门。事故调查要坚持"四不放过"原则:事故原因未查清不放过;未制定防范措施不放过;事故责任者未得到处理不放过;员工未受到教育不放过。

二、事故分类

事故在不同层次的机构分类方式不同,下面介绍国家事故分类和企业事故分类。

1. 国家事故分类

根据事故发生后造成后果的情况,综合考虑起因物、引起事故的诱导性原因、致害物、伤害方式等,把事故分为伤害事故、损坏事故、环境污染事故和未遂事故。

1）按事故类别分类

国家标准 GB 6441—1986《企业职工伤亡事故分类》按致害原因将事故类别分为 20 类。

（1）物体打击。指失控物体的惯性力造成的人身伤害事故。如落物、滚石、锤击、碎裂、崩块、砸伤等造成的伤害，不包括爆炸而引起的物体打击。

（2）车辆伤害。指本企业机动车辆引起的机械伤害事故。如机动车辆在行驶中的挤、压、撞车或倾覆等事故，在行驶中上下车、搭乘矿车或放飞车所引起的事故，以及车辆运输挂钩、跑车事故。

（3）机械伤害。指机械设备与工具引起的绞、辗、碰、割、戳、切等伤害。如工件或刀具飞出伤人，切屑伤人，手或身体被卷入，手或其他部位被刀具碰伤，被转动的机构缠压住等。但属于车辆、起重设备的情况除外。

（4）起重伤害。指从事起重作业时引起的机械伤害事故。包括各种起重作业引起的机械伤害，但不包括触电，检修时制动失灵引起的伤害，上下驾驶时引起的坠落或跌倒。

（5）触电。指电流流经人体造成生理伤害的事故。适用于触电、雷击伤害。如人体接触带电的设备金属外壳或裸露的临时线，漏电的手持电动手工工具；起重设备误触高压线或感应带电；雷击伤害；触电坠落等事故。

（6）淹溺。指因大量水经口、鼻进入肺内，造成呼吸道阻塞，发生急性缺氧而窒息死亡的事故。适用于船舶、排筏、设施在航行、停泊、作业时发生的落水事故。

（7）灼伤。指强酸、强碱溅到身体引起的灼伤，或因火焰引起的烧伤，高温物体引起的烫伤，放射线引起的皮肤损伤等事故。适用于烧伤、烫伤、化学灼伤、放射性皮肤损伤等伤害。不包括电烧伤以及火灾事故引起的烧伤。

（8）火灾。指造成人身伤亡的企业火灾事故。不适用于非企业原因造成的火灾，比如居民火灾蔓延到企业。此类事故居于消防部门统计的事故。

（9）高处坠落。指由于危险重力势能差引起的伤害事故。使用于脚手架、平台、陡壁施工等高于地面的坠落，也适用于山地面踏空失足坠入洞、坑、沟、升降口、漏斗等情况。但排除以其他类别为诱发条件的坠落，如高处作业时，因触电失足坠落应定为触电事故，不能按高处坠落划分。

（10）坍塌。指建筑物、构筑物、堆置物等倒塌以及土石塌方引起的事故。适用于因设计或施工不合理而造成的倒塌，以及土方、岩石发生的坍塌事故。如建筑物倒塌，脚手架倒塌，挖掘沟、坑、洞时土石的塌方等情况。不适用于与矿山冒顶片帮事故，或因爆炸、爆破引起的坍塌事故。

（11）冒顶片帮。矿井工作面、巷道侧壁由于支护不当、压力过大造成的坍塌，称为片帮；顶板垮落称为冒顶。二者常同时发生，简称为冒顶片帮。适用于矿山、地下开采、掘进及其他坑道作业发生的坍塌事故。

（12）透水。指矿山、地下开采或其他坑道作业时，意外水源带来的伤亡事故。适用于井巷与含水岩层、地下含水带、溶洞或与被淹巷道、地面水域相通时，涌水成灾的事故。不适用于地面水害事故。

（13）放炮。指施工时放炮作业造成的伤害事故。适用于各种爆破作业。如采石、采

矿、踩煤、开山、修路、拆除建筑物等工程进行的放炮作业引起的伤亡事故。

（14）瓦斯爆炸。是指可燃性气体瓦斯、煤尘与空气混合形成达到燃烧极限的混合物，接触火源时引起的化学性爆炸事故。主要适用于煤矿，同时也适用于空气不流通、瓦斯、煤尘积聚的场合。

（15）火药爆炸。指火药与炸药在生产、运输、储藏的过程中发生的爆炸事故。适用于火药与炸药生产在配料、运输、储藏、加工过程中，由于振动、明火、摩擦、静电作用，或因炸药的热分解作用，储藏时间过长或因存药过多发生的化学性爆炸事故，以及熔炼金属时废料处理不净，残存火药或炸药引起的爆炸事故。

（16）锅炉爆炸。指锅炉发生的物理性爆炸事故。适用于使用工作压力大于0.07MPa、以水为介质的蒸汽锅炉（以下简称锅炉），但不适用于铁路机车、船舶上的锅炉以及列车电站和船舶电站的锅炉。

（17）容器爆炸。容器（压力容器的简称）是指比较容易发生事故，且事故危害性较大的承受压力载荷的密闭装置。容器爆炸是压力容器破裂引起的气体爆炸，即物理性爆炸；容器内盛装的可燃性液化气在容器破裂后立即蒸发，与周围的空气混合形成爆炸性气体混合物，遇到火源时产生的化学爆炸，也称容器的二次爆炸。

（18）其他爆炸。凡不属于上述爆炸的事故均列为其他爆炸事故，如：
① 可燃性气体如煤气、乙炔等与空气混合形成的爆炸；
② 可燃蒸汽与空气混合形成的爆炸性气体混合物如汽油挥发气引起的爆炸；
③ 可燃性粉尘以及可燃性纤维与空气混合形成的爆炸性气体混合物引起的爆炸；
④ 间接形成的可燃气体与空气相混合，或者可燃蒸汽与空气相混合（如可燃固体、自燃物品，当其受热、水、氧化剂的作用迅速反应，分解出可燃气体和蒸气与空气混合形成爆炸性气体），遇火源爆炸的事故；
⑤ 炉膛爆炸，钢水包、亚麻粉尘的爆炸。

（19）中毒和窒息。中毒指人接触有毒物质，如误吃有毒食物或呼吸有毒气体引起的人体急性中毒事故。在废弃的坑道、暗井、涵洞、地下管道等不通风的地方工作，因为氧气缺乏，有时会发生突然晕倒甚至死亡的事故称为窒息。两种现象合为一体，称为中毒和窒息事故。不适用于病理变化导致的中毒和窒息事故，也不适用于慢性中毒的职业病导致的死亡。

（20）其他伤害。凡不属于上述伤害的事故均称为其他伤害，如扭伤、跌伤、冻伤、野兽咬伤、钉子扎伤等。

2）按伤害程度分类

在GB 6441—1986《企业职工伤亡事故分类》中，把受伤害者的伤害分为如下3类。

（1）轻伤。损失工作日低于105天的失能伤害。

（2）重伤。损失工作日等于或大于105天的失能伤害。

（3）死亡。发生事故后当即死亡，包括急性中毒死亡，或受伤后在30天内死亡的事故。死亡损失工作日为6000天。

3）按事故严重程度分类

为了研究事故发生原因，便于对伤亡事故进行统计分析和调查处理，国务院有关部门将事故按严重程度细分为6类。

（1）轻伤事故。只发生轻伤的事故。

（2）重伤事故。发生了重伤但是没有死亡的事故。

（3）死亡事故。一次事故中死亡1~2人的事故。

（4）重大死亡事故。一次事故中死亡3~9人的事故。

（5）特大死亡事故。一次事故中死亡10人及10人以上的事故。

（6）特别重大死亡事故。

4）按事故经济损失程度分类

根据《企业职工伤亡事故经济损失统计标准》（GB 6721—1986）的规定，将事故分为如下4类：

（1）一般损失事故。经济损失小于1万元的事故。

（2）较大损失事故。经济损失大于等于1万元，但小于10万元的事故。

（3）重大损失事故。经济损失大于等于10万元，但小于100万元的事故。

（4）特大损失事故。经济损失大于100万元的事故。

5）按造成的人员伤亡或者直接经济损失分类

在2007年6月1日起施行的《生产安全事故报告和调查处理条例》中，根据生产安全事故（以下简称事故）造成的人员伤亡或者直接经济损失，事故一般分为以下等级：

（1）特别重大事故，是指造成30人以上死亡，或者100人以上重伤（包括急性工业中毒，下同），或者1亿元以上直接经济损失的事故。

（2）重大事故，是指造成10人以上30人以下死亡，或者50人以上100人以下重伤，或者5000万元以上1亿元以下直接经济损失的事故。

（3）较大事故，是指造成3人以上10人以下死亡，或者10人以上50人以下重伤，或者1000万元以上5000万元以下直接经济损失的事故。

（4）一般事故，是指造成3人以下死亡，或者10人以下重伤，或者1000万元以下直接经济损失的事故。

2. 中国石油天然气集团公司事故分类

见中油质字〔1999〕194号文件。

1）按事故性质分

（1）责任事故。可以预见、防止和避免，但由于人的不安全行为或管理疏漏而没有采取预防措施而造成的事故。98%以上的事故为责任事故。

（2）非责任事故。包括自然灾害事故和技术事故。是由于人们的认识水平或科学技术水平达不到应有的能力，由不可抗力等原因造成的无法避免的事故。

2）按事故伤害程度分

（1）轻伤事故。一般指伤害不太严重，损失在1个工作日以上的事故。

（2）重伤事故。有下列情形之一的为重伤事故：①经医生诊断为残废或可能成为残废的；②伤势严重，需进行较大手术才能挽救的；③人体要害部位严重灼伤、烫伤或非要害部位的灼伤、烫伤占全身面积3%以上的；④严重骨折、严重脑震荡等；⑤眼部受伤较重，有可能失明的；⑥手部伤害，大拇指轧断一节，食指、中指、无名指、小拇指任何一

只轧断两节或任何两指各断一节的，局部肌腱受伤严重，引起机能障碍，不能自由伸屈、残废的；⑦脚部伤害，脚趾断两只以上的，局部肌腱受伤严重，引起机能障碍，可能残废的；⑧内部伤害，内脏损伤、内出血或伤及腹膜等。

3）按照事故等级分

（1）小事故（下列之一）。一次轻伤1~2人。一次直接经济损失5万元以下（含5万元，下同）。

（2）一般事故（下列之一）。一次轻伤3~10人。一次重伤1~2人。一次直接经济损失5万~30万元以下。

（3）重大事故（下列之一）。一次轻伤11人及11人以上。一次重伤3~10人。一次死亡1~2人（含伤后一个月内死亡）。一次直接经济损失30万~100万元以下。

（4）特大事故（下列之一）。一次重伤11人及11人以上。一次死亡3人以上。一次直接经济损失100万元以上。

第二节 事故产生的原因

根据事故的特性可知，事故的原因和结果之间存在着某种规律，所以研究事故最重要的是找出事故发生的原因。事故的原因分为事故的直接原因、间接原因和根本原因。

一、事故的直接原因

所谓事故的直接原因，即直接导致事故发生的原因，又称一次原因。大多数学者认为，事故的直接原因只有两个，即人的不安全行为和物的不安全状态。少数学者，如美国的皮特森，则认为事故的直接原因为管理失误和物的不安全状态。为统计方便，中国国家标准GB 6441—1986《企业职工伤亡事故分类》对人的不安全行为和物的不安全状态作了详细分类。

1. 物的不安全状态方面的原因

（1）防护、保险、信号等装置缺乏或有缺陷。

① 无防护。具体包括：无防护罩；无安全保险装置；无报警装置；无安全标志；无护栏或护栏损坏；（电气）未接地；绝缘不良；局部通风机无消音系统，噪音大；危房内作业；未安装防止"跑车"的挡车器或挡车栏；其他。

② 防护不当。具体包括：防护罩未在适应位置；防护装置调整不当；坑道掘进、隧道开凿支撑不当；防爆装置不当；采伐、集体作业安全距离不够；爆破作业隐蔽所有缺陷；电气装置带电部分裸露；其他。

（2）设备、设施、工具附件有缺陷。

① 设计不当，结构不符合安全要求。具体包括：通道门遮挡视线；制动装置有缺欠；安全距离不够；拦网有缺欠；工件有锋利毛刺、毛边；设施上有锋利倒棱；其他。

② 强度不够。包括：机械强度不够；绝缘强度不够；起吊重物的绳索不合安全要求；

其他。

③ 设备在非正常状态下运行。包括：设备带"病"运转；超负荷运转；其他。

④ 维修、调整不良。包括：设备失修；地面不平；保养不当、设备失灵；其他。

（3）个人防护用品、用具缺少或有缺陷。

个人防护用品、用具包括防护服、手套、护目镜及面罩、呼吸器官护具、听力护具、安全带、安全帽、安全鞋等。个人防护用品、用具缺少，指无个人防护用品、用具；缺陷指所用防护用品、用具不符合安全要求。

（4）生产（施工）场地环境不良。

① 照明光线不良。包括：照度不足；作业场地烟雾尘弥漫，视线不清；光线过强。

② 通风不良。包括：无通风；通风系统效率低；风流短路；停电、停风时进行爆破作业；瓦斯排放未达到安全浓度就爆破；瓦斯超限；其他。

③ 作业场所狭窄。

④ 作业场所杂乱。包括：工具、制品、材料堆放不安全；其他。

⑤ 交通线路的配置不安全。

⑥ 操作工序设计或配置不安全。

⑦ 地面滑。包括：地面有油或其他液体；冰雪覆盖；地面有其他易滑物。

⑧ 储存方法不安全。

⑨ 环境温度、湿度不当。

2. 人的不安全行为方面的原因

（1）操作错误、忽视安全、忽视警告。包括未经许可开动、关停、移动机器；开动、关停机器时未给信号；开关未锁紧，造成意外转动、通电或泄漏等；忘记关闭设备；忽视警告标志、警告信号；操作错误（指按钮、阀门、扳手、把柄等的操作）；跑动而不是走动；供料或送料速度过快；机器超速运转；违章驾驶机动车；酒后作业；客货混载；冲压机作业时，手伸进冲压模；工件紧固不牢；用压缩空气吹铁屑；其他。

（2）造成安全装置失效。包括拆除了安全装置；安全装置堵塞、失掉了作用；因调整的错误造成安全装置失效；其他。

（3）使用不安全设备。包括临时使用不牢固的设施；使用无安全装置的设备；其他。

（4）手代替工具操作。包括用手代替手动工具；用手消除切屑；不用夹具固定，手持工件进行加工。

（5）物体（指成品、半成品、材料、工具、切屑和生产用品等）存放不当。

（6）冒险进入危险场所。包括冒险进入涵洞；接近漏料处（无安全设施）；采伐、集材、运材、装车时未离开危险区；未经安全监察人员允许进入油罐或井中；未做好准备工作就开始作业；冒进信号；调车场超速上下车；易燃易爆场所有明火；私自搭乘矿车；在绞车道行走；未及时瞭望。

（7）攀、坐不安全位置，如平台护栏、汽车挡板、吊车吊钩等。

（8）在起吊物下作业、停留。

（9）机器运转时加油、修理、检查、调整、焊接、清扫等。

（10）有分散注意力的行为。

（11）在必须使用个人防护用品用具的作业或场合中，忽视其使用。包括未佩戴护目镜或面罩；未戴防护手套；未穿安全鞋；未戴安全帽、呼吸帽；未佩戴呼吸护具；未佩戴安全带；未戴工作帽；其他。

（12）不安全装束。在有旋转零部件的设备旁作业时穿肥大服装；操纵带有旋转零部件的设备时戴手套；其他。

（13）对易燃易爆危险品处置错误。

据统计，某年全国休工8天以上的事故中，有96%的事故与人的不安全行为有关，有91%的事故与物的不安全状态有关。日本全国某年休工4天以上的事故中，有94.5%的事故与人的不安全行为有关，83.5%的事故与物的不安全状态有关。

这些数字表明，大多数事故既与人的不安全行为有关，也与物的不安全状态有关，也就是说，只要控制好其中之一，即人的不安全行为或物的不安全状态中有一个不发生，或者使两者不同时发生，我们就能控制大多数事故，减少不必要的损失。这对于事故的预防与控制是非常重要的，因为控制两者和控制两者之一的代价是完全不一样的。

二、事故的间接原因

事故的间接原因，则是指使事故的直接原因得以产生和存在的原因。事故的间接原因有以下7种，其中前5种又称二次原因，后2种又称基础原因。

1. 技术上和设计上有缺陷

技术上和设计上有缺陷是指从安全的角度来分析，在设计上和技术上存在的与事故发生原因有关的缺陷。包括工业构件、建筑物、机械设备、仪器仪表，工艺过程、控制方法、维修检查等在设计、施工和材料使用中存在的缺陷。这类缺陷主要表现在：在设计上因设计错误或考虑不周造成的失误；在技术上因安装、施工、制造、使用、维修、检查等达不到要求而留下的事故隐患等具体包括：

（1）设计违反规范、标准、规程。如不符合《工业企业设计卫生标准》《生产设备安全卫生设计总则》等标准及其他专业规范、标准的要求。

（2）设计错误。具体表现在图纸、公式的使用及计算中的错误，材料、设备选择错误。

（3）总体布局不合理。不符合规定或没有进行充分的可行性论证，造成设计不符合生产工艺和生产能力要求。

（4）设备安全不符合《设备安装验收规范》等规范的要求。

（5）工程施工技术水平差，质量达不到设计要求和验收规范。

（6）检测、检验技术落后，未能发现隐患。

（7）因操作人员操作技术不熟练，操作方法不当而造成事故的，也属技术上的缺陷。

2. 教育培训不够

教育培训不够是指形式上对员工进行了安全生产知识的教育和培训，但是在组织管理、方法、时间、效果、广度、深度等方面存在一定差距，员工对党和国家的安全生产方针、政策、法规和制度不了解，对安全生产技术知识和劳动纪律规定没有完全掌握，对各种设备、设施的工作原理和安全防范措施等没有学懂弄通，对本岗位的安全操作方法、安全防护方法、安全生产特点等一知半解，应付不了日常操作中遇到的各种问题，不熟悉本岗位的安全操作规程，不能真正按规章制度操作，以致不能防止事故的发生。

此外，教育培训是否足够，不仅要考虑培训内容是否满足要求，还应当注意到员工在培训中所接受的知识有些是要随时间而衰减的，也有的要及时更新。也就是说，即使进行了全面深入的培训，经过一段时间以后，员工所具备的安全知识和技能还有可能低于从事本职工作的最低要求。因此，必须对员工进行再培训并达到相应的水平。否则，仍有可能因此而引发事故。

3. 身体的原因

身体的原因包括身体有缺陷，如眩晕、头痛、癫痫、高血压等疾病，近视、耳聋、色盲等残疾，身体过度疲劳、酒醉、药物的作用等。

4. 精神的原因

精神的原因包括怠慢、反抗、不满等不良态度，烦躁、紧张、恐怖、心不在焉等精神状态，褊狭、固执等性格缺陷等。此外，兴奋、过度积极等精神状态也有可能产生不安全行为。

5. 管理上有缺陷

管理上有缺陷包括劳动组织不合理，企业主要领导人对安全生产的责任心不强，作业标准不明确，缺乏检查保养制度，人事配备不完善，对现场工作缺乏检查或指导错误，没有健全的操作规程，没有或不认真实施事故防范措施等。

劳动组织是对整个社会生产过程合理组织和使用劳动力的全部工作的总称。劳动组织可分为社会劳动组织和企业劳动组织两个层次。这里主要是指企业劳动组织。企业劳动组织不合理影响企业内部的劳动分工协作，影响劳动者的生产积极性，而且直接影响企业的生产安全。劳动组织不合理主要包括以下10点：

（1）劳动分工不明确，任务分派不具体。
（2）作业岗位之间不协调，各生产环节之间缺乏统一配合。
（3）安排人员不科学，造成有的岗位、工种人浮于事，有的则超负荷劳动。
（4）生产作业现场指挥不当或指挥信号不明确，造成指挥失误。
（5）劳动定员、定额不合理，工作量与职工的劳动能力不相适应。
（6）劳动时间或作业班制不合理，致使工人连续加班加点，得不到充分休息。
（7）指派不具备岗位技能或作业条件的员工从事该岗位工作。
（8）工作场地或作业秩序混乱。
（9）规章制度不健全，不落实，企业管理不严格，员工劳动纪律松弛。
（10）其他。

对现场工作缺乏检查包括检查的数量和质量两个方面。一方面指没有进行检查或检查的次数太少，间隔时间太长；另一方面是指对某一特定的设备、设施、场所等，虽已进行了检查，但查得不细、不深，未能发现问题，因而未能避免事故发生。

指导失误是指对生产的组织管理、工艺技术等指挥决策和对事故抢救的指挥考虑不周，处理措施不当，发生不正确的指令，未能避免事故发生或未能控制事故的蔓延。

事故统计表明，85%左右的事故都与管理因素有关。换句话说，如果采取合适的管理

措施，大部分事故会得到很好的控制。因此可以说，管理因素是事故发生乃至造成严重损失的最主要原因。

6. 教育的原因

学校教育的原因是指各级教育组织中的安全教育不完全、不到位等。一方面，学校，无论是小学、初中、高中，还是大学，在对学生进行文化教育的同时，也担负着提高学生全面素质，培养符合社会需要的人才的重任。素质中当然包括安全素质。学校老师的思想、观点对学生的影响甚至终生都难以消除。许多事件表明，正是由于学校教育中在安全教育方面的不完全、不到位，大多数仍停留在常识式的初级阶段，使得学生面对形形色色的突发性事件时不知所措，遭受了不必要的伤害和损失。

另一方面，面对意外事故，没有相应的素质，学生也一样会行为失当。如前几年全国中小学发生过多起因下课后拥挤而使多名学生伤亡的重大事故。又如在火灾事故中没有采取合理救助行动而造成伤害的实例也屡见不鲜。而且调查表明，人的安全素质的高低与受教育的程度有一定的联系，但并非像其他素质那样明显。2001年上海某船厂发生的吊车倒塌死亡36人的恶性事故，受害者中有9人为某著名高校教师；大学的实验室也经常因安全素质不高引发各类伤害事故。这些事故告诉我们，实验装置的设计、实验过程的管理与控制人员，虽然都是高水平的专家、教授，却并不具备最基本的安全素质。其实，这些悲剧是完全可以避免的。

7. 社会历史原因

社会历史原因包括有关安全法规或行政管理机构不完善，人们的安全意识不高等。一个国家，一个民族，一个社会，在其长期发展的过程中形成各种传统的观念或模式对人们无不打下深深的烙印，人民生活水平的高低所反映出来的安全意识，只是其中的一个组成部分。法律意识、受教育水平、民族传统、风俗习惯等都无所不在地对人们造成影响，有积极的，也有消极的；有正面的，也有负面的。近年来我国人民法律意识的不断提高，事故受损索赔案例的迅速增加以及索赔金额的攀升等，都反映出整个社会对人们的影响。

三、事故的根本原因——缺乏控制

间接原因滋长了低标准行为和条件，然而，这些不是"原因—结果"这一关联的开端。因果链表明支配事故/事件的根源是缺乏控制，这是根本原因。因此，必须针对根本原因建立一套标准，并按此标准进行系统的检查。

管理人员要对安全标准和管理失控程序进行专业管理，知道标准、计划及如何组织工作以满足标准，直接给人们提供要达到的标准，监测自己和他人的行为表现。这些是管理者应该控制的。如果没有这些，人的行为就可能失控，事故就会开始发展并且引发间接和直接的因素，导致发生损失。

第三节　事故发生及预防知识

从事故的定义和特性可知，事故是违背人的意志而发生的意外事件，而且事故具有明显的因果性和规律性。因而，要想找出事故的根本原因，进而预防和控制事故，就必须在千变万化、各种各样的事故中发现共性的东西，把它抽象出来，即把感情的认识与积累的经验升华到理论的水平，反过来指导实践，并在此基础上，制定出事故控制的最有效的方案；否则，只会是"头痛医头、脚痛医脚"，跟在各类屡禁不绝、形式各异的事故后面疲于奔命。这类阐明事故为什么会发生、是怎样发生的以及如何防止事故发生的理论，被称为事故发生及预防理论。

事故致因理论是从大量典型事故的本质原因的分析中所提炼出的事故机理，反映了事故发生的规律性，能够为事故的定性定量分析、为事故的预测预防、为改进安全生产管理工作，从理论上提供科学的、完整的依据。

事故致因理论是生产力发展的产物。在生产力发展的不同阶段，生产过程中存在的安全问题有所不同，特别是随着生产方式的变化，人在工业生产过程中所处地位的变化，引起人的安全观念的变化，使事故致因理论不断发展完善。下面介绍几种常用的事故发生及预防理论。

一、因果连锁论

该理论提出，事故的发生不是一个孤立的事件，而是一系列互为因果的原因事件相继发生的结果。具体就是把工业伤害事故的发生、发展过程描述为具有一定因果关系的事件的连锁。即：人员伤亡的发生是事故的结果——事故的发生是由于人的不安全行为或物的不安全状态——人的不安全行为或物的不安全状态是由于人的缺点造成的——人的缺点是由于不良环境诱发的，或者是由先天的遗传因素造成的。包括如下 5 个因素：

（1）遗传及社会环境。遗传及社会环境是造成人的性格缺陷的原因。遗传因素可能会造成鲁莽、固执等不良性格；社会环境因素可能妨碍教育，助长性格上的缺点发展。

（2）人的缺点。人的缺点是使人产生不安全行为或造成机械、物质不安全状态的原因，它包括鲁莽、固执、过激、神经质、轻率等性格上的、先天的缺点，以及缺乏安全生产知识和技能等后天的缺点。

（3）人的不安全行为或物的不安全状态。

（4）事故。

（5）伤害。

人们用多米诺骨牌来形象地描述这种事故因果连锁关系。在多米诺骨牌系列中，一颗骨牌被碰倒了，则将发生连锁反应，其余的几颗骨牌相继被碰倒。如果移去连锁中的一颗骨牌，则连锁被破坏，事故发生过程被终止。专家认为，企业安全工作的中心就是防止人的不安全行为，消除机械的或物质的不安全状态，中断事故连锁的进程而避免事故的发生。

二、现代事故因果连锁论

现代安全观念认为,发生在生产现场的人的不安全行为或物的不安全状态作为事故的直接原因必须加以追究。但是,它们只是一种表面现象,是其背后的间接原因的征兆,是根本原因——管理失误的反映。

在该事故因果连锁中,人的不安全行为或物的不安全状态的发生是由于个人原因及工作条件造成的。在安全工作中只有找出这些间接原因,采取恰当措施消除它们,才能防止不安全行为或不安全状态的出现,以便有效地防止事故的发生。

管理失误是该事故因果连锁中最重要的原因因素。安全生产管理是企业管理的一部分。在计划、组织、指导、协调和控制等管理机能中,控制是安全生产管理的核心。它从对间接原因因素的控制入手,通过对人的不安全行为和物的不安全状态的控制,达到防止伤亡事故发生的目的。强调管理失误,主要是指在控制机能方面的缺欠,使最终能够导致事故的个人原因及工作条件方面的原因得以存在。按此理论,加强企业管理和安全生产管理是防止伤亡事故的重要途径。

人们对管理失误的原因进行了深入研究,认为管理失误反映企业管理体系方面的问题。它涉及如何有组织地进行管理工作,确定怎样的管理目标,以及如何计划、实现确定目标等方面的问题。企业应该建立并不断完善反映现代安全观念的管理体系。

三、事故频发倾向理论

事故频发倾向是指个别人容易发生事故的、稳定的、个人的内在倾向。该理论认为事故频发倾向者的存在是工业事故发生的主要原因。

1)事故频发倾向者的性格特征

事故频发倾向者往往有如下性格特征:(1)感情冲动,容易兴奋;(2)脾气暴躁;(3)厌倦工作,没有耐心;(4)慌慌张张,不沉着;(5)动作生硬而工作效率低;(6)喜怒无常,感情多变;(7)理解能力低,判断和思考能力差;(8)极度喜悦和悲伤;(9)缺乏自制力;(10)处理问题轻率,冒失;(11)运动神经迟钝,动作不灵活。

2)预防事故措施

主要采取人员选择和人事调整两项措施来预防事故发生。人员选择,即通过严格的生理、心理检验,从众多的求职人员中选择身体、智力、性格特征及动作特征等方面优秀的人才就业。人事调整,把企业中的事故频发倾向者调整岗位或解雇。

四、金字塔模型

安全专家在调查了5000多起伤害事故后发现,在发生的330起同样事故中,300起事故没有造成伤害,29起引起轻微伤害,1起造成严重伤害。即严重伤害、轻微伤害和没有伤害的事故次数之比为1:29:300。该比例表明,某人在受到伤害之前已经历了数百次没有带来伤害的事故。进一步的调查表明,在每次事故发生之前已经反复出现了无数次不安全行为和不安全状态。

比例1:29:300阐明了事故发生频率与伤害严重度之间的普遍规律,即严重伤害的情况是很少的,而轻微伤害及无伤害的情况是大量的。应该注意的是,事故是一种意外事件，本身并无轻重之分；我们只能说事故的结果为伤害、轻微伤害或严重伤害。

该比例说明，事故发生后其结果的严重程度如何具有随机性质。伤害的发生是人体与能量接触的结果，如前所述，作用于人体的能量的大小、时间、频率、集中程度及身体接触能量的部位等许多因素都会影响伤害情况。因此，一旦发生情况，控制事故结果的严重程度是非常困难的。为了防止严重伤害，必须努力防止事故。

事故结果为轻微伤害及无伤害的情况是大量的，在这些轻微伤害及无伤害事故背后，隐藏着与造成严重伤害的事故相同的原因。因此，避免伤亡事故应该尽早采取措施，在发生了轻微伤害，甚至无伤害事故时，就应该分析其原因，采取恰当对策，而不是在发生严重伤害之后才追究其原因。这就是说，应该在事故发生之前，在出现了不安全行为或不安全状态的时候，就及早采取改进措施。

比例1∶29∶300是根据同一个人发生的同类事故的统计资料得到的结果，并以此来定性地表示事故发生频率与伤害严重度之间的一般关系。实际上，不同的人、不同种类的事故导致严重伤害、轻微伤害及无伤害次数的比例是不同的。特别是不同工业部门及不同生产作业中发生事故造成严重伤害的可能性是不同的。车辆事故导致严重伤害的可能性最高。

第四节 事故预防控制技术

我们已经认识到绝大多数（98%）以上的事故是可以预防的，根据这一判断，如果能够预知导致一个特定的事件或结果，也就能够应用管理技能来避免其发生或者设法保护人和财产免受严重影响，也就是说，我们能够对其进行控制。

事故预防是指通过采用技术和管理的手段使事故不发生。事故控制是通过采用技术和管理手段，使事故发生后不造成严重后果或损失尽可能地减少。例如：火灾的预防和控制，通过规章制度和采用不可燃或不易燃材料可以避免火灾的发生，而火灾报警、喷淋装置，应急疏散措施和计划等则是在火灾发生后控制火灾和损失的手段。还有，加强驾驶员岗位技能培训，规范岗位操作，能够预防事故发生，而对机动车辆加装卫星定位跟踪系统，是预防交通事故的有效手段。

一、事故预防与控制的基本原则

人的不安全行为和物的不安全状态的主要原因，可归结为以下4个方面：

（1）不正确的态度。个别员工忽视安全，甚至故意采取不安全的行为。

（2）技术、知识不足。缺乏安全生产知识、缺乏经验，或技术不成熟。

（3）身体不适。生理状态或健康状况不佳，如听力、视力不良，反应迟钝、疾病、醉酒或其他生理机能障碍。

（4）不良的工作环境。照明、温度、湿度不适宜，通风不良，强烈的噪声、振动，物料堆放杂乱，作业空间狭小，设备、工具缺陷等不良的物理环境，以及操作规程不合适、没有安全规程及其他妨碍贯彻安全规程的事物。

针对这些原因，要坚持事故控制的3E原则，即工程技术、安全教育、安全生产管理等3个方面的措施。

（1）工程技术。运用工程技术手段消除不安全因素，实现生产工艺、机械设备等生产条件的安全。

（2）安全教育。利用各种形式的教育和训练，使员工树立"安全第一"的思想，掌握安全生产所必需的知识和技术。

（3）安全生产管理。借助于规章制度、法规等必要的行政乃至法律的手段约束人们的行为。

安全技术对策着重解决物的不安全状态的问题；安全教育对策和管理对策则主要着眼于人的不安全行为的问题，安全教育对策主要是让人知道应该怎样做，而安全生产管理对策则是要求人必须怎样做。

从现代安全生产管理的观点出发，安全生产管理不仅要预防和控制事故，而且要给劳动者提供一个安全舒适的工作环境。所以安全技术对策理论应是安全生产管理工作者的首选。

二、安全技术对策

安全技术对策是以工程技术手段解决安全问题、预防事故的发生及减少事故造成的伤害和损失，是预防和控制事故的最佳安全措施。其中最典型的论述包括如下3个方面。

1. 生产设备的事故防治对策

生产设备的事故防治对策主要为以下几个方面：

（1）防护装置。围板、栅栏、护罩、隔离、遥控、自动化。

（2）安全装置。紧急停止。

（3）非手动装置。双手操作、断路、绝缘、接地、增加强度、遮光、改造、加固、变更、劳保用品、标志、换气、照明。

2. 防止能量意外释放的措施

防止能量意外释放可以采取以下措施：

（1）限制能量。如限制能量的转移速度和大小，使用低压测量仪表等。

（2）用较安全的能量代替危险性大的能源。如用水力采煤代替爆破采煤、用煤油代替汽油作溶剂等。

（3）防止能量积聚。如控制易燃易爆气体的浓度、电器上安装保险丝等。

（4）控制能量释放。如电器安装绝缘装置、在储存能源时采用保护性容器（如盛装放射性物质的专用容器）、生活区远离污染源等。

（5）延缓能量释放。如容器上设置安全阀、坐椅上设置安全带、采用吸震器件减轻振动等。

（6）开辟能量释放渠道。如电器安装接地电线、水电站设置泄洪闸等。

（7）在能源上设置屏障。如安装消声器、自动喷水灭火装置、设置防射线辐射的防护层等。

（8）在人、物与能源之间设置屏障。如安设防火门、防护罩、防爆墙等。

（9）在人与物之间设置屏障。如佩戴安全帽、手套、穿着防护服、安全鞋等。

（10）提高防护标准。如采用抗损材料、双重绝缘措施、实施远距离遥控等。

（11）改善工作条件和环境，防止损失扩大。如改变工艺流程、增设安全装置、建立紧急救护中心等。

（12）修复和恢复。治疗、矫正以减轻伤害程度或恢复原有功能。

上述第（1）～（10）类即"屏障"，中断能量非正常流动的屏障，在能量转移过程中建立得越早越好。潜在的事故损失越大，屏障就越应在早期建立，而且应当建立多种不同类型的屏障。

3. 消除、预防设备、环境危险和有害因素的基本原则

针对设备、环境中的各种危险和有害因素的特点，综合归纳各种消除、预防对策措施，就可得出消除、预防设备、环境危险和有害因素的基本原则。

（1）消除：从根本上消除危险和有害因素。其手段就是实现本质安全，这是预防事故的最优选择。

（2）减弱：当危险、有害因素无法根除时，则采取措施使之降低到人们可接受的水平。如依靠个体防护降低吸入尘毒的数量，以低毒物质代替高毒物质等。

（3）屏蔽和隔离：当消除和减弱均无法做到时，则对危险、有害因素加以屏蔽和隔离，使之无法对人造成伤害或危害。如安全罩、防护屏。

（4）设置薄弱环节：利用薄弱元件，使危险因素未达到危险值之前就预先破坏，以防止重大破坏性事故。如保险丝、安全阀、爆破片。

（5）联锁：以某种方法使一些元件相互制约以保证机器在违章操作时不能启动，或处在危险状态时自动停止。如起重机械的超载限制器和行程开关。

（6）防止接近：使人不能落入危险或有害因素作用的地带，或防止危险或有害因素进入人的操作地带。例如安全栅栏、冲压设置的双手按钮。

（7）加强：提高结构的强度，以防止由于结构破坏而导致发生事故。

（8）时间防护：使人处在危险或有害因素作用的环境中的时间缩短到安全限度之内。如对重体力劳动和严重有毒有害作业，实行缩短工时制度。

（9）距离防护：增加危险或有害因素与人之间的距离以减轻、消除它们对人体的作用。如对放射性、辐射、噪声的距离防护。

（10）取代操作人员：对于存在严重危险或有害因素的场所，用机器人或运用自动控制技术来取代操作人员进行操作。

（11）传递警告和禁止信息：运用组织手段或技术信息告诫人避开危险或危害，或禁止人进入危险或有害区域。如向操作人员发布安全指令，设置声、光安全标志、信号。

三、预防事故的安全技术

通过设置来消除和控制各种危险，防止所设计的系统在研制、生产、使用和保障过程中发生导致人员伤亡和设置损坏的各种意外事故，是事故预防的最佳手段。因此，为满足规定的安全要求，要采用不同的安全设计方法。

1. 控制能量

对于任何事故，其后果的严重程度与事故中所涉及的能量的大小紧密相关，因为事故中涉及的能量绝大多数情况下就是系统所具有的能量，因而用控制能量的方法，可以从根本上保证系统的安全性。如系统的电源部分，可以用36V安全电压或电池，尽量不用220V交流电；可以用220V交流电的，不用高压电，即可大大减少电气事故发生的可能性。

事故造成人员伤亡和设备损坏的严重程度也随失控能量的大小而变化。例如，两辆汽车相撞损坏的严重程度与汽车所具有的动能成正比，降低汽车的速度就可以降低事故的损失程度。

2. 危险最小化设计

通过设计消除危险使危险最小化，是避免事故发生、确保系统的安全水平的最有效的方法。而本质安全技术则是其中最理想的方法。

所谓本质安全技术，是指不是从外部采取附加的安全装置和设备，而是依靠自身的安全设计，进行本质方面的改善，即使发生故障或误操作，设备和系统仍能保证安全。

本质安全一词来源于电气设备的防爆构造设计，即不附加任何安全装置，只利用本身构造的设计，限制电路自身的电压和电流来防止电弧或火花引起火灾或引燃爆炸性气体。该电气设备在正常工作时，即使发生短路、断线等异常情况，仍能保持其防爆性能。

（1）通过设计消除危险。可以通过选择恰当的设计方案、工艺过程和合适的原材料来消除危险因素。如消除粗糙的棱边、锐角、尖端和出现缺口、破裂表面的可能性，即可大大防止皮肤割破、擦伤和刺伤类事故；消除运输工具中的突出部位，如车辆上的把手和装饰品，就可防止突然刹车时对车内人员造成伤害；选择应用可燃材料或物体时，应选择燃烧时不产生有毒气体的材料等。

（2）降低危险严重性。在不可能完全消除危险的情况下，可以通过设计降低危险的严重性，使危险不至于对人员和设备造成严重的伤害和损失。如限制易燃气体的浓度，使其达不到爆炸极限；在非金属材料上采用金属镀层和喷涂其他导电物质，以限制电荷的积累，防止静电引起火灾、爆炸、设备损坏等事故；在电容器或容性电器中采用旁路电阻，以保证电源切断后，将电荷减少到可接受水平；利用液面控制装置，防止液位过高或溢出等。

3. 隔离

隔离是采用物理分离、护板和栅栏等将已识别的危险同人员和设备隔开，以防止危险或将危险降低到最低水平，并控制危险的影响。隔离是最常用的一种安全技术措施。

常见的隔离示例还有：将高电压部件或电路安置在保护罩、屏蔽间或栅栏中；在热源和可能因热产生有害影响的材料或部件之间设置隔热层；将电器的接插头予以封装以避免潮湿和其他有害物质的影响；利用防护罩、防护网等防止外来物卡住关键的控制装置，堵塞孔口或阀门；在微波、X射线或核装置上安装防护屏以抑制辐射；采用带锁的门、盖板以限制接近运动机械或高压配电设备；把带油的擦布装进金属容器中，防止接触空气发生自燃等。

4. 闭锁、锁定和联锁

闭锁是指防止某事件发生或防止人、物等进入危险区域。如油罐车上的闭锁装置，可防止在车体未接地的情况下向车内加注易燃液体；将开关锁在开路位置，防止电路接通等都是闭锁的手段。

锁定则是指保持某事件或状态，或避免人、物脱离安全区域。例如在螺栓上的保险销就可防止因振动造成的螺母松动，飞机弹射坐椅上的保险销可避免地面人员误启动引发弹射坐椅上的雷管和火箭；停车后在车轮前后放置石块等物体，可防止车辆意外移动而引发事故等。

联锁装置主要应用于电气系统中，主要目的是保证在特定的情况下某事件不发生。在这里不作详细介绍。

5. 警告

警告通常用于向有关人员通告危险、设备问题和其他值得注意的状态，以便使有关人员采取纠正措施，避免事故发生。警告可按人的感觉方式分为：视觉警告、听觉警告、嗅觉警告、触觉警告和味觉警告等。

1）视觉警告

眼睛是人们感知外界的主要器官，视觉警告是最广泛应用的警告方式。视觉警告主要有：亮度、颜色、信号灯、小旗和飘带、标志、书面告警等警告方法。

（1）亮度。即使存在危险之处比没有危险之处亮度大，以至于人能集中注意力于危险区域。如对有障碍物的照明可以减少人或车辆误入此区域的可能性，自行车尾灯通过反射灯光告知其存在及位置等。

（2）颜色。通过明亮、鲜明的颜色，或明暗交替的颜色，引起人们的注意，发出告警信息。如环卫工人身穿橘红色的背心，使机动车辆易于发现与识别；有毒、有害、可燃、腐蚀性的气体、液体管路涂上特殊的颜色等。国家标准 GB 2893—2001《安全色》及《安全色使用导则》规定了安全色、对比色的意义及其使用方法。

安全色分为红、蓝、黄、绿四种颜色。

红色表示禁止、停止、消防和危险的意思。禁止、停止、消防和有危险的器件、设备及环境均应涂以红色的标记。如禁止标志，交通禁令标志，消防设备，停止按钮，停车、刹车装置的操纵手柄，仪表刻度盘上的极限位置刻度，机器转动部件的裸露部分，液化石油气槽车的条带及文字，危险信号旗等。黄色表示提醒人们注意。需警告人们注意的器件、设备及环境，均应涂以黄色的标记。如各种警告标志；道路交通标志和标线；警戒标记，如危险机器和坑池周围的警戒线等；各种飞轮、皮带轮及其防护罩的内壁；楼梯的第一级和最后一级的踏步前沿；防护栏杆及警告信号旗等。

蓝色表示指令，要求人们必须遵守的规定。如指令标志、交通指示标志等。

绿色表示给人们提供允许、安全的信息。可以通行或安全涂以绿色标记，如表示通行、机器启动按钮、安全信号旗等。

对比色则是使安全色更加醒目的反衬色。有黑、白两种颜色。黑色为黄色安全色的对比色，白色则为红、绿、蓝安全色的对比色。黑、白两色也可互为对比色。

黑色用于安全标志的文字、图形符号、警告标志的几何图形和公共信息标志。白色则作为安全标志中红、绿、蓝三色的背景色，也可用于安全标志的文字和图形符合及安全通道、交通上的标线及铁路站台上的安全线等。

红色与白色相间隔的条纹，比单独使用红色更加醒目，表示禁止通行、禁止跨越的意思，用于公路交通等方面所用的防护栏杆及隔离墩。

黄色与黑色相间隔的条纹，比单独使用黄色更为醒目，表示特别注意的意思，用于各

种机械在工作或移动时容易碰撞的部位,如移动式起重机的外伸腿、起重机的吊钩滑轮侧板、起重臂的顶端、四轮配重,平板拖车排障器及侧面栏杆,剪板机压紧装置,冲床的滑块,压铸机的动型板及圆盘送料机的圆盘等有暂时性或永久性危险的地方或设置。

蓝色与白色相间隔条纹,比单独使用蓝色更为醒目,表示指示方向。用于交通上的指导性导向标志等。

(3)信号灯。着色的信号灯是一种指示危险存在的常用方法。一般情况下,信号灯所用的颜色及所指的意义是:

红色表示存在危险、紧急情况、故障、错误和中断等;

黄色表示接近危险、临界状态、注意和缓行等;

绿色表示良好状态、继续进行、准备好的状态、功能正常和在规定的参数限度内;

白色表示系统可用或系统在运行中。

闪动的灯光可用于引起人们的注意或指示紧急事件,效果比固定灯光更好。

(4)小旗和飘带。飘带用于提醒、注意,如汽车超宽时在两边上均系有飘带,提醒对面司机的注意;小旗则用于表示危险状态,如在开关上挂上小旗,表示正在修理或因其他原因不能合上开关;爆破作业时挂上红旗以防止人员进入等。

(5)标记。在设备上或有危险的地方可以贴上标记以示警告。如指出高压危险,功率限制,负荷、速度或温度限制等,提醒人们危险因素的存在或需要穿戴防护用品等。

(6)标志。利用事先规定了含义的符号表示警告危险因素的存在或应采取的措施。如指出具有放射性危险的设备及处理方法、电子设备的高压电源、道路急转弯处的标志等。国家标准 GB 2894—1996《安全标志》规定,安全标志由安全色、几何图形和图形符合构成,分为禁止标志、警告标志、指令标志及提示标志。

① 禁止标志,是禁止人们不安全行为的一种图形标志。其基本形式为带斜杠的圆边框,图形背景为白色,圆环和斜杠为红色,图形符号为黑色。如"禁止吸烟"等。

② 警告标志,是提醒人们对周围环境引起注意,以避免可能发生危险的一种图形标志。其基本形式为正三角形边框,图形背景为黄色,三角形的边框及图形符号均为黑色。如"当心爆炸"等。

③ 指令标志,是强制人们必须做出某种动作或采用防范措施的一种图形标志。其基本形式是圆形边框,图形背景为蓝色,图形符号为白色。如"必须戴安全帽"等。

④ 提示标志,是向人们提供某种信息的一种图形标志。其基本形式是正方形边框,图形背景为绿色,图形符合及文字为白色。如太平门、安全通道为一般提示标志,地下消火栓等为消防设备提示标志。

(7)书面警告。在操作、维修规程,指令、手册、说明书及检查表中写进警告及注意事项,警告人们存在着危险因素,特别需要注意的事项及应采取的行动,必须使用的防护设备、服装或工具等;而且任何需要引起操作者、使用者关注的危险都必须予以提及。

2)听觉警告

在某些情况下,仅依靠视觉警告不足以引起人们的注意。如工作过于繁忙,不断地走动的工作等。尽管一个明亮的视觉信号能在很远看到,但在规定范围内,听觉信号效果会更好。听觉信号还可以用来提醒人们注意视觉信号,并通过视觉信号掌握更详尽的信息。此外，我们还可以通过编码的方式表示事先规定好的不同的警告内容。

一般在下列情况下，应用听觉信号较为合适：

（1）所传递的信息简短、简单，需要及时做出反应时。

（2）视觉警告方式受到限制时，如光线的变化、操作者目视范围受限或对操作人员还有其他目视要求等。

（3）信号十分重要，需要多种警告信号相结合时，如消防报警装置。

（4）需要提醒有关人员注意进一步的信息时。

（5）习惯于采用听觉信号的场合。

（6）进行必要的声音通信时。

常见的听觉警告装置有喇叭、电铃、蜂鸣器或闹钟等。

3）嗅觉警告

通常只有当气体分子影响到鼻腔中约为 $645mm^2$ 的微小敏感区域时，人就能闻到气味。由于有些气体是无味的，有些气体又气味过强，且不同的人对气体的敏感能力有较大差别，如一般吸烟者均比不吸烟者的敏感能力差，因而嗅觉警告装置的应用受到了很大的限制。但嗅觉警告仍有一定的应用价值，如在易燃、易爆且无色、无味的气体中加入某些气味剂；譬如，在天然气中加入少量气味很强的硫醇，就可以使人迅速感觉到天然气的泄漏并及时采取措施，避免火灾爆炸事故的发生。

设备过热通常也会产生特定的气味。如轴承过热，则气化温度较低的润滑剂挥发就可使操作人员闻到气味；对燃烧后所产生的气体气味的探测可发现火灾的部位等。

4）触觉警告

振动是触觉警告的主要方式。设备的过度振动表明设备运行不正常。例如，转轴、轴承等磨损较为严重时，都会产生剧烈振动；国外高速公路路面上凸起的分道线会通过震动的方式提醒驾驶者注意道路、方向等方面的变化。

温度是触觉警告的另一种方式。维修人员通过触摸可确定设备是否工作正常，温度的升高意味着故障或过负荷等情况。

5）味觉警告

味觉警告通常是用以确定或指示放入口中的食物、饮料或其他物质是否有危险存在。如某些药物，为防止婴幼儿误食、过量，在其中添加有苦味的添加剂就是典型的一例。在工业生产中极少用到味觉警告方式。

四、避免和减少事故损失的安全技术

有危险存在，尽管可能性很小，但总存在导致事故的可能性，而且没有任何办法精确地确定事故发生的时间。另一方面，事故发生后如果没有相应的措施能迅速控制局面，则事故的规模和损失可能会进一步扩大，甚至引起二次事故，造成更大、更严重的后果。因此，必须采取相应的应急措施，避免或减少事故损失，至少能保证或拯救人的生命。这类措施包括隔离、个体防护、逃逸、救生和营救措施等。

1. 隔离

隔离除了作为一种广泛应用的事故预防的方法之外，还经常用于减少因事故中能量

剧烈释放而造成的损失。隔离技术在避免或减少事故损失方面的应用有距离隔离、偏向装置、封闭等。

（1）距离隔离。这是一种常用的对爆炸性物质的物理隔离方法。即把可能发生事故、释放出大量能量或危险物质的工艺、设备、设施布置在远离人群或被保护物的地方。例如，把爆破材料的加工制造和储存等安排在远离居民区和建筑物的地方；爆破材料之间保持一定的距离等。

（2）偏向装置。隔离也可以通过偏向装置来实现。其主要目的是把大部分剧烈释放的能量导引到损失最小的方向。如在爆炸物质与人和关键设备之间设置坚实的屏障并用轻质材料构筑厂房顶部。当爆炸发生时，防护墙承受一部分能量，而其余能量则偏转向上，使损失减小。

（3）封闭。利用封闭措施可以控制事故造成的危险局面，限制事故的影响。

①控制事故的蔓延。如利用防火带可以限制森林火灾的蔓延，在储藏有毒或易燃易爆液体的容器周围设置排泄设施可防止溢出物的扩散。

②限制事故的影响。如防火卷帘把火灾限制在某一区域之内，盘山路转弯处的栏杆可以减少车辆失控时跌入山谷的可能性。

③为人员提供保护。如在一些系统设置"安全区"，并保证人员在该区域的安全。矿井里的避难硐室就是一个例子。

④对材料、物资和设备予以保护。如金属容器都可以减少环境对容器内物质的损害；飞机上的飞行数据记录仪（俗称黑匣子），其外壳既耐冲击（1000个重力加速度）又耐高温（1100℃的高温火焰燃烧30min）、耐潮湿（在海水中长期浸泡）、耐腐蚀，为飞机飞行保存了足够的资料。

2. 个体防护

在对所发生的事故没有较好的技术控制措施或采用的措施仍不能完全保证人的生命安全的情况下，个体防护不失为一种好的解决方案，它向使用者提供了一个有限的可控环境，将人与危险分隔开。个体防护装置范围很广，包括从简单的防噪声耳塞到带有生命保障设备的宇航服，但其应用方式主要有以下3种情况。

（1）必须进行的危险性作业。由于危险因素不能根除，又必须进行相关的作业，采用个体防护的方法可以起到防止特定的危险对人员伤害的作用。这时采用的个体防护装置的针对性非常强，如焊接作业的护目墨镜，在存在有毒有害气体的环境中工作时戴的防毒面具等。但必须指出的是，在条件可行的情况下，不应以个体防护代替根除或控制危险因素的设计或安全规程。例如，在采取了通风措施，排除了有毒、有害气体或降低其浓度于危险水平以下的条件下，操作人员就没有使用防毒面具的必要了。

（2）进入危险区域。为调查研究或因其他原因进入极有可能存在危险的区域或环境时，也应配置相应的个体防护装置。如在火灾后进入现场调查或搜寻，应佩戴防毒装置等，但有时该区域的危险不十分明确，因此为达到防护的目的，此类个体防护设备需要考虑对多种潜在危险的防护问题。

（3）紧急状态下。对紧急状态下使用的个体防护器具，因为事故或事件发生非常突然，因而开始的几分钟就成了是控制危险还是造成灾难，是保证安全还是受到伤害的关键。这时的个体防护装置也起着至关重要的作用。一般来说，对紧急状态下使用的个体防护装备，在设计、使用功能等方面都有严格的要求，主要有如下4点：

① 使用简便，穿戴容易，能够迅速为人所用。
② 可靠性高且适用范围广，可有效地应付多种危险。
③ 不降低使用者的灵活性、可视性。
④ 装备本身对人无伤害。

此外，防护装备，特别是紧急状态下的防护设备，其设计和试验都应确保最大限度地满足下列要求：

① 在储存中或在所防护的环境中不会迅速退化。
② 不会因正常的弯曲、阳光照射、极限温度等环境影响而损坏。
③ 易于清洗和净化。
④ 储存应急防护装备的设施应尽可能靠近所用装备的区域。
⑤ 为防毒或防腐蚀而设计的服装应是密封的。
⑥ 用于防火的服装应是不可燃或可自动灭火的。
⑦ 应有简单、清晰的说明书介绍防护装备的装配、测试和维修的正确方法。

3. 能量缓冲装置

利用能量缓冲装置在事故发生后吸收部分能量，也可以保护有关人员和设备的安全。例如：工人戴的安全帽、汽车中的安全带，都可以吸收冲击能量，防止或减轻伤害。

4. 薄弱环节

薄弱环节指系统中人为设置的容易出故障的部分。其作用是使系统中积蓄的能量通过薄弱环节得到部分释放。以小的代价避免严重事故的发生，达到保护人和设备的目的。常用的薄弱环节有：电薄弱环节，如电路中的保险丝在电路产生过载电流时熔断，从而使电路切断，达到保护其他用电设备的目的；热薄弱环节，如压力锅上的易熔塞由易熔材料制成，当压力超过限值时，易熔塞熔化，蒸汽从其中排出，达到减小压力、避免超压爆炸的目的；机械薄弱环节，如压力灭火器的安全隔膜，当灭火器由于过热而使压力过大时，隔膜会因超压而破裂，使灭火器的内部压力保持在规定限度内；结构薄弱环节，如主动联轴节中的剪切销，当持续过载会损坏传动设备或从动设备时，剪切销会先切断，保证设备的安全。

5. 逃逸、避难与营救

当事故发生到不可控制的程度时，应采取措施逃离事故影响区域，采取避难等自我保护措施和为救援创造一个可行的条件。这时，人们往往要依赖于逃逸、避难或营救措施获得继续生存的条件。

这里逃逸和避难是指使用本身携带的资源自身救护所做的努力；营救是指其他人员救护在紧急情况下有危险的人员所做的努力。

逃逸、避难和营救设备对于保障人的生命安全是非常重要的。当采用安全装置、建立安全规程等方法都不能完全消除某种危险，使系统存在发生重大事故的可能性时，应考虑应用逃逸、避难、营救等设备。

逃逸设备用于使有关人员逃离危险区，如大型公共设施中的各类安全疏散设施，飞机

驾驶员的弹射坐椅等；避难设施则是通过隔离等手段保证有关人员在危险区域的安全，如矿井中的避难硐室等；消防人员使用的云梯车既是一种控制火灾事故的设备，也是一种典型的营救设备。

选取减少事故损失的安全技术的优先次序为：
（1）隔离和屏蔽；
（2）接受小的损失；
（3）个体防护；
（4）避难和救生设备；
（5）营救。

事故案例 1

违章动火发生烧伤事故

一、事故经过

2004年11月2日下午，某局井下作业公司试采队队长张某带领技术员汤某、周某和电焊工马某，对高X井的装油管线进行改造，14点20分完工。井场值班人员王某提出40m³储油罐的梯子没有固定，怕被当地的老百姓盗走，想把梯子与油罐连接在一起。当时队长张某看到40m³储油罐上西边有一根以前焊上的钢筋，高出罐约0.5m，梯子放在此处与钢筋焊接即可解决问题。在没有按照规定办理《工业动火报告》的情况下，叫焊工马某取来电焊工具进行焊接，焊工马某对张某说："在油罐上焊接有危险"。但是张某仍违章指派马某焊接，并说："可能没什么问题，你就焊吧"。于是，马某拿起电焊工具和面罩爬上油罐，由于打铁丝接触不好，几次没有打出火花，马某就叫王某上来帮忙。当点焊时，40m³储油罐上的天然气突然发生爆炸，造成电焊工马某面部及手部烧伤，试采工王某左脸部及手腕裸露部位烧伤。

二、事故原因

经调查认为，这是一起典型的违章指挥、违章操作而造成的责任事故。
（1）直接原因。在没有采取任何安全措施的情况下，在储油罐上进行焊接作业，发生燃爆。
（2）间接原因。安全意识差，队长违章指挥；操作人员违章操作，穿戴的工衣、手套不符合规定；大队领导安全生产管理不到位。

三、事故教训

任何一项安全生产规章制度和操作规程，都是用血的教训换来的，都是多年经验的总结，也可以说是安全生产的"底线"，逾越这个"底线"，就会再次付出血的代价。
通常所说的工业动火是指：使用气焊、电焊、铝焊、塑料焊、喷灯等焊割工具，在油气、易燃、易爆危险区域内的作业和生产、维修油气容器、管线、设备及盛装过易燃易爆物品的容器设备上，能直接和间接产生明火的施工作业。每一次动火都要制定动火措施，每一级动火都有明确的审批程序。对此电焊工马某应该是知道的，但提示了却没有坚持；队长张某也应该是知道的，但却明知故犯，违章指挥，最终造成了事故。事故发生后，张某在反思中讲到"侥幸心理、麻痹思想在我头脑中存在，才导致此次事故的发生"。

事故案例2

强令冒险作业发生死亡事故

一、事故经过

2005年9月6日上午，某钻井工程公司L队组织甩钻具作业。钻台上，平台副经理敬某在别人提醒"钢丝绳没有排齐，又乱，危险，不要这样操作了"时，仍然指挥："慢慢提"。尹某提起后在向转盘加宽台观察孔内下放时，看到滚筒的钢丝绳缠绕挤压，难于下放，又说："这样不能再放，振动太大，加重钻杆又太重"。敬某又要求尹某继续下放，20：50，在下单根下放出转盘加宽台面下5m左右时，滚筒钢丝绳出现第二次释放，随即将固定天滑轮的两股15.9mm钢丝绳拉断，滑轮落下后，砸到副司钻孟某的背部，送医院抢救无效于9月7日1：30时死亡。

二、事故原因

造成这次事故的主要原因是：
（1）违章指挥，冒险蛮干。
（2）气动绞车钢丝绳排绳松乱，致使瞬间过载，钢丝绳被拉断。
（3）当班人员未能拒绝违章指挥。
（4）设备存在缺陷。用钢丝绳固定气动绞车天滑轮，不如用销子固定牢靠。使用的气动绞车，排绳装置排绳效果差，在吊钩空载时，排绳松乱。
（5）操作人员安全意识不强，在工作场所出现险情后，缺乏应有的紧急避险能力。

三、事故教训

这次事故带来的深刻教训是：
（1）在没有进行充分的研究分析、不能确保安全生产的情况下，不能随意改变生产工艺或工序。
（2）违章指挥等于杀人。在甩钻具开始后，先后出现了气动绞车钢丝绳缠绕松乱、吊钩卡在天滑轮内、下放立柱时钢丝绳突然释放等危险因素。如果在这些因素出现后，立即停止作业，事故是可以避免的。
（3）遇到基层干部违章指挥时，员工要勇于阻止和拒绝，以保护自己的生存权利。

第四章
风险管理基本知识

> 风险管理是建立健康、安全与环境管理体系的基础，其主要内容有危害辨识、风险评价与分析，并根据分析结果消除风险或将风险削减到可接受的水平。风险管理的目的就是杜绝或减少事故发生。在建立和运行健康、安全与环境管理体系的过程中，利用安全系统工程技术，对生产活动中的危害进行辨识，并对其风险进行评价、分析和削减，才能真正建立现代安全生产管理体系，将传统安全生产管理转变为现代安全生产管理，将"安全第一，预防为主"的安全生产方针贯彻到实际生产过程中。

第一节 风险管理的概念

本节介绍风险管理涉及的概念及其在健康、安全与环境管理体系中的地位和作用。

一、风险管理涉及的概念

风险管理主要涉及以下概念：

（1）危害。可能引起的损害，包括引起疾病和外伤，财产、工厂、产品或环境破坏，招致生产损失或经济负担。

（2）风险。发生特定危害事件的可能性以及事件结果的严重性。

（3）危险源。指可能造成人员伤亡、财产损失或环境破坏的根源，可以是存在危险的一件设备、一处设施或一个系统，也可能是一件设备、一处设施或一个系统中存在危险的一部分。

（4）危害辨识。识别危害的存在并判定其性质的过程。

（5）重大危险、危害因素。指能导致重大事故发生的危险、危害因素。

（6）重大危险源。是指工业活动中客观存在的危险物质或能量超过临界值的设备或设施。

（7）重大事故。在重大危险设施内的一项生产活动中突然发生的、涉及一种或多种危险物质的严重泄漏、火灾、爆炸等导致职工、公众及环境急性或慢性严重危害的意外事故。重大事故具有伤亡人数众多、经济损失严重、社会影响大的特征。

（8）风险评价。也称危险评价或安全评价，是评价危险程度并确定其是否在可接受范围的全过程。即对确定出的一系列危害事件从发生可能性和后果严重程度两方面评价，并与给定目标或准则对比，确定其是否在可承受的范围内。

（9）环境。组织运行活动的外部存在，包括空气、水、土地、自然资源、植物、动物、人，以及它们之间的相互关系。

（10）环境因素。一个组织的活动、产品或服务中能与环境发生相互作用的要素。

（11）环境影响。全部或部分地由组织的活动、产品或服务给环境造成的任何有害或有益变化。

二、风险管理在 HSE 管理体系中的核心地位

HSE 管理体系包含 7 个一级要素，26 个二级要素。每一个要素都不是孤立存在、独立发挥作用的，各要素间存在很强的逻辑关系，相互关联，相互作用，承前启后，形成了一个有机的统一体。风险评价在 HSE 管理体系中起着十分重要的作用。

从 26 个关键要素的结构中看出，危害辨识与风险评价的结果（即重大风险）将直接应用在目标和表现准则的制定上，为确保目标的实现，进而制定并实施风险削减措施；针对重大风险，预先制订应急计划，在紧急情况下按应急计划作出响应。最后通过监测，及时发现上述过程中存在的不符合，并采取纠正和预防措施。这样，风险管理就成为 HSE 管理体系的一条主线，风险评价是整个体系的核心。只有抓住这条主线，实实在在做工作，才能有效建立和实施 HSE 管理体系。

第二节　风险评价知识

本节从进行风险评价的目的、风险评价的作用、类别及管理过程等方面介绍风险评价的有关知识。

一、风险评价的目的

进行风险评价的目的主要为以下几方面：

（1）系统地从计划、设计、制造、运行等过程中考虑职业安全卫生技术和安全生产管理问题，找出生产过程中潜在的危险因素，并提出相应的安全措施，实现本质安全的目标。

（2）对潜在事故进行定性、定量分析和预测，建立使系统安全的方案，对已发生的事故评价，提出纠正措施。

（3）评价设备、设施或系统的设计是否使收益与危险达到最合理的平衡。当危险过高时必须更改设计，当达不到规定的可接收危险水平而无法改进设计时，则只好放弃这种设计方案。

（4）在设备、设施或系统进行试验或使用之前，对潜在的危险进行评价，以便考核已判定的危险事件是否消除或控制在规定的可接收水平，并为所提出的消除危险或将危险减少到可接收水平的措施所需费用和时间提供决策支持。

（5）评价设备、设施或系统在生产过程中的安全性是否符合有关标准、规范的规定，实现安全技术与安全生产管理的标准化和科学化。

（6）风险评价体现了预防为主的思想，使潜在和显在的危险得以控制。

二、风险评价的作用

确定风险与判别准则的符合程度；评价所要进行的活动的可行性，是否允许操作；确定是否需要特殊的预防、削减和恢复措施；确定是否需要进一步监测；确定进行改进的优先顺序。

三、风险评价的类别

从安全生产管理的角度来看，风险评价可分为5种类型：新建、改建、扩建工程的预评价，在役装置或运行系统的现状评价，退役系统或有害废弃物的危害评价，危险化学品的评价和系统安全生产管理绩效评价。

四、风险评价和管理过程

风险管理的核心步骤是：确定风险→评价风险→策划控制措施→采取控制措施。

第三节　风险辨识的主要内容及方法

本节介绍风险辨识的内容及辨识方法。

一、风险辨识的主要内容

风险辨识的主要内容包括以下8个方面。

（1）厂址。

从厂址的工程地质、地形、自然灾害、周围环境、气象条件、资源交通、抢险救灾支持条件等方面进行分析。

（2）厂区平面布局。

①总图。功能分区（生产、管理、辅助生产、生活区）布置；高温、有害物质、噪声、辐射、易燃、易爆、危险品设施布置；工艺流程布置；建筑物、构筑物布置；风向、安全距离、卫生防护距离等。

②运输线路及码头。厂区道路、厂区铁路、危险品装卸区、厂区码头。

（3）建（构）筑物。

结构、防火、防爆、朝向、采光、运输、（操作、安全、运输、检修）通道、开门、生产卫生设施。

（4）生产工艺过程。

物料（毒性、腐蚀性、燃爆性）温度、压力、速度、作业及控制条件、事故及失控状态。

（5）生产设备、装置。

① 化工设备、装置。高温、低温、腐蚀、高压、振动、管件部位的备用设备，控制、操作、检修和故障、失误时的紧急异常情况。
② 机械设备。运动零部件和工件、操作条件、检修作业、误运转和误操作。
③ 电气设备。断电、触电、火灾、爆炸、误运转和误操作、静电、雷电。
④ 危险性较大设备、高处作业设备。
⑤ 特殊单体设备、装置。锅炉房、乙炔站、氧气站、石油库、危险品库等。
（6）粉尘、毒物、噪声、振动、辐射、高温、低温等有害作业部位。
（7）工时制度、女职工劳动保护、体力劳动强度。
（8）管理设施、事故应急抢救设施和辅助生产、生活卫生设施。

二、辨识方法

主要采用以下三种辨识方法。

1. 分析物料性质

了解生产或使用的物料性质是危险辨识的基础。

2. 分析作业环境

作业环境因素包括生产性毒物或粉尘、噪声、振动、高低温及采光、照明等。

3. 分析工艺流程或生产条件

工艺流程或生产条件也会产生危险或使生产过程中材料的危险性加剧。例如，水就其性质来说没有爆炸危险，但如果生产工艺的温度和压力超过了水的沸点，那么水的存在就具有蒸汽爆炸的危险。因此，在危险辨识时，仅考虑材料性质是不够的，还必须要考虑工艺流程或生产条件，同时可使有些危险材料免予进一步分析和评价。

第四节 危险、有害因素分析与辨识

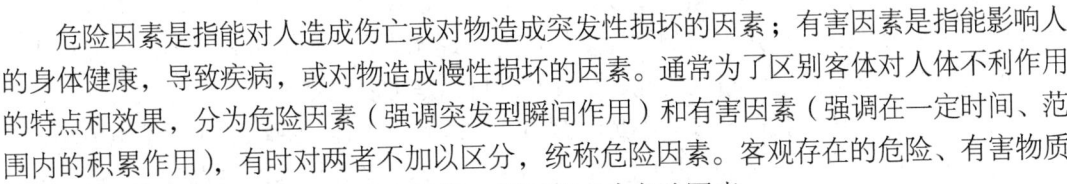

危险因素是指能对人造成伤亡或对物造成突发性损坏的因素；有害因素是指能影响人的身体健康，导致疾病，或对物造成慢性损坏的因素。通常为了区别客体对人体不利作用的特点和效果，分为危险因素（强调突发型瞬间作用）和有害因素（强调在一定时间、范围内的积累作用），有时对两者不加以区分，统称危险因素。客观存在的危险、有害物质或能量超过临界值的设备、设施和场所，都可能成为危险因素。

识别危险因素，是能够杜绝或减少事故的第一步，关键是要制定有效的措施防范或规避风险造成的事故发生。

一、危险、有害因素产生的原因

认真分析以下诸方面危险、有害因素产生的原因，是制定有效措施防范规避事故的前提。

1. 能量、有害物质

能量就是做功的能力，它既可以造福人类，也可以造成人员伤亡和财产损失；一切产生、供给能量的能源和能量的载体在一定条件下，都可能是危险、有害因素。

有害物质在一定条件下能损伤人体的生理机能和正常代谢功能，破坏设备和物品的效能，也是最根本的有害因素。

2. 失控

（1）故障（包括生产、控制、安全装置和设施完整性等）。故障（含缺陷）是指系统、设施、元件等在运行过程中由于性能（含安全性能）低下而不能实现预定功能（包括安全功能）的现象。在生产过程中故障的发生是不可避免的，迟早都会发生；故障的发生具有随机性、渐进性或突发性，故障的发生是一种随机事件。造成故障发生的原因很复杂（认识程度、设计、制造、磨损、疲劳、老化、检查和维修保养、人员失误、环境、其他系统的影响等），但故障发生的规律是可知的，通过定期检查、维修保养和分析总结可使多数故障在预定期间内得到控制（避免或减少）。掌握各类故障发生的规律和故障率是预防事故发生并造成严重后果的重要手段，这需要应用大量统计数据和概率统计的方法进行分析、研究。

系统发生故障并导致事故、危害发生的危险、有害因素，是以设计为对象的预评价研究的主要内容。这类危险、有害因素主要体现在发生故障、误操作时的防护、保险、信号等设施完整的缺乏、缺陷和设备在强度、刚度、稳定性、人机关系上的缺陷两方面。例如，电气设备绝缘损坏、保护装置失效造成漏电伤人，短路保护装置失效又造成变配电系统的破坏；控制系统失效使化学反应装置压力升高，泄压安全装置故障使压力进一步上升，导致压力容器破裂、有毒物质泄漏散发、爆炸危险气体泄漏爆炸，造成巨大的伤亡和财产损失；管道阀门破裂、通风装置故障使有毒气体侵入作业人员呼吸带；超载限制或起升安全装置失效使钢丝绳断裂、重物坠落；围栏缺损、安全带及安全网质量低劣为高处坠落事故提供了条件等，都是故障引起的危险、有害因素。

（2）人员失误。人员失误泛指不安全行为中产生不良后果的行为（即员工在劳动过程中，违反劳动纪律、操作程序和方法等具有危险性的做法）。人员失误在一定经济、技术条件下，是引起危险、有害因素的重要因素。人员失误在生产过程中是不可避免的，它具有随机性和偶然性，往往是不可预测的意外行为；影响人员失误的因素很多，但发生人员失误的规律和失误率通过大量的观测、统计和分析，是可以预测的。

由于不正确态度、技能或知识不足、健康或生理状态不佳和劳动条件（设施条件、工作环境、劳动强度和工作时间）影响造成的不安全行为，各国根据以往的事故分析、统计资料将某些类型的行为各自归纳为不安全行为。中国国家标准 GB 6441—1986《企业职工伤亡事故分类标准》附录中将不安全行为归纳为操作失误（忽视安全、忽视警告）、安全装置失效、使用不安全设备、手代替工具操作、物体存放不当、进入危险场所、攀坐不安全位置、在起吊物下作业（停留）、机器运转时加油（修理、检查、调整、清扫等）、有分散注意行为、忽视使用必须使用的个人防护用品或用具、不安全装束、对易燃易爆等危险品处理错误等 13 类。例如，误合开关使检修中的线路或电气设备带电、使检修的设备意外启动；未经检测或忽视警告标志，不佩戴呼吸器等护具进入缺氧、有毒作业场所；注意力不集中、反应釜压力超限时开错阀门使有害气体泄漏；汽车起重机吊装作业时吊臂误触高压线；不按规定穿戴工作服（帽）使头发或衣袖卷入运行工件；吊索具选用不当、吊重绑挂方式不当，使钢丝绳断裂、吊重失稳坠落等，都是人员失误形成的危险、有害因素。

（3）管理缺陷。系统安全生产管理是为保证及时、有效地实现系统的安全目标，在预测、分析的基础上进行的计划、组织、协调、检查等工作，是预防故障、人员失误发生的有效手段，管理缺陷是影响失控发生的重要因素。

（4）温度、湿度、风雨雪、照明、视野、噪声、振动、通风换气、色彩等环境因素都会引起设备故障或人员失误，是发生失控的间接因素。

二、危险、有害因素的分类

对危险、有害因素进行分类，是为便于进行危险、有害因素分析。危险、有害因素的分类方法有很多种，本节着重介绍按导致事故、危害的直接原因进行分类的方法和参照事故类别、职业病进行分类以及参照 ISO 14000 相关标准分类的方法。

1. 按导致事故和职业危害的直接原因进行分类

根据 GB/T 13816—1992《生产过程危险和有害因素分类与代码》的规定，将生产过程中的危险、有害因素分为六类。

（1）物理性危险和有害因素。设备、设施缺陷（稳定性差、外形缺陷、制动器缺陷、设备设施完整性存在缺陷）；防护缺陷（无防护、防护装置和设施完整性缺陷，防护不当、支撑不当，防护距离不够）；电危害（带电部位裸露、漏电、雷电、静电、电火花、其他电危害）；噪声危害（机械性噪声、电磁性噪声）；振动危害（机械性振动、其他振动）；电磁辐射（电离辐射：X射线、高能电子束等；非电离辐射：紫外线、激光、超高压电场）；运动物危害（固体抛射物、液体飞溅物、反弹物、岩土滑动、料堆垛滑动）；明火；能造成灼伤的高温物质；能造成冻伤的低温物质；粉尘与气溶胶；作业环境不良（基础下沉、安全过道缺陷、采光照明不良、通风不良、缺氧、强迫体位、气温过高、气温过低、气压过高、气压过低，高温高湿、其他作业环境不良）；信号缺陷（无信号设施、信号选用不当、信号位置不当、信号不清、信号显示不准、其他信号缺陷）；标志缺陷（无标志、标志不清楚、标志不规范、标志选用不当、标志位置缺陷、其他标志缺陷）；其他物理性危险和有害因素。

（2）化学性危险和有害因素。易燃易爆性物质（易燃易爆性气体、易燃易爆性液体、易燃易爆性固体、易燃易爆性粉尘与气溶胶）；自然性物质；有毒物质（有毒气体、有毒液体、有毒固体）；腐蚀性物质（腐蚀性气体、腐蚀性液体、腐蚀性固体）；其他化学性危险和有害因素。

（3）生物性危险和有害因素。致病微生物（细菌、病毒、其他致病微生物）；传染病媒介物；致害动物；致害植物；其他生物性危险和有害因素。

（4）心理、生理性危险和有害因素。负荷超限（体力负荷超限、听力负荷超限、视力负荷超限、其他负荷超限）；健康状况异常；从事禁忌作业；心理异常（情绪异常、冒险心理、过度紧张、其他心理异常）；辨识功能缺陷（感知延迟、辨识错误、其他辨识功能缺陷）；其他心理、生理性危险和有害因素。

（5）行为性危险和有害因素。指挥错误（指挥失误、违章指挥、其他指挥错误）；操作错误（误操作、违章作业、其他操作失误）；监护失误；其他错误；其他行为性危险和有害因素。

（6）其他危险和有害因素。

2. 按事故类别及伤害方式分类

综合考虑引起事故的诱导性原因、致害物、伤害方式等，将危险因素分为16类。

（1）物体打击。指物体在重力或其他外力的作用下产生运动，打击人体造成人身伤亡事故，不包括因机械设备、车辆、起重机械、坍塌等引发的物体打击。

（2）车辆伤害。指企业机动车辆在行驶中引起的人体坠落和物体坍塌、飞落、挤压伤亡事故，不包括起重设备提升、牵引车辆和车辆停驶时发生的事故。

（3）机械伤害。指机械设备运行（静止）部件、工具、加工件直接与人体接触引起的夹击、碰撞、剪切、卷入、绞、碾、割刺等伤害，不包括车辆、起重机械引起的机械伤害。

（4）起重伤害。指各种起重作业（包括起重机安装、检修、试验）中发生的挤压、坠落（吊具、吊重）物体打击和触电。

（5）触电。包括雷击伤亡事故。

（6）淹溺。包括高处坠落淹溺，不包括矿山、井下透水淹溺。

（7）灼烫。指火焰烧伤、高温物体烫伤、化学灼伤（酸、碱、盐、有机物引起的体内外灼伤）、物理灼伤（光、放射性物质引起的体内外灼伤)，不包括电灼伤和火灾引起的烧伤。

（8）火灾。一切引起火灾的事故。

（9）高处坠落。指在高处作业中发生坠落造成的伤亡事故，不包括触电坠落事故。

（10）坍塌。指物体在外力或重力作用下，超过自身的强度极限或因结构稳定性破坏而造成的事故，如挖沟时的土石塌方、脚手架坍塌、堆置物倒塌等，不适用于矿山冒顶片帮和车辆、起重机械、爆破引起的坍塌。

（11）放炮。指爆破作业中发生的伤亡事故。

（12）火药爆炸。指火药、炸药及其制品在生产、加工、运输、储存中发生的爆炸事故。

（13）化学性爆炸。指可燃性气体、粉尘等与空气混合形成爆炸性混合物，接触引爆能源时发生的爆炸事故（包括气体分解、喷雾爆炸）。

（14）物理性爆炸。包括锅炉爆炸、容器超压爆炸、轮胎爆炸等。

（15）中毒和窒息。包括中毒、缺氧窒息、中毒性窒息。

（16）其他伤害。指除上述以外的危险因素，如摔、扭、挫、擦、刺、割伤和非机动车碰撞、轧伤等。

三、环境因素的辨识

环境因素辨识是危害因素辨识的重要组成部分。采取合适的辨识评价程序，建立有效的辨识评价机制，组织全员辨识出其活动、产品或服务过程中方方面面的环境因素，通过系统、科学的方法对环境因素进行评价，确定出需要优先解决的重要环境因素，对这些环境因素进行改进或控制，以满足健康、安全与环境管理体系风险管理的要求。

四、危害因素辨识注意事项

在危害因素辨识中应注意危险、危害因素的分布，伤害（危害）方式和途径，重大危险、危害因素 3 方面。

1. 危险、危害因素的分布

对厂址、平面布局、建（构）筑物、物质、生产工艺及设备、辅助生产设施（包括公用工程）、作业环境等分别分析其存在的危险、危害因素，列出并登记、综合归纳，得出系统中存在哪些危险、危害因素及其分布状态的综合资料。

2. 伤害（危害）方式和途径

（1）伤害（危害）方式。指对人体造成伤害、对人身健康造成损坏的方式。

（2）伤害（危害）的途径和范围。大部分危险、危害因素是通过与人体直接接触造成伤害，爆炸是通过冲击波、火焰、飞溅物体在一定范围内造成伤害，毒物是通过直接接触（呼吸道、食道、皮肤黏膜等）或一定区域内通过呼吸带的空气作用于人体，噪声是通过一定距离的空气损伤听觉的。

3. 重大危险、危害因素

分析时要注意防止遗漏，特别是对可导致重大事故的危险、危害因素要给予特别的关注，不得忽略。不仅要分析正常生产运转、操作时的危险、危害因素，更重要的是要分析设备、装置破坏及操作失误可能产生严重后果的危险、危害因素。

专家提示

靠培训掌握安全知识避免事故

依靠学习、掌握的风险、事故知识，当遇到类似情况时，会做出正确判断。如果及时采取有效措施，就会避免事故的发生。这样的事例很多，说明通过培训、学习掌握风险、事故基本常识有着重要意义。

【事例 1】2004 年 12 月 26 日，发生印度洋海啸。在之前，有一英国女孩蒂莉·史密斯在麦考海滩玩耍时，发现了类似课堂上讲到的海啸知识现象，及时告诉周围的人，使几百人得以幸免于难。

【事例 2】2007 年 2 月 4 日 23 时，江苏南京市六合冶山铁矿采矿一厂 103m 深的井下，百余名矿工正在采矿。矿工杨某和沈某在井下坑巷内取工具时，突然发现井壁上方有少量的岩石坠落，两人急忙停下手中的活，仔细观察矿井，发现岩石越来越多。他们根据一个月前在矿上安全培训时学到的知识，预测到这可能是井下塌方前的征兆。两人简单商议后，立即分头向两个井下作业区飞奔，赶去通知正在险情附近作业的井下矿工停止开采，迅速撤离。23 时 30 分，最后一批矿工安全撤离后，距离井口不到百米深的范围内开始发生大范围沉陷，直到次日天亮时。

事故是可以避免的，现在看不是一句空谈。作为员工来讲，怎样利用学到的知识，识别风险，避免事故发生呢？要注意以下几个方面：

（1）提高素质。不但要积极参加单位组织的安全学习，而且要善于自己学习，从书本上学，从报纸、电视等媒体上学。学好安全知识，加强修养，也就提高了自身素质。

（2）养成习惯。对自己从事的工作，要熟练掌握操作技能，养成良好、规范的操作习惯。

（3）做个有心人。对工作场所、环境要熟悉，发现异常现象，问个为什么，避免险情酿成事故。

（4）善于表达自己的意见。这样既尊重别人，也尊重自己，更尊重了生命。

第五章
安全标准化基本知识

> 根据国务院《关于进一步加强安全生产工作的决定》（国发〔2004〕2号）提出的"企业生产流程各环节、各岗位要建立严格的安全生产质量责任制。生产经营活动和行为，必须符合安全生产有关法律法规和安全生产技术规范，做到规范化和标准化"的要求，企业必须加强安全标准化建设，从而为安全生产提供良好的基础条件和环境。

第一节 安全标准化的含义

开展安全标准化建设是加强安全生产的一项基础性、长期性和全局性工作，是增强企业安全发展能力的固本强基工程，更是建立安全生产长效机制的根本途径。

一、安全标准化建设的重要意义

分析各类安全事故发生的原因，基础性的、共性的、深层问题的突出表现：一是企业安全生产整体水平不高、工艺技术落后、安全生产设备设施薄弱、安全生产管理不力等问题没有根本解决。二是一些企业安全标准意识淡漠，不了解标准，或有标不循，"三违"现象突出。三是推进标准化工作的相关制度、配套政策措施有待进一步加强完善等。为此，要消除企业生产经营中事故隐患，有效控制安全风险，达到本质安全水平，就必须全面开展安全生产标准化建设。

二、安全标准化的概念

安全标准化是标准化工作的重要内容，也是近几年根据安全生产形势提出来的重要理念和实际工作的重要抓手。

标准化就是对普遍性的活动制定统一的标准，并且对标准进行贯彻实施，达到规范、统一，以获得最佳秩序和社会效益的整个过程。法律法规以及根据法律法规制订的规范性文件，如规程、规定、规则、办法、要领、制度、基本要求等，统称为标准。安全标准化工作也是如此。

安全标准化是指通过建立安全生产责任制，制定安全管理制度和操作规程，排查治理隐患和监控重大危险源，建立预防机制，规范生产行为，使各生产环节符合有关安全生产法律法规和标准规范的要求，人、机、物、环处于良好的生产状态，并持续改进，达到企业安全生产的科学化、规范化、精细化。

从其定义中，可以看出有以下特点：

一是安全标准化，是区别于安全生产传统管理的一种新形态、新境界，是一种安全文化。

二是安全标准化建设，是企业履行安全生产主体责任的具体体现和具体内容的综合表述。

二是安全标准化是一项系统工程，设计安全生产全过程、全方位，强调建立长效机制。

三是安全标准化建设，不能一蹴而就，不是短期行为，要按照质量环（PDCA循环）管理模式，不断总结和完善，实现持续改进。

三、安全标准化的内容

安全标准化内容十分广泛，包括组织机构、安全投入、安全管理制度、人员教育培训、设备设施运行管理、作业安全管理、隐患排查和治理、重大危险源监控、职业健康、应急救援、事故的报告和调查处理、绩效评定和持续改进等方面，是有机整体，共同构成安全标准化的内容。

本文结合安全生产管理的实践，重点从抓好管理标准化、操作标准化、现场标准化等三方面，介绍如何加强企业安全标准化建设工作，促进建立起企业安全生产的长效机制。

第二节　管理标准化的要求与实施

安全生产中的管理标准化，与其他方面相比有共同点，也具有自身特点。

一、管理标准化的基本要求

开展管理标准化建设是指要建立起符合工作实际，科学规范，精简实用的生产安全管理标准。同时，要强化管理标准的落实，把标准变为企业员工的自觉行动，提高执行力。做到管理靠制度、办事按程序、考核有标准，使基层安全管理工作达到规范有序、运行高效。

二、管理标准化的实施

企业实施安全管理标准化，按照写好要做的、做好所写的、记下所做的原则，一般情况下，要按照五个步骤进行：

第一步，建立台账，掌握现状。要定期梳理现有的管理标准，摸清企业现有管理制度、安全管理现状。同时，全面了解掌握国家以及上级颁发的法律法规和规范性文件，主要包括相关规程、规定、规则、办法、要领、制度、基本要求等。建立管理标准台账，不断完善标准体系。

第二步，严细认真，开展对标。就是比较发现国家以及上级颁发标准在企业是否得到执行和落实。通过对标，要掌握企业安全管理制度存在的差距和问题，即哪些制度需要补充、修订，哪些制度需要废除，需要增加的什么制度，等等。

第三步，根据实际，修订完善。根据对标结果，及时修订和完善相应的安全管理制度。同时，指导基层单位不断完善管理标准，使各项管理工作规范化。在完善安全管理制度的基础上，要认真制定、落实各项管理工作流程，做到按程序要求办事，使各项管理工作做到程序化。

第四步，完善记录，打好基础。要加强安全生产基础资料建设，按照标准建立完善各项安全生产基础资料，夯实安全环保工作基础。

第五步，监督检查，确保落实。要按照制度规定，及时进行检查或审核，确保各项安全生产管理标准，在实际、在岗位得到落实。

三、管理标准化的基本内容

要确保安全生产，企业必须建立完善相应的管理制度。制定的管理制度既要符合国家和上级的要求，又要符合企业的实际，切忌照搬照抄、假大空。一般情况下要建立下列安全环保管理制度，纳入 HSE 管理体系，加强安全生产监督管理。

（1）安全环保责任制。要按照谁主管谁负责、属地管理、直线责任的原则，建立横向到边、纵向到底的全覆盖式安全环保责任体系。各级领导干部年底要提交安全环保工作述职报告，汇报履行安全责任制情况，在安全管理部门备案。

（2）安全环保控制指标体系。要明确年度安全环保控制指标，逐级签订安全环保责任书，层层落实安全环保责任目标。各单位要加强安全业绩考核，督促落实安全环保工作目标任务。

（3）安全生产例会制度。要定期分析、部署、督促和检查本单位的安全生产工作，及时解决安全环保存在的问题。处级单位安委会每季度至少召开一次，安全工作例会每月召开一次。科级单位安全领导小组会议每月至少一次。

（4）安全生产风险抵押金制度。要根据岗位安全风险和安全责任大小，对相关责任人收取一定数额的安全生产风险抵押金，明确管理办法，建立管理台账，强化落实安全环保责任。

（5）作业许可管理制度。要切实落实作业项目各级安全责任人、安全部门的管理责任，从源头上加强作业项目安全监管，杜绝各类施工作业事故发生。

（6）企业提取安全费用制度。要在每年预算中留有足额的安全费用，保证每年安全生产所需资金投入，建立安全费用台账，形成企业安全生产投入的长效机制。

（7）承包商和多种经营企业安全管理制度。对承包商要明确管理程序、办法，严格监督检查和业绩考核，切实加强承包商安全监督管理。要在所属多种经营企业全面落实 HSE 管理体系，从组织领导、工作机制和安全投入等方面入手，形成有效的安全监管办法，确保多种经营企业生产安全。

（8）风险辨识、隐患治理和危险源管理制度。要定期开展风险辨识活动，提高员工风险意识。对作业指导书没有列举的作业项目，要及时开展风险识别，完善管理措施。要明确隐患排查、治理和危险源监管责任人和管理措施，使一般隐患及时得到治理，较大以上

隐患和危险源始终处于受控状态。

（9）安全环保监督检查和考核制度。要明确责任部门监管责任、检查细则和考核标准，做到监督检查和考核人员、时间、标准三落实。考核结果与单位绩效工资挂钩，与各级安全责任人业绩挂钩。

第三节　操作标准化的要求与实施

操作标准化是安全生产的重点，也是安全标准化的主要内容。

一、操作标准化的基本要求

操作标准化就是在建立起（编制好）符合岗位实际、表达清楚、便于理解掌握的岗位作业指导书，以及易于量化考核的岗位操作规范的基础上，要加强培训、岗位练兵和技能比赛，让员工掌握规定动作，熟练岗位操作要领，养成严格按岗位作业指导书操作执行操作规范、"事事讲标准，人人守规章"的良好习惯。

二、操作标准化的实施

企业实施操作标准化，要把重点放在如何让企业员工规范操作上，这是安全生产的重中之重。一般情况下，要按照六个步骤进行：

第一步，企业要按照让员工上岗干什么、怎么干、达到什么标准的要求，建立包括岗位职责、工作标准、操作规范为主要内容的岗位规范，做到因岗而定，内容全面，表述准确，易于掌握，约束力强，便于执行。

第二步，企业要针对每台设备的特点，修订完善设备操作规程、设备设施工艺流程，作为岗位规范的要件。

第三步，企业要及时将岗位作业指导书印发至岗位员工，并督促严格落实，指导岗位安全操作作业。

第四步，企业要加大岗位规范、岗位作业指导书的培训力度，使每个员工牢记于心，熟练应用。

第五步，企业要对员工加强团结协作、文明服务教育，要求员工上岗作业必须正确穿戴劳动防护用品，特殊工种、炊事人员等岗位人员持证上岗，严格按照操作规范正确作业。

第六步，企业要深入学习贯彻集团公司反违章六大禁令和油田公司反违章十条规定，完善工作制度，加强岗位检查，加大反违章工作力度，杜绝违章行为，减少伤害发生。

三、操作标准化建设的注意事项

在进行操作标准化建设过程中，一定要按照自下而上、上下结合的程序进行。这是因为，要制定岗位职责、工作标准、操作规范，既是上级标准在岗位上的真实体现，又是岗位实现操作安全的真实要求。为此,一定要符合岗位实际。要从员工学标准入手,开展岗位风险识别,制定防范和控制措施,明确操作步骤和要求,掌握应急知识和技能,真正做到因岗而定,每一位员工都清楚地知道上岗干什么、怎么干,达到什么标准,起到规范、指导、约束的作用。

第四节 现场标准化的要求与实施

现场标准化内容十分广泛,是实现安全生产的重要基础和保障。集团公司推行的安全目视化管理规范,是一种现场安全管理方法,目的是提示危险和方便现场管理。

一、现场标准化的基本要求

现场标准化就是要按照6S(整理、整顿、清扫、清洁、素养、安全)管理要求,完善工作、服务现场规范体系,对工作、服务现场形象进行规划,按照标准规范对工作、服务现场进行布置、整顿,使现场达到整齐划一、井然有序、方便生产、形象美观,创造安全、和谐的工作、服务环境。

二、现场标准化的实施

开展现场标准化建设,就是要使各类现场达到相应规范要求。

1. 现场环境基本规范

第一,现场环境要科学规划,规范布置,符合健康、安全、环保标准。做到场地平整,光照适度,窗明几净,清洁卫生,标示清晰,无污染,无噪声,无隐患,适宜工作、服务和生活。

第二,建筑物室内、外装饰完好,符合防火要求,无损坏、无脱落现象。

第三,管理人员和操作人员按标准配备办公桌椅和更衣柜、工具柜,摆放整齐有序。

第四,生产服务岗位值班人员配备的供暖设施、饮用水符合要求。

第五,消防栓、消防器材、疏散标志等安全设施应按标准配备、设置,完好有效。

第六,现场各类标牌、标识根据规定设置,规范醒目,无锈蚀、无破损。

第七,小区路面、活动场地平整,公用设施[沟盖板、雨(污)水井盖、路牙和人行道]完好,无障碍、无缺陷、无损坏、无丢失。

第八,小区停车点规划合理,车辆按停车线规范停放,消防通道畅通。

第九,生产、生活垃圾及时清理、清运,卫生无死角;按规定购置、保管、使用绿化农药,由供应商负责收回药品包装,不得随意丢弃。绿化用药后,要在花、果树木上悬挂明显的警示标志。"三废"达标排放,污染风险防范措施落实。

2. 人员、设备和设施基本规范

第一,员工上岗应按照规定统一穿戴劳保服装、特殊工种应持证上岗。佩戴上岗证(卡)。承包商员工进入作业场所,着装、所持证件(特殊工种)佩戴上岗证应符合生产作

业场所的安全和相关要求。上岗证（卡）应简单、醒目，不影响正常作业。

第二，现场设备设施要合理布局，设备安装符合标准要求，按标线或规定摆放。特种设备登记注册和检定率100%，计量器具按规定检定，注册、检定标识齐全完好。

第三，工具、器具都应做到定置定位，使用前应定期检验，确认其完好，并在其明显位置粘贴检验合格的标签。检查不合格、超期未检及未贴合格标签的工具、器具不得使用。

第四，设备设施应实行定置、挂牌管理，设备设施名称及编号清晰，责任人明确，十字作业措施落实到位。对误操作可能造成严重危害的设备设施，应在旁边设置安全操作注意事项标牌。

第五，管道、阀门、压缩气瓶和设备设施的识别色应严格执行国家或行业的有关标准。同时，还应在工艺管线上标明介质名称和流向，在控制阀门上悬挂含有工位号（编号）等基本信息的标签；压缩气瓶还应用标牌标明气瓶的状态（满瓶、空瓶、故障或使用中）。

第六，仪表控制及指示装置应标注控制按钮、开关、显示仪的名称。用于照明、通风、报警等项的电气按钮、开关都应标注控制对象。

第七，盛装危险化学品的器具应分类摆放，并设置标牌，标牌内容应参照危险化学品技术说明书确定，包括化学品名称、主要危害及安全注意事项等基本信息。

第八，应使用红、黄指示线划分固定生产作业区域的不同危险状况。红色指示线警示有危险，未经许可禁止进入；黄色指示线提示有危险，进入时注意。

应按国家和行业标准的有关要求，对生产作业区域内的消防通道、逃生通道、紧急集合点，住宅小区内的消防通道、车辆停放、道路交通、楼栋信息等设置明确的指示标识。

第九，施工作业现场应根据危险状况进行安全隔离。隔离分为警告性隔离、保护性隔离。

（1）警告性隔离适用于临时性施工、维修区域、安全隐患区域（如临时物品存放区域等）以及其他禁止人员随意进入的区域。实施警告性隔离时，应采用专用隔离带标识出隔离区域。未经许可不得入内。

（2）保护性隔离适用于容易造成人员坠落、有毒有害物质喷溅、路面施工以及其他防止人员随意进入的区域。实施保护性隔离时，应采用围栏、盖板等隔离措施且有醒目的标识。

（3）专用隔离带和围栏应在夜间容易识别。隔离区域应尽量减少对外界的影响，对于有喷溅、喷洒的区域，应有足够的隔离空间。所有隔离设施应在危险消除后及时拆除。

第十，生产作业现场长期使用的机具、车辆（包括厂内机动车、特种车辆）、消防器材、逃生和急救设施等，应根据需要放置在指定的位置，并做出标识（可在周围画线或以文字标识），标识应与其对应的物件相符，并易于辨别。

3. 安全目视化管理标识使用基本规范

第一，应按照国家和行业有关标准的要求，统一安全色、标签、标牌等安全目视化管理标识，定期检查，以保持整洁、清晰、完整，如有变色、褪色、脱落、残缺等情况时，须及时重涂或更换。

第二，安全标志、标示牌在重要的设施和场所（锅炉房、液化气站、变电站）必须使用,其他部位参照规范规定执行。

第三,高压危险区、易燃易爆区、高温设备、有限空间通道、吊装装置、登高或钢直梯,以及小区道路路口、消防通道、过路管线、线缆等部位,应视具体情况,区分不同需要合理配置安全标志牌(禁止、警告、指令、提示)。

第四,确定为领导干部安全生产联系点的生产要害部位应设立生产要害部位领导干部安全生产联系点标识牌,室外健身器材等危险场所需设立安全标示牌,图书馆、活动室应设消防警示牌。

第五,安全警示标识的配置使用应列入各级安全检查的内容,各基层单位负责安装和日常维护,保持整洁,防止沾污和损坏。在日常工作、检查、审核中发现需要设置警示标识的,应及时提出申请,报各单位安全管理部门统一购置。

4. 作业现场消防、用电安全基本规范

第一,施工机具和材料摆放整齐有序,不得堵塞消防通道和影响生产设施、装置人员的操作与巡回检查。

第二,施工废料按规定地点分类堆放,及时清运,严禁乱扔乱堆,应做到工完、料净、场地清。

第三,严禁触动正在使用的管道、阀门、电线和设备等,严禁用生产设备、管道、构架及生产性构筑物做起重吊装锚点。

第四,施工作业临时用水、用电等事项,应办理有关手续,不得使用消防栓供水。

第五,动火作业应采取防止火花飞溅的遮挡措施,规定区域不得有易燃、易爆物品,防止发生火灾;严禁露天冒雨从事焊接作业。

第六,作业现场临时用电必须采用三级配电二级漏电保护系统,即设置总配电箱、分配电箱、开关箱,在总配电箱、末级开关箱分别加设适当的漏电保护器。

第七,配电箱、开关箱应采用冷轧钢板或阻燃绝缘材料制作的产品,装设应端正、牢固。总配电箱应设在靠近电源的区域,分配电箱应设在用电设备或负荷相对集中的区域,分配电箱与开关箱的距离不得超过30m,开关箱与其控制的用电设备的水平距离不宜超过3m。

第八,每台用电设备必须有各自专用的开关箱,严格执行"一机一箱一闸一漏"的规定。

第九,配电线路导线规格、敷设方式应符合安全规定,严禁私拉乱接电器线路。

第十,电动机具(固定电动机械、手持电动工具,下同)的导线应根据负荷选用无接头的橡皮护套铜芯软电缆,电缆芯数应根据控制电路的相数和线数确定。

(1)每一台电动机具的开关箱内,除应装设过载、短路、漏电保护器外,还应装设隔离开关或具有分断点的断路器。

(2)夯土机械的操作扶手必须绝缘,操作者必须穿戴绝缘防护用品,且必须两人共同操作。

(3)交流弧焊机变压器的一次侧电源线长度不应大于5m,电源进线侧必须设置防护罩;其二次线电缆长度不应大于30m,不得采用金属构建或结构钢筋代替二次线的地线,不得将地线搭接在装置、设备的框架和燃气管网上。

第五节 安全标准化建设的考核验收

为确保安全标准建设的效果，企业要制定工作标准和考核验收细则，按规定进行达标考核验收，考核结果要与单位安全奖励挂钩。

《安全标准化工作标准及考核验收细则》实例见表 5-1。

表 5-1 安全标准化工作标准及考核验收细则

项目	工作标准	考核验收细则
管理标准化（30分）	（1）规章制度健全、符合实际并严格落实	（1）安全环保责任制、安全风险抵押金、承包商和多种经营企业安全管理、作业许可管理、安全环保监督检查和考核等制度，缺一项扣3分； （2）各级领导干部年底提交安全环保工作述职报告，安全管理科备案，缺一人的扣2分； （3）处级单位每季度召开一次安委会，安全部门每月召开一次安全工作例会，缺一次扣2分，内容不符合实际的，发现一处扣3分； （4）未对作业指导书没有列举的项目作业开展风险识别，制定和落实措施的，一次扣3分；措施不具体，不完善的，一处扣1分
	（2）基础资料完善，使用符合要求	（1）HSE活动、设备维修保养、巡回检查、值班和交接班、考核奖惩、应急预案演练、安全隐患排查治理和反违章等记录、台账，缺一项扣5分； （2）上述记录不符合实际，记录不全或不清楚，一处扣2分； （3）要求汇报的资料、报表、备案的制度等，不报或漏报，一次扣3分； （4）要求建立的资料、台账，没有建立的，发现一项扣3分；不符合要求的，一处扣1分
	（3）三级安全教育和特种作业人员培训、管理符合要求	（1）没按规定和要求组织培训的，一次扣5分； （2）无故未参加培训或不持证上岗的，一人次扣3分； （3）培训后未建档建卡或资料不齐全的，一次扣3分
操作标准化（30分）	（1）岗位作业指导书、操作规程健全并符合实际	（1）岗位上有岗位作业指导书，其内容符合本岗位实际，具有可操作性，无岗位作业指导书的扣3分，不符合本岗位实际，无可操作性的，一处扣2分； （2）每台设备有操作规程，无操作规程或制定不符合规定程序的扣2分，操作规程不完善的扣1分； （3）开展岗位作业指导书培训，未开展的扣2分，岗位员工不清楚本岗位作业指导书的，一人次扣1分； （4）落实集团公司反违章六大禁令和油田公司反违章十条规定，未贯彻落实的扣3分，岗位员工不能熟练掌握的，一人次扣1分
	（2）熟练掌握岗位设备性能、工艺流程及操作规程	（1）岗位员工应正确穿戴劳保用品，特种作业人员应持证上岗，不正确穿戴劳保用品的，一人次扣0.5分，特种作业人员不持证上岗的，一人次扣1分； （2）不能准确掌握本岗位设备性能、工艺流程及操作规程和应急措施的，一人次扣3分； （3）不按设备工艺流程、操作规程操作，一人次扣2分；造成损失的，一人次扣12分； （4）违反集团公司反违章六条禁令和油田公司十条规定的，发现一人次扣5分； （5）承包商员工进入作业场所，着装、所持证件（特殊工种）不符合生产作业场所的安全和相关要求的，发现一人扣1分

续表

项目	工作标准	考核验收细则
现场标准化（40分）	（1）现场场地平整、标识清晰，物品摆放整齐有序，并符合实际	（1）作业现场场地平整，窗明几净，清洁卫生，标识清晰，无污染，无噪声，无隐患，一处不符合要求扣1分； （2）建筑物装修符合规定，一处不符合要求扣1分； （3）办公桌椅、更衣柜、工具柜，摆放整齐有序，一处不符合要求扣1分； （4）岗位值班人员配备的供暖设施、饮用水不符合要求的，一处扣1分； （5）消防栓、消防器材、疏散标志等安全设施不符合要求，一处扣1分
	（2）小区路面平整，公共设施完好，车辆摆放有序，消防通道畅通，农药使用符合要求	（1）小区路面、活动场地平整，公用设施（沟盖板、雨污水井盖、路牙和人行道）完好，无障碍、无缺陷、无损坏、无丢失，一处不符合要求扣1分； （2）小区停车点规划合理，车辆按停车线规范停放，消防通道畅通，一处不符合要求扣1分； （3）生产、生活垃圾未及时清理、清运，卫生有死角，一处扣1分； （4）按规定购置、保管、使用农药，药品回收符合安全环保要求，不得随意丢弃；施药后，悬挂明显的警示标志，一处不符合要求扣1分； （5）"三废"达标排放，污染防范措施具体可行，一处不符合要求扣1分
	（3）设备设施、工具器具的管理符合要求	（1）现场设备设施布局合理，设备安装符合要求，一处不符合要求扣1分； （2）设备设施实行定置、挂牌管理，明确责任人，十字作业措施落实到位。对误操作可能造成严重危害的设备设施，应在旁边设置安全操作注意事项标牌，一项不符合要求扣1分； （3）特种设备登记注册和检定率100%，一项不符合要求扣1分； （4）计量器具未按规定检定、无检定标识的，一项扣1分； （5）工器具摆放定置定位，并定期检验，检验合格标签粘贴在明显位置，一项不符合要求扣1分； （6）配电线路、仪器、仪表、控制按钮、开关、显示仪等有明显的标识，一处未标识扣0.5分； （7）盛装危险化学品的器具应分类摆放，并设置标牌，标牌内容包括化学品名称、主要危害及安全注意事项等基本信息，一项不符合要求扣1分
	（4）现场标牌和设备着色符合安全目视化要求	（1）按照国家和行业有关标准的要求，统一安全色、标签、标牌等安全目视化管理标识，定期检查，以保持整洁、清晰、完整，如有变色、褪色、脱落、残缺等情况时，须及时重涂或更换，一处不符合要求扣1分； （2）领导干部联系点应设立联系点标识牌，室外健身器材等危险场所应设立安全标示牌，图书馆、活动室应设消防警示牌，一处不符合要求扣1分； （3）易燃易爆区、吊装装置等部位，应视具体情况，区分不同需要合理配置安全标志牌，一处不符合要求扣1分
	（5）作业现场消防、用电安全要求	（1）施工机具和材料摆放整齐有序，消防通道畅通，一处不符合要求扣2分； （2）施工废料堆放整齐有序，清运及时，做到工完、料净、场地清，一项不符合要求扣1分； （3）动火作业手续齐全，措施到位，一处不符合要求扣1分； （4）作业现场临时用电按技术规范、安全要求安装，并严格执行"一机一箱一闸一漏"的规定，一处不符合要求扣2分； （5）供、配电线路布线横平竖直，非线缆电路穿管布线，规格型号符合标准，一处不符合要求，扣2分

备注：考核90分以上（不含本数，下同）为优秀达标，70分以上90分以下为达标，70分以下为不达标。

第六章
机械安全基本知识

> 机械是现代生产和生活中必不可少的装备。机械是由若干相互联系的零部件按一定规律装配起来，能够完成一定功能的装置。机械设备在运行中，至少有一部分按一定的规律做相对运动。成套机械装置由原动机、控制操纵系统、传动机构、支承装置和执行机械组成。机械在给人们带来高效、快捷和方便的同时，在其运行、使用过程中，也会带来撞击、挤压、切割等机械伤害和触电、噪声、高温等非机械危害。本章主要阐述如何采取措施，在使用机械的全过程中保障工作人员安全和健康，免受各种不安全因素的危害。

第一节 机械产品分类及有关概念

本节对机械行业的主要产品和机械安全进行介绍。

一、机械行业的主要产品

机械行业的主要产品分列于以下方面：
（1）农业机械。拖拉机、内燃机、播种机、收割机等。
（2）矿山机械。冶金机械、起重机械、装卸机械、工矿车辆、水泥设备等。
（3）工程机械。叉车、铲土运输机械、压实机械、混凝土机械等。
（4）石化机械。石油钻采机械、炼油机械、化工机械、泵、风机、阀门、气体压缩机、制冷空调机械、印刷机械等。
（5）电工机械。发电机、变压器、电动机、高低压开关、电线电缆、电焊机、家用电器等。
（6）机床。金属切削机床、锻压机械、铸造机械、木工机械等。
（7）汽车。载货汽车、公路客车、轿车、改装汽车、摩托车等。
（8）仪器仪表。自动化仪表、电工仪器仪表、光学仪器、汽车仪器仪表、电教设备、照相机等。
（9）基础机械。轴承、液压件、密封件、标准紧固件、工业链条、齿轮、模具等。
（10）环保机械。水污染防治设备、大气污染防治设备、固体废物处理设备等。
非机械行业的主要产品包括：铁道机械、建筑机械、纺织机械、轻工机械、船舶机械等。

二、石油物业企业使用的主要机械产品

石油物业企业使用的机械产品包括：

（1）绿化机械：绿篱机、草坪修复机、高锯机。

（2）起重机械：高架车、升降平台、吊葫芦。

（3）装载机械：装载机、翻斗车。

（4）切割机械：车床、刨床、台钻、钻床、砂轮机、砂轮切割机、套丝机。

（5）运输设备：汽车、垃圾车、清扫车。

（6）木工机械：电锯、木工多功能机床、压刨。

（7）食品机械：馒头机、搅肉机。

（8）环保设备：除尘器、污水处理设施（次氯酸发生器）。

（9）电气设备：发电机、电焊机、仪器仪表、配电设施。

（10）动力设备：锅炉。

三、机械安全的有关概念

机械安全包括设计、制造、安装、调整、使用、维修、拆卸等各阶段的安全。

1. 本质安全

本质安全是通过机械的设计者，在设计阶段采取措施来消除机械危险的一种机械安全方法。

本质安全技术是指利用该技术进行机械预定功能的设计和制造，不需要采用其他安全防护措施，就可以在预定条件下执行机械的预定功能时满足机械自身的安全要求。包括：避免锐边、尖角和凸出部分，保证足够的安全距离，确定有关物理量的限值，使用本质安全工艺过程和动力源。

2. 失效安全

设计者应该保证当机器发生故障时不出危险。相关装置包括操作限制开关、限制不应该发生的冲击及运动的预设制动装置、设置把手和预防下落的装置、失效安全的紧急开关等。

3. 定位安全

把机器的部件安置到不可触及的地点，通过定位达到安全。但必须考虑到在正常情况下不会触及的危险部件，而在某些情况下会变成可以接触到的可能，例如登上梯子对机器维修等情况。

4. 机器布置

车间合理的机器安全布局可以使事故明显减少。安全的布局要考虑如下因素：

（1）空间。机器周围有合适空间，便于操作、管理、维护、调试和清洁。

（2）照明。包括工作场所的通用照明（自然光及人工照明，但要防止眩目）和为操作机器而特需的照明。

（3）管、线布置。不要妨碍在机器附近的安全出入，避免磕绊，有足够的上部空间。

（4）维护时的出入安全。

5. 机器安全装置

各种机器安全装置的原理尽管不同，但都能在一定条件下达到使用安全的目的。以双手控制安全装置为例（如现在使用的切纸机），这种装置迫使操作者要用两只手来操纵控制器。但是，它仅能对操作者而不能对其他有可能靠近危险区域的人提供保护。因此，还要设置能为所有人提供保护的安全装置。当使用这类装置时，其两个控制之间应有适当的距离，而机器也应当在两个控制开关都开启后才能运转，而且控制系统需要在机器每次停止运转后重新启动。

第二节 机械设备的使用安全

机械设备由驱动装置、变速装置、传动装置、工作装置、制动装置、防护装置、润滑系统和冷却系统等部分组成。

一、机械设备的危险部位

机械设备可造成碰撞、夹击、剪切、卷入等多种伤害。其主要危险部位如下所述。

（1）旋转部件和成切线运动部件间的咬合处，如动力传输皮带和皮带轮、链条和链轮等。

（2）旋转的轴，包括连接器、心轴、卡盘、丝杠、圆形心轴和杆等。

（3）旋转的凸块和孔处。含有凸块或空洞的旋转部件是很危险的，如风扇叶、凸轮、飞轮等。

（4）对向旋转部件的咬合处，如齿轮、轧钢机、混合辊等。

（5）旋转部件和固定部件的咬合处，如旋转搅拌机和无防护开口外壳搅拌装置等。

（6）接近类型，如锻锤的锤体、动力压力机的滑枕等。

（7）通过类型，如金属刨床的工作台及其床身、剪切机的刀刃等。

（8）单向滑动，如带锯边缘的齿、砂带磨光机的研磨颗粒、凸式运动带等。

（9）旋转部件与滑动，如某些平板印刷机面上的机构、纺织机床等。

二、机械安全措施

机械安全措施应从机械设备安全和传动装置的防护这两方面来考虑。

1. 机械安全措施类别

为了保证机械设备的安全运行和操作工人的安全和健康，所采取的安全措施一般可分为直接、间接和指导性三类。

（1）直接措施。直接安全技术措施是在设计机器时，考虑消除机器本身的不安全因素。

（2）间接措施。间接安全技术措施是在机械设备上采用和安装各种安全有效的防护装置，克服在使用过程中产生不安全因素。

（3）指导措施。指导性安全技术措施是制定机器安装、使用、维修的安全规定及设置标志，以提示或指导操作程序从而保证安全作业。

2. 传动装置的防护

机床上常见的传动机构有齿轮啮合机构、皮带传动机构、联轴器等。这些机构高速旋转着，人体某一部位有可能被带进去而造成不幸事故，因而有必要把传动机构危险部位加以防护，以保护操作者的安全。

在齿轮传动机械中，两轮开始啮合的地方最危险；皮带传动机构中，皮带开始进入皮带轮的部位最危险；联轴器上裸露的突出部分有可能钩住工人衣服等，使工人造成伤害。所有这些危险部位都应可靠地加以保护，目的是把它与工人隔开，从而保证安全。

（1）齿轮传动机构必须装置全封闭的防护装置。对于一些历史遗留下来的老设备，如发现啮合齿轮外露，就必须进行改造，加上防护罩。齿轮传动机构没有防护罩不得使用。防护装置的材料可用钢板或有金属骨架的铁丝网，必须装固牢靠，并保证在机器运行过程中不发生振动。为了引起工人的注意，防护罩内壁应涂成红色，最好装电气连锁，使得防护装置在开启的情况下机器永远停止运转。另外，防护罩壳体本身不应有尖角的锐利部分，并尽量使之既不影响机器的美观，又起到安全作用。

（2）皮带传动机械的防护。皮带传动机构危险部分是皮带接头处、皮带进入皮带轮的地方，因此要加以防护。皮带的接头一定要牢固可靠，安装皮带要做到松紧适宜。皮带传动机构的防护方法可采用将皮带全部遮盖起来的方法，或采用防护栏杆防护。

（3）联轴器等的防护。一切突出于轴面而不平滑的东西（键、固定螺钉等）均增加了轴的危险因素。联轴器上突出的螺钉、销、键等均可能给工人带来伤害。因此对联轴器的安全要求是没有突出的部分，即采用安全联轴器。但这样还没有彻底排除隐患，根本的办法就是加防护罩，最常见的是Ω型防护罩。

三、机械伤害类型及对策

机械伤害事故的形式惨重，如搅死、挤死、压死等，轻者造成人身外伤或伤残。机械伤害事故的原因主要是：检修、检查或操作过程中忽视安全措施，如违章带电操作等；缺乏安全装置；电源开关布置不合理；自制或任意改造机械设备。任意进入机械运行作业区；没有资格证的人员上岗操作。防止机械伤害事故的措施：检修机械必须严格执行断电、挂禁止合闸警示牌和专人监护或隔离；机械设计要合理，要便于操作者紧急停车，并避免误操作；严禁无关人员进入危险区域；操作人员要接受相应培训并定期考核。

1. 机械伤害类型

机械装置运行过程中存在着两大类不安全因素。一类是机械危害，包括夹挤、碾压、剪切、切割、缠绕或卷入、戳扎或刺伤、摩擦或磨损、飞出物打击、高压流体喷射、碰撞或跌落等危害；另一类是非机械危害，包括电气危害、噪声危害、振动危害、辐射危害、温度危害等。

2. 机械伤害预防的对策

机械危害风险的大小除取决于机器的类型、用途、使用方法、人员的知识、技能、工作态度等因素外，还与人们对危险的了解程度和所采取的避免危险的技能有关。正确判断什么是危险和什么时候会发生危险是十分重要的。预防机械伤害包括两方面的对策。

（1）预防机械伤害的措施。消除产生危险的原因；减少或消除接触机器的危险部件的需求；使人们难以接近机器的危险部位（或提供安全装置，使得接近这些部位不会导致伤害）；提供保护装置或者防护服。上述措施是依次序给出的，也可以结合起来使用。

（2）保护操作者和有关人员安全。通过培训来提高人们辨别危险的能力；通过对机器的重新设计，使危险更加醒目（或者使用警示标志）；通过培训提高避免伤害的能力；增强采取必要的行动来避免伤害的自觉性。

3. 机械安全设施的技术要求

机械安全设施的技术要求包括以下几个方面。

1）设置安全设施、安全装置应考虑的因素

在无法用设计来做到本质安全时，为了消除危险，要使用安全装置。设置安全装置，要考虑4方面的因素：

（1）强度、刚度和耐久性；

（2）对机器可靠性的影响，例如固体的安全装置有可能使机器过热；

（3）可视性（从操作及安全的角度来看，有可能需要机器的危险部位有良好的可见性）；

（4）对其他危险的控制，例如选择特殊的材料来控制噪声的总量。

2）机械安全防护装置的一般要求

（1）安全防护装置应结构简单、布局合理，不得有锐利的边缘和突缘；

（2）安全防护装置应具有足够的可靠性，在规定的寿命期限内有足够的强度、刚度、稳定性、耐腐蚀性、抗疲劳性，以确保安全；

（3）安全防护装置应与设备运转连锁，保证安全防护装置未起作用之前，设备不能运转；安全防护罩、屏、栏的材料及其至运转部位的距离，应符合 GB 8196—2003《机械安全 防护装置 固定式和活动式防护装置设计与制造一般要求》的规定；

（4）光电式、感应式等安全防护装置应设置自身出现故障的报警装置；

（5）紧急停车开关应保证瞬时动作时，能终止设备的一切运行，对有惯性运动的设备，紧急停车开关应与制动器或离合器连锁，以保证迅速终止运行；

（6）紧急停车开关的形状应区别于一般开关，颜色为红色；

（7）紧急停车开关的布置应保证操作人员易于触及，不发生危险；

（8）设备由紧急停车开关停止运行后，必须按启动顺序重新启动才能重新运转。

3）对机械设备安全防护罩、网的技术要求。

（1）对机械设备安全防护罩的技术要求。

① 只要操作工可能触及的活动部件，在防护罩没闭合前，活动部件就不可能运转；

② 采用固定防护罩时，操作工触及不到运转中的活动部件；

③ 防护罩与活动部件有足够的间隙，避免防护罩和活动部件之间的任何接触；

④ 防护罩应牢固地固定在设备或基础上，拆卸、调节时必须使用工具；

⑤ 开启式防护罩打开时或一部分失灵时，应使活动部件不能运转或运转中的部件停止运动；

⑥ 使用的防护罩不允许给生产场所带来新的危险；

⑦ 不影响操作，在正常操作或维护保养时不需拆卸防护罩；

⑧ 防护罩必须坚固可靠，以避免与活动部件接触造成损坏和工作飞脱造成的伤害；

⑨ 一般防护罩不准脚踏和站立，必须做平台或阶梯时，应能承受1500N的垂直力，并采取防滑措施。

（2）对机械设备安全防护网的技术要求。

防护网应尽量采用封闭结构；当现场需要采用网状结构时，应满足 GB 8196—2003《机械安全 防护装置 固定式和活动式防护装置设计与制造一般要求》对不同网眼开口尺寸的安全距离（防护罩外缘与危险区域——人体进入后，可以引起致伤危险的空间区域）间的直接距离的规定，见表6-1。

表 6-1 不同网眼开口尺寸的安全距离　　　　　　　　单位：mm

防护人体通过部位	网眼开口宽度 （直径及边长或椭圆形孔短轴尺寸）	安全距离
手指尖	< 6.5	≥ 35
手 指	< 12.5	≥ 92
手掌（不含第一掌指关节）	< 20	≥ 135
上 肢	< 47	≥ 460
足 尖	< 76（罩底部与所站面间隙）	150

第三节　常用机械的安全技术

形成机械伤害事故的主要原因有：一是检修、检查机械、处理隐患忽视安全措施。如人进入设备（球磨机、碎矿机等）检修、检查作业或处理安全隐患，不切断电源，未挂不准合闸警示牌，未设专人监护等措施而造成严重后果。也有的因当时受定时电源开关作用或发生临时停电等因素误判而造成事故。也有的虽然对设备断电，但因未等至设备惯性运转彻底停住就下手工作，同样造成严重后果。二是缺乏安全装置。如有的机械传动带、齿机、接近地面的联轴节、皮带轮、飞轮等易伤害人体部位没有完好防护装置；还有的入孔、投料口、绞笼井等部位缺护栏及盖板，无警示牌，人一疏忽误接触这些部位，就会造成事故。三是电源开关布局不合理，一种是有了紧急情况不立即停车。另一种是好几台机械开关设在一起，极易造成误开机械引发严重后果。四是自制或任意改造机械设备，不符合安全要求；在机械运行中进行清理、卡料、上皮带蜡等作业（在运行中的皮带上清理废料）。五是停电。对于预先知道的停电，就应先做准备，到时可自行发电或接通另一路电源，以保证正常工作。停电之前，决不可离开岗位。遇到突然停电，因电线断路或保险丝超负荷断路而迫使电动机停转时，如果这时值班人员擅离岗位，往往会造成严重后果。针对这些原因，要采取必要的技术措施。

一、砂轮机

砂轮机是常用的机器设备之一。各个工种都可能用到它。砂轮质脆易碎、转速高、使用频繁，极易伤人。砂轮机的安装位置是否合理，是否符合安全要求；使用方法是否正确，是否符合安全操作规程，这些问题都直接关系到每一位员工的人身安全，因此在实际使用中必须引起足够的重视。

1. 砂轮机安装过程中的注意事项

（1）安装位置的选择。砂轮机禁止安装在正对着附近设备及操作人员或经常有人过往的地方，较大的车间应设置专用的砂轮机房。如果因厂房地形的限制不能设置专用的砂轮机房，则应在砂轮机正面装设不低于1.8m高度的防护挡板，并且挡板要求牢固有效。

（2）砂轮的静平衡。砂轮的不平衡造成的危害主要表现在两个方面：①在砂轮高速旋转时，引起振动；②不平衡加速了主轴轴承的磨损，严重时会造成砂轮的破裂，造成事故。因此，要求直径大于或等于200mm的砂轮装上法兰盘后应先进行静平衡调试，砂轮在经过整形修整后或在工作中发现不平衡时，应重复进行静平衡。

（3）砂轮与卡盘的匹配。匹配问题主要是指卡盘与砂轮的安装配套问题。按标准要求，砂轮法兰盘直径不得小于被安装砂轮直径的1/3，且规定砂轮磨损到直径比法兰盘直径大10mm时应更换新砂轮。此外，在砂轮与法兰盘之间还应加装直径大于卡盘直径2mm、厚度为1～2mm的软垫。

（4）砂轮机的防护罩。防护罩是砂轮机最主要的防护装置。其作用是：当砂轮在工作中因故破坏时，能够有效地罩住砂轮碎片，保证人员的安全。砂轮防护罩的开口角度在主轴水平面以上不允许超过90°；防护罩的安装要牢固可靠，不得随意拆卸或丢弃不用。

防护罩在主轴水平面以上开口大于等于30°时必须设挡屑屏板，以遮挡磨削飞屑伤及操作人员。挡板安装于防护罩开口正端，宽度应大于砂轮防护罩宽度，并且应牢固地固定在防护罩上。此外，砂轮圆周表面与挡板的间隙应小于6mm。

（5）砂轮机的工件托架。托架是砂轮机常用的附件之一。砂轮直径在150mm以上的砂轮机必须设置可调托架。砂轮与托架之间的距离应小于被磨工件最小外形尺寸的1/2，但最大不应超过3mm。

（6）砂轮机的接地保护。砂轮机的外壳必须有良好的接地保护装置。

2. 使用砂轮机的安全要求

（1）禁止侧面磨削。按规定用圆周表面做工作面的砂轮不宜使用侧面进行磨削，砂轮的径向强度较大，而轴向强度很小，操作者用力过大会造成砂轮破碎，甚至伤人。

（2）不准正面操作。使用砂轮机磨削工件时，操作者应站在砂轮的侧面，不得在砂轮的正面进行，以免砂轮出故障时，砂轮破碎飞出伤人。

（3）不准共同操作。2人共用1台砂轮机同时操作，是一种严重的违章操作行为，应严格禁止。

二、起重机械

1. 起重机械分类

按运动方式，起重机械可分为轻小型起重机械、桥式类型起重机械、臂架类型起重机械和升降类型起重机械 4 种基本类型。

（1）轻小型起重机械。千斤顶、手拉葫芦、滑车、绞车、电动葫芦、单轨起重机械等，多为单一的升降运动机械。

（2）桥式类型起重机械。分为梁式、通用桥式、龙门式和冶金桥、装卸桥式及缆索起重机械等，具有两个及两个以上运动机械的起重机械，通过各种控制器或按钮操纵各机械的运动。一般有起升、大车和小车运行机械。

（3）臂架类型起重机械。有固定旋转式、门座式、塔式、汽车式、轮胎式、履带式及铁路起重机械、浮游式起重机械等种类，其特点与桥式起重机械相似，但运动机械还有变幅机构、旋转机构。

（4）升降类型起重机械。载人电梯或载货电梯、货物提升机等，其特点是虽只有一个升降机构，但安全装置与其他附属装置较为完善，可靠性大。有人工控制和自动控制两种。

2. 安全特点

起重机械运动部件移动范围大，大多有多个运动机构，有的起重机械本身就是移动式机械，容易发生碰撞事故；起重机械工作强度大，元件容易磨损，构成隐患；起重机械工作高度大，一旦发生事故往往是比较严重的事故；起重机械及其载运物件质量大，容易导致比较严重的事故；一些起重机械在多尘、高温或露天作业，运行环境恶劣，劳动条件较差；起重机械是断续的机械，其电气设备工作繁重，控制要求高，工作环境条件差，比较容易发生故障。因此，对起重机械可靠性的要求较高。

起重机械的工作方式是间歇（重复短时）工作方式。间歇特征用载荷率表示。载荷率是每一工作周期中平均运行时间与周期平均时间的比值。载荷率常用百分数表示。

3. 工作类型

工作类型是表明起重机械工作繁重程度的参数。起重机械工作的繁重程度影响着起重机械金属结构、机构的零部件、电动机与电气设备的强度、磨损与发热等。为了保证起重机械经济与耐用，在设计和使用时必须确切了解起重机械的工作繁重程度。工作繁重程度是指起重机械作业在时间方面的繁忙程度与吊重方面的满载程度。

起重机械的工作类型是按照机构载荷率和工作时间划分的，分为轻级、中级、重级和特重级四种工作类型。各种工作类型的特征见表 6-2。表中，t_n 是机构 1 年工作总时数。注意起重机械的工作类型和起重量是两个不同的概念。起重量大，不一定是重级，起重量小，也不一定是轻级。

表 6-2 起重机械机构工作类型的分类

机械载荷率	工作忙闲程度		
	工作时间短、停歇时间长 $t_n<500/(h \cdot a^{-1})$	不规则、间断工作 $t_n=500\sim2000/(h \cdot a^{-1})$	接近连续、循环工作 $t_n>2000/(h \cdot a^{-1})$
<15%	轻级	轻级	中级
15%~25%	轻级	中级	重级
>25%	中级	重级	特重级

4. 起重机械的主要部件

1）起重挠性构件及其卷绕装置

（1）钢丝绳。钢丝绳是起重机械的重要零件之一，用于提升机构、变幅机构、牵引机构，有时也用于旋转机构。起重机械系扎物品也采用钢丝绳。此外，钢丝绳还用作桅杆起重机械的桅杆张紧绳、缆索起重机械与架空索道的支承绳。

① 钢丝绳是用钢丝捻成绳股，再用数条绳股围绕1个芯子捻成绳。起重机械用的钢丝绳的钢丝直径多大于0.5mm，因为直径太小的细钢丝易磨损。顺绕钢丝绳钢丝间为线接触，挠性与耐磨性能好，但由于有强烈的扭转趋势，容易打结，当单根钢丝绳悬吊货物时，货物会随钢丝绳松散的方向扭转，通常用于小车的牵引绳，不宜用于提升绳。交绕钢丝绳由于绳与股的扭转趋势相反，互相抵消，没有扭转打结的趋势，在起吊货物时不会扭转和松散，所以广泛使用在起重机械上，但钢丝之间为点接触，易磨损，使用寿命较短。

② 钢丝绳的安全检查和更新标准（表6-3）。钢丝绳的安全寿命很大程度上决定于良好的维护，定期检验，按规程更换新绳。

表6-3 钢丝绳的更新标准

钢丝绳原有的安全系数	钢丝绳的结构形式							
	6×19+1 麻芯		6×31+1 麻芯		6×61+1 麻芯		18×19+1 麻芯	
	在1个捻距（节距）内有下列断丝数时，钢丝绳应更新							
	交捻	单捻	交捻	单捻	交捻	单捻	交捻	单捻
6以下	12	6	22	11	36	18	36	18
6~7	14	7	26	13	38	19	38	19
7以上	16	8	30	15	40	20	40	20

钢丝绳在使用时，每月至少要润滑2次。润滑前先用钢丝刷子刷去钢丝绳上的污物并用煤油清洗，然后将加热到80℃以上的润滑油蘸浸钢丝绳，使润滑油浸到绳芯。

当钢丝磨损或腐蚀量为原直径的10%~40%时，按表6-4折算标准更新。当磨损或腐蚀量超过原直径的10%时，应更换新绳。

表6-4 钢丝表面磨损或腐蚀的钢丝绳更新标准

钢丝直径方向的表面磨损或腐蚀量，%	折合表5-3中所规定在一个捻距内断钢丝数标准的百分数
10	85
15	75
20	70
25	60
30~40	50

（2）滑轮。在起重机械的提升机构中，滑轮起着省力、支承钢丝绳，并为其导向的作用。滑轮的材料采用灰铸铁、铸钢等。

（3）卷筒。卷筒在提升机构或牵引机构中用来卷绕钢丝绳，将旋转运动转换为所需要的直线运行。

2）取物装置

起重机械通过取物装置将起吊物品与提升机构联系起来，从而进行这些物品的装卸吊运以及安装等作用。取物装置种类繁多，如吊钩、吊环、扎具、夹钳、托爪、承梁、电磁吸盘、真空吸盘、抓斗、集装箱吊具等。桥式、龙门式起重机械上采用最多的取物装置是吊钩。

3）制动装置

起重机械是一种间歇动作的机械，它的工作特点是经常启动和制动，因此制动器在起重机械中既是工作装置又是安全装置。

4）起重机械部件的检测

（1）钢丝绳。在1个捻距内断丝数不应超过标准的规定；钢丝表面磨损量和腐蚀量不应超过原直径的40%（吊运炽热金属或危险品的钢丝绳，其断丝的报废标准取一般起重机械的一半）。钢丝绳应无扭结、死角、硬弯、塑性变形、麻芯脱出等严重变形，润滑状况良好。钢丝绳长度必须保证吊钩降到最低位置（含地坑）时，余留在卷筒上的钢丝绳不少于3圈。钢丝绳末端固定压板应大于等于2个。

（2）滑轮。滑轮转动灵活、光洁平滑无裂纹，轮缘部分无缺损、无损伤钢丝绳的缺陷。轮槽不均匀磨损量达3mm或壁厚磨损量达原壁厚的20%，或轮槽底部直径减小量达到钢丝绳直径的50%时应报废。

（3）吊钩。吊钩表面应光洁、无破口、锐角等缺陷，吊钩上的缺陷不允许补焊。吊钩应转动灵活，定位螺栓、开口销等必须紧固完好。吊钩下部的危险断面和钩尾螺纹部分的退刀槽断面严禁有裂纹。危险断面的磨损量不应超过规定值。

（4）制动器。制动器动作灵活、可靠，调整应松紧适度。无裂纹，弹簧无塑性变形，无端偏。制动轮的制动摩擦面不得有妨碍制动性能的缺陷，不得沾涂油污、油漆。

（5）限位限量及连锁等安全装置。过卷扬限位器应保证吊钩上升到极限位置时（电葫芦小于0.3m，双梁起重机械小于0.5m）能自动切断电源。露天作业的起重机械，各类限位限量开关与连锁的电气部分应有防雨雪措施。各种开关接触良好、动作可靠、方便操作。

（6）信号与照明。除地面操作的电动葫芦外，其余各类起重机械升降机（含电梯）均应安装音响信号装置，载人电梯应设音响报警装置。起重机械主滑线三相都应设指示灯，颜色为黄色、绿色、红色。起重机械驾驶室照明应采用24V和36V安全电压。照明电源应为独立电源。

（7）电气设备。电气设备与线路的安装符合规范要求，无老化、无破损、无电气裸点、无临时线。

（8）防护罩栏、护板。起重机械上外露时，有伤人可能的活动零部件，如联轴器、链轮与链条、传动带、皮带轮、凸出的销键等，均应安装防护罩。起重机上有可能造成人员坠落的外侧，均应装设防护栏杆。护栏高度应大于等于1050mm，立柱间距应小于等于100mm，横杆间距为350～380mm，底部应装底围板（踢脚板）。

（9）防雨罩、锚定装置。露天起重机械的夹轨钳或锚定装置应灵活可靠，电气控制部位应有防雨罩。走道板应留若干 50mm 的排水孔。

（10）安全标志、消防器材。应在醒目位置挂有额定起重量的吨位标示牌，流动式起重机械的外伸支腿、起重臂端、回转的配重、吊钩滑轮的侧板等，应涂以安全标志色。起重机械驾驶室、电梯机房应配备小型干粉灭火器，在有效期内使用，置放位置安全可靠。

三、木工机械

发生木工机械事故的原因主要有以下 4 个方面：一是木工机械的工作刀轴转速很高，转动惯性大，难于制动。操作者为了使其在电动机停止后尽快停转，往往习惯于用手或木棒去制动，常因不慎使手与转动的刀具相接触，造成手伤。二是木工机械多采用手工送料，这是潜伏的伤手的原因。当手推压木料送进时，由于遇到节疤、弯曲或其他缺陷，不自觉地发生手与刃口接触，造成割伤甚至断指。三是木工机械转速高，加之被加工的木质不均，切削过程中噪声大、振动大、工人劳动强度大、易疲劳。这些因素都容易使操作者产生失误造成伤害。四是操作者不熟悉木工机械性能和安全操作技术，或不按照安全操作规程作业，加之木工机械设备没有安装安全防护装置或安全防护装置失灵，都极易造成伤害事故。

1. 木工机械的特点

木工机械有：跑车带锯机、轻型带锯机、纵锯圆锯机、横截锯机、平刨机、压刨机、木铣床、木磨床等。

木工机械的特点是切削速度高，刀轴转速一般都要达到 2500～400r/min，有时甚至更高，因而转动惯性大，难于制动。

由于木工机械多采用手工送料，当用手推压木料送进时，往往由于遇到节疤、弯曲或其他缺陷，而使手与刀刃接触，造成伤害甚至割断手指。

操作人员不熟悉木工机械性能和安全操作技术，或不按安全操作规程操纵机械，是发生伤害事故的另一个原因。

没有安全防护或安全防护装置失灵，也是造成木工机械伤害事故的原因之一。

另外，木工机械切削过程中噪声大，振动大，工人劳动强度大，易疲劳。

2. 木工机械的安全装置

在设计上，应使木工机械具有完善的安全装置，包括安全防护装置、安全控制装置和安全报警信号装置等。其安全技术要求如下：

（1）按照有轮必有罩、有轴必有套和锯片有罩、锯条有套、刨（剪）切有挡、安全器送料的要求，对各种木工机械配套相应的安全防护装置。徒手操作者必须有安全防护措施。

（2）对产生噪声、木粉尘或挥发性气体的机械设备，应配套与其机械运转相连接的消声、吸尘或通风装置，以消除或减轻职业危害，维护员工的安全和健康。

（3）木工机械的刀轴与电器应有安全联控装置，在装卸或更换刀具及维修时，能切断电源并保持断开位置，以防止误触电源开关或突然供电启动机械，造成人身伤害事故。

（4）针对木材加工作业中的木料反弹危险，应采用安全送料装置或设置分离刀，防反弹安全屏护装置，以保障人身安全。

（5）在装设正常启动和停机操纵装置的同时，还应专门设置事故紧急停机的安全控制装置。按此要求，对各种木工机械应制定与其配套的安全装置技术标准。对缺少安全装置或其失效的木工机械，应禁止或限制使用。

3. 带锯机安全装置

带锯机的各个部分，除了锯卡，导向辊的底面到工作台之间的工作部分外，都应用防护罩封闭。锯轮应完全封闭，锯轮罩的外圆面应该是整体的。锯卡与上锯轮罩之间的防护装置应罩住锯条的正面和两侧面，并能自动调整，随锯卡升降。锯卡应轻轻附着锯条，而不是紧卡着锯条，用手溜转锯条时应无卡塞现象。

带锯机主要采用液压可调式封闭防护罩遮挡高速运转的锯条，使裸露部分与锯割木料的尺寸相适应，既能有效地进行锯割，又能在锯条"放炮"或断条、掉锯时，控制锯条崩溅、乱扎，避免对操作者造成伤害，同时可以防止工人在操作过程中手指误触锯条造成伤害事故。对锯条裸露的切割加工部位，为便于操作者观察和控制，还应设置相应的网状防护罩，防止加工锯屑等崩弹造成人身伤害事故。

带锯机停机时，由于受惯性力的作用将继续转动，此时手不小心触及锯条，就要造成误伤。为使其能迅速停机，应装设锯盘制动控制器。带锯机破损时，亦可使用锯盘制动器，使其停机。

4. 圆锯机安全装置

为了防止木料反弹的危险，圆锯上应装设分离刀（松口刀）和活动防护罩。分离刀的作用是使木料连续分离，使锯材不会紧贴转动的刀片，从而不会产生木料反弹。活动罩的作用是遮住圆锯片，防止手过度靠近圆锯片，同时也有效防止了木料反弹。

圆锯机安全装置通常由防护罩、导板、分离刀和防木料反弹挡架组成。弹性可调式安全防护罩可随其锯割木料尺寸大小而升降，既便于推料送锯，又能控制锯屑飞溅和木料反弹；过锯木料由分离刀扩张锯口，防止因夹锯造成木材反弹，并有助于提高锯割效率。

圆锯机超限的噪声也是严重的职业危害，直接损害操作者的健康，应安装相应的消声装置。

5. 木工刨床安全装置

各种刨床对操作者的人身伤害包括两方面：一是徒手推木料容易伤害手指，平刨伤手为多发性事故，一直未能很好地解决。较先进的方法是采用光电技术保护操作者，当前国内应用效果不理想；较适用有效的方法是在刨切危险区域设置安全挡护装置，并限定与台面的间距，可阻挡手指进入危险区域，实际应用效果较好。二是降低刨床噪声减轻职业危害，如采用开有小孔的定位垫片，可降低噪声 10～15dB。

总之，大多数木工机械都有不同程度的危险或危害。有针对性地增设安全装置，是保护操作者身心健康和安全，促进和实现安全生产的重要技术措施。

木工机械事故中，手压平刨上发生的事故占多数，因此在手压平刨上必须有安全防护装置。为了安全，手压平刨刀轴的设计与安装须符合下列要求：

（1）必须使用圆柱形刀轴，绝对禁止使用方刀轴；
（2）压力片的外缘应与刀轴外圆相合，当手触及刀轴时，只会碰伤手指皮，不会被

切断；
（3）刨刀刃口伸出量不能超过刀轴外径1.1mm；
（4）刨口开口量应符合规定。

专家提示1

机械事故的原因与对策

发生机械伤害事故的原因大致包括：工作人员违反安全操作规程或者由于失误产生的不安全行为，没有穿戴合适的防护用品。如他人误开动机器而伤到人员，防护用品穿戴不好人员受到机械伤害等。

机械事故具有突发性和后果比较严重的特点。基本原因包括两个方面：一是机件材质机械强度不合格，如转向节行驶中断裂；二是磨损严重，机件配合间隙增大到一定程度后发生的。在分析处理这类事故时，应严格区分是机件受撞断裂或是人为破坏，并注意操作人员主观方面是否有过失存在。

（1）操作不熟练，瞬间把命丧。在机械伤害中，断胳膊断腿时有发生，但把头颅勒下来实属少见。

（2）设备维修差，隐患逞凶狂。各个工厂一般都有自制设备。它们往往程度不同地存在事故隐患。加强对自制设备经常检查维修尤为重要。

（3）设备拥挤，长料绞人。车床绞辫子、绞衣服造成伤亡事故的案例时有发生。

（4）场地杂乱，滑倒丧命。搞好文明生产是对现代企业最基本的要求。工作环境杂乱无章，油污满地，是野蛮生产的标志，也是事故的温床。

（5）车座松动，工件飞出。高速切削机床加工件飞出伤人事故时有发生，应高度重视。

（6）忽视安全，绞掉左脚。安全第一，预防为主，是人人都知道的。可是落实起来就不是那样简单了。

（7）人在机器中，开车砸死人。领导瞎指挥造成事故的案例实不少见。

（8）新工人上岗，安全教育头桩。新工人上岗前一定要经过技术培训和安全教育，否则，后果不堪设想。

专家提示2

保养误区处理不当易酿机械事故

一些驾车人士在汽车保养中常常想当然，以致走进误区不能自拔，反而弄巧成拙，导致机件损坏或酿成机械事故。

误区一：螺栓越紧越好。汽车上用螺栓、螺母连接的紧固件很多，应保证其有足够的预紧力，但也不能拧得过紧。若拧得过紧，一方面将使连接件在外力的作用下产生永久变形；另一方面将使螺栓产生拉伸永久变形，预紧力反而下降，甚至造成滑扣或折断现象。

误区二：传动皮带越紧越好。汽车发动机的水泵、发电机都用三角皮带传动。如果把传动带调整过紧，易拉伸变形，同时，皮带轮及轴承容易造成弯曲和损坏。传动带紧度一般应调整到按压皮带中部时，其下沉量为两端带轮中心距的3%~5%为佳。

误区三：机油越多越好。如果机油太多，发动机在工作时曲轴柄和连杆会产生剧烈搅动，不仅增加发动机内部功率损失，而且还会因激溅到缸壁上的机油增多，而产生烧排机油故障。因此，机油量应控制在机油尺的上、下刻线之间为好。机油过多，会增加曲轴的转动阻力，降低发动机的输出功率，并且那些过量机油会窜入燃烧室参与燃烧，造成车辆烧机油、冒蓝烟，以至油耗增加，机油燃烧后的残留物（其主要成分是碳，非常坚硬）会积聚在燃烧室壁上，减少燃烧室空间，从而降低引擎的压缩比，同时，也会加速气缸与活塞的磨损，从而降低车辆的使用寿命。

专家提示3

机械伤害及其主要危险部位

机械伤害主要伤害是：人体与机械发生碰撞、夹击、剪切、卷入等发生的事故。

危险部位：主机或辅机（转机）及其他转动机械，包括：旋转部件和成切线运行部件间的咬合处（如传输皮带、滑轮、链条、链轮、齿条等）；旋转的轴、凸块和孔处（如风扇叶、凸轮、飞轮等）。

可能发生的情况（位置、地点、环境）主要包括：

（1）在机组运行期间从事机器设备的保养、检查中发生；

（2）在机组运行期间因设备故障或其他原因进行检查、消缺中发生；

（3）需进入转动的机械设备进行工作而未办理工作票，误进入尚在运转的机械设备时发生；

（4）位于高度超过2m的工作点，而未按规定使用防护用品时发生；

（5）试运场所（机械设备区域）照明不足、地面有水渍油污，引起绊倒、滑倒致使被机械伤害；

（6）由于设计缺陷，高度在2m之内的所有传动带、转轴、传动链、齿轮等危险部位未设计全封闭的防护装置而导致机械伤害；

（7）机械设备的操作位置高出2m及以上，但未配置操作台、栏杆、扶手、围板等而导致机械伤害。

事故案例1

误操作导致机械伤害事故

2006年8月22日8时03分，某安装工程公司的施工人员在某厂原料车间高炉仓上的 x 皮带上方准备安装皮带下料斗时，发生一起机械伤害事故，造成 1 人死亡。经调查认定，这是一起责任事故。

1. 事故发生经过

2006 年 8 月 22 日，某安装工程公司继续 y 皮带下料斗的安装。8 时 03 分，楚某启动 x 皮带，正站在 x 皮带上解手拉葫芦倒链的许某（协力工）便倒在 x 皮带上并随皮带移动，另一名协力工王某去扯许某但没扯到，许某的头部和身体被挤压在 y 皮带老下料斗下口与 x 皮带之间，头部大量出血。王见状马上拉下紧急拉线开关，使 x 皮带停下来，并叫人去拉许但无法拉出来。后因伤势过重，许某经抢救无效死亡。

2. 事故的直接原因

（1）冒险进入危险场所。在没有拿到 x 皮带操作牌并返回到施工现场的情况下，许某擅自站到 x 皮带上操作手拉葫芦的倒链。

（2）未核实就启动皮带。高炉仓上主控室的皮带工楚某在主控室看不到 x 皮带机身的情况，又知道有施工人员在 x 皮带附近准备施工，启动 x 皮带前没有就 x 皮带上是否有人进行现场核实。

（3）皮带没有安装启动声、光信号装置。

3. 事故的间接原因

（1）教育培训不够。公司对施工人员的安全知识、安全操作技能的培训及安全教育不够，施工人员安全意识不强。

（2）劳动组织不合理。施工方案要求安全员必须到吊装作业现场进行监督，但公司没有安排安全员到 y 皮带下料斗吊装作业现场进行监督。

（3）对现场工作缺乏检查。安装 y 皮带下料斗的现场负责人没有认真检查施工人员的操作行为，并及时制止施工人员的违章行为。

事故案例 2

违章作业导致机械伤害事故

1. 事故经过

2001 年 1 月 28 日 0 时 30 分，某车间化工班长陈某、秦某、尹某、王某等人值夜班。王某系磷酸工段中控岗位操作工，其职责包括对过滤机进行巡查。7 时 45 分，尹某当时看到王某在三楼过滤机热水桶位置处。经过一分多钟，尹某突然听见过滤机处发生惨烈的叫声，急忙跑下平台楼到操作室关掉过滤机主机电源，然后跑出操作室看见王某倒挂在过滤机导轨上。尹某急忙呼叫值长陈某和几个工人，一齐紧急施救。当时现场情况是：王某面部向上倒挂在导轨上，双手在轨外倒垂，双脚在导轨（固定设施）和平台（转动设备，已停机）之间的空当 (200mm) 内下垂，大腿卡在翻盘（随平台转动设备）与导轨之间，已明显骨折。施救人员迅速倒转过滤机后将王某取出，并抬到磷酸中控室（二楼），经紧急现场抢救终因伤势过重于 8 时 25 分死亡。

2. 事故原因与性质

经事故调查小组多次现场考证、比较、分析，一致认为致伤原因如下：

王某自身违章作业是导致事故发生的主要直接原因。王某上班时间劳保穿戴不规范，纽扣未扣上，致使在观察过程中被翻盘滚轮辗住难以脱身，进入危险区域；王某在观察铺料情况时违反操作规程，未到操作平台上观察，而是图省事到导轨和导轨主柱侧危险区域，致使伤害事故发生。

王某处理危险情况经验不足，精神紧张是导致事故发生的又一原因。当危险出现后，据平台运行速度和事后分析看，王某有充分的时间和办法脱险。但王某安全技能较差，自我防范能力不强。

车间安全教育力度不够，实效性不强。王某虽然参加了三级安全教育，且现场有规章、有标语，但出现危险情况后，针对性、适用性不够，说明车间安全教育力度、深度和实效性不高，有待加强。

执行规章制度不严是事故发生的又一原因。通过王某劳保用品穿戴和进入危险区域作业可以看出，虽然现场挂有操作规程，但当班人员对王某的行为未及时纠正，说明员工在"别人的安全我有责"和安全执规、执法上还有死角，应当引以为戒。

3. 事故教训和防范措施

（1）加大安全教育力度，注重针对性，加强实效性，特别是第二、三级安全教育要讲个性，讲个体，讲个案，不留死角，不留隐患，做到安全知识和技能人人理解，人人掌握。

（2）加大安全工作的执规、执法力度，切实做到"我的安全我负责，别人的安全我有责"，相互监督，相互关心。

（3）对事发地点盘式过滤机周围增设一圈防护栏，并悬挂安全警示牌。

（4）加强节假日的安全工作管理，教育员工认真做到劳逸结合，有张有弛，警钟长鸣。

（5）加强安全生产管理，认真扎实地落实安全工作严、实、细、快的工作作风。勤查隐患，狠抓整改，防患于未然。

第七章
电气安全基本知识

随着科学技术的不断发展，发电量和用电量日益增加。在用电过程中如果人们不掌握电的性能，则在其传递、控制、驱动等过程中均可能发生故障，甚至酿成事故，严重事故将造成人身伤亡和重大经济损失。例如，电能直接作用于人体将造成电击；电能转化成热能作用于人体将造成烧伤或烫伤；电能离开预定的轨道将发生漏电、接地或短路，均可能造成电气火灾或其他事故。人身触电伤亡事故在任何一种电气设备上都有可能发生，对电工作业人员和非电工人员都同样存在着危险。因此，在用电的同时必须考虑用电安全问题。"安全用电，人人有责"，抓好安全用电宣传和教育，提高电气安全生产管理水平，才能减少各种电气事故的发生。

第一节 安全用电常识

安全用电常识涉及电路的基本知识、电流的热效应、交流电常识、电流对人体的伤害等方面。

一、电路的基本知识

电路是电流流经的路径。电路一般由电源、负载（负荷）及中间环节（导线、开关）等基本部分组成。

（1）电源。是供应电能的装置，即产生电流的源泉，也就是把其他形式的能量转换为电能的装置。常见的有电池、整流电源、太阳能电池等。例如，电池把化学能转换为电能；发电机把机械能转换为电能。

（2）负载。即用电设备，是电路中将电能转换成其他形式能量的用电器，如电灯、电加热器、电动机等。

（3）导线和开关。联接和控制电源及负载必不可少的中间环节，也是电路的重要组成部分。如只有将开关合上电路接通时，才能有电流通过负载。有时要在电路上接上有关的测量仪器，以便能了解到电路的工作情况。

二、电流的热效应

从生产实践和科学实验中知道，当电流通过导体时，导体的温度会逐渐升高，这是因为导体吸收的电能转换成热能的缘故，这种现象叫电流的热效应。电炉、电烙铁等电热设备就是利用这种性能来产生生产和生活中所需要的热量的。

电流的热效应在日常生活和生产中应用很广，常见的有白炽灯、电焊机、电烙铁、熔断器等。然而电流热效应也有不利的一面，因为在电气设备中，导线都有一定的电阻，在通电时，电气设备温度会升高。如果温度太高，会加速绝缘材料（如绝缘纸、橡胶等）的老化变质，因而会引起漏电或线圈短路，直至设备烧坏。

为了使电气设备在正常温度下运行，必须对每一个电气设备规定最大允许电流，称为额定电流。在用电器电阻不变时，可以规定额定电压。由于各种电气设备所使用的额定功率、额定电流或额定电压不同，所以在使用前必须看清铭牌，不要超过额定值。

有些电气设备可以用设备的温度来判断是否运行正常，如果温度超过规定，说明设备或局部短路，应断路检修。

三、交流电常识

交流电又分为正弦交流电和非正弦交流电两种。正弦交流电是随时间按正弦规律变化的交流电。非正弦交流电则是指随时间不按正弦规律变化的交流电。

正弦交流电在生产、科研和生活中有着极为广泛的用途。因为它便于远距离输送，通过变压器可获得不同等级的交流电压，通过整流装置又可获得直流电。另外，交流电动机结构简单，工作可靠，维护方便，造价低廉。

在中国的供电系统中，交流电的频率为50Hz（每秒变化50周），很多国家的电网也都用这个频率，习惯上称为工频。另外也有一些国家的电网是采用60Hz的频率。

四、电流对人体的伤害

电流通过人体内部，对人体伤害的严重程度与通过人体电流的大小、电流通过人体的持续时间、电流通过人体的途径、电流的频率以及人体状况等多种因素有关。而且，各因素不是孤立的，各因素之间特别是电流大小和通电时间之间，有着十分密切的关系。

1. 伤害程度与电流大小的关系

电流通过人体，人体会有麻、疼等感觉，会引起颤抖、痉挛、心脏停止跳动乃至死亡等症候。

通过人体的电流越大，人体的生理反应越明显，人的感觉越强烈，破坏心脏所需的时间越短，致命的危险越大。

对于工频交流电，按照通过人体电流大小的不同人体呈现不同状态，可将电流划分以下三级：

（1）感知电流。感知电流是指引起人的感觉的最小电流。（2）摆脱电流。摆脱电流是人触电以后能自主摆脱电流的最大电流。（3）致命电流。致命电流是指在较短时间内危及生命的最小电流。在电流不超过数百毫安的情况下，电击致死的主要原因是电流引起心室颤动或窒息造成的。一般认为50mA以上、100mA以下的电流足以致死，而接触30mA以下的电流通常不会有生命危险。

2. 伤害程度与通电时间的关系

通电时间越长，越容易引起心室颤动，电击危险越大。通电时间短促时，只在心脏搏动的特定时刻才可能引起心室颤动。因此，通电时间越长，与该时刻重合的可能性越大，心室颤动的可能性也越大，即电击的危险性也越大。通电时间越长，人体电阻因出汗等原因而降低，导致通过人体的电流进一步增加，电击的危险性亦随之增加。

3. 伤害程度与电流途径的关系

电流通过心脏会引起心室颤动，更大的电流还会促使心脏停止跳动，这都会中断血液循环，导致死亡。电流通过中枢神经或有关部位，会引起中枢神经强烈失调而导致死亡。电流通过头部会使人立即昏迷，若电流过大，会对脑产生严重的损害，甚至使人不醒而死亡。电流通过脊髓，可能导致半截肢体瘫痪。从左手到胸部，电流途经心脏，路径短，是最危险的电流途径；从手到手、从手到脚也是危险的电流途径；从脚到脚的电流途径虽然危险性较小，但可能因痉挛而摔倒，导致电流通过全身或摔伤、坠落等二次事故。

4. 伤害程度与电流种类的关系

直流电流、高频电流、冲击电流对人体都有伤害作用，其伤害程度一般较工频电流为轻。电流频率不同，对人体的伤害程度也不同。25～300Hz 的交流电流对人体伤害最严重。1000Hz 以上，伤害程序明显减轻，但高压高频电也有电击致命的危险。

5. 伤害程度与人体状况的关系

随着人体条件不同，不同人对电流的敏感程度以及不同人通过同样电流的危险程度都不完全相同。女性对电流较男性敏感，女性的感知电流和摆脱电流约比男性低 1/3。小孩的摆脱电流较低，遭受电击时比成人危险。人体患有心脏病等病症时，受电击伤害的程度比较严重；而健壮的人遭受电击的危险性较小。

第二节　电气系统故障、防护及用电安全要求

本节介绍电气系统故障、安全用电的总体要求及绝缘保护屏障保护和安全间距防护等知识。

一、电气系统故障

电气系统故障引发的事故包括：异常停电、异常带电、电气设备损坏、电气线路损坏、短路、继线、接地、电气火灾等。

异常停电是指在正常生产过程中供电突然中断。这种情况会使生产过程陷入混乱，造成经济损失；在有些情况下，还会造成事故和人员伤亡。在安全生产管理中，必须考虑到异常停电的可能，从技术和管理角度，使异常停电可能造成的损失得到消除或尽量减少。

异常带电是指在正常情况下不应当带电的生产设施或其中的部分意外带电。异常带电容易导致人员受到伤害。在安全生产管理工作中，应当充分考虑到这一因素，适当安装漏电保护器等安全装置，保证人员不致受到异常带电的伤害。

二、安全用电的总体要求

用电的同时必须考虑用电安全问题。安全用电的总体要求包括下述诸方面的内容。

（1）明确专人负责安全用电方案的制订和实施。

（2）只有经过培训而取得合格证书的职工才能操作电压超过 50V 的带电电器设备。

（3）当员工工作在带电设备及其附近时，这些设备必须断电、上锁并挂上标志，除非断电会造成新的危险或在设计上达不到这种要求，否则必须按以上要求去做。

（4）如果按照规程对带电设备进行了断电、上锁和标志指示，一个合格的电器操作人员一定要用检测设备对此断电设备的线路进行测试，以证明完全断电。

（5）如果不能避免带电作业，则必须对操作者实施保护工作。

具有操作资格的作业人员才能进行带电操作。需要对带电架空线进行作业，必须使用保护和绝缘等手段，以防止作业人员与工具、设备或其他导电体直接或间接接触。为保证工作安全，应有充足的照明。在狭小作业区施工时，要使用保护罩、隔离墙或绝缘物体以避免不小心与带电体接触。作业者接触的导电材料必须有把手这类的物体，防止作业者与带电体直接接触。

（6）只有合格的作业人员可以使用测试仪器来检测带电的电路和设备。测试仪器必须与要测试的设备或周围环境在额定参数和设计上相适应，使用前要进行外观检查，看是否损坏。所有损坏的电线或设备必须马上移走，在修理前，确定是否有可燃气体存在，以免发生火灾。

（7）只有设计额定的负载开关、断路器或者其他专门设计的断路装置，才能用于负载下电路的开、转、关。

（8）由于保险丝熔断或线路引起的自动断电，在检查出问题、确定设备能安全关电之前，不能重新送电，除非断电是由于负载过大而不是由于设备或线路本身损坏而引起的。更换保险丝而不检查问题就进行重新送电合闸是不允许的。

（9）绕行保护器或者使用超过额定电流的保险丝或断电器用于保护线路和电器设备，即使是临时性的，也不允许。

（10）当工作在电器控制房内时，必须遵循以下规则：

① 如果必须接触某一电器设备，首先要用电压表检测（接触或不接触）。如果当时没有电压表，可以用手背触摸一下。

② 在操作开关或断路器之前，必须确保所有保护控制装置能起到固定保护作用。

③ 电器设备断开时，要先断开控制开关，然后才关掉主开关。

④ 电器设备送电时，确信接通主开关之前，所有控制开关断开。

⑤ 当操作控制屏或主开关时，身体不要直对控制屏正面，要避开开关正面，不要直视控制屏。防止控制屏发生爆炸时损坏眼睛或身体。

⑥ 所有断电检修的线路必须挂有比较明显的指示牌，以表明断电目的的方向。与之相连的辅助、反馈和相关的线路必须挂牌。如果挂牌不能明显表达，必须使用合适的装置来分开电路之间的相互关联。指示牌必须能适应工作的环境，直至作业结束。

（11）电压超过 600V 的开关控制盒，必须有"高压危险"标志。

（12）高压交直流接线盒的门，必须有自锁或连锁装置。1000V 以上交直流接线盒必

须有机械断电锁定装置。确保接线前断电,防止触电。

(13) 购买电器开关、控制器、断路器和其他类似的电器元件时,必须挑选具有机械断电锁定装置的型号,以确保维修保养时,开关处于"断开"位置时的要求。

(14) 使用便携电器设备的要求如下所述:

① 装卸时注意不要损坏把手之类的设备。电线不能用作吊装绳。电线吊钩固定或其他吊挂的方式都会破坏电线表面的绝缘性。

② 连接电线或设备上带的电线在使用前或者接班时,必须进行检查。如果发现配件松动、变形或缺项、护罩或绝缘部件破坏、外部刺压变形,必须马上整改,从现场移走,防止发生伤害。

③ 地面设备必须使用地面专用类型的电线、插头和插座。使用前必须检查。不要随意改变插座、插头的连接顺序,不要使用适配器,防止设备接地线失去作用。

④ 只有设计和制造专用于潮湿地带使用的设备和电线才能用在有水或导电液体以及操作人员有可能接触到导电液体的工作区域和场所。

⑤ 当插、拔带电设备插头时,工作人员手必须干燥。如果插头或插座潮湿或者能导电,使用绝缘设施才能操纵这些装置。

⑥ 带锁紧固定的连接器在接通以后必须彻底锁紧。

三、绝缘保护知识

通常,将电阻率在 $10^7 \Omega \cdot m$ 以上的材料称为绝缘材料;如瓷、玻璃、云母、橡胶、塑料、石棉、胶木、布、漆等。用这些材料将带电体封护起来,实现带电体相互之间、带电体与其他物体之间以及与人体之间的电气隔离,使电气设备及线路正常工作,防止人身触电,这就是我们通常说的绝缘保护。比如导线的外包绝缘、变压器的油绝缘、包扎裸露线头的绝缘胶布等,绝缘是最普通、最基本因而也是采用最广泛的安全保护措施之一。

绝缘通常可分为气体绝缘、液体绝缘和固体绝缘。气体和液体绝缘只应用于特定的场合。比如室外架空线路,人体一般没有接触机会,在满足规定的安全距离条件下,可以采用裸导线架设,靠空气来实现导线之间的绝缘;变压器绕组装在箱体内,可采用变压器油实现绝缘等等。但在大多数条件下,都采用固体绝缘。

1) 绝缘的破坏

绝缘物在强电场的作用下,遭到急剧的破坏,丧失绝缘性能,这种现象叫做击穿现象。绝缘物除因击穿而破坏外,腐蚀性气体、蒸气、潮气、粉尘、机械损伤也会降低其绝缘性能或导致破坏,在正常工作情况下,绝缘物也会逐渐"老化"而失去绝缘性能。

2) 绝缘电阻的测量

绝缘电阻是最基本的绝缘性能指标。足够的绝缘电阻能把电气设备的泄漏电流限制在很小的范围内,防止由漏电引起的触电事故。绝缘电阻是用摇表(兆欧表)测定。

3) 绝缘工具

(1) 绝缘杆和绝缘夹钳。绝缘杆又叫绝缘棒、操作杆或拉闸杆。绝缘夹钳又叫绝缘夹。绝缘杆和绝缘夹钳都是基本的安全用具,用于35kV及以下的操作。绝缘杆主要用来操作高压隔离开关,操作跌落式保险器、安装和拆除临时接地线,心脏进行测量和试验等项工作；绝缘夹钳主要用来拆除和安装熔断器及进行其他类似工作。

绝缘棒在使用中必须注意：操作前，棒表面应用清洁的干布擦拭干净，使棒表面干燥、清洁。操作时，应戴绝缘手套，穿绝缘靴或站在绝缘垫（台）上。操作者的手握部位不得越过护环。绝缘棒的规格必须符合规定，切不可任意取用。绝缘夹钳在操作时必须擦拭干净，戴上绝缘手套，穿上绝缘靴及戴上防护眼镜，并须在切断负载的情况下进行操作。

（2）绝缘垫和绝缘站台。绝缘垫和绝缘站台只作为辅助安全用具。绝缘垫用特种橡胶制成，厚度不应小于5mm，表面应有防滑槽纹，最小尺寸不应小于0.8m×0.8m。

（3）绝缘手套和绝缘靴。绝缘手套是一种最常用的绝缘工具，每次使用前要对绝缘手套进行外观检查，看看有无穿孔、损坏。另外手套必须有制造厂家的测试合格证书。要建立测试档案，保留文件。新手套测试后可使用12个月；测试一次，保证期不超过9个月。备用手套如果不用，必须标明"备用手套——测试前不要使用"标志。购买发票或证明及标明的测试日期要记录存档，必备查验。注意低压绝缘手套不允许用于操作高压设备。

绝缘靴，由绝缘性能良好的特种橡胶制成的，在操作高压电气设备，以及在低压线路和设备上带电操作时，用于防止跨步电压。每次使用前都需检查有无破损，并要将外表尘埃清除干净。雨鞋和防酸、防碱胶靴都不能代替绝缘靴使用。

四、屏障保护和安全间距防护

屏障保护、安全间距防护和警告方式防护都是防止人触及或接近带电体时遭受电击危害所采取的安全措施。

1. 屏障保护

屏障保护是采用遮栏、栅栏、护罩、护盖和箱匣等，把电气装置的带电体同外界屏障防护开来，确保无绝缘或绝缘水平低的电气装置的运行安全。因此，应严格遵守低压设备外壳、外罩，高压设备（无论是否有绝缘）均采取屏障防护。安装在室内或室外地面上的变、配电设备均应装遮栏或栅栏作屏障防护。网眼遮栏高度不低于1.7m，下边离地面不超过0.1m，网眼不应大于40mm×40mm；房内栅栏高度不低于1.2m；户外栅栏高度不低于1.5m。由于屏障装置不直接与带电体连接，因此对材料无严格要求，但所用材料应有足够的机械强度和耐火能力；若材料是铁质的，则应接地。

2. 安全间距防护

为防止人体触及或接近带电体造成触电事故，避免车辆或其他器具碰撞或过分接近带电体造成事故，以及防止火灾，防过电压放电和各种短路事故。在带电体与地面之间、带电体与其他设施之间、工作人员与带电体之间、带电体与带电体之间均需保持一定的安全检查距离。距离的大小取决于电压的高低、设备的类型、安装方式等因素。安全间距通常包括线路间距、设备间距和检修间距。

3. 警告方式防护

使用警告方式防护，防止工作人员受到带电设备伤害。警告方式可采用安全色、几何图形和图形符号、安全标语或标牌等标志警告工作人员注意电的危险性，也可作为隔离手段，警告工作人员不要进入可能发生伤害的带电设备工作区。如果隔离墙有接触带电设备

的危险，必须使用不导电材料。如果警告牌或隔离墙不能防止雇员进入危险区，必须派专人看护。

（1）安全色。安全色是表达安全信息含义的颜色，用来表示禁止、警告、指令、提示等。安全色规定为红、蓝、黄、绿四种颜色，其含义和用途见表7-1。

表7-1　安全色的含义及用途

颜　色	含　义	用途举例
红色	禁止 停止 红色与表示防火	禁止标志 停止信号：机器、车辆上紧急停止按钮及禁止人们触动的部位
蓝色	指令 必须遵守的规定	指令标志
黄色	警告 注意	警告标志、警戒标志等 安全帽
绿色	提供信息 安全 通行	提示标志：启动按钮 安全标志：安全信号旗 通行标志

（2）安全标志。安全标志由安全色、几何图形和图形符号构成，用以表达特定的安全信息。安全标志可以和文字说明的补充标志同时使用，分为禁止标志、警告标志、指令标志、提示标志和补充标志。

① 禁止标志。禁止标志的含义是不准或制止人们的某些行动。禁止标志的几何图形是带斜杠圆环，其中圆环与斜杠相连，用红色；图形符号用黑色，背景用白色。我国规定的禁止标志共有28个，即禁放易燃物、禁止吸烟、禁止通行、禁止烟火、禁带火种、禁止启动、修理时禁止转动、运转时禁止加油、禁止跨越、禁止乘车、禁止攀登等。

② 警告标志。警告标志的几何图形是黑色的正三角形，黑色符号和黄色背景。我国规定的警告标志共有30个，包括注意安全、当心触电、当心爆炸、当心火灾、当心伤手等。

③ 指令标志。指令标志的几何图形是圆形，蓝色背景，白色图形符号。指令标志共有15个，即必须戴安全帽、必须穿防护鞋、必须系安全带、必须戴防护眼镜、必须戴防护手套等。

④ 提示标志。其含义是示意目标的方向。提示标志的几何图形是方形，绿、红色背景，白色图形符号及文字。提示标志共有13个，其中一般提示标志（绿色背景）有6个：安全通道、太平门等；消防设备提示标志（红色背景）有7个：消防警令、火警电话、地下消火栓、灭火器等。

⑤ 补充标志。补充标志是对前述四种标志的补充说明，以防误解。补充标志分为横写和竖写两种。横写的为长方形，写在标志的下方，可以和标志连在一起，也可以分开，竖写的写在标志上部。补充标志的颜色：竖写的，均为白底黑字；横写的，用于禁止标志的用红底白字，用于警告标志的用白底黑字，用于指令标志的用蓝底白字。

（3）安全牌。安全牌是用文字、图形及安全色做成的标示牌，是标志的一种重要形式，可分为禁止、允许、警告和指令4类。标示牌是用电安全警告方式的一种。

禁止类标示牌，如"禁止合闸、有人工作""禁止合闸、线路有人工作"等，在停电工作场所悬挂在电源开关设备的操作手柄上,以防止发生误合闸送电事故。

允许类标示牌,如"在此工作""从此上下"等,悬挂在工作场所的临时入口或上下通道处,表示安全和允许。

警告类标示牌,如"止步、高压危险!""禁止攀登、高压危险"等,悬挂在遮栏、过道等处,告诫人们不得跨越,以免发生危险。

第三节 电气设备、装置安全要点

本节讲述变配电站、变配电设备、电气线路、低压电器等电气设备、装置的安全要点。

一、变配电站安全

变配电站是企业的动力枢纽。变配电站装有变压器、互感器、避雷器、电力电容器、高低压开关、高低压母线、电缆等多种高压设备和低压设备。变配电站发生事故不仅使整个生产活动不能正常运行,还可能导致火灾和人身伤亡事故。

1. 变配电站位置

从安全角度考虑,变配电站应避开易燃易爆环境;变配电站宜设在企业的上风侧,并不得设在容易沉积粉尘和纤维的环境;变配电站不应设在人员密集的场所。变配电站的选址和建筑应考虑灭火、防蚀、防污、防水、防雨、防雪、防振的要求。地势低洼处不宜建变配电站。变配电站应有足够的消防通道并保持畅通。

2. 建筑结构

高、低压配电室和蓄电池室应为耐火建筑。蓄电池室应隔离。变配电站各间隔的门应向外开启;门的两面都有配电装置时,应两边开启。门应为非燃烧体和难燃烧体材料制成的实体门。长度超过 7m 的高压配电室和长度超过 10m 的低压配电室至少应有两个门。

3. 间距、屏护和隔离

变配电站各部间距和屏护应符合专业标准的要求。室外变、配电装置与建筑物应保持规定的防火间距。室内充油设备油量 60kg 以下者允许安装在两侧有隔板的间隔内;油量 60~600kg 者须装有防爆隔墙的间隔内;600kg 以上者应安装在单独的间隔内。

4. 通道

变配电站室内各通道应符合要求。高压配电装置长度大于 6m 时,通道应设两个出口;低压配电装置两个出口间的距离超过 15m 时,应增加出口。

5. 通风

蓄电池室、变压器室、电力电容器应有良好的通风。

6. 封堵

门窗及孔洞应设置网孔小于 10mm×10mm 的金属网,防止小动物钻入。通向站外的

孔洞、沟道应予封堵。

7. 标志

变配电站的重要部位应设有"止步，高压危险！"等标志。

8. 连锁装置

断路器与隔离开关操作机构之间、电力电容器的开关与其放电负荷之间就装有可靠的连锁装置。

9. 电气设备正常运行

电流、电压、功率因数、油量、油色、温度指示应正常；连接点应无松动、过热迹象；门窗、围栏等辅助设施应完好；声音应正常，应无异常气味；瓷绝缘不得掉瓷、不得有裂纹和放电痕迹并保持清洁；充油设备不得漏油、渗油。

10. 安全用具和灭火器材

变配电站应备有绝缘杆、绝缘夹钳、绝缘手套、绝缘垫、绝缘站台、各种标志牌、临时接地线、验电器、脚扣、安全带、梯子等各种安全用具。变配电站应配备可用于带电灭火的灭火器材。

11. 技术资料

变配电站应备有高压系统图、低压系统图、电缆布线图、二次回路接线图、设备使用说明书、试验记录、测量记录、检修记录、运行记录等技术资料。

12. 管理制度

变配电站应建立并执行各项行之有效的规章制度，如工作票制度、操作票制度、工作许可制度、工作监护制度、值班制度、巡视制度、检查制度、检修制度及防火责任制、岗位责任制等规章制度。

二、主要变配电设备安全

除上述变配电站的一般安全要求外，变压器等设备尚需满足以下安全要求。

1. 电力变压器

电力变压器是变配电站的核心设备，按照绝缘结构分为油浸式变压器和干式变压器。

油浸式变压器用油的闪点在 135~160℃ 之间，属于可燃液体。变压器内的固体绝缘衬垫、纸板、棉纱、布、木材等都属于可燃物质，其火灾危险性较大，而且有爆炸的危险。

变压器安装，变压器各部件及本体的固定必须牢固。电气连接必须良好；铝导体与变压器的连接应采用铜铝过渡接头。10kV 变压器壳体距门不应小于 1m，距墙不应小于 0.8m（装有操作开关时不应小于 1.2m）。采用自然通风时，变压器室地面应高出室外地面 1.1m。变压器台高度一般不应低于 0.5m、其围栏高度不应低于 1.7m、变压器壳体距围栏不应小于 1m、变压器操作面距围栏不应小于 2m。变压器室的门和围栏上应有"止步，高压危险！"的明显标志。

变压器运行，运行中变压器冷却装置应保持正常，吸潮剂的颜色应为淡蓝色；通向气体继电器的阀门和散热器和阀门应在打开状态，防爆管的膜片应完整，变压器室的门窗、通风孔、百叶窗、防护网、照明灯应完好；室外变压器基础不得下沉，电杆应牢固、不得倾斜。

2. 电力电容器

电容器运行中电流不应长时间超过电容器额定电流的1.3倍；电压不应长时间超过电容器额定电压的1.1倍；电容器外壳温度不得超过生产厂家的规定值（一般为60℃或65℃）。电容器外壳不应有明显变形，不应有漏油痕迹。电容器的开关设备、保护电器和放电装置应保持完好。

3. 高压开关

高压开关主要包括高压断路器、高压负荷开关和高压隔离开关。高压开关用以完成电路的转换，有较大的危险性。

（1）高压断路器。高压断路器是高压开关设备中最重要、最复杂的开关设备。高压断路器有强有力的灭弧装置，既能在正常情况下接通和分断负荷电流，又能借助继电保护装置在故障情况下切断过载电流和短路电流。

断路器分断电路时，如电弧不能及时熄灭，不但断路器本身可能受到严重损坏，还可能迅速发展为弧光短路，导致更为严重的事故。

断路器是有爆炸危险的设备。为了防止断路器爆炸，应根据额定电压、额定电流和额定开断电流等参数正确选用断路器，并应保持断路器在正常的运行状态。运行中，断路器的操作机构、传动机构、控制回路、控制电源应保持良好。

（2）高压隔离开关。高压隔离开关简称刀闸。隔离开关没有专门的灭弧装置，不能用来接通和分断负荷电流，更不能用来切断短路电流；隔离开关主要用来隔断电源，以保证检修和倒闸操作的安全。

隔离开关安装应当牢固，电气连接应当紧密、接触良好；与铜、铝导体连接须采用铜铝过渡接头。隔离开关不能带负荷操作。拉闸、合闸前应检查与之串联安装的断路器是否在分闸位置。运行中的高压隔离开关连接部位温度不得超过75℃。机构应保持灵活。

（3）高压负荷开关。高压负荷开关有比较简单的灭弧装置，用来接通和断开负荷电流。负荷开关必须与有高分断能力的高压熔断器配合使用，由熔断器切断短路电流。高压负荷开关分断负荷电流时有强电弧产生，因此，其前方不得有可燃物。

三、电气线路安全

电气线路的安全应针对不同线路的特点来考虑。

1. 架空线路

凡挡距超过25m，利用杆塔敷设的高、低压电力线路都属于架空线路。架空线路水混电杆钢筋不得外露，杆身变曲不超过杆长的0.2%。拉线与电杆的夹角不宜小于45°，如果受到地形限制时，亦不应小于30°。拉线穿过公路时其高度不应小于6m。拉线绝缘子高度不应小于2.5m。

架空线路的导线与地面、各种工程设施、建筑物、树木、其他线路之间，以及同一线路的导线与导线之间均应保持足够的安全距离。

2. 电缆线路

电缆线路主要由电力电缆、终端接头、中间接头及支撑件组成。电缆线路有电缆沟或电缆隧道敷设、直接埋入地下敷设、桥架敷设、支架敷设、钢索吊挂敷设等敷设方式。

三相四线系统应采用四芯电力电缆，不应采用三芯电缆另加 1 根单芯电缆或以导线、电缆金属护套作中性线。

电缆的最小弯曲半径应符合表 7-2 的要求。表中 D 为电缆外径。电缆进入电缆沟、隧道、竖井、建筑物、盘（柜）处应予封堵。电缆直接敷设不得应用非铠装电缆。直埋电缆在直线段每隔 50～100m 处、电缆接头处、转弯处、进入建筑物等处应设置明显的标志或标桩。

电力电缆的终端头和中间接头，应保证密封良好，防止受潮。电缆终端头、中间接头的外壳与电缆金属护套及铠装层均应良好接地。

表 7-2 电缆最小弯曲半径

电缆类型		多芯	单芯
控制电缆		10D	—
橡皮绝缘电力电缆	无铅包或钢铠护套	10D	
	裸铅包护套	15D	
	钢铠护套	20D	
聚氯乙烯绝缘电力电缆		10D	
交联聚乙烯绝缘电力电缆		15D	20D

3. 临时用电线路

（1）导线要求。采用单支线的架空线必须采用绝缘铜线或绝缘铝线；临时架空线必须架设在专用电杆上，严禁架设在树木、脚手架上。

采用电缆的，电缆穿越建筑物、构筑物、道路、易受机械损伤的场所及引出地面从 2m 高度至地下 0.2m 处，必须加设防护套管。与其附近热力管道的平行间距不得小于 2m，交叉间距不得小于 1m。

（2）线路保护。临时用电线路要安装漏电保护器。经常过负荷的线路、易燃易爆物邻近的线路、照明线路，必须有过负荷保护。

（3）临时照明。一般场所宜选用额定电压为 220V 的照明器，接于照明系统中的每一单相回路上。灯具和插座数量不宜超过 25 个，并应装设熔断电流为 15A 及 15A 以下的熔断器保护。

下列特殊场所应使用安全电压照明器：人防工程，有高温、导电灰尘或灯具离地面高度低于 2.4m 等场所的照明，电源电压应不大于 36V；在特别潮湿的场所、导电良好的地面、锅炉或金属容器内工作的照明电源电压不得大于 12V。

照明装置的安全要求：照明灯具的金属外壳必须做保护接零。单相回路的照明开关箱内必须装设漏电保护器；室外灯具距地面不得低于 3m，室内灯具不得低于 2.4m；灯头的绝缘外壳不得有损伤和漏电；照明灯宜采用拉线开关，开关距地面高度 2～3m，严禁在床上装设开关。

四、配电柜（箱）

配电柜（箱）分动力配电柜（箱）和照明配电柜（箱），是配电系统的末级设备。

1. 配电柜（箱）安装

配电柜（箱）安装应注意以下事项：

（1）配电柜（箱）应用不可燃材料制作。

（2）触电危险性小的生产场所和办公室，可安装开启式的配电板。

（3）触电危险性大或作业环境较差的加工车间、铸造、锻造、热处理、锅炉房、木工房等场所，应安装封闭式箱柜。

（4）有导电性粉尘或产生易燃易爆气体的危险作业场所，必须安装密闭式或联爆型的电气设施。

（5）配电柜（箱）各电气元件、仪表、开关和线路应排列整齐，安装牢固，操作方便；柜（箱）应内无积尘、积水和杂物。

（6）落地安装的柜（箱）底面应高出地面 50～100mm；操作手柄中心高度一般为 1.2～1.5m；柜（箱）前方 0.8～1.2m 的范围内无障碍物。

（7）保护线连接可靠。

（8）柜（箱）以外不得有裸带电体外露；必须装设在柜（箱）外表面或配电板上的电气元件，必须有可靠的屏护。

2. 配电柜（箱）运行

配电柜（箱）内各电气元件及线路应接触良好，连接可靠；不得有严重发热、烧损现象。配电柜（箱）的门应完好；门锁应有专人保管。

五、用电设备和低压电器

用电设备和低压电器的安全要点如下所述。

1. 电气设备触电防护分类

按照触电防护方式，电气设备分为以下 5 类。

（1）0 类。这种设备仅仅依靠基本绝缘来防止触电。0 类设备外壳上和内部的不带电导体上都没有接地端子。

（2）0Ⅰ类。这种设备也是依靠基本绝缘来防止触电的。但是，这种设备的金属外壳上装有接地（零）的端子，不提供带有保护芯线的电源线。

（3）Ⅰ类。这种设备除依靠基本绝缘外，还有一个附加的安全措施。Ⅰ类设备外壳上没有接地端子。但内部有接地端子，自设备内引出带有保护插头的电源线。

（4）Ⅱ类。这种设备具有双重绝缘和加强绝缘的安全防护措施。

（5）Ⅲ类。这种设备依靠超低安全电压供电以防止触电。

手持电动工具没有 0 类和 0Ⅰ类产品，市售产品基本上是Ⅱ类设备。移动式电气设备大部分是Ⅰ类产品。

2. 电气设备外壳防护

电动机、低压电器的外壳防护包括两种：第一种是对固体异物进入内部以及对人体触

及内部带电部分或运行部分的防护;第二种是对水进入内部的防护。

3. 电动机

电动机把电能转变为机械能,分为直流电动机和交流电动机。交流电动机又分为同步电动机和异步电动机(即感应电动机),而异步电动机又分绕线型电动机和笼型电动机。电动机是工业企业最常用的用电设备。作为动力机,电动机具有结构简单、操作方便、效率高等优点。生产企业中用电动机消耗的电能占总能源耗量的50%以上。

电动机的电压、电流、频率、温升等运行参数应符合要求。任何情况下,电动机的绝缘电阻不得低于每伏工作电压 1000Ω。电动机必须装设短路保护和接地故障保护,并根据需要装设过载保护、断相保护和低电压保护。熔断器熔体的额定电流应取为异步电动机额定电流的 1.5~2.5 倍。

电动机应保持主体完整、零附件齐全、无损坏,并保持清洁。除原始技术资料外,还应建立电动机运行记录、试验记录、检修记录等资料。

4. 手持电动工具和移动式电气设备

手持电动工具包括手电钻、手砂轮、冲击电钻、电锤、手电锯等工具。移动式设备包括蛤蟆夯、振捣器、水磨石磨平机等电气设备。

1) 触电危险性

手持电动工具和移动式电气设备是触电事故较多的用电设备。事故较多的主要原因如下:

(1) 这些工具和设备是在人的紧握之下运行的,人与工具之间的接触电阻小,一旦工具带电,将有较大的电流通过人体,容易造成严重后果。同时,操作者一旦触电,由于肌肉收缩而难以摆脱带电体,也容易造成严重后果。

(2) 这些工具和设备有很大的移动性,其电源线容易受拉、磨而损坏,电源线连接处容易脱落而使金属外壳带电,导致触电事故。

(3) 这些工具和设备没有固定的工位,运行时振动大,而且可能在恶劣的条件下运行,本身容易损坏而使金属外壳带电,导致触电事故。

2) 安全使用条件

(1) Ⅱ类、Ⅲ类设备没有保护接地或保护接零的要求;Ⅰ类和 0Ⅰ类设备必须采取保护接地或保护接零措施。设备的保护线应接向保护干线。

(2) 移动式电气设备的保护零线(或地线)不应单独敷设,而应当与电源线采取同样的防护措施,即采用带有保护芯线的橡皮套软线作为电源线。专用保护芯线应当是截面积不小于 0.75~1.5mm² 的软铜线。电缆不得有破损或龟裂,中间不得有接头;电源线与设备之间的防止拉脱的紧固装置应保持完好。设备的软电缆及其插头不得任意接长、拆除或调换。

(3) 移动式电气设备的电源插座和插销应有专用的接零(地)插孔和插头。其结构应能保证插入时接零(地)插头在导电插头之前接通,拔出时接零(地)插头在导电插头之后拔出。

(4) 一般场所,手持电动工具应采用Ⅱ类设备。在潮湿或金属构架上等导电性能良好的作业场所,必须使用Ⅱ类或Ⅲ类设备。在锅炉内、金属容器内、管道内等狭窄的特别危险场所，应使用Ⅲ类设备；如果使用Ⅱ类设备，则必须装设额定漏电动作电流不大于15mA、动作时间不大于0.1s的漏电保护器；而且，Ⅲ类设备的隔离变压器、Ⅱ类设备的漏电保护器以及Ⅱ、Ⅲ类设备控制箱和电源连接器等必须放在外面。

（5）使用Ⅰ类设备应配用绝缘手套、绝缘鞋、绝缘垫等安全用具。

（6）设备的电源开关不得失灵、不得破损并应安装牢固，接线不得松动，转动部分应灵活。

（7）绝缘电阻合格。Ⅰ类设备带电部分与可触及导体之间的绝缘电阻不低于2MΩ，Ⅱ类设备不低于7MΩ。

3）检查和维修

（1）工具在发出或收回时，必须由保管人员进行日常检查。

（2）检查要求是，每季度至少全面检查一次；在潮湿和温差变化大的地区还应缩短检查周期。

（3）检查项目包括：外壳、手柄有否裂缝和破损；保护接地或接零线是否正确，牢固可靠；软电缆或软线是否完好无损；插头是否完整无损；开关动作是否正常、灵活，有无缺陷、破裂；电气保护装置是否完好；机械防护装置是否完好；工具转动部分是否灵活无障碍。

（4）长期搁置不用的工具，在使用前必须测量绝缘电阻。如果绝缘电阻小于规定的数值，必须进行干燥处理和维修，经检查合格后，方可使用。

（5）在维修时，工具内的绝缘衬垫、套管等不得任意拆除、调换或漏装。

（6）非专业人员不得擅自拆卸和修理工具。

（7）工具的电气绝缘部分经修理后，必须进行相应的测量和试验。

5. 电焊设备

电焊机的种类很多，有交流电焊机、直流电焊机、氩弧焊机、对焊机等。在这里只介绍常用的交流焊机安全注意事项。

交流焊机实际上是一台特殊用途的变压器。原边的额定电压一般为380V，副边电压空载时为70V，工作电压为30V左右。副边的工作电流在数十安培到数百安培，形成的电弧的温度高达6000℃。

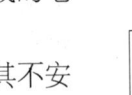

用手工操作焊条进行焊接的电弧焊即称为手工电弧焊。手工电弧焊应用很广，其不安全因素也比较多。其主要安全要求如下：

（1）安装前应检查电焊机是否完好；绝缘电阻是否符合安全要求（原边的绝缘电阻不应低于1MΩ，副边的绝缘电阻不得低于0.5MΩ）。

（2）电焊机应安装在干燥、通风良好的环境中；不得安装在易燃易爆的场所和有腐蚀性气体的环境，有严重尘垢的环境或剧烈振动的环境。室外使用电焊机应采取防尘、防雨雪措施，下方有可燃物时应采取相应的安全措施。

（3）电弧熄灭时焊钳电压较高，为了防止触电及其他事故，电焊工人应当戴帆布手套、穿胶底鞋。在金属容器中工作时，还应戴上头盔、护肘等防护用品。电焊工人的防护用品还应能防止烧伤和射线伤害。

（4）在高度触电危险环境中进行电焊时，可以安装空载自停装置。

(5) 固定使用的电弧焊机的电源线与普通配电线路同样要求；移动使用的电弧焊机的电源线应按临时线处理。电弧焊机的二次线路（阿斯线）最好采用2条绝缘线。

(6) 电弧焊机的电源线上应装设有隔离电器、主开关和短路保护电器。

(7) 电焊机的外壳和外露导电部分应采取保护接零（或接地）措施。为了防止高压窜入低压造成的危险和危害，交流弧焊机二次线路（阿斯线）应当接零（或接地）。但必须注意电焊机的焊钳线是不允许接零或接地的，另一条线也只能一点接零（或接地），以防止部分焊接电流经其他导体构成回路。

(8) 移动焊机时必须停电。

6. 低压控制电器

低压控制电器主要用来接通、断开线路和用来控制电气设备，包括刀开关、低压断路器、减压启动器、电磁启动器等。

1）控制电器一般安全要求

(1) 电压、电流、断流容量、操作频率、温升等运行参数符合要求。

(2) 结构型式与使用的环境条件相适应。

(3) 灭弧装置（包括灭弧罩、灭弧触头、灭弧用绝缘板）完好。

(4) 触头接触表面光洁，接触紧密，并有足够的接触压力；各极触头应当同时动作。

(5) 防护完善，门（或盖）上的连锁装置可靠，外壳、手柄、漆层无变形和损伤。

(6) 安装合理、牢固；操作方便，且能防止自行合闸；一般情况下，电源线应接在固定触头上。

(7) 正常时不带电的金属部分接地（或接零）良好。

(8) 绝缘电阻符合要求。

2）刀开关

刀开关是手指开关，包括胶盖刀开关、石板刀开关、铁壳开关、转扳开关、组合开关等。

刀开关没有或只有极为简单的灭弧装置，不能切断短路电流。因此，刀开关下方应装有熔体或熔断器。对于容量较大的线路，刀开关须与有切断短路电流能力的其他开关串联使用。

用刀开关操作异步电动机及其他有冲击电流的动力负荷时，刀开关的额定电流应大于负荷电流的3倍，并应该在刀开关上方另装一组熔断器。刀开关所配用熔断器和熔体的额定电流不得大于开关的额定电流。

3）低压断路器

低压断路器是具有很强的灭弧能力的低压开关。低压断路器的合闸由人工操作；分闸可由人工操作，也可在故障情况下自动分闸。

低压断路器瞬间动作过电流脱扣器用于短路保护，其动作电流的调整范围多为额定电流的4~10倍。其整定电流应大于线路上可能出现的峰值电流，并变为线路末端单相短路电流的2/3。长延时动作过电流脱扣器应按照线路计算负荷电流或电动机额定电流整定，用于过载保护。

运行中的低压断路器的机构保持灵活，各部分应保持干净，触头磨损超过原来厚度的

1/3时,应予更换。应定期检查各脱扣器的整定值。

4）接触器

接触器是电磁启动器的核心元件。

接触器的额定电流应按电动机的额定电流和工作状态来选择。接触器的额定电流应选为电动机额定电流的1.3~2倍。工作繁重者应取较大的倍数。

7. 低压保护电器

低压保护电器主要用来获取、转换和传递信号,并通过其他电器对电路实现控制。熔断器和热继电器属于最常见的低压保护电器。

（1）熔断器。熔断器有管式熔断器、插式熔断器、螺塞式熔断器等多种型式。管式熔断器有两种：一种是纤维材料管,由纤维材料分解大量气体灭弧;一种是陶瓷管,管内填充石英砂,由石英砂冷却和熄灭电弧。同一熔断器可以配用几种不同规格的熔体,但熔体的额定电流不得超过熔断器的额定电流。熔断器各接触部位应接触良好。爆炸危险的环境不得装设电弧可能与周围介质接触的熔断器;一般环境也必须考虑防止电弧飞出的措施。不得轻易改变熔体的规格;不得使用不明规格的熔体。

（2）热继电器。热继电器也是利用电流的热效应制成的。它主要由热元件、双金属片、控制触头等组成。热继电器的热容量较大,动作不快,只用于过载保护。

第四节　电气事故及防护技术

电气事故包括人身事故和设备事故。人身事故和设备事故都可能导致二次事故,而且二者很可能是同时发生的。电气事故是与电相关联的事故。从能量的角度看,电能失去控制将造成电气事故。按照电能的形态,电气事故可分为触电事故、雷击事故、静电事故、电磁辐射事故和电气装置事故。但是,触电事故、电气装置事故的原因是多种多样的,有管理上的原因,也有技术上的原因。归纳起来,用电事故不外乎是由不安全状态和不安全行为造成的。

一、触电事故

触电事故是由电流及其转换成的其他形式的能量造成的事故。触电事故分为电击和电伤。电击是电流直接作用于人体所造成的伤害。电伤是电流转换成热能、机械能等其他形式的能量作用于人体造成的伤害。触电事故往往突然发生,在极短时间内造成严重后果。

1. 电击、电伤及电流对人体的作用

（1）电击。通常所说的触电指的是电击。电击分为直接接触电击和间接接触电击。前者是触及正常状态下带电的带电体时发生的电击,也称为正常状态下的电击;后者是触及正常状态下不带电、而在故障状态下意外带电的带电体时发生的电击,也称为故障状态下的电击。

（2）电伤。电伤分为电弧烧伤、电流灼伤、皮肤金属化、电烙印、机械性损伤、电光眼等伤害。电弧烧伤是由弧光放电造成的烧伤，是最危险的电伤。电弧温度高达8000℃，可造成大面积、大深度的烧伤，甚至烧焦、烧毁四肢及其他部位。

（3）电流对人体的作用。电流通过人体内部，能使肌肉产生突然收缩效应，产生针刺感、压迫感、打击感、痉挛、疼痛、血压升高、昏迷、心律不齐、心室颤动等症状。数十毫安的电流通过人体可使呼吸停止。数十微安的电流直接流过心脏会导致致命的心室纤维性颤动。电流对人体损伤的程度与电流的大小、电流持续时间、电流种类、电流途径、人体的健康状况等因素有关。

工频电流作用于人体的效应见表7-3。

表7-3 工频电流的生理效应

电流范围	电流/mA	电流持续时间	生理效应
0	0~0.5	连续通电	没有感觉
A1	0.5~5	连续通电	开始有感觉，手指、手腕等处有麻感，没有痉挛，可以摆脱带电体
A2	5~30	数分钟以内	痉挛，不能摆脱带电体，呼吸困难，血压升高，是可以忍受的极限
A3	30~50	数秒至数分钟	心脏跳动不规则，昏迷，血压升高，强烈痉挛，时间过长即引起心室纤维性颤动
B1	50~数百	低于心脏搏动周期	受强烈刺激，但未发生心室纤维性颤动
B1	50~数百	超过心脏搏动周期	昏迷，心室纤维性颤动，接触部位留有电流通过的痕迹
B2	超过数百	低于心脏搏动周期	在心脏搏动周期特定相位电击时，发生心室纤维性颤动，昏迷，接触部位留有电流通过的痕迹
B2	超过数百	超过心脏搏动周期	心脏停止跳动，昏迷，可能致命的电灼伤

注：0是没有感觉的范围；A1、A2、A3是不引起心室纤维性颤动，不致产生严重后果的范围；B1、B2是容易产生严重后果的范围。

2. 可能的触电方式

触电事故是人体触及带电体的事故，是电气事故中最为常见的事故。从本质上看，触电是电流对人体的伤害。电流对人体的伤害可分为电击和电伤。电击是电流通过人体内部，破坏人的心脏、神经系统、肺部的正常工作造成的伤害。由于人体触及带电的导线、漏电设备的外壳或其他带电体，以及由于雷击或电容器放电，都可能导致电击。电伤是电流的热效应、化学效应或机械效应对人体外部造成的局部伤害，包括电弧烧伤、烫伤、电烙印等。

绝大部分触电事故是电击造成的，通常所说的触电事故基本上指电击而言。

3. 触电事故预防技术

1）直接接触电击预防技术

（1）绝缘。是用绝缘物把带电体封闭起来。电气设备的绝缘应符合其相应的电压等级、环境条件和使用条件。

电气设备的绝缘不得受潮，表面不得有粉尘、纤维或其他污物，不得有裂纹或放电痕迹，表面光泽不得减退，不得有脆裂、破损，弹性不得消失，运行时不得有异味。

（2）屏护。是采用遮栏、护罩、护盖、箱闸等将电体同外界隔绝开来。屏护装置应有足够的尺寸。应与带电体保证足够的安全距离；遮栏与低压裸导体的距离不应小于0.8m；网眼遮栏与裸导体之间的距离，低压设备不宜小于0.15m，10kV设备不宜小于0.35m。屏护装置应安装牢固。金属材料制成的屏护装置应可靠接地（或接零）。遮栏、栅栏应根据需要挂标示牌。遮栏出入口的门上应根据需要安装信号装置和连锁装置。

（3）安全间距。是将可能触及的带电体置于可能触及的范围之外。其安全作用与屏护的安全作用基本相同。带电体与地面之间、带电体与树木之间、带电体与其他设施和设备之间、带电体与带电体之间均需保持一定的安全距离。安全距离的大小决定于电压高低、设备类型、环境条件和安装方式等因素。

架空线路与地面（水面）之间的安全距离见表7-4。

表7-4 架空线路与地面之间的安全距离　　　　　　　　　单位：m

安全距离 线路经过的地区	线路电压/kV		
	0.4	10	35
居民区和工矿企业地区	6.0	6.5	7.0
非居民区但有行人或车辆通行	5.0	5.5	6.0
公路路面	7.5	7.5	
通航河道最高水面	6.0	6.0	
交通困难的地区	4.0	4.5	5.0

架空线路与建筑物之间的最小安全距离见表7-5。表中的垂直距离和水平距离分别取最大垂度和最大风偏时的数据。必须指出的是，架空线路不得跨越易燃材料做成屋面的建筑物，也应尽量避免跨越其他建筑物。若必须跨越应取得有关部门的同意。当线路经过建筑物的门或窗等设施的附近时，应当适当加大距离。

表7-5 架空线路与建筑物之间的最小安全距离　　　　　　单位：m

方　向	线路电压/kV		
	0.4	10	35
垂直方向	2.5	3.0	4.0
水平方向	1.0	1.5	3.0

导线与树木之间的最小安全距离见表7-6。

表7-6 导线与树木之间的最小安全距离　　　　　　　　　单位：m

线路电压/kV	1以下	10	35
垂直距离	1.0	1.5	3.0
水平距离	1.0	2.0	

人体正常活动范围与带电设备（线路）之间的最小安全距离见表7-7。

表7-7 人体正常活动范围与带电设备（线路）之间的最小安全距离　　单位：m

电压级别/kV	10以下	20～35	44
有遮栏	0.35	0.6	0.9
与其他线路交叉	1.0	2.5	2.5
无遮栏	0.7	1.0	1.2

在架空线路进行起重工作时，起重机具（包括被吊物）与线路导线之间的最小距离可参考表7-8所列数值。

表7-8 起重机具与线路导线的最小距离

线路电压/kV	≤1	10	35
最小距离/m	1.5	2	4

2）间接接触电击预防技术

电气设备和设施的保护接地应注意：

（1）电气设备和设施的保护接地。保护接地是一种技术上的安全措施。所谓保护接地，就是将一切电器设备在正常情况下不带电的金属外壳以及和它连接的金属部分与大地作可靠的金属连接。当设备在运行中出现绝缘损坏故障而使外壳带电时，可使电流经接地体流入大地，当人员接触带电的金属外壳时，将可能产生的接触电压控制在安全范围以内，保护人身安全。

如果电气设备发生绝缘击穿故障，其金属外壳（包括机座）对地会有一定的电压，当工作人员接触到这些带电外壳时，将造成触电事故。防止这种触电事故发生的最可靠和最有效方法是采用接地保护，亦即将这些设备的金属外壳接地。当设备的绝缘击穿时，电流通过接地装置流入大地，在电流流过的途径上，设备的金属外壳部分与大地之间，可能同时被工作人员触及的任何两点间的电压（即接触电压和跨步电压），应小于外壳接地的全部电压值，而且应被限制到对人身没有危害的数值以下，这就是保护接地的作用。

比如，当电动机的外壳未接地而发生一相碰壳时，它的外壳就带有较高的对地电压。这时如果有人接触外壳，就有电流经人体入地，并经另一相与大地之间的分布电容构成回路，这是相当危险的。如果电动机的外壳接了地，由于人体电阻远大于接地装置的接地电阻，则大部分电流经过接地装置入地，流经人体的电流很小，对人比较安全。

为了保证工作人员的安全，一般要求下列设备采用接地保护：电动机、变压器、断路器等电气设备及移动式用电器具的底座与外壳；电气设备的传动装置；屋内外配电装置的金属或钢筋混凝土构架，以及靠近带电部分的金属栅栏和金属门；配电、控制、保护用的盘（台、箱）的框架；交直流电力电缆的接线盒，终端盒的金属外壳和电缆金属护层，穿线的钢管；电缆支架；装有避雷线的电力线路杆、塔等电气设备。

接地装置可分为接地体和接地线两部分，埋入地中并直接与大地接触的金属导体或导体组，称为接地体。钢筋混凝土建筑物的基础、金属管道和设备等，也可兼作接地体使用，这时称为自然接地体。连接电气设备与接地体之间的金属导体，称为接地线。多台设备公共的接地线称为接地干线，单独引至每台设备的接地线称为分支接地线。

（2）电气设备和设施的保护接零。在中性点直接接地的低压三相四线配电系统中，电气设备的外壳宜采用保护接零。

保护接零是为防止触电事故的发生，将电气设备在正常情况下不带电的金属外壳接至该网路中的零线，这种接法通常称为保护接零。保护接零适用于变压器低压中性点直接接地，电压380/220V的三相四线制供电网络。不论环境如何，为避免触电，用电设备均应接零。保护接零与熔断器、脱扣器等配合，作为中性点直接接地的低压线配电系统中防止漏电设备造成人身触电的安全措施。当设备的某一相带电部分与金属外壳相碰（或漏电时），通过设备的外壳形成该相对零线的单相短路（或有较大电流），其短路电流使线路的保护装置迅速动作，切断故障线路的电源，防止人身触电。

采用保护接零应注意以下几个问题：

第一，在中性点接地的三相四线制低压配电网中，不宜采用保护接地，否则很难使接触电压控制在安全电压的范围以内。如在380/220V三相四线制电网中，如果变压器工作接地和电动机保护接地的电阻都为4Ω，而人体电阻很大（一般情况下，最低值为800~1000Ω），则在单相碰壳的情况下电动机外壳的电压仍高达110V，对人体有相当的危险性。

第二，在同一电网系统中，一般只能采取同一种保护方式，不允许一部分设备接地，而另一部分接零。否则当某一设备发生碰壳故障时，零线电位将升高，这时接零设备的外壳可能带上危险电位，这是十分危险的。

第三，保护接零不可缺少的安全要求是将零线重复接地，即将零线上的一处或多处通过接地装置与大地再次相连。其作用为：降低了漏电设备的对地电压，减少了零线断线时的触电危险，缩短碰壳或接地短路持续时间，改善架空线路的防雷性能。

第四，采用保护接零时，零线不许装设熔断器和开关，应符合如下规定：当零线同时作为供电和保护时原则上不允许在零线回路中装设开关和熔断器。单相线路中有保护零线时，其相线和零线应相对固定下来。线路电源开关应使用双开关，以保证相线和零线同时切断或接通。设备的保护接零线不允许串接，应各自与零线的干线直接连接。零线干线不允许装设开关和熔断器。

3）其他电击预防技术

（1）双重绝缘和加强绝缘。双重绝缘指工作绝缘（基本绝缘）和保护绝缘（附加绝缘）。前者是带电体与不可触及的导体之间的绝缘，是保证设备正常工作和防止电击的基本绝缘；后者是不可触及的导体与可触及的导体之间的绝缘，是当工作绝缘损坏后用于防止电击的绝缘。加强绝缘是具有与上述双重绝缘相同水平的单一绝缘。

（2）安全电压。安全电压是在一定条件下、一定时间内不危及生命安全的电压。具有安全电压的设备属于Ⅲ类设备。

安全电压限值是在任何情况下、任意两导体之间都不得超过的电压值。中国标准规定工频安全电压有效值的限值为50V。中国规定工频有效值的额定值有42V、36V、24V、

12V 和 6V。凡特别危险环境使用的携带式电动工具应采用 42V 安全电压；凡有电击危险环境使用的手持照明灯和局部照明灯应采用 36V 或 24V 安全电压；金属容器内、隧道内、水井内以及周围有大面积接地导体等工作地点狭窄、行动不便的环境应采用 12V 安全电压；水上作业等特殊场所应采用 6V 安全电压。

安全电压回路的带电部分必须与较高电压的回路保持电气隔离，并不得与大地、保护接零（地）线或其他电气回路连接。安全电压的插销座不得与其他电压的插销座有插错的可能。安全隔离变压器的一次边和二次边均应装设短路保护元件。

（3）电气隔离。电气隔离指工作回路与其他回路实现电气上的隔离。电气隔离是通过采用 1:1，即一次边、二次边电压相等的隔离变压器来实现的。电气隔离的安全实质是阻断二次边工作的人员单相触电时电流的通路。

（4）漏电保护（剩余电流保护）。漏电保护装置主要用于防止间接接触电击和直接接触电击。漏电保护装置也用于防止漏电火灾和监测一相接地故障。漏电保护开关除了具有漏电保护或单相触电保护外，还有空气开关的保护特性（如过流、过压、短路、欠压等）。

电流型漏电保护装置以漏电流或触电电流为动作信号。动作信号经处理后带动执行元件动作，促使线路迅速分断。漏电保护装置的动作时间指动作时最大分断时间。快速型和定时限型漏电保护装置的动作时间应符合表 7-9 的要求。

表 7-9 漏电保护装置的动作时间

单位：s

额定动作电流 $I_{\triangle n}$/mA	额定电流 /A	动作时间			
		$I_{\triangle n}$	$2I_{\triangle n}$	0.25A	$5I_{\triangle n}$
≤ 30	任意值	0.2	0.1	0.04	—
> 30	任意值	0.2	0.1	—	0.04
	≥ 40★	0.2	—	—	0.15

★适用于组合型漏电保护器。

有金属外壳的 I 类移动式电气设备和手持式电动工具，安装在潮湿或强腐蚀等恶劣场所的电气设备，建筑施工工地的施工电气设备，临时性电气设备，宾馆类的客房内的插座、触电危险性较大的民用建筑物内的插座、游泳池或浴池类场所的水中照明设备，安装在水中的供电线路和电气设备，以及医院中直接接触人体的医用电气设备（胸腔手术室的除外）等均应安装漏电保护装置。

二、雷击事故

雷电被联合国列为十大自然灾害之一，每年中国因雷击放电所造成的损失不容低估。随着电气系统在居民生产、生活和工作中的广泛应用，雷电灾害造成的损失也越来越严重。雷电是发生在大气层中的一种声、光、电的气象现象，主要反映在雷雨云内部及雷雨云之间，或者在雷雨云与大地之间产生的放电现象。

全球每天约发生 800 万次闪电，平均每分钟约有 2000 个地区遭遇雷暴。中国雷暴活动主要集中在每年的 6~8 月。雷击造成建筑物发电、通信和影视设备的破坏，引起火灾，毙死人、畜。雷电通常会击中户外最高的特体尖顶，所以孤立的高大树木或建筑物往往最容易遭雷击。人们在雷电大作时，要学会安全防范，保护自己。雷击事故是由自然界中正、负电荷形式的能量造成的事故。

1. 雷电的种类及危害

（1）雷电种类。雷电可分为直击雷、感应雷、球雷。

① 直击雷。直击雷是带电积云接近地面至一定程度时，与地面目标之间的强烈放电。直击雷的每次放电含有先导放电、主放电、余光三个阶段。大约50%的直击雷有重复放电特征。每次雷击有三四个冲击至数十个冲击。一次直击雷的全部放电时间一般不超过500ms。

② 感应雷。感应雷也称作雷电感应，分为静电感应雷和电磁感应雷。静电感应雷是由于带电积云在架空线路导线或其他导电凸出物顶部感应出大量电荷，在带电积云与其他客体放电后，感应电荷失去束缚，以大电流、高电压冲击波的形式，沿线路导线或导电凸出物的传播。电磁感应雷是由于雷电放电时，巨大的冲击雷电流在周围空间产生迅速变化的强磁场在邻近的导体上产生的很高的感应电动势。

③ 球雷。球雷是雷电放电时形成的发红光、橙光、白光或其他颜色光的火球。从电学角度考虑，球雷应当是一团处在特殊状态下的带电气体。

此外，直击雷和感应雷都能在架空线路或在空中金属管道上产生沿线路或管道的两相方向迅速传播的雷电冲击波。

（2）雷电危害。雷电对人体的伤害有以下几种：雷雨中，对旷野上行走的人可造成直接雷击。当雷电击中树木、杆塔或建筑物时，雷电流在入地点周围形成跨步电压危险区，在危险区中的人会受到跨步电压和接触电压伤害。低压进户线、电话线、广播线等可能因直接雷击或雷击周围物体而感应，将雷击过电压引入室内，轻则击毁电气设备，重则造成人身伤亡。球雷可以穿门入户，直接击中人体而造成伤亡。

雷电具有雷电流幅值大（可达数十千安至数百千安）、雷电流陡度大（可达50kA/μs）、冲击性强、冲击过电压高（可达数百千安至数千千安）的特点。其特点与其破坏性有紧密的关系。

雷电有电性质、热性质、机械性质等多方面的破坏作用，均可能带来极为严重的后果。

① 火灾和爆炸。直击雷放电的高温电弧、二次放电、巨大的雷电流、球雷侵入可直接引起火灾和爆炸；冲击电压击穿电气设备的绝缘等破坏可间接引起火灾和爆炸。

② 触电。积云直接对人体放电、二次放电、球雷打击、雷电流产生的接触电压和跨步电压可直接使人触电；电气设备绝缘因雷击而损坏也可使人遭到电击。

③ 设备和设施毁坏。雷击产生的高电压、大电流伴随的汽化力、静电力、电磁力可毁坏重要电气装置和建筑物及其他设施。

④ 大规模停电。电力设备或电力线路破坏后即可能导致大规模停电。

2. 防雷技术

（1）防雷建筑物。建筑物按其火灾和爆炸的危险性、人身伤亡的危险性、政治经济价值分为三类。不同类别的建筑物有不同的防雷要求。

① 第一类防雷建筑物。指制造、使用或储存炸药、火药、起爆药、火工品等大量危

险物质，遇电火花会引起爆炸，从而造成巨大破坏或人身伤亡的建筑物。

② 第二类防雷建筑物。指对国家政治或国民经济有重要意义的建筑物以及制造、使用和储存爆炸危险物质，但电火花不易引起爆炸，或不致造成巨大破坏和人身伤亡的建筑物。

③ 第三类防雷建筑物。指需要防雷的除第一类、第二类防雷建筑物以外的建筑物。

（2）直击雷防护。第一类防雷建筑物、第二类防雷建筑物、第三类防雷建筑物的易受雷击部位，遭受雷击后果比较严重的设施或堆料，高压架空电力线路、发电厂和变电站等，应采取防直击雷的措施。

装设避雷针、避雷线、避雷网、避雷带是直击雷防护的主要措施。避雷针分独立避雷针和附设避雷针。独立避雷针不应设在人经常通行的地方。避雷针的保护范围按滚球法计算。

（3）二次放电防护。为了防止二次放电，不论是空气中或地下，都必须保证接闪器、引下线、接地装置与邻近导体之间有足够的安全距离。在任何情况下，第一类防雷建筑物防止二次放电的最小距离不得小于 3m，第二类防雷建筑物防止二次放电的最小距离不得小于 2m，不能满足间距要求时应予跨接。

（4）感应雷防护。有爆炸和火灾危险的建筑物、重要的电力设施应考虑感应雷防护。

为了防止静电感应雷的危险，应将建筑物内不带电的金属装备、金属结构连成整体并予以接地。为了防止电磁感应雷的危险，应将平行管道、相距不到 100mm 的管道用金属线跨接起来。

（5）雷电冲击波防护。变配电装置、可能有雷电冲击波进入室内的建筑物应考虑雷电冲击波防护。

为了防止雷电冲击波侵入变配电装置，可在线路引入端安装阀型避雷器。阀型避雷器上端接在架空线路上，下端接地。正常时避雷器对地保持绝缘状态；当雷电冲击波到来时，避雷器被击穿，将雷电引入大地。冲击波过去后，避雷器自动恢复绝缘状态。

对于建筑物，可采用以下措施：① 全长直接埋进电缆供电，入户处电缆金属外皮接地；② 架空线转电缆供电，架空线与电缆连接处装设阀型避雷器，避雷器、电缆金属外皮、绝缘子铁脚、金具等一起接地；③ 架空线供电，入户处装设阀型避雷器或保护间隙，并与绝缘子铁脚、金具一起接地。

（6）人身防雷。雷暴时，应尽量减少在户外或野外逗留；在户外或野外最好穿塑料等不浸水的雨衣；如有条件，可进入有宽大金属构架或有防雷设施的建筑物、汽车或船只。

雷暴时，应尽量离开小山、小丘、隆起的小道，应尽量离开海滨、湖滨、河边、池塘旁，应尽量避开铁丝网、金属晒衣绳以及旗杆、烟囱、宝塔、孤独的树木附近，还应尽量离开没有防雷保护的小建筑物或其他设施。

雷暴时，在户内应离开照明线、动力线、电话线、广播线、收音机和电视机电源线、收音机和电视机天线以及其相连的各种金属设备。

雷雨天气，应注意关闭门窗。

三、静电事故

静电事故是工艺过程中或人们活动中产生的，相对静止正电荷和负电荷形式的能量造成的事故。

1. 静电的特性及危害

（1）静电的产生。

最常见产生静电的方式是接触—分离起电。当两种物体接触，其间距离小于 $25×10^{-8}$cm 时，将发生电子转移，并在分界面两侧出现大小相等、极性相反的两层电荷。当两种物体迅速分离时即可能产生静电。

下列工艺过程比较容易产生和积累危险静电：

① 固体物质大面积的摩擦；

② 固体物质的粉碎、研磨过程；粉体物料的筛分、过滤、输送、干燥过程；悬浮粉尘的高速运动；

③ 在混合器中搅拌各种高电阻率物质；

④ 高电阻率液体在管道中高速流动、液体喷出管口、液体注入容器；

⑤ 液化气体、压缩气体或高压蒸汽在管道中流动或由管口喷出时；

⑥ 穿化纤布料衣服、穿高绝缘鞋的人员在操作、行走、起立等。

（2）静电的特点。

① 静电电压高。静电能量不大，但其电压很高。固体静电可达 $20×10^4$V 以上，液体静电和粉体静电可达数万伏，气体和蒸汽静电可达 10000V 以上，人体静电可达 10000V 以上。

② 静电泄漏慢。由于积累静电的材料的电阻率都很高，其上静电泄漏很慢。

③ 静电的影响因素多。静电的产生和积累受材质、杂质、物料特征、工艺设备（如几何形状、接触面积）和工艺参数（如作业速度）、湿度和温度、带电历程等因素的影响。由于静电的影响因素多，静电事故的随机性强。

（3）静电的危害。工艺过程中产生的静电可能引起爆炸和火灾，也可能给人以电击，还可能妨碍生产。其中，爆炸或火灾是最大的危害和危险。

2. 防静电措施

静电最为严重的危险是引起爆炸和火灾，因此，静电安全防护主要是对爆炸和火灾的防护。这些措施对于防止静电电击和防止静电影响生产也是有效的。

接地的作用主要是消除导体上的静电。金属导体应直接接地。为了防止火花放电，应将可能发生火花放电的间隙跨接连通起来，并予以接地。

防静电接地电阻原则上不超过 $1M\Omega$ 即可；对于金属导体，为了检测方便，可要求接地电阻不超过 $100\sim1000\Omega$。对于产生和积累静电的高绝缘材料，宜通过 $10^6\Omega$ 或稍大一些的电阻接地。

为防止大量带电，相对湿度应在 50% 以上；为了提高降低静电的效果，相对湿度应提高到 65%～70%。增湿的方法不宜用于防止高温环境里的绝缘体上的静电。

四、电磁辐射事故

电磁辐射事故是指电磁波形式的能量辐射而造成的事故。

1. 电磁辐射概要

辐射电磁波指频率 100kHz 以上的电磁波。在一定强度的高频电磁波照射下，人体所受到的伤害主要表现为头晕、记忆力减退、睡眠不好等神经衰弱症状。严重者除神经衰弱症状加重外，还伴有心血管系统症状。电磁波对人体的伤害有滞后性，并可能通过遗传因子影响到后代。除对人体有伤害外，高频电磁波还能造成高频感应放电和高频干扰。

除无线电设备外，高频金属加热设备（如高频淬火设备、高频焊接设备）、高频介质加热设备（如高频热合机、绝缘材料干燥设备）也是有电磁辐射危险的设备。

2. 电磁辐射防护

为防止电磁辐射的危害，应采取屏蔽、吸收等专门的预防措施。

屏蔽分为主动场屏蔽和被动场屏蔽。主动场屏蔽是指将辐射源置于屏蔽体之内，将电磁场限制在某一范围内，使其不对屏蔽体以外的工作人员或仪器设备产生有害影响的屏蔽方式。被动场屏蔽是指屏蔽室、个人防护等屏蔽方式。

此外，还可以利用电磁波能在波导管内自由传播的特点，人为改变可能传播电磁波的金属管的几何尺寸和几何形状，以抑制电磁波的泄漏；还可以利用谐振，消耗辐射能量；还应注意改进高频设备及其馈线的设计，以减小其有效的辐射功率；还应注意作业场所高频设备的合理布局，以减轻电磁波的干涉、反射和二次发射。

专家提示1

室内配线与照明的要求

（1）室内配线必须采用的导线截面：铝线不得小于 $2.5mm^2$，铜线截面不得小于 $1.5mm^2$；距地面高度不得小于 2.5m；进户要穿管保护，距地面高度不得小于 2.5m。

（2）潮湿场所或埋地非电缆配线必须穿管，管口应密封。采用金属管敷设时必须作保护接零。

（3）室外灯具高度不得低于 3m，室内不得低于 2.4m。螺口灯头相线在与中心触头相连的一端，零线接在与螺纹相连的一端。

（4）插座接线应符合下列要求：

① 单相两孔插座，面对插座的右极接相线，左极接零线；

② 单相三孔和单相四孔的接线或零线均在上方；

③ 一般插座距地高度 1.3m，车间、实验室的明暗插座一般不低于 0.3m，托儿所、幼儿园、住宅及小学校等不低于 1.8m；

④ 拉线开关距地高度一般为 2~3m，各种开关距地面可取 1.3m；

⑤ 车间低压配电盘底距地面高度，暗装的取 1.4m，明装取 1.2m；

⑥ 照明配电板距地高度为 1.8m，配电箱距地高度一般为 1.5m；

⑦ 移动式分配电盘箱、开关箱的下底与地面的距离宜大于 0.6m，小于 1.5m。

（5）典型非用电场所用电：

① 普通仓库不得安装插座，禁用灯头开关。照明一般用"一灯一保险一开关"的安装方式。

② 食堂布线采用防潮、防油烟、性能好的绝缘线，并避开炉灶的高温，食堂的闸刀、

开关应避开高温、油烟。宜采用密闭型，用电设施应有良好的接零装置，并禁用落地排风扇，食堂宜装漏电保护器。

③ 托儿所、幼儿园一般不宜安装插座，必要时以儿童不能触摸为宜（1.8m），或装在能上锁的配电箱内，其照明用白炽灯不得安装在床或可燃物上方。

④ 门卫室宜采用吊扇，禁止使用落地排风扇和电炉。

（6）室内布线必须横平竖直，采用绝缘导线、瓷瓶、瓷（塑料）夹等敷设，吊顶以上、橱柜后、堆放杂物处、穿墙可燃气体场所等必须穿管，并要到位。

（7）配电箱应分级配电。配电盘箱、开关箱应采用铁板或优质绝缘子材料制作，铁板厚度应 1.5mm 以上，周围应有足够二人同时工作的空间和通道，不得堆放物品。

专家提示 2

电线老化应及时更换

电线外表的绝缘层多用塑料和橡胶制成。长时间使用，或电线受到腐蚀性气体的腐蚀，或过热、过冷、过湿环境的影响，电线会慢慢变硬、发脆或脱落，从而失去绝缘作用，这种现象称为线路绝缘老化。电线失去绝缘的性能是十分危险的。如果两根裸露的电线碰到一起或火线碰到与大地相连的东西，就会发生短路现象，使电线部分温度升高，产生火花，如果电线附近有可燃物就容易引起火灾。

预防线路绝缘老化的主要措施是：

（1）电线不要受潮、受热、受腐蚀或碰伤。

（2）定期检查插座和电器设备的插头中火线、零线是否紧固在螺丝上。大功率电热器的插座，更应经常检查。

（3）耗电量大的电器，应加装分路保险丝。

（4）电线绝缘老化时，应及时更换，以防零线、火线相碰而发生短路。

专家提示 3

怎样识别电气设备老化程度

电气设备老化是引起电气火灾的主要因素。近几年来，电气火灾发生率一直占火灾总数的 1/5 左右，而引起电气火灾的原因有设备老化、短路、超负荷、接触不良等，其中用气设备老化是主要的因素。那么，怎样识别电气设备的老化程度呢？

（1）根据电气设备标注的出厂日期，推算电气设备已经使用的时间。

（2）对电气设备进行绝缘能力的检测，凡是所测电气绝缘能力下降幅度很大，很难正常使用时，就可确定其已经老化，不能再继续使用。

（3）观察电气设备表面。凡是存在连接点不实、丝扣脱扣、绝缘保护层破损、绝缘支点脱落、电气设备在使用时有异常气味等现象，说明设备已经老化，当立即停止使用，关

机检修。

（4）建筑物内部的电气设备也可以依据建筑物交付使用时间而定。

（5）根据电气设备的使用场所环境（包括温度、湿度、化学腐蚀程度以及电流载荷程度等）进行判断。

（6）防止电气设备老化而引起火灾的最有效的措施，就是及时检查与准确判定老化程度并加以更新。

专家提示 4

千万不能用铜丝、铁丝代替保险丝

居民家庭电源中常用的保险丝，应根据用电容量的大小来选用。

通常家庭的配电盘上都装有熔断器，熔断器中又安装着"熔丝"，即保险丝，当通过电线和用电器具的电流超过允许的安全数值时，电流发出热量就会使熔丝发热。一旦达到熔丝的熔断电流（即达到熔丝的熔点），它便立即熔断，从而起到切断电源的作用。由此可见，保险丝在电源线路发生故障时，具有保护电源线路和用电器具不至于起火或者烧坏的重要作用。

选用保险丝应该符合规定，而不能以小容量的保险丝多根一起用，千万不能用铜丝、铁丝代替保险丝使用。如果随意用过粗的保险丝或用铜丝、铁丝来代替保险丝，不但不能起"保险"作用，还会带来更大的火灾隐患。

专家提示 5

超负荷用电酿火灾

使用电器的数量过多，总用电量超过了电源线路的安全电流值，有可能引发电气火灾。常见引起电线超负荷的原因有以下几种：

（1）使用电器的数量过多，总用电量超过了电源线路的安全电流值；

（2）敷设电源线时，使用的电线太细，适应不了大功率家用电器的需要；

（3）保险丝太粗，当电线超负荷时，没有起到"保险"作用，反而使电线继续处于超负荷工作状态。

防止电线超负荷常用的办法如下：

（1）根据用电负荷的多少，选用适当的电线，不要任意增加用电设备。

（2）经常检查线路负荷和绝缘的情况，发现问题及时解决。防止电线因绝缘损坏而发生漏电和短路事故。

（3）保护线路或设备用的保险丝要适当，万一电线超负荷到一定程度时，保险丝会自动熔断，及时切断电流，防止发生事故。

> 事故案例

雷雨天推铁门伤害事故

一、事故经过

1992 年 6 月 21 日下午 5 点半，北京突然出现雷雨天气，正在街上玩耍的 10 岁小姑娘婷婷浑身被雨淋湿，急忙往家跑，当她推开自家铁门时，一下子昏倒在地。家人及时对她施行人工呼吸。紧接着，急救车将她送往医院。经过医生的全力抢救，6 小时后，婷婷终于恢复了知觉。

二、原因分析

这是一个非常典型的感应雷击人的例子。因为现在许多居民家里都流行安装防盗门，雷电交加时，这种铁制或钢制的防盗门有时就会因静电感应而带上电，而一旦附近有落地雷发生，触门者就会像案例中的婷婷一样因接触电压而受雷击。

三、事故教训

雷雨天在户外应特别注意：

（1）不要停留在高楼平台上，在户外空旷处，不要进入孤立的棚屋、岗亭等。

（2）远离建筑物外露的水管、煤气管等金属物体及电力设备。

（3）不要靠近电线杆、高塔、大树、烟囱等物体，至少与其保持 2m 的距离。

（4）如果在雷电交加时，头、颈、手处有蚂蚁爬走感，头发竖起，说明将发生雷击，应该赶紧趴在地上，这样可以减少遭雷击的危险，并拿去身上佩戴的金属饰品和发卡、项链等。

（5）如果来不及离开高大物体时，应马上找些干燥的绝缘物放在地上，并将双脚合拢坐在上面，一定不要将脚放在绝缘物以外的地面上，因为雨水也能导电。

（6）躲避雷雨应注意不要用手撑地，要双手抱膝，胸口紧贴膝盖，尽量低下头，因为头部较身体其他部位最易遭到雷击。

（7）当在户外看见闪电几秒钟内就听见雷击时，说明正处于接近雷暴的危险环境，这时应停止行走，两脚并拢并立即下蹲，最好使用塑料雨具。

（8）不要在旷野中打伞，或高举羽毛球拍、高尔夫球棍、锄头等；不要在水面和水边停留；不要在河边洗衣服、钓鱼、游泳、玩耍。

（9）不要快开摩托、快骑自行车和在雨中狂奔，身体跨步越大，电压就越大，越容易被雷电所伤。

（10）如果在户外看到高压线遭雷击断开，此时应提高警惕，因为高压线中断点附近存在跨步电压，在这附近的人千万不要跑动，而应双脚并拢，跳离现场。

（11）应注意关闭门窗，以防侧击雷和球雷侵入。切断室内家用电器的电源，并拔掉电话插头。

（12）不要在雷电交加时用喷头冲凉，因为巨大的雷电会沿着水流袭击淋浴者。

第八章
消防安全基本知识

日常见到的事故火灾最多，是因为人们时刻处在可燃环境中，火险隐患无处不在。学习掌握消防安全基本知识，掌握避险、自救的方法，确保人身和财产安全是非常必要的。

第一节 燃烧及其必备条件

燃烧这种现象在日常生活中是经常可以看到和感觉到的，例如木材的燃烧、蜡烛的燃烧等。燃烧是指各种伴有光辐射现象的强烈放热反应。一般所说的燃烧是指某些可燃物质在较高温度时，与空气中的氧化合成发热和发光的剧烈氧化反应现象。不论气体、液体还是固体燃料的燃烧，都是流动、传热、传氧和化学反应同时发生而又相互作用的综合现象。

燃烧在本质上属于氧化—还原反应，参加燃烧反应的反应物必须包含有氧化剂和还原剂，也就是通常所说的助燃物和可燃物。燃烧反应的特征是放热、发光、生成新物质。这三个特征是区分燃烧和非燃烧现象的依据。

可燃物质要燃烧需具备一定条件，即应具有可燃物质、助燃物质和火源。通常称其为燃烧三要素。只有具备了这三要素，且三者相互结合，相互作用，并在一定条件下，燃烧才能产生。而缺少三要素中任何一个要素，燃烧就不能发生。这一重要关系是现代消防理论以及防火灭火方法的出发点。防火通常是管理好可燃物质及火源，灭火则主要是中断燃烧时所需要的助燃物质或降温冷却。

一、可燃物质

一般来说，不论固体、液体还是气体，凡能与空气中的氧或其他氧化剂起剧烈化学反应、同时发光放热的物质，都称为可燃物质。可燃物质的种类繁多，按其状态不同可分为固态、液态和气态三类。若按其分子结构分类，可分为无机可燃物质和有机可燃物质两类。

可燃固体或液体需先气化再燃烧。如木材、煤炭等是在其受热分解出气体后才燃烧的；石蜡、沥青等受热熔化，产生表面蒸发而燃烧。可燃气体的燃烧有两种形态，将可燃气体与空气混合后使之燃烧，这种燃烧称为混合燃烧。而依靠可燃气体周围的空气供给氧气，并由空气扩散而进行的燃烧称为扩散燃烧。由于扩散燃烧只能从周围空气中获得氧气，故易受气流影响，燃烧往往并不剧烈，气流一定时燃烧比较稳定。而混合燃烧是可燃气体与空气充分混合后发生的，这种燃烧是突发性的。

二、助燃物质

凡是和可燃物质发生氧化反应、并引起燃烧的物质,均可称为助燃物质。与可燃物不同,助燃物本身不会燃烧,它只是能帮助和支持可燃物燃烧的物质,如氧气、过氧化钠等。

三、火源

凡能引起可燃物质与氧气或助燃物质发生燃烧反应的热源,称为火源。引起火灾的火源有两类。

(1)直接火源:如明火、电火花或摩擦、碰击火花、雷电等。

(2)间接火源:如加热自燃起火、本身放热自燃起火等。

当然,可燃物质能否燃烧也与可燃物质、助燃物质的量的多少、火源能量的大小有关。如常温下的柴油、沥青也挥发出一些油气,但用划着的火柴去点燃却不能燃烧,这是因为常温下挥发出的油气数量太少,所以不能被点燃起火。

对氧气来说,空气中的氧含量约占21%,此时物质可以完全燃烧。随着氧气含量的下降,物质的燃烧就会受到影响,而当空气中的氧气含量降到12%以下时,绝大多数物质的燃烧就会停止。表8-1列出了某些可燃物质燃烧时所需的空气中的最低含氧量。

表8-1 部分可燃物燃烧所需要的最低含氧量

可燃物名称	最低含氧量/体积分数	可燃物名称	最低含氧量/体积分数
汽 油	0.144	乙 炔	0.037
乙 醇	0.150	氢 气	0.059
煤 油	0.150	大量棉花	0.080
丙 酮	0.130	黄 磷	0.100
乙 醚	0.120	橡胶屑	0.120
二硫化碳	0.105	蜡 烛	0.160

在火源方面,由于可燃物质的燃点不同,因而达到燃烧所需的热能也不完全一样。有时,因为火源的热量不大,温度不够,燃烧现象便不能发生。表8-2列出了部分火源的温度。火源温度越高,越易引起可燃物燃烧。

表8-2 部分火源的温度

火源名称	火源温度/℃	火源名称	火源温度/℃
火柴焰	500~650	气体灯焰	1600~2100
烟头中心	700~800	酒精灯焰	1180
烟头表面	250	煤油灯焰	700~900
机械火星	1200	植物灯焰	500~700
煤炉火焰	1000	蜡烛焰	640~940
烟筒飞火	600	焊割焰	2000~3000
石灰与水反应	600~700	汽车排气管火星	600~800

第二节 燃烧的种类

物质燃烧的类型可分为闪燃、着火、自燃和爆炸四类，每种类型的燃烧各有其特点。了解各种燃烧的特性，对防火、灭火及研究防火技术，都有重要意义。

一、闪燃

可燃液体在一定的条件下，其表面能产生出足够的可燃蒸气，固态可燃物也因蒸发、升华或分解而产生可燃气体或蒸气。这些可燃气体或蒸气与空气发生混合，当遇到火源时则发生短暂的闪火现象（一闪即灭，延续时间少于5s），这一现象称为闪燃。发生闪燃时的最低温度叫闪点。

一般来说，在闪点温度时，只能闪火而不能持续燃烧。如可燃液体在闪点温度时，蒸发很慢，可燃气体量较少，闪火后已将蒸气燃烧殆尽。而当低于闪点温度时，即使遇到火源也不会着火。因此，闪点是衡量可燃物火灾危险性的指标。闪点越低，火灾危险性越大。表8-3、表8-4、表8-5分别列出了部分液体、木材、塑料的闪点。

表8-3　部分液体的闪点

液　体	闪点/℃	液　体	闪点/℃
苯　胺	70	甲　醇	7
丙　酮	-20	乙　醇	11
苯	-14	甲　苯	0
60号车用汽油	-39	二乙醚	-45
70号航空汽油	-34	乙酸甲酯	-15
溶剂汽油	-17	乙酸乙酯	1

表8-4　一些木材的闪点

材料名称	闪点/℃	材料名称	闪点/℃
松　木	240	枞　木	262
柏　木	253	冷杉树	253
白　桦	263	桂　木	270
红松木	263	梧桐木	269

表8-5　部分塑料的闪点

材料名称	闪点/℃	材料名称	闪点/℃
聚苯乙烯	370	聚氯乙烯	530
聚乙烯	340	苯乙烯、异丁烯酸甲酯共聚物	338
乙烯纤维	390	聚胺基甲酸乙酯泡沫	310
聚酰胺	420	聚酯、玻璃钢纤维	298
聚乙烯丙烯腈共聚树脂	366	密胺树脂+玻璃钢纤维	475

二、着火

所谓着火,就是可燃物与空气共存,当处于一定条件下时,与火源接触即引起燃烧,并在火源移去后,仍能继续燃烧,这种持续燃烧的现象称为着火。能使可燃物发生燃烧的最低温度叫燃点。燃点越低,越易着火。一些常见的可燃物的燃点见表 8-6。

表 8-6 常见可燃物的燃点

名　称	燃点 /℃	名　称	燃点 /℃
黄　磷	34～60	松节油	53
纸　张	130	漆　布	165
麻　绒	150	松　木	250
布　匹	200	照明煤油	86
烟　叶	222	麦　草	200
赛璐珞	100	棉　花	210
橡　胶	120	硫　磺	207
樟　脑	70	醋酸纤维	320
胶　布	325	涤纶纤维	390

三、自燃

可燃物受热升温,在没有明火作用的条件下自行燃烧的现象称为自燃。自燃分为以下两种类型:

(1) 受热自燃。可燃物由外部加热,温度升高达到自燃点时而发生自行燃烧的现象称为受热自燃。如燃油滴落到排气管上或油棉纱掉在排气管上,时间一长则会发生自燃。

(2) 蓄热自燃。可燃物质依靠本身氧化分解产生热量而自行加温达到自燃点发生燃烧称为蓄热自燃。如货舱中煤的自燃;浸透了油的棉纱堆积起来时,更易自燃。

能发生自燃的物质,往往在正常环境温度下就开始发热。从开始到燃烧,这个过程一般需要数小时至数日,不易发现,因而火灾危险性大。

物质自燃的原因,首先在于它本身具有促进氧化的因素,其次是散热条件差,使热量发生积聚,而当达到燃点时,便会产生燃烧。

物质本身具有促进氧化的作用,如物理方面的,像煤炭的吸附作用,当吸附的蒸气和气体凝缩时,就会放出热量,促进氧化。化学方面的,如油脂中含有大量不饱和酸,很容易在低温下氧化发热。生物方面的,如植物纤维物质存有细胞和微生物,它们的呼吸或发酵作用能产生大量的热,从而加速物质的氧化。

容易发生自燃的物质,由于靠近热源、遇湿、包装不好等原因,自身往往会发生氧化分解,产生热量,使温度升高。随着自身发生氧化反应速度的不断增大,热量发生积聚,当达到自燃点时开始燃烧。因此,在运输过程中,为防止蓄热自燃产生,应采取与热源隔离、妥善包装、防止潮湿等措施。当发现温度升高时,要及时通风散热,以防自燃。

可燃物质发生自燃时的最低温度叫自燃点。自燃点不是固定不变的,它随着压力、浓度和含氧量等因素的不同而变化。压力越大,浓度越浓,含氧量越高,自燃点越低,而其着火危险性越大。一些气体、液体和一些固体在空气中的自燃点分别见表 8-7、表 8-8。

表8-7 一些气体及液体在空气中的自燃点

名称	自燃点/℃	名称	自燃点/℃	名称	自燃点/℃
氢	572	辛烷	218	环丙烷	498
一氧化碳	609	壬烷	285	甲醇	470
二硫化碳	120	正癸烷	250	乙醇	392
硫化氢	292	丁烯	443	乙醛	275
氢氟酸	538	戊烯	273	乙醚	193
己烷	248	乙炔	305	丙酮	661
庚烷	230	苯	580	乙酸	650

表8-8 一些固体的自燃点

名称	自燃点/℃	名称	自燃点/℃
樟脑	70	布匹	200
赛璐珞	100	麦草	200
纸张	130	硫磺	207
棉花	150	无烟煤	280~500
漆布	165	涤纶纤维	390
蜡烛	190		

四、爆炸

可燃物质由于状态的突然变化,在一瞬间放出大量热量和产生极大的压强,造成周围环境剧变的现象称为爆炸。爆炸分为物理爆炸、化学爆炸和综合性爆炸。

(1) 物理性爆炸是指受压容器或封闭容器内液体或气体受热膨胀,当内部压力超过容器强度时,容器发生破裂的现象。如锅炉、压缩气瓶爆炸等。

(2) 化学爆炸是指可燃物质与助燃物质相接触,在燃烧过程中产生高温、高压,向周围以极大的速度扩散而产生一种冲击力,是一种快速燃烧的过程,又称热爆炸。

(3) 综合性爆炸是指化学和物理同时发生作用而引起的爆炸。

不同物质发生爆炸的体积分数范围是不一样的。可燃气体、可燃液体的蒸气或可燃粉尘与空气混合达到一定体积分数遇到火源而发生爆炸的体积分数范围,叫爆炸极限。当可燃气体、可燃液体的蒸气或可燃粉尘与空气混合的体积分数低于爆炸下限时,遇明火既不会爆炸也不会燃烧。高于爆炸上限遇明火虽然不会爆炸,但可以发生燃烧。有时可能在燃烧过一阵之后,又吸入空气,使可燃气体或蒸气在空气中的体积分数下降,进入爆炸极限范围,便可以发生先燃烧后爆炸。可燃物爆炸极限的范围越大,其危险性越大,部分可燃物质的爆炸极限范围见表8-9。

有时,爆炸极限要受到其他因素的影响。如温度、压力、含氧量、惰性气体含量、容器体积、热源能源等。初始温度提高,则爆炸下限下移,爆炸上限上移,爆炸极限扩大。初始压力增加,爆炸下限变化不多,但上限大幅度提高,爆炸极限范围扩大,爆炸危险性增加。如压力降低,爆炸范围缩小,待降到一定值时,其下限与上限重合。此时的最低压力,称为爆炸的临界压力。若压力低于临界压力,则不会发生爆炸。

表 8-9 部分可燃物质的爆炸极限范围

可燃物质	在常压下（0.1MPa）的空气中		
	爆炸下限（体积分数）	爆炸上限（体积分数）	范围（体积分数）
甲烷	0.045	0.150	0.165
乙烷	0.030	0.160	0.130
丙烷	0.021	0.095	0.074
丁烷	0.015	0.085	0.070
乙烯	0.0275	0.340	0.3125
乙炔	0.025	0.820	0.795
氢	0.040	0.750	0.710
氨	0.150	0.280	0.1300
一氧化碳	0.120	0.745	0.620

可燃物质与空气的混合物中，若含氧量增加，则爆炸极限范围扩大，爆炸危险性增加。减少氧的含量会使爆炸极限的范围缩小，当氧的体积分数足够低时，爆炸燃烧就不复存在。

若向可燃蒸气与空气混合物中掺入惰性气体或不燃气体，例如氮气、惰性气体或水蒸气等，能使其混合物中含氧量稀释；或使其可燃分子与氧分子隔离，使它们之间形成一层阻燃屏障；当活化分子碰撞惰性气体时，会使活化分子失去活化能而不能反应；若在某处已经着火，产生的自由基碰撞惰性气体会失去活性，使反应中断；反应放出的热量被惰性气体吸收，使热量不能积聚。由此可知，当惰性气体增加到一定体积分数时，可使爆炸上下限重合。若惰性气体体积分数大于这个体积分数，此时的可燃混合物气体便不能发生燃烧或爆炸。

容器的体积越大，爆炸混合气体被点燃后，供火焰加速蔓延的空间越大，越易发生爆炸。

热源能量即点火引爆的能量。如能量大，热源表面面积大，与可燃混合物接触时间长，就会使爆炸极限扩大，爆炸危险性增加。每种可爆混合物，都有一个起爆的最小点火起爆能量，低于这个能量，混合物不会爆炸。

可燃粉尘爆炸有其自身特点，即有二次爆炸的可能性；爆炸会产生大量的一氧化碳等不完全燃烧产物；爆炸所需的引爆能量较高；爆炸所需的点火时间较长。

爆炸时形成的较高压力持续时间较长，释放能量较大，破坏力极大。因此，在存在可燃性粉尘的场所，工作时不可掉以轻心，应避免发生意外，造成损失。

第三节 可燃物质的燃烧过程和热传播方式

通常，液体或固体当其呈现液态或固态时，实际上是不会燃烧的。受热后，释放出蒸气与空气组成可燃混合物时，一经点燃即可燃烧。可燃物质的燃烧实质上是其蒸气的燃烧。气体最易燃烧，其燃烧所需的热量只用于自身的氧化分解，并使其达到燃点而燃烧。

一、可燃物质的燃烧过程

可燃物在实际的燃烧过程是极其复杂的，在此只考虑最基本的燃烧过程，即可燃物质因受热而发生的燃烧过程。

1. 可燃固体的燃烧

影响可燃固体燃烧速度的因素一般有可燃物放置方向、厚度、密度、热容、导热性、可燃固体的几何特征、环境因素等。可燃固体的燃烧方式有蒸发燃烧、分解燃烧、表面燃烧和引燃4种。

（1）蒸发燃烧。熔点较低的可燃固体受热后先熔解，然后与可燃液体一样蒸发成蒸气，与空气混合而后燃烧。如硫、磷、钠等单质，沥青、石蜡、松香及高分子材料中的热塑性塑料的燃烧。

（2）分解燃烧。如木材、棉花、纸张、麦草等固体可燃物，受热后不熔融而直接分解出其组成成分及与加热温度相应的热分解产物，再与空气混合氧化燃烧。受热分解温度越低的物质，其燃烧危险性就越大。

（3）表面燃烧。一些固体可燃物，如木炭、焦炭以及铁、铜、钨等，其蒸气压很小，或难以生热分解，当表层被氧气包围时，炽热状态下能发生无焰燃烧，这种燃烧属于非均相燃烧，即表面燃烧。其特征是表面发红而无火焰。燃烧温度很高，可达1000℃。

（4）引燃。有些固体可燃物，如室内堆放的棉布、毛毯等，在门窗关闭、加热温度低但水分多等条件下，发生的只冒烟无火焰的燃烧现象。

2. 可燃液体的燃烧

可燃液体的燃烧是其蒸发的可燃气体的燃烧。液体接受的热量越多，气体的蒸发量越大，燃烧速度越快。此外，可燃液体的燃烧速度还与其组成结构、沸点、密度等物理性质有关。

3. 可燃气体的燃烧

一般地讲，可燃气体较可燃固体和液体更易燃烧。根据燃烧前可燃气体与氧气混合状况不同，这种燃烧可分为动力燃烧和扩散燃烧。

大部分可燃物质都属于有机化合物，它们是由碳、氢、硫、磷、氧、氮等元素组成的，在空气中完全燃烧后，分别生成二氧化碳、水、二氧化硫等产物，这些物质不再燃烧。而在含氧量不足或温度不稳定，低于燃点温度时，就会产生不完全燃烧，这时会生成一氧化碳、烟、焦炭，以及其他一些复杂的气态产物。这些物质有继续燃烧或与空气混合达到一定体积分数而发生爆炸的危险。同时，因其毒性很大，对于人的生命构成极严重的威胁。因此，在施救火灾时，救火人员应切实做好自身保护。

二、热传播方式

可燃物质的燃烧除了需要氧气外，还需要使可燃物质达到燃点温度，然后才能燃烧。但温度升高到燃点需要热量，而热量的传播主要是以三种方式进行的。

（1）传导。热能从物体的一端传到另一端叫热传导。物质传导能力的大小取决于材料本身的导热性。金属的导热性最好，最善于导热；液体除了水银和熔化的金属外，都不善于导热；气体的导热性最差。

（2）对流。依靠热微粒流动而传播热量的现象叫热对流。物质燃烧时，使燃烧区周围的空气受热膨胀，密度变小而上升，外围的冷空气流入燃烧区，助长了燃烧强度，使其向更凶猛的方向发展。灭火时首先应考虑到封闭热对流孔道。

（3）辐射。依靠热射线来传递热能的方式叫热辐射。热射线是以电磁波形式向周围传播的，用肉眼看不到，但能感觉到它的存在与强度的大小。燃烧物的热值和火焰温度越高，向周围辐射的热能越大。物体在辐射热的作用下，受热的程度与二者间距离、物体的表面积和受热的角度有关。距离燃烧物越近，表面积越大，角度越好，则物质所受辐射热越多，也就越容易着火。对于受强烈辐射热威胁的物体，应采取冷却、疏散、清除和隔离等措施。

综上所述，为了防止火灾的蔓延，必须注意控制热的传播。热传播的主要方向往往是火灾的蔓延方向。灭火时应考虑到热传导、对流、辐射三者结合起来所产生的影响，从而预见火灾的发展趋向并采取合理而有效的补救措施。

第四节　火灾的分类、发生特点、发展规律及危害性

火灾是火失去控制而蔓延形成的一种灾害性燃烧现象，它通常造成人或物的损失。火灾给人们带来的经验和教训是深刻而惨痛的。认识、掌握火灾的分类、发生特点及其发展规律，对于控制和防止火灾是非常必要的。

一、火灾的分类

按发生地点，火灾通常分为森林火灾、建筑火灾、工业火灾、城市火灾等。森林火灾是指在森林和草原发生的火灾，它包括地下火、地表火、树冠火等形式，具有大尺度、开放性等特点；建筑火灾是建筑物内发生的火灾，往往在受限空间中蔓延，具有多种发展方式；工业火灾指工业场所，尤其是油类生产、加工和储存场所发生的火灾，这类火灾往往蔓延迅速，火强度大；城市火灾是城市中发生的火灾，由于城市中建筑和植被相接、混杂在一起，城市火灾既有建筑火灾的特点，又有森林火灾的特点。

按燃料性质，火灾又可分为A类、B类、C类和D类火灾。A类火灾是固体物质火灾；B类火灾为液体或可熔化的固体火灾；C类火灾为气体火灾；D类火灾为金属火灾。

二、火灾的发生特点

火灾的发生有以下特点：

（1）火旋风。由于风向、地理形态、建筑物的影响，火灾在蔓延的过程中会形成旋转火焰，即火旋风。火旋风是森林火灾和城市火灾中的特殊火行为之一，通常分为垂直火旋

风和水平火旋风,它的出现使火蔓延速度和火强度大大增加。

(2)建筑火灾的发展过程。经历初起期、发展期、最盛期和熄灭期。初起期是火灾从无到有开始发生的阶段,这一阶段可燃物的热解过程至关重要。发展期是火势由小到大发展的阶段,这一阶段通常满足时间平方规律,即火灾热释放速度随时间的平方非线性发展。轰燃就发生在这一阶段。最盛期的火灾燃烧方式是通风控制火灾,火势的大小由建筑物的通风情况决定。熄灭期是火灾由最盛期开始消减直至熄灭的阶段,熄灭的原因可以是燃料不足、灭火系统的作用等。由于建筑物内可燃物、通风条件的不同,建筑火灾有可能达不到最盛期,而是缓慢发展后就熄灭了。

(3)轰燃。轰燃的常见定义有:① 室内火灾由局部火向大火的转变,转变完成后,室内所有可燃物表面都开始燃烧;② 室内燃烧由燃料控制向通风控制的转变,转变使得火灾由发展期进入最盛期;③ 在室内顶棚下方积聚的未燃气体或蒸气突然着火而造成火焰迅速扩展。

(4)回燃。当通风条件非常差时,在室内发生的火灾燃烧一段时间后可能会因空气不足而熄灭。这时,虽然没有燃烧过程,但是灰烬的温度仍然非常高。由于开始时的燃烧过程,以及燃烧结束后的高温环境,使得室内可燃物仍然进行着热解反应,室内会逐渐积聚大量的可燃气体。此时,如果一旦通风条件改善,空气会以重力流的形式补充进来,与室内的可燃气体混合,当混合气被灰烬点燃后,就会形成大强度、快速的火焰传播,在室内燃烧的同时,在通风口处形成巨大的火球,从而同时对室内和室外造成危害。这种"死灭复燃"现象就称为回燃。回燃具有隐蔽性和突发性,因此对生命财产安全危害极大。

三、火灾防治途径和阻燃方法

火灾防治途径环环相扣,构成火灾防治系统。应用阻燃法,减少火灾的发生及蔓延。

1. 火灾防治途径

火灾防治途径一般分为设计与评估、阻燃、火灾探测、灭火等。在建筑及工程的设计阶段就可以考虑到火灾安全,进行安全设计,对已有的建筑和工程可以进行危险性评估,从而确定人员和财产的火灾安全性能;对于建筑材料和结构可以进行阻燃处理,降低火灾发生的概率和发展的速率;一旦火灾发生,要准确、及时地发现它,并克服误报警因素;发现火灾之后,要合理配置资源,迅速、安全地扑灭火灾。目前,火灾防治的趋势是"清洁阻燃、智能探测、清洁高效灭火、性能化设计与评估"。

2. 阻燃

高分子材料已广泛应用到工业、民用和建筑等各个领域,由于这些材料大部分是由碳氢元素组成的并且易燃,具有潜在的火灾危险性。采用高分子材料阻燃化技术可以克服或降低高分子材料的可燃性,减少火灾的发生及蔓延。

理想的阻燃剂应当是无色的,且易于加入聚合物或组成物中,与其他组成相容性好,对热和光的反应稳定,具有良好的阻燃性和非迁移性,对聚合物的物理性能没有明显的不利影响。另一方面,阻燃剂本身的毒性较小,当加入聚合物后不增加材料燃烧过程中的毒性。

四、灭火剂与烟气控制

使用灭火剂可以提高灭火效率，发生火灾后有效的烟气控制是保护人民生命财产安全的重要手段。

1. 灭火剂

（1）气体灭火剂。气体灭火剂的使用最早始于19世纪末期。由于气体灭火剂具有释放后对保护设备无污染、无损害等优点，其防护对象逐步向各种不同领域扩充。由于二氧化碳的来源较广，利用隔绝空气后的窒息作用可成功抑制火灾，因此早期的气体灭火剂主要采用二氧化碳。由于人们的认识程度与科技进步，人们不断寻求新的环保气体替代品，其中被列为国家标准的替代物有14种，综合各种替代物的环保性能及经济分析，七氟丙烷灭火剂最具推广价值。该灭火剂属于含氢氟烃类灭火剂，国标称为FM-200，具有灭火浓度低、灭火效率高、对大气无污染的优点。

（2）泡沫灭火剂。高倍数泡沫灭火系统替代低倍数泡沫灭火系统是当今发展的趋势。高倍数泡沫的应用范围远比低倍数泡沫广泛得多。高倍数泡沫灭火剂的发泡倍数高，能在短时间内迅速充满着火空间，特别适用于大空间火灾，并具有灭火速度快的优点；而低倍数泡沫则与此不同，它主要靠泡沫覆盖着火对象表面，将空气隔绝而灭火，且伴有水渍损失，所以泡沫灭火器对液化烃的流液火灾、地下工程、贵重仪器设备和物品的灭火是无能为力的。高倍数泡沫灭火技术已被各工业发达国家应用到石油化工、冶金、地下工程、大型仓库和贵重仪器库房等场所。尤其在近10年来，高倍数泡沫灭火技术多次在油罐区、液化烃罐区、地下油库、汽车库、油轮、冷库等场所扑救失控性大火起到决定性作用。

2. 烟气控制

烟气控制指所有可以单独或组合起来使用以减轻或消除火灾烟气危害的方法。建筑物发生火灾后，有效的烟气控制主要有两条途径：（1）挡烟，是指用某些耐火性能好的物体或材料把烟气阻挡在某些限定区域，不让它流到可对人或物产生危害的地方。这种方法适用于建筑物与起火区没有开口、缝隙或漏洞的区域。（2）排烟，就是使烟气沿着对人或物没有危害的渠道排到建筑外，从而消除烟气的有害影响。排烟有自然排烟和机械排烟两种形式。

排烟窗、排烟井是建筑物中常见的自燃排烟形式，主要适用于烟气具有足够大的浮力、可能克服其他阻碍烟气流动的驱动力的区域。机械排烟可克服自然排烟的局限，有效地排出烟气。

五、火灾危险性分析

火灾危险性评估是火灾安全工程学的核心内容之一，包括以下主要内容：

（1）确定分析对象的现场状况。分析建筑物的火灾危险性首先需要弄清有关建筑的结构特点，例如应了解建筑构件的耐火性能、典型构件的防火保护、防火分区的划分、防止火灾和烟气蔓延的重要措施、通风换气、人员疏散设计等，进而需要识别该建筑物的重大火灾危险源。虽然建筑物中存在着各种各样的可燃物，起火情况千差万别，但可以根据可燃物的分布与荷载、电器与电力设施、热力设施等因素大体确定主要危险源的位置及危险程度。可燃物的着火特性和分布位置不同，其着火的可能性和着火后的危险性也是不同的。进行火灾危险分析时,应当抓住那些最可能发生、且危害最大的情形进行重点分析,或者说应当按可能出现的最危险状况进行分析,这样就可以保证在任何情况下发生的灾害性结果都不会超过评估中考虑的结果。

(2)设定防火安全目的和目标。确定分析对象的防火安全目的和目标要求是进行分析的出发点。总的来说,基本的防火安全目的可分为与生命安全直接相关的目的和与其他安全相关的目的,前者考虑的是在火灾中的各类人员的安全,包括居住者、工作人员、顾客、消防人员等,通常这是大部分建筑物防火安全的主要目标。要达到这一目标,应当根据烟气的流动特点和人员的行为特点,做好疏散通道、避难区的设计,选用合适的火灾探测报警系统和疏散诱导系统,保证所有人员能在有效安全时间内撤离起火建筑。其他安全目的包括保护财产安全等。围绕着这些基本目的,还需要细化许多具体的目标。

(3)具体分析影响防火安全目标的因素。深入分析各有关因素对实现防火安全目标的影响,是火灾危险性分析的关键一环。主要的影响因素包括:建筑物的结构特点、可燃物的燃烧物性与分布状况、室内外环境对火灾发展的影响、室内消防设施的配置状况、建筑物使用者的特点、消防部门救援的状况等。

(4)火灾防治有效性与经济性的评价。火灾危险性分析是为保障建筑物的火灾安全服务。应当指出,"安全"是一个相对的概念。一幢建筑在一段时间内没有发生火灾,但并不能说它以后不会发生火灾。火灾的发生经常是出乎人们意料的。通过大量细致的安全工作,可以使发生火灾的时间间隔延长,或者在刚出现火灾苗头时就将其控制住或排除掉,但这并不能认为真正能够将火灾发生的几率降为零。

实际上消防投入是以人们可接受的火灾风险为基础确定的。可接受风险的大小主要是参考历史上人们对类似风险的承受能力,并结合当地当时条件确定的。当公众对火灾风险的认识水平发生了较大变化后,可接受风险的具体大小亦应做出相应调整。

(5)给出分析报告。每次火灾风险分析完成后,应当给出客观、全面的分析报告。报告应明确指出该建筑是否符合有关规范的要求、原有设计是否需要进行某些修改、如何进行修改等。接受评估的单位会非常重视这些结论和意见的。另外,火灾危险性分析的结论具有很强的时效性,如果室内的使用状况发生了较大改动,则其火灾危险性亦会随之出现大的变化,这时便不能再简单地搬用原先的结论了。

第五节 点火源及其控制

点火源是指能够使可燃物与助燃物发生燃烧反应的能量来源。这种能量既可以是热能、光能、电能、化学能,也可以是机械能。

一、点火源的分类

根据点火源产生能量的来源不同,点火源可分为火焰、火星、高热物体、电火花、静电火花、撞击、摩擦化学反应热、光线聚焦等。

二、控制点火源引起火灾的方法

了解不同的点火源引起火灾的成因，可以有针对性地采取预防控制措施。

1. 化学点火源引起火灾成因及控制方法

（1）化学自热着火。化学自热着火是指在常温常压下，可燃物不需要外界加热，而是依靠特定条件下自身的反应放出的热量着火。这里讲的特定条件包括：与水作用、与空气作用、性质相抵触的物品相互作用等。

（2）蓄热自热着火。煤、植物、油脂等可燃物质都有蓄热自热的特点，长期堆积在一起，会发生蓄热自热着火。对其控制应当结合以下特点：

①在一定条件下，能与氧产生缓慢氧化应反应，同时放出热量。

②在储存过程中，散热条件不好，通风不良，氧化放出的热量散不出去；堆积内积热不散，促使温度上升，反应加快，当温度达到可燃物的自燃点时，可燃物就会着火。

③蓄热自热着火是一个缓慢过程，一般需要相当长时间进行热量积蓄，才会引起着火。

2. 电气点火源引起火灾成因及控制方法

随着人民的生活水平不断提高，越来越多的电器进入寻常百姓家，稍有不慎，就可能引起火灾。控制该类点火源时应当注意以下特点：电动机（马达）超负荷运转或绝缘不良、短路发热起火；电气线路安装不牢或接头松动打火，引起周围可燃物着火；乱接乱拉电线或线路绝缘层老化、破损，导致并线短路，产生电火花起火；变压器线圈绝缘损坏或接头接触不良等造成短路或电阻过大发热起火；用过的电熨斗、电烙铁、电炉等未切断电源起火；熔丝（保险丝）安装使用不合格，超负荷时失去保护作用或用其他金属丝代替保险丝引起火灾；使用大功率烟泡靠近可燃物而着火。

3. 机械点火源引起火灾成因及控制方法

机械点火源即由撞击和摩擦等机械作用形成的点火源。一般来说，在撞击和摩擦过程中机械能转变成热能。当两个表面粗糙的坚硬物体互相猛烈撞击或摩擦时，往往会产生火花或火星。这种火花实质上是撞击和摩擦物体产生的高温发光的固体微粒。撞击和摩擦发出的火花通常能点燃沉积的可燃粉尘、棉花等松散的易燃物质，以及易燃的气体、蒸气、粉尘与空气的爆炸性混合物。实际中，有许多撞击和摩擦火花引起火灾的案例，如铁器互相撞击点燃棉花、乙炔气体等。因此在易燃、易爆场所，不能使用铁制工具，而应使用铜制或木制工具；不准穿带钉鞋，地面应为不发火花地面等。硬度较低的两个物体，或一个较硬与另一个较软的物体之间互相撞击和摩擦时，由于硬度较低的物体，通常熔点、软化点较低，则使物体表面变软或变形，因此不能产生高温发光的微粒，即不能产生火花。但撞击和摩擦的机械能转变成的热能却会点燃许多易燃、易爆的物质。实际中也有许多撞击和摩擦发热引起的火灾的案例。如爆炸性物质、氧化剂及有机过氧化物等受振动、撞击和摩擦而引起的火灾爆炸事故；车床切削下来的废铁屑（温度很高）点燃周围可燃物而造成的火灾事故等。在装卸搬运爆炸性物品、氧化剂及有机过氧化物等对撞击和摩擦敏感度较高的物品时，应轻拿轻放，严禁撞击、拖拉、翻滚等，以防引起火灾和爆炸。对于车床切削应有冷却措施。对机械传播轴与轴套，应定期加润滑油，以防摩擦发热引燃轴套附近散落的可燃粉尘等。

第六节　建筑的防火安全

建筑防火的重点在于安全疏散设施的设置和火灾的防治与救援技术。

一、建筑的安全疏散设施的设置

建筑物一般都设置安全疏散设施。

1. 楼梯间

为保证疏散的安全，疏散楼梯间的平面和竖向布置应满足以下一般要求：

（1）靠近标准层或防火分区的两端布置，并应设置楼梯间（室外楼梯除外），便于双向疏散。

（2）靠近电梯间布置，将人们经常使用的路线和应急路线结合起来，利于快速疏散。

（3）靠近外墙设置。这种布置方式有利于采取安全性最大的带开敞前室的疏散楼梯间形式，并便于自然采光、通风和消防队的救援行动。

（4）楼梯间（除与地下室相连的楼梯、通向高层建筑避难层的楼梯间）竖向要保持上下直通，在各层的位置不应改变。

（5）避免人流交叉。

（6）（半）地下室楼梯间与首层之间应有防火分割措施，且不宜与地上层共用楼梯间。一般应在首层采用耐火极限不低于 2h 的隔墙与其他部位隔开，并宜直通室外。必须在隔墙上开设的门应为乙级防火门。

（7）疏散楼梯间和走道上的阶梯应符合安全疏散要求，不应采用螺旋楼梯和扇形踏步。

（8）楼梯间内不应有影响安全疏散的突出物。楼梯间及其室内不应附设烧水间、可燃材料储藏间、非封闭的电梯井，可燃气体及甲、乙、丙类液体管道。

（9）首层楼梯间应设直通室外的出口。

（10）居住建筑内的可燃液体管道不应穿过楼梯间，如必须局部穿过时，应采取可靠的保护措施。

1）敞开楼梯间

敞开楼梯间一般指建筑物室内有墙体等维护构件构成的无封闭防烟功能，且与其他使用空间直接相通的楼梯间。敞开楼梯间应符合下述要求：

（1）房间门至最近楼梯间的距离应符合安全疏散距离的要求。

（2）当低层建筑的层数不超过 4 层时，楼梯间的首层对外出口可设置在离楼梯间不超过 15m 处。

（3）楼梯间的内墙上除在同层开设通向公共走道的疏散门外，不应开设其他的房间门窗。其他房间的门不应开向楼梯间。

（4）公共建筑的疏散楼梯两段之间的水平净距不宜小于 15cm。

2）封闭楼梯间

封闭楼梯间指设有阻挡烟气的双向弹簧门及外开门的楼梯间。高层民用建筑和高层工业建筑的封闭楼梯间的门应为乙级防火门。一般应设置封闭楼梯间的建筑物有：

（1）汽车库中人员疏散用的室内楼梯。

（2）甲、乙、丙类厂房和高层厂房、高层库房的疏散楼梯。

（3）高层民用建筑的裙房和除单元和通廊式外的建筑高度不超过32m的二类高层民用建筑；11层及11层以下的通廊式住宅；12层以上及18层以下的单元式住宅。

（4）医院、疗养院的病房楼，设有空气调节系统的多层旅馆和超过5层的其他公共建筑的室内疏散楼梯（包括底层扩大封闭楼梯间）。

封闭楼梯间除应符合疏散楼梯间的一般设置要求外，还应符合下述要求：

（1）楼梯间应靠外墙，并应直接天然采光和自然通风。当不能直接天然采光和自然通风时，应按下述防烟楼梯间的设置。

（2）高层建筑的楼梯间应设向疏散方向开启的乙级防火门。

（3）楼梯间的首层紧接主要出口时，可将走道和门厅等包括在楼梯间内，形成扩大的封闭楼梯间，但应采用乙级防火门等防火措施与其他走道和房间隔开。

3）防烟楼梯间

在楼梯间出口处设有前室面积不小于规定数值，并设有防烟设施，或设专供防烟用的阳台、凹廊等；且通过前室和楼梯间的门均为乙级防火门的楼梯间。一般应设置防烟楼梯间的建筑物有：

（1）人防工程中使用层数超过3层或使用层与室外地坪高差超过10m的工程，电影院与礼堂，使用面积超过500m^{2}的医院和旅馆，使用面积超过1000m^{2}的商场、展览厅、旱冰场、体育馆、舞厅、电子游艺场、餐厅等场所。

（2）建筑高度超过32m的高层停车库的室内疏散楼梯。

（3）高层民用建筑中的一类建筑，除单元和通廊式住宅外的建筑高度超过32m的二类建筑及塔式住宅，19层及19层以上的单元住宅，超过11层的通廊式住宅。

防烟楼梯间除应符合疏散楼梯间的一般设置要求外，还应符合下述要求：

（1）楼梯间入口处应设前室、阳台或凹廊。

（2）前室的面积，对于公共建筑不应小于6m^2，与消防电梯合用前室的面积不应小于10m^2，可开启外窗的面积不应小于3m^2；对于居住建筑不应小于4.5m^2，与消防电梯合用前室的面积不应小于6m^2，可开启外窗的面积不应小于3m^2，对于人防工程不应小于10m^2。

（3）前室和楼梯间的门均应为向疏散方向开启的乙级防火门。

（4）塔式高层建筑是以疏散楼梯为中心，向各个方向组成平面布置为特点的建筑。对于这类建筑，有时要同时满足独立设置两座封闭或防烟楼梯及使用功能的需要十分困难，此时可设置防烟剪刀楼梯间。

（5）剪刀楼梯是在同一楼梯间设置一对相互重叠、又互不相同的两个楼梯间，具有两条垂直方向疏散通道的功能。但如果两梯段之间没有隔墙，则实际这两条通道是处于同一空间内，起不到两条疏散通道的作用，为此剪刀楼梯间的梯段之间应设耐火极限不低于1h的实体墙分隔。剪刀楼梯作为塔式高层建筑的两个独立疏散通道使用，应是两个互不相通的独立空间，设计中应分别设置前室，并按这个特点来设计加压送风系统，才能保证前室和楼梯间成为无烟区。塔区住宅设置确有困难时可设一个前室，但两座楼梯应分别设加压送风系统，户门应为自行关闭的乙级防火门。

4）室外疏散楼梯

楼梯及每层出口平台应用不燃烧材料制作。平台的耐火极限不应低于1h。室外疏散楼梯还应符合下述要求：

（1）在楼梯周围2m范围内的墙上，除疏散门外，不应开设其他门窗洞口。疏散门应采用乙级防火门，且不应正对梯段。

（2）楼梯的最小净宽不应小于0.9m，倾斜角一般不宜大于45°，栏杆扶手高度不应小于1.1m。

2. 疏散走道及设置要求

安全疏散距离直接影响疏散所需时间和人员安全。它包括房间内最远点到房间门或住宅户区的距离和从房间内到疏散楼梯间或外部出口的距离。

为使室内人员能够迅速撤离，从房间内最远点到房间门或住宅门的直线距离不应超过15m；对于低层民用建筑，根据其耐火等级不同，该距离可适当放宽。对附设在高层民用建筑内的人员密集的公共场所，如商业营业厅、剧院观众厅、餐厅、多功能厅阅览室、会议室等，考虑其特殊需要，该距离不宜超过30m。

3. 安全出口及设置要求

安全出口包括疏散楼梯和直通室外的疏散门。设置要求是：

（1）门应向疏散方向开启。

（2）供人员疏散的门不应采用悬吊门、侧拉门，严禁采用旋转门，自动起闭的门应有手动开启装置。

（3）当门开启后，门扇不应影响疏散走道和平台的宽度。

（4）人员密集的公共场所如观众厅的入场门、太平门，不应设置门槛，门内外1.40m范围内不应设置踏步；太平门应推门式外开门。

（5）建筑物内安全出口应分散不同方向布置，且相互间的距离不应小于5.00m。

（6）汽车库中的人员疏散出口与车辆疏散出口应分开设置。

4. 应急照明与疏散指示标志

1）设置原则

（1）公共建筑，人防工程，乙、丙类高层厂房中的封闭楼梯间，防烟楼梯间及其前室，消防电梯前室，合用前室，避难层，消防控制室，自备发电机房，防烟排烟机房，消防水泵房，观众厅、展览厅、商业营业厅、餐厅、演播室等人员密集的场所，地下室，设有封闭楼梯间或防烟楼梯间建筑的疏散走道，以及公共建筑内的疏散走道和居住建筑内长度超过20m的内走道，地下汽车库与多层汽车库内应设应急照明。

（2）商场、影剧院、娱乐厅、体育馆、医院、饭店、旅馆、高层公寓和候车室大厅等人员密集的公共场所的紧急出口、疏散通道外，地下汽车库与多层汽车库内的疏散通道与出口，层间错位的楼梯间，大型公共建筑的光感应自动门或360°旋转门旁设置的一般平开式标志联合设置，箭头需指向通往出口的方向。

（3）出口或疏散通道中的单向门必须在门上设置"推开"标志，在其反面应设"拉开"标志。疏散门应设"禁止锁闭"标志。疏散通道向消防车道的醒目处应设"禁止阻塞"标志。

（4）除二类居住建筑外的高层民用建筑的疏散走道和安全出口处、人防工程的疏散走道及其交叉口、拐弯处、安全出口等处应设灯光疏散指示标志；影剧院、体育馆、多功能礼堂、医院病房等的疏散走道和疏散门应设灯光疏散指示标志。

2）设置要求

（1）疏散标志牌应用不燃烧材料制成，否则应在其外面加设玻璃或其他不燃烧透明材料制成的保护罩。应急照明灯和灯光指示标志应在其外面加设玻璃或其他不燃烧透明材料制成的保护罩。

（2）疏散通道中，疏散指示标志（包括灯光式）宜设在通道两侧及拐弯处的墙面上。标志牌的上边缘距地面应不大于1.00m。也可把标志设在地面上，上面加盖牢固的不燃烧透明保护板，标志的间距不应大于20m，袋形走道的尽头离标志的距离应不大于10m。

（3）疏散通道出口处的疏散指示标志应设在门框边缘或门的上部。标志牌的上边缘距天花板不应小于0.50m；位于门边时，其下边缘距地面的高度不应小于2.00m。

（4）如天花板的高度较低，也可在疏散门的两侧墙上设置，标志的中心点距地面高度应在1.30~1.50m之间。

（5）悬挂在室内大厅或走道处的疏散指示标志的下边缘距地面的高度不应小于2.00m。

3）疏散用应急照明

应急照明和灯光疏散指示标志可用蓄电池作备用电源，且连续供电时间不应小于20min；建筑高度超过100m的建筑，连续供电时间不应少于30min。发生火灾时，正常照明电源切断的情况下，应在5s内自动切换成应急电源。消防控制室、消防水泵房、防烟排烟机房、配电室、自备发电机房及发生火灾时仍需工作的其他场所的应急照明，仍应保持与该部位平时工作面上的正常工作照明的照度要求。

二、典型建筑火灾的防治基本原则与救援技术

在此主要介绍石油化工企业火灾、人员密集场所火灾、地下建筑火灾和高层建筑火灾的防治基本原则与援助技术。

1. 典型行为火灾——石油化工企业火灾

石油化工企业火灾具有突然性、多变性、快速性、扑救难度较大等特点，要根据不同情况，采取相应的对策。

（1）明确扑救石油化工企业火灾的主要任务。主要任务是排除爆炸危险；抢救人命；防止中毒。

（2）慎重使用灭火剂和中和剂。要慎重使用灭火剂和中和剂的原则是：

① 石油化工企业火灾燃烧的物品大多是化学危险物品，要根据不同的燃烧对象、燃烧状态采用相应的灭火剂。如果灭火剂使用不当，不仅不能将火扑灭，反而会使火势增长，甚至引起爆炸。

② 对石油化工企业火灾现场产生的各种有毒气体，除应采取通风驱散措施外，还可

将中和剂渗入水中,利用喷雾水枪边灭火、边中和有毒气体。

(3) 掌握扑救石油化工企业火灾的战术措施。抓住时机,以快制胜。抓住火灾初起阶段或火势较弱的时机,利用环境条件,以最快的战斗行动,控制和消灭火灾。以冷制热,防止爆炸。灭火的同时,对着火的设备及四周邻近设备进行冷却降温,不能顾此失彼。防止爆炸,先重点,后一般。先扑灭外围火,然后内攻,以控制火势向周围蔓延扩大,防止形成大面积火灾。战斗力量不足时,应先重点后一般,先易后难,控制火势。各个击破,适时合围。对于较大面积的火灾,应采取各个击破、穿插分割、堵截火势、适时围歼的方法。

(4) 采取工艺灭火措施。工艺灭火措施主要有如下几种:关阀断料,就是控制、断绝流向火源处的可燃物质,使燃烧中止。开阀导流,是将着火储罐、设备的可燃物料导出,以缩短燃烧时间或使燃烧中止的工艺灭火措施。对有压力的设备导流灭火时,要防止造成负压,产生回火爆炸。导流时应注意观察设备的压力,当压力接近表压时,应立即关闭导流阀门,停止导流。搅拌灭火,适用于扑救储罐、容器、反应器内高闪点的液体火灾。

2. 人员密集场所火灾——影院火灾的对策

进入影剧院、礼堂内部灭火的人员,要时刻注意房盖、吊灯有无塌落的迹象。吊灯掉落时间一般在起火后 15~20min。为了防止屋盖等塌落伤人,水枪阵地设备应避开观众厅和舞台中央部位。登高灭火人员,要注意防止发生滑落事故;在前沿灭火和深入内部侦察、救火的消防人员,要搞好防护工作。为了防止被救人员重返火场造成重复救人或人员伤亡,应制止一切非战斗人员进入现场。关键水枪阵地的设备应同步完成,避免力量部署失调,出现空当,而造成火势流窜。夜间影剧院发生火灾要注意火场照明。

3. 扑救地下建筑火灾的基本方法

扑救地下建筑火灾的战术措施为:利用固定设备;深入地下近战;地面喷射灭火;封闭窒息火焰;采取排烟措施。

4. 地下建筑火灾的人员逃生

地下建筑发生火灾时,由于面积有限,排烟口也不会正好在起火处的垂直方向。加上人们在生疏的地方对自己处的位置和方向也不易分辨,又怕被烟和火围困,就会十分恐慌。这时,请不要惊慌,除了冷静地用就近的灭火器扑救时,趁着烟较少的时候,沿着烟扩散的方向走,就会知道出口的方向;或跟着人群走,也会知道出口方向。如果地下已经充满烟,应尽快把身体移向墙壁,哪怕周围一片黑暗,也要用手摸着墙壁俯着身体走向出口处。

5. 高层建筑火灾扑救的基本方法

扑救高层建筑火灾的战术措施是:利用内部固定消防设施,立足自救;适应立体作战需要,部署消防力量;火场侦察;进攻路线的选择;供水措施;高层建筑的灭火战术;防排烟措施。

6. 高层建筑火灾的人员逃生

高层建筑火灾人员的逃生可以采取以下措施:利用避难层或疏散楼梯逃生;利用楼房的阳台、落水管和避雷管线进行逃生;封闭房间门窗的缝隙,阻止烟雾和有毒气体的进入;用绳子或床单撕成布条连接起来,把一端捆扎在牢固的固定物体上,另一端落在地面。

三、消防设施

消防设施主要是火灾自动报警系统和灭火系统。

1. 火灾自动报警系统

火灾自动报警系统一般由触发元件、火灾报警装置、火灾警报装置和电源4部分组成。复杂系统还包括消防控制设备。

适用于工业与民用建筑和场所内设备的火灾自动报警系统,不适用于生产和储存火药、炸药、弹药、火工品等场所设置的火灾自动报警系统。

2. 灭火系统

灭火系统分为水灭火系统、气体灭火系统、泡沫灭火系统。这3种灭火系统的基本原理和适用范围如下:

(1)水的灭火原理。冷却、窒息。不适宜用水扑救的火灾包括过氧化物、轻金属、高温黏稠的可燃液体、其他用水扑救会使被救者遭受严重破坏的火灾。

(2)泡沫灭火原理。冷却、窒息。适用范围:低倍数泡沫灭火系统适用于开采、提炼加工、储存运输、装卸和使用甲、乙、丙类液体的场所,不适用于船舶、海上石油平台以及储存液化烃的场所;中、高倍数泡沫灭火系统适用于汽油、煤油、柴油、工业苯等B类火灾,木材、纸张、橡胶、纺织品等A类火灾,封闭带电设备场所的火灾,液化石油气流淌火灾。

(3)气体灭火系统灭火机理。卤代烷灭火机理主要是通过溴和氟等卤素氢化物的化学催化作用和化学净化作用大量捕捉、消耗火焰中的自由基;抑制燃烧的链式反应,迅速将火焰扑灭。二氧化碳灭火主要是通过稀释氧浓度、窒息作用和冷却作用等物理机理。

适用范围:卤代烷灭火系统和二氧化碳灭火系统都适用于扑救A类火灾中一般固体物质的表面火灾。二氧化碳灭火系统还适用于扑救棉、毛、织物纸张等部分固体的深位火灾。

四、建筑灭火器配置

在此简述建筑灭火器适用范围及其使用与维护。

1. 建筑灭火器适用范围及危险场所划分

扑救A类火灾应选用水型、泡沫、磷酸铵盐干粉、卤代烷型灭火器。扑救B类火灾应选用干粉、泡沫、卤代烷、二氧化碳型灭火器。扑救极性溶剂B类火灾不得选用化学泡沫灭火器。扑救C类火灾应选用干粉、卤代烷、二氧化碳、干粉型灭火器。扑救A、B、C类和带电火灾应选用磷酸铵盐干粉、卤代烷型灭火器。扑救D类火灾的灭火器应由设计部门和当地公安消防监督部门协商解决。危险场所分为严重危险级、中危险级、轻危险级。

2. 建筑灭火器的使用与维护

灭火器应设置在明显和便于取用的地点,且不得影响安全疏散。灭火器应设置稳固,其铭牌必须朝外。手提式灭火器宜设置在挂钩、托架上或灭火器箱内,其顶部离地面高度应小于1.50m;底部离地面高度不宜小于0.15m。灭火器不应设置在潮湿或强腐蚀性的地点,当必须设置时,应有相应的保护措施。设置在室外的灭火器,应有保护措施。灭火器不得设置在超出其使用温度范围的地点。灭火器的使用温度范围应符合规范规定。

在卤代烷灭火器定期维修、水压试验或作报废处理时,必须使用经国家认可的卤代烷回收卤代烷灭火器。已配置在工业与民用建筑及人防工程内的所有卤代烷灭火器,除用于扑灭火灾时,不得随意向大气中排放。在非必要配置卤代烷灭火器的场所已配置的卤代烷灭火器,当其超过规定的使用年限或达不到产品质量标准要求时,应将其撤换,并应作报废处理。

第七节 电气设备的防火与防爆

火灾和爆炸事故往往会带来重大的人身事故和设备事故。电气火灾和爆炸事故在火灾和爆炸事故中占有很大的比例。引起火灾的电气原因是仅次于一般明火的第二位原因。线路、开关、保险、插销、照明器具、电动机、电炉等电气设备均可引起火灾。特别是这些电气设备与可燃物接触或接近时,火灾危险性更大。在高压电气设备中,电力变压器和多油断路器有较大的火灾危险性,而且还有爆炸的危险性。

电气火灾和爆炸事故除可能造成人身伤亡和设备毁坏外,还可能造成大规模或长时间的停电,给国家财产造成重大损失。

一、爆炸与火灾危险场所的分类

特别危险场所除了触电危险外,由于电器的发热、火花和事故,还有产生爆炸和火灾危险的环境。如井喷现场、液化气站、油库等场所。

(1)按 GBJ 58—83《爆炸和火灾危险场所电力装置设计规范》划分为三类。

第一类,有气体或蒸气爆炸性混合场所。

第二类,有粉尘或纤维爆炸性混合物的场所。有火灾危险的场所。

第三类,有火灾危险的场所。

(2)1988 年八部委联合颁发的《爆炸危险场所电气安全规程》(试行)中规定:

爆炸危险场所按爆炸性物质状态,分为气体爆炸危险场所和粉尘爆炸危险场所两类五个区域等级。

① 气体爆炸危险场所区域:0 级区域:在正常情况下,爆炸性气体混合物连续、短时、频繁地出现或长时间存在的场所。1 级区域:正常情况下,爆炸性气体混合物有可能出现的场所。2 级区域:正常情况下,爆炸性气体混合物不能出现,仅在不正常情况下偶然出现的场所。

② 粉尘爆炸危险场所区域:10 级区域:在正常情况下,爆炸性粉尘或可燃纤维与空气混合物可能连续、短时、频繁地出现或长时间存在的场所。11 级区域:在正常情况下,爆炸性粉尘或可燃纤维与空气混合物不能出现,仅在不正常时偶尔短时间出现的场所。

二、电气火灾和爆炸的原因

为了防止电气火灾和爆炸,首先应当了解电气火灾和爆炸的原因。电气线路、电动机、油浸电力变压器、开关设备、电灯、电热设备等不同的电气设备，由于其结构、运行各有特点，火灾与爆炸的危险性和原因也各不相同。但总的来看，除设备缺陷、安装不当等设计和施工方面的原因外，在运行中，电流的热量、电流的火花或电弧是引起电气火灾和爆炸的直接原因。

1. 危险温度

危险温度是电气设备过热引起的，而电气设备过热主要是由电流的热量造成的。

引起电气设备过度发热的不正常运行大体包括以下几种情况：

（1）短路。发生短路时，线路中的电流增加为正常时的几倍甚至几十倍，而产生的热量又和电流的平方成正比，使得温度急剧上升，大大超过允许范围。如果温度达到可燃物的自燃点，即引起燃烧，从而可以导致火灾。

当电气设备的绝缘老化变质或受到高温、潮湿、腐蚀作用而失去绝缘能力，可能引起短路事故。

绝缘导线直接缠绕、钩挂在铁钉、铁丝上或者把铁丝缠绕、钩挂在绝缘导线上时，由于磨损和铁锈腐蚀，很容易使绝缘破坏而形成短路。

由于设备安装不当或工作疏忽，可能使电气设备的绝缘受到机械损伤而形成短路。由于雷击等过电压的作用，电气设备的绝缘可能遭到击穿而形成短路。在安装和检修工作中，由于接线和操作的错误，也可能造成短路事故。由于选用设备额定电压太低，不能满足工作电压的要求，可能击穿而短路。由于管理不严、维修不及时，污物聚积、小动物钻入均可能引起短路。此外，雷电放电电流极大，有类似短路电流但比较更强的热效应，可能引起火灾或爆炸。

（2）过载。过载也会引起电气设备发热。造成过载的情况大体上有如下3种：

①设计、选用线路或设备不合理，以至额定负载下出现过热。②使用不合理，即线路或设备的负载超过额定值，或者连续使用时间过长，超过线路或设备的设计能力，由此造成过热。③设备故障运行会造成设备和线路过载，如三相电动机缺一相运行或三相变压器不对称运行均可能造成过热。

（3）接触不良。接触部分是电路中的薄弱环节，是发生过热的一个重点部位。

不可拆卸的接头连接不牢、焊接不良或接头处混有杂质，都会增加接触电阻而导致接头过热。可拆卸的接头连接不紧密或由于震动而松动也会导致接头发热。

活动触头，如闸刀开关触头、插式熔断器的触头、插销的触头、灯泡与灯座的接触处等活动触头，如果没有足够的接触压力或接触表面粗糙不平，会导致触头过热。

（4）散热不良。各种电器设备在设计时都考虑有一定的散热或通风措施，如果这些措施受到破坏，即造成设备过热。

（5）电灯、电炉等使用不当。电灯和电炉等直接利用电流的热能进行工作的电器设备，工作温度都比较高，如安装或使用不当，均可能引起火灾。

灯泡表面温度随灯泡功率大小和生产厂家不同而差别很大，见表8-10。200W的灯泡紧贴纸张时，十几分钟即可将纸张点燃。某一礼堂的壁灯，装60W灯泡，外有玻璃罩，由于错误地将窗帘覆盖其上，结果起火。高压水银灯的表面温度和白炽灯差不多，卤钨灯灯管表面温度较高。

表 8-10 灯泡表面温度

灯泡功率/W	40	75	100	150	200
灯泡表面温度/℃	50~60	140~200	170~220	150~230	160~300

电热器的电流都比较大,容易引起线路过载。电热炉的发热元件由镍铬合金等材料制成,工作时温度高达800℃,可点燃附近的易燃物品。

2. 电火花和电弧

电火花的温度很高,特别是电弧,温度可高达6000℃。因此,电火花和电弧不仅能引起可燃物燃烧,还能使金属熔化、飞溅,构成危险的火源。在有爆炸危险的场所,电火花和电弧更是一个十分危险的因素。

在生产和生活中,电火花、电弧是经常见到的,稍有不慎就引发火灾。还应指出,灯泡破碎时,热源也可能引起火灾。

三、防火防爆措施

防火防爆措施必须是综合性的措施,包括选用合理的电气设备,保持必要的防火间距,保持电气设备正常运行,保持通风良好,采用耐火设施,装设良好的保护装置等技术措施。目前油气作业现场均要求采用防爆电器。

1. 电气设备类型和特征

应根据场所特点选用适当类型的电气设备。防爆型电气设备依其结构和防爆性能的不同,分为不同的类型。中华人民共和国国家标准 GB 3836.1—2010《爆炸性环境 第1部分:设备 通用要求》,把爆炸性环境、所用防爆电气设备分为以下几类:

(1)隔爆型电气设备"d",是具有能承受内部爆炸性混合物爆炸而不致受到损坏,而且内部爆炸不致通过外壳上任何结合面或结构孔洞引起外部混合物爆炸的电气设备。隔爆型电气设备的外壳用钢板、铸铜、铝合金等材料制成。

(2)增安型电气设备"e",是在正常时不产生火花、电弧或在高温的设备上采取措施以提高安全程度的电气设备。

(3)本质安全型电气设备"i",是在正常状态下和故障状态下产生的火花或热效应均不能点燃爆炸性混合物的电气设备。

(4)正压型电气设备"p",是向外壳内冲入带正压的清洁空气、惰性气体或连续通入清洁空气以阻止爆炸性化合物进入外壳内的电气设备。

(5)充油型电气设备"o",是将可能产生电火花、电弧后危险温度的带电零部件浸在绝缘油里,使之不能点燃油面上方爆炸性混合物的电气设备。

(6)充砂型电气设备"q",是将细粒状物料充入设备外壳内,令壳内出现的电弧、火焰传播、壳壁温度或粒料表面温度不能点燃壳外爆炸性混合物的电气设备。

(7)无火花型电气设备"n",是在防止危险温度、外壳防护、防冲击、防机械火花、防电缆事故等方面采取措施,以提高安全程度的电气设备。

2. 保持防火间距

选择合理的安装位置,保持必要的安全间距,也是防火防爆的一项重要措施。

为了防止电火花或危险温度引起火灾，开关、插销、熔断器、电热器具、电焊设备、电动机等均应根据需要适当避开易燃物或易燃建筑物。

3. 保持电气设备正常运行

电气设备运行中产生火花的危险温度是引起火灾的重要原因，因此，防止过大的工作火花，防止出现事故火花和危险温度，即保持电气设备的正常运行对于防火、防爆也有重要的意义。保持电气设备的正常运行包括保持电气设备的电压、电流、温升等参数不超过允许值，保持电气设备足够的绝缘能力，保持电气连接良好等。

4. 接地

爆炸危险场所的接地（或接零）较一般场所要求高，应注意以下几点：

（1）除生产上有特殊要求的以外，一般场所不要求接地（或接零）的部分，仍应接地（或接零）。

（2）为了保持电流途径不中断，防止出现电火花，必须将所有设备的金属部分、金属管道以及建筑物的金属结构全部接地（或接零）。

（3）单相设备的工作零线应与保护零线分开，相线和工作零线均应装设短路保护装置，并装设双板闸刀开关，同时操作相线和工作零线。

（4）在爆炸危险场所，如不接地系统供电，必须装设能发出信号的绝缘监视装置。

（5）在爆炸危险场所，如采用变压器低压中性点接地的保护接零系统，为了提高可靠性，缩短短路故障持续时间，系统的单相短路电流应当大一些。

第八节　初起火灾的扑救与人员疏散逃生

火灾初起阶段是灭火的最好时机。因为此时燃烧面积不大，火焰不高，火势发展比较慢，如发现及时，灭火措施得当，就能很快扑灭火灾，避免重大损失。

一、初起火灾扑救的方法和原则

发生火灾后，要及时使用本单位（地区）的灭火器材、设备进行扑救。有手动灭火系统的应立即启动。

1. 断绝可燃物

将燃烧点附近可能成为火势蔓延的可燃物移走。关闭有关阀门，切断流向燃烧点的可燃气体和液体。打开有关阀门，将已经燃烧的容器或受到火势威胁的容器中的可燃物料通过管道导至安全地带。采用泥土、黄沙筑堤等方法，阻止流淌的可燃液体流向燃烧点。

2. 冷却

本单位（地区）如有消防给水系统、消防车或泵，应使用这些设施灭火。本单位（地区）如配有相应的灭火器，则使用这些灭火器灭火。如缺乏消防器材设施，则应使用简单工具灭火，如水桶、面盆等。

3. 窒息

使用泡沫灭火器喷射泡沫覆盖燃烧物表面。利用容器、设备的顶盖盖没燃烧区。油锅着火时，立即盖上锅盖。利用毯子、棉被、麻袋等浸湿后覆盖在燃烧物表面。用沙、土覆盖燃烧物。对忌水物质则必须采用干燥沙、土扑救。

4. 扑打

对小面积草地、灌木及其他固体可燃物燃烧，火势较小时，可用扫帚、树枝条、衣物扑打。

5. 断电

如发生电气火灾，或者火势威胁到电气线路、电气设备，或电气灭火人员安全时，首先要切断电源。如使用水、泡沫灭火剂等灭火，必须在切断电源以后进行。

6. 阻止火势蔓延

对封闭条件较好的小面积室内着火，在未做好灭火准备前，先关闭门窗，以阻止新鲜空气进入。与着火建筑相毗邻的房间，先关上相邻房门，可能条件下还应再向门上浇水。

7. 防爆

将受到火势威胁的易燃易爆场所，压力容器、槽成等疏散到安全地区。对受到火势威胁的压力容器、设备应立即停止向内传输物料，并将容器内物料设法导走。停止对压力容器加温，打开冷却系统阀门，对压力容器设备进行冷却。有手动放空泄压装置的，应立即打开有关阀门放空泄压。

二、火场人员疏散及逃生路线

一旦遇到火灾，千万不要惊慌，一定要保持镇定，冷静地分析判断并选择最好的逃生方法，有效地进行自救与互救。

1. 尽量利用建筑物内的设施逃生

利用建筑物内已有的设施进行逃生，是争取逃生时间、提高逃生率的重要办法。

（1）利用消防电梯进行疏散逃生，但着火时普通电梯千万不能乘坐。

（2）利用室内的防烟楼梯、普通楼梯、封闭楼梯进行逃生。

（3）利用建筑物的阳台、通廊、避难层、室内设置的缓降器、救生袋、安全绳等进行逃生。

（4）利用观光楼梯避难逃生。

（5）利用墙边落水管进行逃生。

（6）利用房间内床单等物连接起来进行逃生。

2. 不同部位、不同条件下人员的逃生方法

（1）当某一楼层某一部位起火，且火势已经开始发展时，应注意听广播通知，广播会告诉着火的楼层，以及安全疏散的路线、方法等。不要一听有火警就惊慌失措盲目行动。

（2）当房间内起火，且门已被火封锁，室内人员不能顺利疏散时，可另寻其他通道。如通过阳台或走廊转移到相邻未起火的房间，要利用这个房间通道疏散。

（3）如果是晚上听到报警，首先应该用手背去接触房门，试一试房门是否已变热。如果是热的，门不能打开，否则烟和火就会冲进卧室；如果房门不热，火势可能还不大，通

过正常的途径逃离房间是可能的。离开房间以后，一定要随手关好身后的门，以防火势蔓延。如在楼梯间或过道上遇到浓烟时要马上停下来，千万不要试图从烟火里冲出，也不要躲藏到顶楼或壁橱等地方，应选择别人易发现的地方，向消防队员求救。

（4）当某一防火区着火，如楼房中的某一单元着火，楼层的大火已将楼梯间封住，致使着火层以上楼层的人员无法从楼梯间向下疏散时，被困人员可先疏散到屋顶，再从相邻未着火的楼梯间往地面疏散。

（5）当着火层的走廊、楼梯被烟火封锁时，被困人员要尽量靠近当街窗口或阳台等容易被人看到的地方，向救援人员发出求救信号，如呼唤、向楼下抛掷一些小物品、用手电筒往下照等，以便让救援人员及时发现，采取救援措施。

（6）在充满烟雾的房间和走廊内时，由于烟和热气上升的道理，在离地板近的地方，烟雾相对少一些，可少吸些烟。逃离时最好弯腰使头部尽量接近地板，必要时应匍匐前进。

（7）如果处于楼层较低（三层以下）被困位置，当火势危及生命又无其他方法可自救时，可将室内席梦思、被子等软物抛到楼底，人从窗口跳至软物上逃生。

3. 自救、互救逃生

（1）利用各楼层的消防器材，如干粉灭火器、泡沫灭火器或水枪扑灭初期火灾是积极的逃生方法。

（2）互相帮助，共同逃生，对老、弱、病、残、孕妇、儿童及不熟悉环境的人要引导疏散，帮助逃生。

（3）自救逃生。发生火灾时，要积极行动，不能坐以待毙。要充分利用身边的各种利于逃生的东西，如把床单、窗帘、地毯等接成绳，进行滑绳自救，或用洗手间的水淋湿墙壁及用门阻止火势蔓延等。

4. 火灾逃生时的注意事项

（1）不能因为惊慌而忘记报警。进入高层建筑后应注意通道、警铃、灭火器位置，一旦火灾发生，要立即报警或打电话。延缓报警是很危险的。

（2）不能一见低层起火就往下跑。低楼层发生火灾后，如果上层的人都往下跑，反而会给救援增加困难。正确的做法是应更上一层楼。

（3）不能因清理行李和贵重物品而延误时间。起火后，如果发现通道被阻，则应关好房门，打开窗户，设法逃生。

（4）不能盲目从窗口往下跳。当被大火困在房内无法脱身时，要用湿毛巾捂住鼻子，阻挡烟气侵袭，耐心等待救援，并想方设法报警呼救。

（5）不能乘普通电梯逃生。高楼起火后容易断电，这时候乘普通电梯就有"卡壳"的可能，使疏散失败。

（6）不能在浓烟弥漫时直立行走。大火伴着浓烟腾起后，应在地上爬行，避免呛烟和中毒。

专家提示 1

未熄烟头惹祸端

吸烟不但有害健康,而且也是诱发火灾的一大隐患。据测试,烟头的表面温度为 200~300℃,其中心温度可达 700~800℃。大多数可燃物的燃烧点都低于这个温度。一般纸张的燃烧点为 130℃,棉花燃烧点为 150℃,布匹燃烧点为 270~300℃。

为防止烟头引起火灾,吸烟者应注意以下几点:

(1) 不要躺在床上或沙发上吸烟,酒后更要注意。
(2) 不要漫不经心,随手乱丢烟头和火柴梗。
(3) 不要在维修汽车和清洗机件时吸烟。
(4) 不要随便弹烟灰,以防烟灰掉落在可燃物上。
(5) 不要把点燃的香烟随手放在可燃物上,如书桌上、箱子上等。
(6) 不要在加油站、化工厂等严禁烟火的场所吸烟。

1987 年,举世震惊的大兴安岭特大火灾燃烧 1 个月,造成上万户群众受灾,5~6 万人流离失所,193 人在大火中丧生,226 人受伤,经济损失高达 69 亿元。火灾是由于工人野外吸烟和动用明火所造成的。

2003 年吉林"2·15"中百商厦特大火灾造成 54 人死亡、70 余人受伤,火灾是由于一位临时雇工向库房送纸板时吸烟,把烟头掉在地上而引起的。

据统计,仅 2003 年,全国由烟头引发的火灾就达到 10053 起,造成 218 人死亡,损失惨重。

因此,千万不要忽视小小的香烟头!

专家提示 2

严防儿童玩火

在消防部门的火灾统计资料里,每年因小孩玩火而发生火灾的情况,在火灾事故中已占有相当的比例。一些学生、特别是小学生有强烈的求知欲和好奇心,他们对闪烁的火花很感兴趣,却不了解失火的可怕后果。

1. 小孩子玩火引起火灾有多种情况

玩弄打火机、火柴引起火灾;用明火照明寻找东西引起火灾;堆烧树叶、纸张等引起火灾;假期中做烧饭游戏引起火灾等。

2. 防止小孩玩火引起火灾,家长要注意的问题

(1) 经常教育孩子不要玩火,向孩子讲清楚玩火的后果。
(2) 家长要严格保管好火种,不能随手乱放。
(3) 不要让年龄很小的孩子任意摆弄电器,防止短路起火。

（4）教育孩子不要随意玩燃气开关。

（5）教会孩子几种有效而且简单的火场逃生方法。

同时，让孩子知道如何报警，怎样呼救，以便为施救赢得时间。

专家提示3

如何应对初起火灾

火灾初起阶段是灭火的最好时机。因为一旦发生火灾，尤其是火灾初起阶段，燃烧面积不大，火焰不高，辐射热不强，火势发展比较慢，如发现及时，扑救方法得当，较少的人力和简单的灭火器材就能很快地把火扑灭。而人们往往发现火灾后到处去找灭火器来灭火，遇到在家中或工作单位没有配灭火器的情况，就想不出任何办法，惊慌失措，使小火酿成大灾。

如何应对初起火灾，可采用以下几种灭火的有效方法：

1. 湿布灭火法

如果家庭厨房的液化石油气瓶起火，初起火势不很大，这时可用湿毛巾、围裙、湿抹布等，直接将火焰盖住，将火闷死，然后关闭气瓶的角阀。

2. 锅盖灭火法

当锅里的食油因温度过高起火时，千万不要惊慌，更不能用水浇。因为用水一浇，燃着的油就会溅出来，引燃厨房的其他可燃物。这时首先应关掉火源，然后迅速盖上锅盖，使火熄灭。如果没有锅盖，那就将切好的菜倒入锅内或从侧面倒入冷食油，这样同样也能灭火。

3. 杯盖灭火法

酒精火锅在加酒精时突然燃烧起来，并会燃着装酒精的容器。这时不能慌，千万不能把容器摔出去，要立即盖死或捂死容器口。如果把容器丢出去，酒精流到哪里，溅到哪里，火就会烧到哪里。灭火时不要用嘴去吹，可用茶杯盖或小碗碟盖在酒精盘上，使火因缺氧而自动熄灭。

4. 食盐灭火法

食盐在日常生活中既是不可缺少的调味品，又是一种扑救初起火灾行之有效的灭火剂。食盐的主要成分是氯化钠，在高温水源下，迅速分解为氢氧化钠，通过化学作用，抑制燃烧的进行。食盐在高温下吸热快，破坏火苗的形态，同时可以"夺走"燃烧点的一些氧气，所以可以使火很快熄灭。

5. 沙土灭火法

在野外电器设备发生火灾时，没有灭火器而用水灭火危险性又较大的情况下，可用铁锹铲沙土覆盖到电器设备上，使火窒息而自动熄灭。

总之，只要人人都学会运用正确的灭火方法，在没有灭火器的情况下，也能充分地利用周围的一些物品和器具，让它们发挥最大的灭火效能，把火灾消灭在初起阶段。

专家提示 4

哪些火灾不能用水扑救

水是一种来源丰富、取用方便、价格低廉的灭火剂，因为水的蒸发既能降低燃烧物的温度，又能使燃烧物隔绝氧气。所以，每当有火灾或火险时，人们首先想到的是用水来灭火。然而，并不是每一种火灾都能用水来扑灭。所以，在扑救火灾之前，一定要根据起火物质来采取有针对性的灭火措施。

1. 电器起火

发生电器火灾时，首先要切断电源，在无法断电和无法确定是否已经断电的情况下，千万不能用水来扑救，用水扑救电器火灾很容易发生触电。电器火灾应选用二氧化碳灭火器、干粉灭火器或者干沙土进行扑救，而且扑救者要与电器设备和电线保持 2m 以上的距离。

2. 油锅起火

油锅起火时用水浇，容易发生烫伤。正确的扑救方法是迅速将切好的冷菜沿锅边倒入锅内，火就自动熄灭了。也可以用锅盖或能遮住油锅的其他非易燃品盖到起火的油锅上，使燃烧的油火接触不到空气，因缺氧而熄灭。

3. 燃料油、油漆起火

油类物质比水轻，用水浇灭时油会浮在水上扩大燃烧面积，加重火势。可应用泡沫灭火器、干粉灭火器或沙土进行扑救。

4. 电脑起火

电脑着火时先断开电源，然后迅速用湿毛毯或棉被等盖电脑。不要用水浇失火电脑，因为电脑温度突然降低会使电脑的硬盘、显示器荧光屏发生爆炸。也可以用二氧化碳灭火器扑救。

5. 化学危险品起火

有些化学品遇水会发生化学反应，释放出有毒有害物质，引起燃烧或爆炸，使火灾的损失扩大。因此，应根据着火物质的化学特性采用适宜的灭火剂或干燥的黄沙进行灭火。

专家提示 5

正确使用劳动防护用品

劳动防护用品的佩戴、使用和管理是安全生产工作的一个重要组成部分，它既是安全生产的第一道防线，又是安全生产的最后一道防线。如果技术措施还不能消除生产中的危险和有害因素或技术措施达不到国家标准和有关规定，佩戴个体防护装备及用品就成为防御外来伤害、保护个人安全和健康的必要手段。即使技术措施达到了安全标准，也必须配发相应的防护装备，以应对临时出现的技术故障、抢修风险等事宜。

大量事故案例表明：一条安全带或者一顶安全帽就能在关键时刻挽救一个人的生命；一套防毒面具就能使人不受伤害，不得职业病。员工在上班时要做到"两穿好，两戴好"，即要做到：穿好工作服、工作鞋，戴好安全帽，佩戴好自救器和防护用品。如果操作地点有杂物坠下的危险时，一定要戴好安全帽。

穿着工作鞋可以保护脚趾及防止被尖物穿透鞋底，也可以减少滑倒的危险。

如果工作服被化学物品污染，应该马上脱下并彻底清洗。

正确佩戴和使用个人安全防护用品、用具，是保护劳动者安全与健康的一种防护措施。对于接触有毒有害气体或在大量粉尘等环境下进行工作的人员，企业应给其发放专用的口罩、防毒面具等防护用品；在有噪声、强光、辐射热和飞溅火花的生产场所，要给工人配备防护罩、耳罩、护镜、绝热鞋、工作服等劳保用品；电工、焊工要配备绝缘鞋和绝缘手套；可能产生大量一氧化碳等有毒气体的场所，要配备防毒救护用具并设立防毒救护站。

专家提示6

发生火灾切忌惊慌

火灾中很多死亡的人并不是被火烧死，而是盲目地跟从人流逃生和相互挤压造成的。所以，当遇到火灾时，一定要保持镇定，有效进行自救与互救。

一旦听到火灾警报或意识到自己可能被烟火包围，千万不要迟疑，应立即自救逃生，但也不能盲目。先要冷静地识别和判断，确定自己所处的位置，根据周围的烟、火光、温度等分析判断火势，选择最好的逃生方法。

当各通道全部被浓烟烈火封锁时，可利用结实的绳子，或将窗帘、床单、被褥等撕成条，拧成绳，用水沾湿，然后将其拴好，顺绳索沿墙缓慢滑到地面或下到未着火的楼层。

通道疏散如果有避难层可先进入避难层。不到万不得已时，不要向楼上跑，因为火是向上蔓延，而且速度很快，烟气向上扩散的速度也比水平流动的速度快好几倍。在离开房间时，要及时关闭身后的门窗，这样可以延缓火势追逼，赢得更多的逃生时间。

如果不能离开房间，应先开窗将室内的烟气排走。如外面有火，应赶紧把门窗关上，用湿毛巾堵塞门缝，并扯掉窗帘以切断火势蔓延途径，有条件时可向门窗浇水以延缓火势蔓延过程。

当确认正常的安全疏散通道已被烟火牢牢封死时，不要惊慌，可用楼内的各种辅助安全设施，如防烟楼梯、紧急疏散通道、室外楼梯等，尽量向地面疏散。

专家提示7

正确拨打"119"报警 消防队救火不收费

报警越早，损失越小。

通常情况下，发生火灾后报警与救火应当同时进行，因为报警是分秒必争的事情。火灾报警越快，消防车就来得越早，就能减少更多损失；耽误了时间，小火就可能变成大火，小灾就可能变成大灾。

而且，火灾的发展常常是难以预料，有时似乎火灾不大，认为能够扑灭，但是往往由于各种因素，火势突然扩大，此时才向消防队报警，就会使灭火工作处于被动状态。火灾损失的大小与报警早晚有着很大的关系。因此，起火单位或居民住户不能只顾救火忘了报警或是灭不了火才报警，而应牢记报警与救火同时进行。

正确拨打火警电话包括如下内容：
（1）报警时要讲清着火点所在区（县）、街道、胡同、房屋门牌或乡村的具体地点。
（2）说明什么东西着火，火势如何。
（3）讲清报警人姓名、电话号码和住址。
（4）报警后安排人到路口等候消防车，为消防车指引去火场的道路。

扑救火灾是人民消防警察队伍的神圣职责，无论是为工矿企业事业单位，还是居民家庭，扑救火灾均不收取任何费用。有人认为"救火要钱"，这是一种误传。所以发现起火时，应及时拨打"119"火警电话报警，不应有什么顾忌。

事故案例

突发火灾事故的应对措施

火灾有初起、发展、猛烈、下降和熄灭5个阶段，建筑物起火后5～7分钟内是灭火最好时机，超过这段时间，要设法逃离火灾现场。

1. 典型案例

2003年2月15日，吉林省吉林市中百商厦发生一起特别重大火灾事故，造成54人死亡、70余人受伤。事故的直接原因是中百商厦伟业电器员工于洪新在事发当日向3号库房送纸板时，将正在燃烧着的香烟掉落在库房中，没有将其熄灭就离去，香烟引燃地上的纸屑、纸板等可燃物，致使库房起火燃烧，并蔓延到商厦，造成特别重大的火灾事故。

2. 事故教训

（1）漫不经心导致恶果。

2月15日9时左右，于某在将柜台内的纸包装箱送往楼后仓库的途中点燃香烟。当他到达仓库内放纸包装箱时，不慎将吸剩下的烟头掉落在地上，随意踩了两脚，并未确认烟头是否被踩灭的情况下，离开了仓库。当日11时左右，烟头将仓库内物品引燃。

（2）报警不及时。

大火是从2月15日11时左右开始燃起的，但此后近半个小时，商场只顾自己灭火，没有任何人报警。直到11时28分，一位过路人发现商场冒烟才报了火警。4分钟后，离商厦最近的长春路消防支队的5台消防车赶到了现场。11时50分，到场的消防车多达60台，有1100余名干警抵达现场进行抢险。但此时，火场内部的部分人员已经遇难或处于昏厥状态，给搜救工作带来较大的困难。

（3）消防设备形同虚设。

中百商厦背后有一排临时仓库，这排仓库中的临时电器仓库为起火点。在起火仓库西侧约 10m 的地方，有一个消防设备存放处，里面立着二十五六个便携式干粉灭火器。火魔肆虐的时候，它们没有派上用场。在得知商场起火后，没有人去拉消火栓，大家只知道疯狂地跑。

（4）逃生通道被阻断。

商厦的一楼、二楼一共有 34 个窗户，其中有 30 个装着铁栅栏，给出楼逃生造成困难。一些人被迫往三楼、四楼跑。被困人员无法从窗口逃生。另外，消防通道也非常狭窄，而且没有逃生指示标志，不仅表现在窗户上，也表现在楼梯通道上。中百商厦将内部地盘分割，出租给众多个体商户。这些个体商户在楼梯口设置了不少卷帘门。据当时在火灾现场的李某介绍，三楼的卷帘门在火灾发生时紧紧锁住，而室内随意间隔的软间壁又挡住去路，消防通道不畅通。

（5）错误指令带来致命后果。

据部分生存人员回忆，火灾发生后，商厦有穿着保安服装的人喊道："快上楼躲！快上楼躲！"一部分正在犹豫是否冒火冲下一楼的人毫不犹豫地往楼上跑去。大火曾经导致商厦供电中断，断电时，有人员准备离开 4 楼的歌舞厅，歌舞厅老板却"安慰"道："别慌，再过 5 分钟就来电。"一些人就此停留下来。

当时，最明智的选择是冒火冲下楼，跑出商厦就安全了。越往上跑，逃生的希望就越小，因为起火后烟往上冒。

3．"2·15"火灾事故中成功逃生的个例

（1）八旬老汉伏地呼吸 2 小时。

"2·15"事故生还者中有一位在商场四楼呆了两个多小时才被消防员救下来的老大爷——78 岁的毛某。据老人介绍，火灾发生时，他正在商场四楼。火灾发生后，他没有像其他人那样楼上楼下跑，或者从楼上跳下企图逃生，而是趴在地上，爬着寻找可以呼吸的地方。就这样，他在楼上坚持了 2 个多小时，直至被消防队员救下来后送到医院进行治疗。据吉林市第三医院急诊部医生介绍，送到医院的死者绝大部分是因烟熏窒息、中毒而死的。

（2）床单救出 6 条人命。

2004 年 2 月 15 日，尹女士和丈夫李先生两人到中百商厦五楼的浴池洗澡，李先生正在洗澡时突然停电，一分钟后，浴池的服务生跑来大喊："着火了！"大家纷纷想办法逃离，不少女浴客慌乱中甚至跑到了男浴室，李先生只顾得及穿一条毛裤。李先生找到妻子，两人用浴室内的竹枕头打碎更衣室的玻璃，李先生又找来四五条床单，把它们系在一起，对尹女士说，"试试吧，你先走"。李先生在上面拉住床单把尹女士从三楼放下，中间因为尹女士没有抓住，从半空中摔下造成腰部骨折。李先生在放下尹女士之后，又用同样的办法把旁边的两个孩子和两名女士放下楼。看到身边没有其他人了，李先生才把床单系在窗框上，自己慢慢往楼下滑，在快到二楼的时候床单突然断裂，李先生摔下楼来，幸好只是腿受了点伤，没什么大问题。

第九章
特种设备安全基本知识

特种设备事故具有爆炸性和危害大、损害大、影响大的特点。近几年，国内发生的特种设备事故，给国家、个人家庭造成重大损失，引起广泛关注。了解特种设备安全知识，避免或减少事故，具有特别重要的意义。

第一节 特种设备和特种作业的概念

学习掌握特种设备安全基本知识，预防特种设备事故发生，首先要明确什么是特种设备，什么是特种作业。

一、特种设备的概念

特种设备是指涉及生命安全、危险性较大的设备、设施。特种设备分为两类。
（1）承压类特种设备：锅炉、压力容器（含气瓶，下同）、压力管道。
（2）机电类特种设备：电梯、起重机械、大型游乐设施、客运索道。

二、特种作业的概念

特种作业是指从事特种设备操作的作业活动。特种作业分为12个种类：（1）电工作业；（2）金属焊接切割作业；（3）起重机械（含电梯）；（4）企业内机动车辆驾驶；（5）登高架设作业；（6）锅炉作业（含水质化验）；（7）压力容器操作；（8）制冷作业；（9）爆破作业；（10）矿山通风作业（含瓦斯检验）；（11）矿山排水作业（含尾矿坝作业）；（12）省、自治区、直辖市、行业部门规定的作业。

第二节 特种设备安全知识

本节主要介绍锅炉、压力容器、压力管道、电梯、起重机械、大型游乐设施、客运索道等特种设备的基本知识、工作原理及工作特性等安全知识。

一、锅炉

1. 锅炉基本知识

锅炉是指将燃料的化学能转化为热能，又将热能传递给水、汽、导热油等工质，从而产生蒸汽、热气或通过导热工质输出热量的设备。

2. 锅炉工作原理及工作特性

1）工作原理

锅炉由"锅"和"炉"以及相配套的附件、自控装置、附属设备组成。"锅"是指锅炉接受热量,并将热量传给水汽、导热油等工质的受热面系统,是锅炉中储存或输送锅水或蒸汽的密闭受压部分。"锅"是主要包括锅筒(或锅壳)、水冷壁、过热器、再热器、省煤器、对流管束及集箱等。"炉"是指燃料燃烧产生高温烟气,将化学能转化为热能的空间和烟气流通的通道——炉膛和烟道。"炉"主要包括燃烧设备和炉墙等。

2）工作特性

(1) 爆炸的危害性。锅炉具有爆炸性。锅炉在使用中发生破裂,使内部压力瞬时降至等于外界大气压的现象叫爆炸。

(2) 易于损坏性。锅炉由于长期运行在高温高压的恶劣工况下,因而经常受到局部损坏,如不能及时发现处理会进一步导致重要部件和整个系统的全面受损。

(3) 使用的广泛性。由于锅炉为整个社会生产提供了能源和动力,因而其应用范围极其广泛。

(4) 可靠的连续运行性。锅炉一旦投用,一般要求连续运行,而不能任意停车,否则会影响一条生产线、一个厂甚至一个地区的生活和生产,其间接经济损失巨大,有时还会造成恶劣的后果。

3）锅炉的分类

按载热介质分为蒸汽锅炉、热水锅炉和有机热载体锅炉。

按锅炉产生的蒸汽压力和蒸发量分为高压锅炉,中压锅炉,低压锅炉及大型、中型、小型锅炉。

按热能来源分为燃煤锅炉、燃油锅炉、燃气锅炉、废热锅炉。

3. 锅炉安全附件

(1) 安全阀。安全阀是锅炉上的重要安全附件之一,对锅炉内部压力极限值的控制及对锅炉的安全保护起着重要的作用。安全阀应按规定配置,合理安装;安全阀应结构完整,灵敏、可靠。应每年对其检验、定压一次并铅封完好,每月自动排放试验一次,每周手动排放试验一次,做好记录并签名。

(2) 压力表。压力表用于准确地测量锅炉上所需测量部分压力的大小。锅炉必须装有与锅筒(锅壳)蒸汽空间直接相连接的压力表。根据工作压力选用压力表的量程范围,一般应在工作压力的 1.5～3 倍。表盘直径不应小于 100mm,表的刻盘上应划有最高工作压力红线标志。压力表装置齐全(压力表、存水弯管、三通旋塞)。应每半年对其校验一次,并铅封完好。

(3) 水位计。水位计用于显示锅炉内水位的高低。水位计应安装合理便于观察,且灵敏可靠。每台锅炉至少应装两只独立的水位计,额定蒸发量小于等于 0.2t/h 的锅炉可只装一只。水位计应设置放水管并按至安全地点。玻璃管式水位计应有防护装置。

(4) 温度测量装置。温度是锅炉热力系统的重要参数之一。为了掌握锅炉的运行状况,做好锅炉的安全、经济运行,在锅炉热力系统中,锅炉的给水、蒸汽、烟气等介质均

需依靠温度测量装置进行测量监视。

（5）保护装置。

① 超温报警和连锁保护装置。超温报警装置安装在热水锅炉的出口处，当锅炉的水温超过规定的水温时，自动报警，提醒司炉人员采取措施减弱燃烧。超温报警和连锁保护装置连锁后，还能在超温报警的同时，自动切断燃料的供应和停止鼓、引风，以防止热水锅炉发生超温而导致锅炉损坏或爆炸。

② 高低水位警报和低水位连锁保护装置。当锅炉内的水位高于最高安全水位或低于最低安全水位时，水位警报器就自动发出警报，提醒司炉人员采取措施防止事故发生。

③ 锅炉熄火保护装置。当锅炉炉膛熄火时，锅炉熄火保护装置作用，切断燃料供应，并发出相应信号。

（6）排污阀或放水装置。排污阀或放水装置的作用是排放锅炉水蒸发而残留下的水垢、泥渣及其他有害物质，使锅炉水的水质控制在允许的范围内，使受热面保持清洁，以确保锅炉的安全、经济运行。

（7）防爆门。为防止炉膛和尾部烟道再次燃烧造成破坏，常采用在炉膛和烟道易爆处装设防爆门。

（8）锅炉自动控制装置。通过工业自动化仪表对温度、压力、流量、物位、成分等参数的测量和调节，达到监视、控制、调节生产的目的，使锅炉在最安全、经济的条件下运行。

二、压力容器

压力容器，一般泛指在工业生产中盛装气体或流体用于完成反应、传质、传热、分离和储存等生产工艺过程，并能承载一定压力的密闭设备。

1. 压力容器基本知识

1）压力容器的操作条件

（1）压力。压力容器的压力可以来自两个方面，一是压力是在容器外产生（增大）的，二是压力是在容器内产生（增大）的。最高工作压力，多指在正常操作情况下，容器顶部可能出现的最高压力。

（2）温度。金属温度，系指容器受压元件沿截面厚度的平均温度。任何情况下，元件金属的表面温度不得超过钢材的允许使用温度。容器设计温度（即标注在容器铭牌上的设计介质温度）是指壳体的设计温度。

（3）介质。按物质状态分类，有气体、液体、液化气体、单质和混合物等。

2）压力容器的分类

压力容器分类方法很多，为利于安全技术监察和管理，《压力容器安全技术监察规程》将压力容器划分为3类：

（1）第三类压力容器：高压、中压、中压储存容器，中压反应容器，低压容器，高压、中压管壳式余热锅炉，移动式压力容器，包括铁路罐力、罐式汽车（半挂）车、低温液体运输（半挂）车、永久气体运输（半挂）车和罐式集装箱；球形储罐等。

（2）第二类压力容器：中压容器、低压容器、低压反应容器和低压储存容器、低压管壳式余热锅炉以及低压搪玻璃压力容器。

（3）第一类压力容器：低压容器。

2. 安全附件

（1）安全阀。安全阀是一种由进口静压开启的自动泄压阀门，依靠介质自身的压力排出一定数量的流体介质，以防止容器或系统内的压力超过预定的安全值。当容器内的压力恢复正常后，阀门自行关闭，并阻止介质继续排出。安全阀分全启式安全阀和微启式安全阀。根据安全阀的整体结构和加载方式可以分为静重式、杠杆式、弹簧式和先导式等4种。

（2）爆破片。爆破片装置是一种非重闭式泄压装置，由进口静压使爆破片受压爆破而泄放出介质，以防止容器或系统内的压力超过预定的安全值。

爆破片又称为爆破膜或防爆膜，是一种断裂型安全泄放装置。与安全阀相比，它具有结构简单、泄压反应快、密封性能好、适应性强等特点。

（3）安全阀与爆破片装置的组合。安全阀与爆破片装置并联组合时，爆破片的标定爆破压力不得超过容器的设计压力。安全阀的开启压力应略低于爆破片的标定爆破压力。当安全阀进口和容器之间串联安装爆破片装置时，安全阀和爆破片装置组合的泄放能力应满足要求；爆破片装置与安全阀之间应装设压力表、旋塞、排气孔或报警指示器，以检查爆破片是否破裂或渗漏。当安全阀出口侧串联安装爆破片装置时，容器内的介质应是洁净的，不含有胶着物质或阻塞物质；当安全阀与爆破片之间存在背压时，阀仍能在开启压力下准确开启；安全阀与爆破片装置之间应设置放空管或排污管，以防止该空间的压力累积。

（4）爆破帽。爆破帽为一端封闭，中间有一薄弱层面的厚壁短管，爆破压力误差较小，泄放面积较小，多用于超高压容器。超压时其断裂的薄弱层面在开槽处和形状处。

（5）易熔塞。易熔塞属于"熔化型"（"温度型"）安全泄放装置。它的动作取决于容器壁的温度，主要用于中、低压的小型压力容器，在盛装液化气体的钢瓶中应用更为广泛。

（6）紧急切断阀。紧急切断阀是一种特殊结构和特殊用途的阀门。它通常与截止阀串联安装在紧靠容器的介质出口管道上，其作用是在管道发生大量泄漏时紧急止漏，一般还具有过流闭止及超温闭止的性能，并能在近程和远程独立进行操作。紧急切断阀按操作方式的不同，可分为机械（或手动）牵引力、油压操纵式、气压操纵式和电动操纵式等多种，前两种目前在液化石油气槽车上应用非常广泛。

（7）减压阀。减压阀的工作原理是利用膜片、弹簧、活塞等敏感元件改变阀瓣与阀座之间的间隙，在介质通过时产生节流，压力下降而使其减压的阀门。

当调节螺栓向下旋紧时，弹簧被压缩，将膜片向下推，顶开脉冲阀阀瓣，高压侧的一部分介质就经高压通道进入，经脉冲阀阀瓣与阀座间的间隙流入环形通道而进入气缸，向下推动活塞并打开主阀阀瓣，这时高压侧的介质便从主阀阀瓣与阀座之间的间隙流过而被节流减压。同时，低压侧的一部分介质经低压通道进入膜片下方空间，当其压力由高压侧的介质压力升高而升高到足以抵消弹簧的弹力时，膜片向上推动脉冲阀阀瓣逐渐闭合，使进入气缸的介质减少，活塞和主阀阀瓣向上移动，主阀关小，从而减少流向低压侧的介质量，使低压侧的压力不致因高压侧压力升高而升高，从而达到自动调节压力的目的。

（8）压力表、温度计、液位计。

① 压力表。压力表是指示容器内介质压力的仪表，是压力容器的重要安全装置。按其结构和作用原理，压力表可分为液柱式、弹性元件式、活塞式和电量式4大类。活塞式压力计通常用作校验用的标准仪表，液柱式压力计一般只用于测量很低的压力，压力容器广泛采用的是各种类型的弹性元件式压力计。

② 液位计。液位计又称液面计，是用来观察和测量容器内液位位置变化情况的仪表。特别是对于盛装液化气体的容器，液位计是一个必不可少的安全装置。

③ 温度计。温度计是用来测量物质冷热程度的仪表，可用来测量压力容器介质的温度，对于需要控制壁温的容器，还必须装设测试壁温的温度计。

三、压力管道

压力管道是现代工业的大动脉，在生产、生活中应用广泛。中国目前的压力管道大多年久失修、超龄带病服役。随着"西气东输"工程的实施，管道数量和品种激增，而中国压力管道安全监察工作起步较晚，因此，加强压力管道安全知识的培训教育是当务之急。

压力管道，泛指工业生产中输送气体（天然气）或流体（原油、成品油），并能承载一定压力的密闭设备。压力管道一般设有加压站（房），分输站（房）等。根据压力不同，分为高压、中压、低压管道。

压力管道可能发生的危险有，管线阀门等腐蚀，致使气体、液体泄露。为保证安全运行，要按照《在用工业管道定期检验规程》中规定的检验项目和要求定期检验。

四、电梯

电梯是指动力驱动，利用沿刚性轨道运行的箱体或者沿固定线路运行的梯线（踏步），进行升降或平行运送人、货物的机电设备，包括载人（货）电梯、自动扶梯、自动人行道等。

电梯可能发生的危险一般有：人员被挤压、撞击和发生坠落、剪切；人员被电击、轿厢超越极限行程发生撞击；轿厢超速或因断绳造成坠落；由于材料失效、而造成结构破坏等。

保证电梯的安全性，除了充分考虑结构的合理性、可靠性，电气控制和拖动的可靠性等因素外，还应针对各种可能发生的危险，设置专门的安全装置。安全装置包括防超越行程的保护，防电梯超速和断绳的保护、防人员剪切和坠落的保护、缓冲装置、报警和救援装置、停止开关和检修运行装置、消防功能、防机械伤害的防护、电气安全防护措施。

五、起重机械

起重机械是指用于垂直升降或者垂直升降并水平移动重物的机电设备。其范围规定为额定起重量大于或者等于0.5t的升降机，额定起重量大于或等于1t、且提升高度大于或等于2m的起重机和承重形式固定的电动葫芦等。

1. 起重机工作特点

综合起重机械的工作特点，从安全技术角度分析，可概括如下：

（1）起重机械通常具有庞大的结构和比较复杂的机构，能完成一次起升运动、一次或几次水平运动。

（2）所吊运的重物多种多样，载荷是变化的。

（3）大多数起重机械需要在较大的范围内运行，活动空间较大。

（4）有些起重机械需要直接载运人员在导轨、平台或钢丝绳上做升降运动（如电梯、升降平台等），其可靠性直接影响人身安全。

（5）暴露的、活动的零部件较多，且常与吊运作业人员直接接触（如吊钩、钢丝绳等），潜在许多偶发的危险因素。

（6）作业环境复杂。

（7）作业中常常需要多人配合，共同完成一项操作。

上述诸多危险因素的存在，决定了起重伤害事故较多。

2. 起重机安全装置

（1）位置限制与调整装置。包括上升极限位置限制器、运行极限位置限制器、偏斜调整和显示装置、缓冲器。

（2）防风防爬装置。《起重机械安全规程》规定，在露天工作于轨道上运行的起重机，如门式起重机、装卸桥、塔式起重机和门座起重机，均应装设防风防爬装置。

（3）安全钩、防后倾装置和回转锁定装置。

① 安全钩。为防止倾翻，单主梁起重机应安装安全钩。安全钩根据小车和轨轮形式的不同，也设计也不同的结构。

② 防后倾装置。用柔性钢丝绳牵引吊臂进行变幅的起重机，当遇到突然卸载等情况时，会产生使吊臂后倾的力，从而造成吊臂超过最小幅度，发生吊臂后倾的事故。因此，这类起重机安装防后倾装置。吊臂后倾主要由几种原因造成：起升用的吊具、索具或起升用钢丝绳存在缺陷，在起吊过程中突然断裂，使重物下落；或者由于起重工绑挂不当，起吊过程中重物散落。

③ 回转锁定装置。回转锁定装置是指臂架起重机处于运输、行驶和非工作状态时，锁住回转部分，使之不能转动的装置。

（4）危险电压报警器。臂架型起重机在输电线附近作业时，由于操作不当，臂架、钢丝绳等过于接近甚至碰触电线，都会造成感电或触电事故。为了防止这类事故，东欧国家、日本等从20世纪70年代起研制危险电压报警器，目前已进入系列化生产阶段。

六、大型游乐设施

游乐设施是指用于经营目的，在封闭的区域内运行，承载乘客游乐的设施。游乐设施大致可以分为回转运动类、轨道运动类、戏水游戏类、场地运动类、电子娱乐类、梦幻仿真类、充气弹跳类、体育竞技类、休闲娱乐类等。

目前纳入质量技术监督部门安全监察的游乐设施范围为：转马类、滑行车类、观缆车类、自控飞机类、陀螺类、飞行塔类、架空游览车类、赛车类、小火车类、碰碰车类、电池车类、水上游乐类（水上摩托、快艇和游船除外）、滑道、滑索、蹦极和其他无动力类游乐设施（儿童用组合游乐设施除外）；其设计最大运行线速度大于或等于2m/s或者运

行高度距地面高于或者等于 2m 的载人大型游乐设施。

七、客运索道

索道是利用架空绳索、支承和牵引客车（或货车）等运送乘客（或货物）的一种运输设备。其包括客运架空索道、客运缆车和拖牵索道等。

客运索道按其运行方式可以分为往复式和循环式两大类。往复式索道又可分为承重与牵引分开的往复式单客厢索道，承重和牵引分开的车组往复式索道，以及承重和牵引合一的单线车组往复式索道3种。按所用的运载工具形式分，有吊厢式、吊椅式、吊篮式和拖牵式等。

第三节　特种设备事故的危害与预防知识

如前所述，特种设备涉及生命安全、危险性较大且应用广泛，特种设备发生事故易造成重大损失。因此，进一步了解特种设备事故的危害与预防知识是非常必要的。

一、特种设备检修安全技术

1. 锅炉检修前的准备工作

（1）锅炉检修前，要让锅炉按正常停炉程序停炉，缓慢冷却，用锅炉水循环和炉内通风等方式，逐步把锅内和炉膛内的温度降低下来。当锅水温度降到80℃以下时，把被检验锅炉上的各种门孔统统打开。打开门孔时注意防止被蒸汽、热水或烟气烫伤。

（2）要把被检验锅炉上蒸汽、给水、排污等管道与其他运行中锅炉相应管道的通路隔断。隔断用的盲板要有足够的强度，以免被运行中的高压介质鼓破。隔断位置要明确指示出来。

（3）被检验锅炉的燃烧室和烟道，要与总烟道或其他运行锅炉相通的烟道隔断。烟道闸门要关严密，并于隔断后进行通风。

2. 压力容器检修前的注意事项

（1）容器检验前，必须彻底切断容器与其他还有压力或气体的设备的连接管道，特别是与可燃或有毒介质的设备的通路。不但要关闭阀门，还必须用盲板严密封闭，以免阀门漏气，致使可燃或有毒的气体漏入容器内，引起着火爆炸或中毒事故。

（2）容器内部的介质要全部排净。盛装可燃、有毒或窒息性介质的容器还应进行清洗、置换或消毒等技术处理，并经取样分析合格。与容器有关的电源，如容器的搅拌装置、翻转机构等的电源必须切断，并有明显的禁止接通的指示标志。

3. 检修中的安全注意事项

（1）注意通风和监护。在进入锅筒、容器前，必须将锅筒、容器上的入孔和集箱上的手孔全部打开，使空气对流一定时间，充分通风。进入锅筒、容器进行检验时，容器外必须有人监护。在进入烟道或燃烧室检查前，也必须进行通风。

（2）注意用电安全。在锅筒和潮湿的烟道内检验而用电灯照明时，照明电压不应超过24V；在比较干燥的烟道内，而且有妥善的安全措施，可采用不高于36V的照明电压。进入容器检验时，应使用电压不超过12V或24V的低压防爆灯。检验仪器和修理工具的电源电压超过36V时，必须采用绝缘良好的软线和可靠的接地线。锅炉、容器内严禁采用明火照明。

（3）禁止带压拆装连接部件。检验锅炉和压力容器时，如需要卸下或上紧承压部件的紧固件，必须将压力全部泄放以后方能进行，不能在器内有压力的情况下卸下或上紧螺栓或其他紧固件，以防发生意外事故。

（4）禁止自行以气压试验代替水压试验。锅炉压力容器的耐压试验一般都用水作加压介质，不能用气体作加压介质，否则十分危险。

个别容器由于结构等方面的原因，不能用水作耐压试验，而且即使设计规定可以用气压代替水压，也要在试验前经过全面检查，核算强度，并按设计的规定认真采取确实可靠的措施以后方能进行，并应事先取得有关部门的同意。

二、典型锅炉事故及预防

1. 锅炉爆炸事故

（1）水蒸气爆炸。锅炉中容纳水及水蒸气较多的大型部件，如锅筒及水冷壁集箱等，在正常工作时，或者处于水汽两相共存的饱和状态，或者是充满了饱和水，容器内的压力则等于或接近锅炉的工作压力，水的温度则是该压力对应的饱和温度。一旦该容器破裂，容器内液面上的压力瞬即下降为大气压力，与大气压力相对应的水的饱和温度是100℃。原工作压力下高于100℃的饱和水此时成了极不稳定、在大气压力下难于存在的"过饱和水"，其中的一部分即瞬时汽化，体积骤然膨胀许多倍，在容器周围空间形成爆炸。

（2）超压爆炸。超压爆炸指由于安全阀、压力表不齐全、损坏或装设错误，操作人员擅离岗位或放弃监视责任，关闭或关小出汽通道，无承压能力的生活锅炉改作承压蒸汽锅炉等原因，致使锅炉主要承压部件筒体、封头、管板、炉胆等承受的压力超过其承载能力而造成的锅炉爆炸。

超压爆炸是小型锅炉最常见的爆炸情况之一。预防这类爆炸的主要措施是加强运行管理。

（3）缺陷导致爆炸。缺陷导致爆炸指锅炉承受的压力并未超过额定压力，但因锅炉主要承压部件出现裂纹、严重变形、腐蚀、组织变化等情况，导致主要承压部件丧失承载能力，突然大面积破裂爆炸。

缺陷导致的爆炸也是锅炉常见的爆炸情况之一。预防这类爆炸，除加强锅炉的设计、制造、安装、运行中的质量控制和安全监察外，还应加强锅炉检验，发现锅炉缺陷及时处理，避免锅炉主要承压部件带缺陷运行。

（4）严重缺水导致爆炸。锅炉的主要承压部件如锅筒、封头、管板、炉胆等，不少是直接受火焰加热的。锅炉一旦严重缺水，上述主要受压部件得不到正常冷却，甚至被烧，金属温度急剧上升甚至被烧红。这样的缺水情况是严禁加水的，应立即停炉。如给严重缺水的锅炉上水，往往酿成爆炸事故。长时间缺水干烧的锅炉也会爆炸。

防止这类爆炸的主要措施也是加强运行管理。

2. 锅炉重大事故

1) 缺水事故

（1）锅炉缺水的后果。当锅炉水位低于水位表最低安全水位刻度线时，即形成了锅炉缺水事故。锅炉缺水时，水位表内往往看不到水位，表内发白发亮。缺水发生后，低水位警报器动作并发出警报，过热蒸汽温度升高，给水流量不正常地小于蒸汽流量。锅炉缺水是锅炉运行中最常见的事故之一，常常造成严重后果。严重缺水会使锅炉蒸发受热面管子过热变形甚至烧塌，胀口渗漏，胀管脱落，受热面钢材过热或过烧，降低或丧失承载能力，管子爆破，炉墙破坏。如锅炉缺水处理不当，甚至会导致锅炉爆炸。

（2）常见的锅炉缺水原因：

① 运行人员疏忽大意，对水位监视不严；或者操作人员擅离职守，放弃了对水位及其他仪表的监视；

② 水位表故障造成假水位而操作人员未及时发现；

③ 水位报警器或给水自动调节器失灵而又未及时发现；

④ 给水设备或给水管路故障，无法给水或水量不足；

⑤ 水冷壁、对流管束或省煤器管子爆破漏水。

（3）锅炉缺水的处理。发现锅炉缺水时，应首先判断是轻微缺水还是严重缺水，然后酌情予以不同的处理。通常判断断水程度的方法是"叫水"。"叫水"的操作方法是：打开水位表的放水旋塞冲洗汽连管及水连管，关闭水位表的汽连接管旋塞，关闭放水旋塞。如果此时水位表中有水位出现，则为轻微缺水。如果通过"叫水"水位表内仍无水位出现，说明水位已降到水连管以下甚至更严重，属于严重缺水。

轻微缺水时，可以立即向锅炉上水，使水位恢复正常。如果上水后水位仍不能恢复正常，应立即停炉检查。严重缺水时，必须紧急停炉。在未判定缺水程度或者已判定属于严重缺水的情况下，严禁给锅炉上水，以免造成锅炉爆炸事故。

"叫水"操作一般只适用于相对容水量较大的小型锅炉，不适用于相对容水量很小的电站锅炉或其他锅炉。对相对容水量小的电站锅炉或其他锅炉，对最高火界在水连管以上的锅壳锅炉，一旦发现缺水应立即停炉。

2) 满水事故

（1）锅炉满水的后果。锅炉水位高于水位表最高安全水位刻度线的现象，称为锅炉满水。锅炉满水时，水位表内也往往看不到水位，但表内发暗，这是满水与缺水的重要区别。满水发生后，高水位报警器动作并发出警报，过热蒸汽温度降低，给水流量不正常地大于蒸汽流量。严重满水时，锅炉水可进入蒸汽管道和过热器，造成水击及过热器结垢。因而满水的主要危害是降低蒸汽品质，损害以致破坏过热器。

（2）常见的满水原因。①运行人员疏忽大意，对水位监视不严，或者运行人员擅离职守，放弃了对水位及其他仪表的监视；②水位表故障造成假水位而运行人员未及时发现；③水位报警器及给水自动调节器失灵而又未能及时发现等。

（3）锅炉满水的处理。发现锅炉满水后，应冲洗水位表，检查水位表有无故障；一旦确认满水，应立即关闭给水阀停止向锅炉上水，启用省煤器再循环管路，减弱燃烧，开启排污阀及过热器、蒸汽管道上的疏水阀；待水位恢复正常后，关闭排污阀及各疏水阀；查清事故原因并予以消除，恢复正常运行。如果满水时出现水击，则在恢复正常水位后，还须检查蒸汽管道、附件、支架等，确定无异常情况，才可恢复正常运行。

3) 汽水共腾

（1）汽水共腾的后果。锅炉蒸发表面（水面）汽水共同升起，产生大量泡沫并上下波动翻腾的现象，叫汽水共腾。发生汽水共腾时，水位表内也出现泡沫，水位急剧波动，汽水界线难以分清；过热蒸汽温度急剧下降；严重时，蒸汽管道内发生水冲击。汽水共腾与满水一样，会使蒸汽带水，降低蒸汽品质，造成过热器结垢及水击振动，损坏过热器或影响用汽设备的安全运行。

（2）形成汽水共腾原因。形成汽水共腾有两个方面的原因：

① 锅水品质太差。由于给水品质差、排污不当等原因，造成锅水中悬浮物或含盐量太高，碱度过高。由于汽水分离，锅水表面层附近含盐浓度更高，锅水黏度很大，气泡上升阻力增大。在负荷增加、汽化加剧时，大量气泡被黏阻在锅水表面层附近来不及分离出去，形成大量泡沫，使锅水表面上下翻腾。

② 负荷增加和压力降低过快。当水位高、负荷增加过快、压力降低过速时，会使水面汽化加剧，造成水面波动及蒸汽带水。

（3）汽水共腾的处理。发现汽水共腾时，就减弱燃烧力度，降低负荷，关小主汽阀；加强蒸汽管道和过热器的疏水；全开连续排污阀，并打开定期排污阀放水，同时上水，以改善锅水品质；待水质改善、水位清晰时，可逐渐恢复正常运行。

4) 锅炉爆管

（1）爆管后果。炉管爆破指锅炉蒸发受热面管子在运行中爆破，包括水冷壁、对流管束管子爆破及烟管爆破。炉管爆破时，往往能听到爆破声，随之水位降低，蒸汽及给水压力下降，炉膛或烟道中有汽水喷出的声响，负压减小，燃烧不稳定，给水流量明显地大于蒸汽流量，有时还有其他比较明显的症状。

（2）爆管原因。①水质不良、管子结垢并超温爆破；②水循环故障；③严重缺水；④制造、运输、安装中管内落入异物，如钢球、木塞等；⑤烟气磨损导致管壁减薄；⑥运行或停炉的管壁因腐蚀而减薄；⑦管子膨胀受阻碍，由于热应力造成裂纹；⑧吹灰不当造成管壁减薄；⑨管路缺陷或焊接缺陷在运行中发展扩大。

（3）爆管处理。炉管爆破时，通常必须紧急停炉修理。由于导致炉管爆破的原因很多，有时往往是几方面的因素共同影响而造成事故，因而防止炉管爆破也必须从搞好锅炉设计、制造、安装、运行管理、检验等各个环节入手。

5) 省煤器损坏

（1）省煤器损坏后果。省煤器损坏指由于省煤器管子破裂或省煤器其他零件损坏所造成的事故。省煤器损坏时，给水流量不正常地大于蒸汽流量；严重时，锅炉水位下降，过热蒸汽温度上升；省煤器烟道内有异常声响，烟道潮湿或漏水，排烟温度下降，烟气阻力增大，引风机电流增大。省煤器损坏会造成锅炉缺水而被迫停炉。

（2）省煤器损坏原因。①烟速过高或烟气含灰量过大，飞灰磨损严重；②给水品质不符合要求，特别是未进行除氧，管子水侧被严重腐蚀；③省煤器出口烟气温度低于其酸露

点，在省煤器出口段烟气侧产生酸性腐蚀；④材质缺陷或制造安装时的缺陷导致破裂；⑤水击或炉膛、烟道爆炸剧烈振动省煤器并使之损坏等。

（3）省煤器损坏处理。省煤器损坏时，如能经直接上水管给锅炉上水，并使烟气经旁通烟道流出，则可不停炉进行省煤器修理，否则必须停炉进行修理。

6）过热器损坏

（1）过热器损坏的后果。过热器损坏主要指过热器爆管。这种事故发生后，蒸汽流量明显下降，且不正常地小于给水流量；过热蒸汽温度上升压力下降；过热器附近有明显声响，炉膛负压减小，过热器后的烟气温度降低。

（2）过热器损坏的原因。①锅炉满水、汽水共腾或汽水分离效果差而造成过热器内进水结垢，导致过热爆管；②受热偏差或流量偏差使个别过热器管子超温而爆管；③启动、停炉时对过热器保护不善而导致过热爆管；④工况变动（负荷变化、给水温度变化、燃料变化等）使过热蒸汽温度上升，造成金属超温爆管；⑤材质缺陷或材质错用（如在需要用合金钢的过热器上错用了碳素钢）；⑤制造或安装时的质量问题，特别是焊接缺陷；⑥管内异物堵塞；⑦被烟气中的飞灰严重磨损；⑧吹灰不当损坏管壁等。

由于在锅炉受热面中过热器的使用温度最高，致使过热蒸汽温度变化的因素很多，相应造成过热器超温的因素也很多。因此过热器损坏的原因比较复杂，往往和温度工况有关，在分析问题时需要综合各方面的因素考虑。

（3）过热器损坏处理。过热器损坏通常需要停炉修理。

7）水击事故

（1）水击事故的后果。水在管道中流动时，因速度突然变化导致压力突然变化，形成压力波并在管道中传播的现象，叫水击。发生水击时管道承受的压力骤然升高，发生猛烈振动并发出巨大声响，常常造成管道、法兰、阀门等的损坏。

（2）水击事故原因。锅炉中易于产生水击的部位有：

① 给水管道、省煤器、过热器、锅筒等；给水管道的水击常常是由于管道阀门关闭或开启过快造成的；比如阀门突然关闭，高速流动的水突然受阻，其动压在瞬时间转变为静压，造成对闸门、管道的强烈冲击。

② 省煤器管道的水击分两种情况，一种是省煤器内部分水变成了蒸汽，蒸汽与温度较低的（未饱和）水相遇时，水将蒸汽冷凝，原蒸汽区压力降低，使水速突然发生变化并造成水击；另一种则和给水管道的水击相同，是由阀门的突然开闭造成的。

③ 过热器管道的水击常发生在满水或汽水共腾事故中，在暖管时也可能出现。造成水击的原因是蒸汽管道中出现了水，水使部分蒸汽降温甚至冷凝，形成压力降低区，蒸汽携水向压力降低区流动，使水速突然变化而产生水击。

④ 锅筒的水击也有两种情况，一是上锅筒内水位低于给水管出口而给水温度又较低时，大量低温进水造成蒸汽凝结，使压力降低而导致水击；二是下锅筒内采用蒸汽加热时，进汽速度太快，蒸汽迅速冷凝形成低压区，造成水击。

（3）水击事故的预防与处理。为了预防水击事故，给水管道和省煤器管道的阀门启闭不应过于频繁，开闭速度要缓慢；对可分式省煤器的出口水温要严格控制，使之低于同压力下的饱和温度40℃；防止满水和汽水共腾事故，暖管之前应彻底疏水；上锅筒进水速度应缓慢，下锅筒进汽速度也应缓慢。发生水击时，除立即采取措施使之消除外，还应认真检查管道、阀门、法兰、支撑等，如无异常情况，才能使锅炉继续运行。

8）炉膛爆炸事故

（1）炉膛爆炸事故。炉膛爆炸是指炉膛内积存的可燃性混合物瞬间同时爆燃，从而使炉膛烟气侧压力突然升高，超过了设计允许值而造成水冷壁、刚性梁及炉顶、炉墙破坏的现象，即正压爆炸。此外还有负压爆炸，即在送风机突然停转时，引风机继续运转，烟气侧压力急降，造成炉膛、刚性梁及炉墙破坏的现象。这里着重讨论正压爆炸。

炉膛爆炸（外爆）要同时具备3个条件：一是燃料必须是以游离状态存在于炉膛中；二是燃料和空气的混合物达到爆燃的浓度；三是有足够的点火能源。炉膛爆炸常发生于燃油、燃气、燃煤粉的锅炉。不同的可燃物的爆炸极限和爆炸范围各不相同。

由于爆炸过程中火焰传播速度非常快，每秒达数百米甚至数千米，火焰激波以球面向各方面传播，邻近燃料同时被点燃，烟气容积突然增大，因来不及泄压而使炉膛内压力陡增而发生爆炸。

（2）引起炉膛爆炸的主要原因：

① 在设计上缺乏可靠的点火装置及可靠的熄火保护装置及连锁、报警和跳闸系统，炉膛及刚性梁结构抗爆能力差，制粉系统及燃油雾化系统有缺陷。

② 在运行过程中操作人员误判断、误操作，此类事故占炉膛爆炸事故总数的90%以上。有时因采用"爆燃法"点火而发生爆炸。此外还有因烟道闸板关闭而发生炉膛爆炸事故。

（3）炉膛爆炸事故预防。为防止炉膛爆炸事故的发生，应根据锅炉的容量和大小，装设可靠的炉膛安全保护装置，如防爆门、炉膛火焰和压力检测装置，连锁、报警、跳闸系统及点火程序，熄火程序控制系统。同时，尽量提高炉膛及刚性梁的抗爆能力。此外应加强使用管理，提高司炉工人技术水平。在启动锅炉点火时要认真按操作规程进行点火，严禁采用"爆燃法"，点火失败后先通风吹扫5～10min后才能重新点火；在燃烧不稳，炉膛负压波动较大时，如除大灰，燃料变更，制粉系统及雾化系统发生故障，低负荷运行时应精心控制燃烧，严格控制负压。

9）尾部烟道二次燃烧

（1）尾部烟道二次燃烧事故结果。尾部烟道二次燃烧主要发生在燃油锅炉上。当锅炉运行中燃烧不完好时，部分可燃物随着烟气进入尾部烟道，积存于烟道内或黏附在尾部受热面上，在一定条件下这些可燃物自行着火燃烧，尾部烟道二次燃烧常将空气预热器，省煤器破坏。引起尾部烟道二次燃烧的条件是：在锅炉尾部烟道上有可燃物堆积下来，并达到一定的温度及有一定量的空气可供燃烧。这3个条件同时满足时，可燃物就有可能自燃或被引燃着火。

（2）尾部烟道二次燃烧事故原因。尾部烟道二次燃烧易在停炉之后不久发生。

① 可燃物在尾部烟道积存。锅炉启动或停炉时燃烧不稳定，不完全，可燃物随烟气进入尾部烟道，积存在尾部烟道；燃油雾化不良，来不及在炉膛完全燃烧而随烟气进入尾部烟道；鼓风机停转后炉膛内负压过大，引风机有可能将尚未燃烧的可燃物吸引到尾部烟道上。

② 可燃物着火的温度。刚停炉时尾部烟道上尚有烟气存在，烟气流速很低甚至不流动，受热面上积有可燃物，传热系数差难以向周围散热；在较高温度的情况下，可燃物自氧化加剧放出一定能量，从而使温度更进一步上升。

③ 保持一定空气量。尾部烟道门孔和挡板关闭不严密；空气预热器密封不严，空气泄漏。

（3）尾部烟道二次燃烧的预防。为防止产生尾部烟道二次燃烧，要提高燃烧效率，尽可能减少不完全燃烧损失，减少锅炉的启停次数；加强尾部受热面的吹灰；保证烟道各种门孔及烟气挡板的密封良好；在燃油锅炉的尾部烟道上应装设灭火装置。

10）锅炉结渣

（1）锅炉结渣结果。锅炉结渣，指灰渣在高温下黏结于受热面、炉墙、炉排之上并越积越多的现象。燃煤锅炉结渣是个普遍性的问题，层燃炉、沸腾炉、煤粉炉都有可能结渣。由于煤粉炉炉膛温度较高，煤粉燃烧后的细灰呈飞腾状态，因而更易在受热面上结渣。结渣使受热面吸热能力减弱，降低锅炉的出力和效率；局部水冷壁管结渣会影响和破坏水循环，甚至造成水循环故障；结渣会造成过热蒸汽温度的变化，使过热器金属超温；严重的结渣会妨碍燃烧设备的正常运行，甚至造成被迫停炉。结渣对锅炉的经济性、安全性都有不利影响。

（2）锅炉结渣原因。产生结渣的原因主要是：煤的灰渣熔点低，燃烧设备设计不合理，运行操作不当等。

（3）锅炉结渣预防。预防结渣的主要措施有：

① 在设计上要控制炉膛燃烧热负荷，在炉膛中布置足够的受热面，在控制炉膛出口温度，使之不超过灰渣变形温度；合理设计炉膛形状，正确设置燃烧器，在燃烧器结构性能设计中充分考虑结渣问题；控制水冷壁间距不要太大，而要把炉膛出口处受热面管间距拉开；炉排两侧装设防焦集箱等。

② 在运行上要避免超负荷运行；控制火焰中心位置，避免火焰偏斜和火焰冲墙；合理控制过量空气系数和减少漏风。

③ 对沸腾炉和层燃炉，要控制送煤量，均匀送煤，及时调整燃料层和煤层厚度。

④ 发现锅炉结渣要及时清除。清渣应在负荷较低、燃烧稳定时进行，操作人员应注意防护和安全。

三、压力容器爆炸的危害及预防

1. 压力容器爆炸的危害

（1）冲击波及其破坏作用。冲击波超压大于 0.10MPa 时，在其直接冲击下大部分人员会死亡；0.05～0.10MPa 的超压可严重损伤人的内脏或引起死亡；0.03～0.05MPa 的超压会损伤人的听觉器官或产生骨折；超压 0.02～0.03MPa 也可使人体受到轻微伤害。

锅炉压力容器因严重超压而爆炸时，其爆炸能量远大于按工作压力估算的爆炸能量，破坏和伤害情况也严重得多。

（2）爆炸碎片的破坏作用。锅炉压力容器破裂爆炸时，高速喷出的气流可将壳体反向推出，有些壳体破裂成块或片向四周飞散。这些具有较高速度或较大质量的碎片，在飞出过程中具有较大的动能,也会造成较大的危害。

碎片对人的伤害程度取决于其动能,碎片的动能正比于其质量及速度的平方。碎片在脱离壳体时常具有 80～120m/s 的初速度,即使飞离爆炸中心较远时也常有 20～30m/s 的速度。在此速度下,质量为 1kg 的碎片的动能即可达 200～450J,足可致人重伤或死亡。

碎片还可能损坏附近的设备和管道,引起连续爆炸或火灾,造成更大危害。

(3)介质伤害。主要是有毒介质的毒害和高温蒸汽的烫伤。在压力容器所盛装的液化气体中很多是毒性介质,如液氨、液氯、二氧化硫、二氧化氮、氢氰酸等。盛装这些介质的容器破裂时,大量液体瞬间气化并向周围大气中扩散,会造成大面积的毒害,不但造成人员中毒,致死致病,也严重破坏生态环境,危及中毒区的动植物。

有毒介质由容器泄放气化后,体积约增大 100～250 倍。所形成的毒害区的大小及毒害程度,取决于容器内有毒介质的质量、容器破裂前的介质温度、压力及介质毒性。

锅炉爆炸释放的高温汽水混合物,会使爆炸中心附近的人员烫伤。其他高温介质泄放气化会灼烫伤害现场人员。

(4)二次爆炸及燃烧危害。当容器所盛装的介质为可燃液化气体时,容器破裂爆炸在现场形成大量可燃蒸汽,并迅即与空气混合形成可爆性混合气,在扩散中遇明火即形成二次爆炸。可燃液化气体容器的这种燃烧爆炸常使现场附近变成一片火海,造成严重的后果。

(5)压力容器事故的预防。为防止压力容器发生爆炸,应采取下列措施:

① 在设计上,应采用合理的结构,如采用全焊透结构,能自由膨胀等,避免应力集中、几何突变,针对设备使用工况,选用塑性、韧性较好的材料。强度计算及安全阀排量计算符合标准。

② 制造、修理、安装、改造时,加强焊接管理,提高焊接质量并按规范要求进行热处理和探伤;加强材料管理,避免采用有缺陷的材料或用错钢材、焊接材料。

③ 在压力容器的使用过程中,加强管理,避免操作失误、超温、超压、超负荷运行、失检、失修、安全装置失灵等。

④ 加强检验工作,及时发现缺陷并采取有效措施。

事故案例

设备零件不合格致灼伤

一、事故经过

1998 年 10 月 13 日,某厂一气焊工在气割作业中感觉氧气压力低,便关闭割炬上的氧气阀、乙炔阀,待火焰熄灭后,放下割炬,把氧气减压阀(单级式)取下,套在另一只氧气瓶瓶阀上,紧固并调节氧气压力。当低压表指针指到所需位置后,继续往上走,气焊工正要关闭瓶阀时,突然从胶管与减压器连接处喷出火焰,将其面部灼伤。旁边有一检修工见状,疾步上前,关闭瓶阀,并取下氧气减压器,避免了事故的扩大。

二、原因分析

（1）氧气瓶的高压调节弹簧生有大量的铁锈，原因是弹簧材质不合格，弹簧长期与氧气及氧气中少量水分发生化学反应，被腐蚀。

（2）氧气减压阀失控的原因是：氧气流从高压室流向低压室过程中，体积剧烈膨胀，吸收大量的热，使得低压室温度急剧下降，达到水的结冰温度。这时，混杂在氧气中的水分在减压器阀头处结冰，使得阀头偏离阀座，阀门敞开度增加，氧气压升高。

（3）大量锈粉在高速氧气流的吹动下与金属器壁摩擦生热，达到红热燃烧状态，撞击到密封胶圈及金属膜片上，继而烧断低压调解弹簧。这是在瞬间发生的。

（4）氧气瓶高压室完好，低压室烧损严重。减压器外壳完好的原因是，火焰不能倒燃，所以高压室完好。燃烧放出的热使得阀头部位冻结消失，又因低压调解弹簧烧断，解除了对高压调解弹簧弹起的限制，高压调解弹簧迅速弹起，最大限度减少了氧气供应。燃烧产生的气体不能迅速排出，这些因素使氧气浓度急剧下降，燃烧变得缓慢。因氧气瓶阀人为迅速关闭，导致减压器外壳完好。

三、应对措施

拆解全厂所有氧气减压器，发现有不符合安全要求的全部收缴，经判定能继续使用的，脱脂处理后回装。

第十章
交通安全基础知识

据国家主管部门统计，多年来中国每年交通事故死亡人数均超过10万人，位居世界第一。交通安全专家分析，这与中国在交通安全宣传教育上的缺失有很大关系。

交通安全是运输系统运行秩序正常、旅客生命财产平安无险、货物和运输设备完好无损的综合表现。实现交通安全，是我们最关心的问题之一。在此主要介绍道路交通安全知识、道路交通安全设施知识、车辆管理知识、车辆遇险防护知识、行人交通安全常识。

《中华人民共和国道路交通安全法》是为了维护道路交通秩序，预防和减少交通事故，保护人身安全，保护公民、法人和其他组织的财产安全及其他合法权益，提高通行效率而制定的。2003年10月28日第十届全国人民代表大会常务委员会第五次会议通过。根据2007年12月29日第十届全国人民代表大会常务委员会第三十一次会议《关于修改〈中华人民共和国道路交通安全法〉的决定》第一次修正。根据2011年4月22日第十一届全国人民代表大会常务委员会第二十次会议《关于修改〈中华人民共和国道路交通安全法〉的决定》第二次修正。

第一节 道路交通安全知识

道路交通系统的基本要素是人（包括驾驶员、行人、乘客）、车（包括公务车、客车、货车、特种车辆、家庭车辆、非机动车等）、路（包括公路、城市道路、小区道路及相关设施）。在三要素中，驾驶员是环境的理解者和车辆操作指令的发出和执行者，他（她）是系统的核心；路和车的因素必须通过人才能起作用，三要素协调运动才能实现道路交通系统的安全性要求。同时，我们必须看到三要素的管理问题，为此，影响道路交通安全的因素包括人员因素、设备因素和管理因素。

一、人员因素

人员因素是影响道路交通安全的最关键因素，包括驾驶员、行人、乘客等。

1. 驾驶员

驾驶员在驾驶车辆过程中，通过感官（主要是眼、耳）从外界接受信息，产生感觉（主要是视觉和听觉），然后经过大脑一系列综合反映产生知觉，在此基础上形成所谓"深度知觉"。驾驶员就是凭借这种"深度知觉"形成判断（如目测距离、估计车速等）。可见，驾驶员的生理、心理素质及反应特性对保障交通安全起着至关重要的作用。据统计，大约90%的道路交通事故与驾驶员有关。

机动车驾驶员必须取得从业资格证书才能从事道路运输，并严禁酒后驾车。

新修订的《中华人民共和国道路交通安全法》，对驾驶人正确操作和违规处罚都进行了严格规定。如：

第二十一条　驾驶人驾驶机动车上道路行驶前，应当对机动车的安全技术性能进行认真检查；不得驾驶安全设施不全或者机件不符合技术标准等具有安全隐患的机动车。

第二十二条　机动车驾驶人应当遵守道路交通安全法律、法规的规定，按照操作规范安全驾驶、文明驾驶。

饮酒、服用国家管制的精神药品或者麻醉药品，或者患有妨碍安全驾驶机动车的疾病，或者过度疲劳影响安全驾驶的，不得驾驶机动车。任何人不得强迫、指使、纵容驾驶人违反道路交通安全法律、法规和机动车安全驾驶要求驾驶机动车。

第九十条　机动车驾驶人违反道路交通安全法律、法规关于道路通行规定的，处警告或者20元以上200元以下罚款。本法另有规定的，依照规定处罚。

第九十一条　饮酒后驾驶机动车的，处暂扣6个月机动车驾驶证，并处1000元以上2000元以下罚款。因饮酒后驾驶机动车被处罚，再次饮酒后驾驶机动车的，处10日以下拘留，并处1000元以上2000元以下罚款，吊销机动车驾驶证。醉酒驾驶机动车的，由公安机关交通管理部门约束至酒醒，吊销机动车驾驶证，依法追究刑事责任；5年内不得重新取得机动车驾驶证。

饮酒后驾驶营运机动车的，处15日拘留，并处5000元罚款，吊销机动车驾驶证，5年内不得重新取得机动车驾驶证。

醉酒驾驶营运机动车的，由公安机关交通管理部门约束至酒醒，吊销机动车驾驶证，依法追究刑事责任；10年内不得重新取得机动车驾驶证，重新取得机动车驾驶证后，不得驾驶营运机动车。

饮酒后或者醉酒驾驶机动车发生重大交通事故，构成犯罪的，依法追究刑事责任，并由公安机关交通管理部门吊销机动车驾驶证，终生不得重新取得机动车驾驶证。

2. 行人

行人的遵章意识、交通行为对会道路交通安全产生明显影响。一些交通事故就是由于行人不遵守交通规则而导致的。加强行人的法律法规教育，规范他们的行为，将会对保障道路交通安全产生重要作用。

新修订的《中华人民共和国道路交通安全法》，对行人通行进行了严格规定。如：

第六十一条　行人应当在人行道内行走，没有人行道的靠路边行走。

第六十二条　行人通过路口或者横过道路，应当走人行横道或者过街设施；通过有交通信号灯的人行横道，应当按照交通信号灯指示通行；通过没有交通信号灯、人行横道的路口，或者在没有过街设施的路段横过道路，应当在确认安全后通过。

第六十三条 行人不得跨越、倚坐道路隔离设施，不得扒车、强行拦车或者实施妨碍道路交通安全的其他行为。

第六十四条 学龄前儿童以及不能辨认或者不能控制自己行为的精神疾病患者、智力障碍者在道路上通行，应当由其监护人、监护人委托的人或者对其负有管理、保护职责的人带领。

盲人在道路上通行，应当使用盲杖或者采取其他导盲手段，车辆应当避让盲人。

第六十五条 行人通过铁路道口时，应当按照交通信号或者管理人员的指挥通行；没有交通信号和管理人员的，应当在确认无火车驶临后，迅速通过。

3. 乘车人

乘车人的行为也会对道路交通安全状况产生影响。乘客具备较强的安全意识，一旦事故发生能够采取必要的自救措施，有助于减少事故发生或降低事故的损害程度。

新修订的《中华人民共和国道路交通安全法》，对行人通行进行了严格规定。如：

第六十六条 乘车人不得携带易燃易爆等危险物品，不得向车外抛洒物品，不得有影响驾驶人安全驾驶的行为。

二、设备因素

道路交通中的设备因素包括道路、车辆和安全设施等。

1. 道路

道路安全涉及路面、视距、道路几何线形要素及交叉口特性等。

（1）路面。路面状况与交通事故发生率密切相关，二者的关系见表10-1所示。

表10-1 不同路面状况同交通事故率的关系

路面状况	干燥	湿滑	路面不湿而滑	路面积雪结冰	合计
粗糙化前 /%	21	44	15	2	82
粗糙化后 /%	18	5	4	0	27

为满足车辆的安全运行要求，路面应具有以下性能：强度和刚度、稳定性、表面平整度、表面抗滑性、耐久性。

（2）视距。行车视距是指为了保证行车安全，司机应能看到行车路线上前方一定距离的道路，以便发现障碍物或迎面来车时，采取停车、避让、错车或超车等措施，在完成这些操作过程中所必需的最短时间里汽车的行驶路程。在道路平面和纵面设计中应保证足够的行车视距，以确保行车安全。

（3）道路几何线形要素。道路几何线形要素的构成是否合理，线形组合是否协调，对交通安全有很大影响。

① 平曲线。平曲线与交通事故关系很大，曲率越大事故率越高，尤其是曲率大于10以上时，事故率急剧增加。

② 竖曲线。道路竖曲线半径过小时，易造成驾驶员视野变小、视距变短，从而影响驾驶员的观察和判断，易产生事故。

③坡度。据前苏联调查资料,平原、丘陵与山地3类道路交通事故率分别为7%、18%和25%,主要原因是下坡来不及制动或制动失灵造成。

(4)交叉口特性。当两条或两条以上走向不同的道路相交时便产生交叉口,分平面交叉口和立体交叉口两类。立体交叉口不同交通流在空间上是分离的,彼此之间不发生冲突,而平面交叉口由于存在不同车流的冲突,从而易导致交通事故。因此,为保障交通安全,减少事故发生,在车流量较大的交叉口应尽量设置立体交叉。

2. 车辆

车辆具有良好的行驶安全性,是减少交通事故的必要前提。车辆的行驶安全性包括主动安全性和被动安全性。

主动安全性指车辆本身防止或减少交通事故的能力。它主要与车辆的制动性、动力性、操纵稳定性、结构尺寸、视野和灯光等因素有关。

被动安全性是指发生事故后,车辆本身所具有的减少人员伤亡、货物受损的能力。提高车辆被动安全性的装置有:安全带、安全气囊、安全玻璃、安全门、灭火器等。

3. 安全设施

安全设施和道路交通安全有很大关系,安全设施一方面能够有效地对驾驶员和其他出行者进行引导和约束,使驾驶员对车辆的操纵安全而规范,使其他出行者与机动车流保持合理的隔离,从而降低事故的发生率;另一方面能够在车辆出现操控异常后,有效地对车辆进行缓冲和防护,尽可能地减少人员伤亡和财产损失。

三、管理因素

管理因素是影响道路交通安全的又一重要因素。科学健全的安全生产管理体制,是减少事故、防患于未然的必要条件。中国目前的公路运输安全生产管理工作是按照中央、地方和经营业户的"三级管理"模式。企业作为"经营户",对所属车辆负有管理的责任,对驾驶员负有教育、监督和管理责任,应做好本单位交通安全生产保障工作。

四、道路交通安全设施知识

交通安全设施对于保障行车安全、减轻潜在事故程度起着重要作用。良好的安全设施系统应具有交通管理、安全防护、交通诱导、隔离封闭、防止眩光等多种功能。道路交通安全设施包括:交通标志、路面标线、护栏、隔离栅、照明设备、视线诱导标、防眩设施等。

1. 交通标志

道路交通标志有警告标志、禁令标志、指示标志、指路标志、旅游区标志、道路施工安全标志、辅助标志。设置交通标志的目的是给道路通行人员提供确切的信息,保证交通安全畅通。高速公路上车速高,车道数多,标志尺寸比一般道路上的大得多。

2. 路面标线

路面标线有禁止标线、指示标线、警告标线,是直接在路面上用漆类喷刷或用混凝土预制块等铺列成线条、符号,与道路标志配合的交通管制设施。路面标线种类较多,有行车道中线、停车线竖面标线、路缘石标线等。标线有连续线、间断线、箭头指示线等,多使用白色或黄色漆。

3. 护栏

护栏按地点不同可分为路侧护栏、中央隔离带护栏和特殊地点护栏 3 种；按结构可分为柔性护栏、半刚性护栏和刚性护栏 3 类。公路上的安全护栏既要阻止车辆越出路外，防止车辆穿越中央分隔带闯入对向车道；同时还要能诱导驾驶员的视线。

4. 隔离栅

隔离栅是高速公路的基础设施之一。隔离栅使高速公路全封闭得以实现，并阻止人畜进入高速公路。隔离栅可有效地排除横向干扰，避免由此产生的交通延误或交通事故，保障高速公路效益的发挥。隔离栅按其使用材料的不同，可分为金属网、钢板网、刺铁丝和常青绿篱几大类。

5. 照明设备

道路照明主要是为保证夜间交通的安全与畅通，大致分为连续照明、局部照明及隧道照明。照明条件对道路交通安全有着很大的影响，根据对英国、美国、瑞士等国道路照明的调查，安装路灯后，高速道路的事故率下降 40%～60%，一般公路下降 30%～70%，城市道路下降 20%～50%。

6. 视线诱导标

视线诱导标一般沿车道两侧设置，具有明示道路线形、诱导驾驶员视线等用途。对有必要在夜间进行视线诱导的路段，设置反光式视线诱导标。

7. 防眩设施

防眩设施的用途是遮挡对向车前照灯的眩光，分防眩网和防眩板两种。防眩网通过网股的宽度和厚度阻挡光线穿过，减少光束强度而达到防止对向车前照灯眩目；防眩板是通过其宽度部分阻挡对向车前照灯的光束。

第二节　车辆及车辆装载管理知识

车辆是道路交通系统的基本要素之一。道路上行驶着各种车辆，完善对车辆及车辆装载的管理，是保障道路交通安全的重要措施。

一、车辆管理知识

车辆管理是车辆管理机关（单位）依据国家有关法规、政策，利用行政方法和工程技术手段，对现有车辆进行登记、检验、核发牌证以及对车辆的制造、保修、安全技术监督工作的总称。车辆管理工作占有重要地位，是公安交通管理工作的基本组成部分。其目的是使车辆经常保持良好的技术性能，安全行车，减少公害，节约材料，节约能源，提高交通运输效率，维护社会治安秩序。

1. 车辆分类

车辆是地面交通运输工具的总称。一般分为机动车和非机动车两大类。

（1）机动车及其分类。机动车是有动力装置的车辆，包括发动机、底盘、车身和电气设备等几个基本部分。机动车一般可分为以下几类：汽车、电车、电瓶车、摩托车、拖拉机、轮式专用机械车。

汽车是一种能自行驱动的主要用于运输的无轨车辆，因多装用汽油机，故简称汽车。按使用的燃料，可分为汽油发动机的汽油车和柴油发动机的柴油车；按用途，可分为载重汽车、自卸汽车、大客车、小客车、特种用途汽车；按车辆对道路的适用能力，可分为普通汽车与越野汽车。

（2）非机动车及其分类。非机动车是以人力或畜力为动力的车辆。非机动车包括自行车、三轮车、人力车、畜力车、残疾人专用车。

2. 机动车管理

机动车管理包括以下几项：

（1）机动车登记与牌证管理。车属单位（或车主）购车后，首先进行机动车检验登记，申领牌证；车辆检验合格的，发给车辆牌号和行驶证。机动车在没有领取正式牌号和行驶证以前，需要移动或试车时，必须申领移动证、临时号牌或试车号牌。号牌必须按指定位置安装，并保持清晰，不准转让、涂改或伪造。

（2）机动车检验管理。定期检验《机动车管理办法》规定，定期检验每年一次，所以又称年审。

（3）机动车安全技术装置的管理。《中华人民共和国道路交通管理条例》（以下简称《道路交通管理条例》）第十九条规定，机动车必须保持车况良好、车容整洁。制动器、转向器、喇叭、刮水器、后视镜和灯光装置，必须保持齐全有效。

3. 车辆牵引管理

车辆牵引主要指机动车的车辆牵引。《道路交通管理条例》对其规定如下：

第二十二条 机动车的转向器、灯光装置失效时，不准被牵引；发生其他故障需要被牵引时，必须遵守下列规定：（一）须由正式驾驶员操作，并不准载人或拖带挂车；（二）宽度不准大于牵引车；（三）用软连接牵引装置时，与牵引车必须保持必要的安全距离；（四）制动器失效时，须用硬连接牵引装置。

第二十三条 起重车、轮式专用机械车不准拖带挂车或牵引车辆；二轮摩托车、轻便摩托车不准牵引车辆或被其他车辆牵引。

4. 噪声和有害气体管理

（1）噪声及规定标准。噪声是指不同频率和不同强度的声音无规律地组合在一起，听起来有嘈杂的感觉。有时也把噪声称为损伤人身心健康令人烦躁的所有声音的总称。噪声影响人的听力，干扰睡眠和休息，妨碍语言通信，影响工作效率。噪声还会危害大脑和心脏。噪声的基本单位是分贝（dB）。

交通噪声的规定标准。交通噪声包括一切交通工具（如飞机、轮船、火车、汽车等）所产生的噪声，而道路交通所产生的噪声（这里简称交通噪声）则是现代城市的主要噪声源，主要是由汽车的发动机、喇叭、排气管、刹车、机械摩擦和撞击发出的响声组成。

（2）有害气体及其标准。这里所指的大气污染主要是由于机动车燃料释放的废气即一氧化碳、碳氢化合物和氮氧化物等有害气体及烟尘混入大气而造成的。大气污染源有工业废气、生活废气和机动车排放的废气等。

大气被污染后，会对建筑、生活用品、树木花草造成危害，对人们的身体健康造成危害，所以，防止大气污染是人类面临的一项重大任务。《道路交通管理条例》规定机动车排放有害气体必须符合国家规定的标准，其意义在于减少大气污染。

5. 企业车辆的管理

企业对车辆管理具体体现在3个方面：一是加强对驾驶员，遵章守法、安全行车教育；二是建立车辆管理制度，按期按规程对车辆保养，实行出车前和回场后检查或定期检查，确保车辆处于完好状态；三是严格油、水管理，使用合格汽油、润滑油、防冻液。

二、车辆装载常识

车辆装载管理是指对机动车及非机动车载人、载物的管理，是车辆安全行驶的客观要求。机动车载人违章仍需承担相应的法律责任。

1. 机动车载人常识

（1）不准超过行驶证上核定的载人数。机动车行驶证上均核定有载人数，机动车辆在行驶中不准超过核定的载人数。机动车载人有两种情况，一种是驾驶室载人，主要是货运汽车。驾驶室载人无论在何种情况下，均不准超过核定的载人数，因为，驾驶室超载，就会影响驾驶员的操作，从而导致交通事故的发生。另一种情况是客运汽车载人，也不准超过核定的人数，否则，就会因车辆负荷过大而影响正常运行。行驶证上核定的载人数一般都包括驾驶员在内。

（2）货运机动车不准人货混载，但大型货运汽车在短途运输时，车厢内可以附载押运或装卸人员1~5人，并须留有安全乘车位置。载物高度超过车厢栏板时，货物上不准坐人。货运汽车不准人货混装是一条基本的原则，这是因为人货混装会给乘车人带来不安全，如果载人太多会加重车辆负荷而影响正常行驶。

（3）货运汽车挂车、拖拉机挂车、半挂车、平板车、起重车、自动倾卸车、罐车不准载人，但拖拉机挂车和设有安全保险或乘车装置的半挂车、平板车、起重车、自动倾卸车，经车辆管理机关核准，可以附载押运或装卸人员1~5人。这一规定的理由，是因为上述车辆的不安全因素较多，如果载人就会影响乘车人的安全。这一规定中，货运汽车的挂车、罐车不得乘坐任何人，包括押运或装卸人员。

（4）货运汽车车厢内载人超过6人时，车辆和驾驶员须经过车辆管理机关核准，方准行驶。这一规定是为了保障货运汽车载人的安全。通常是由技术较好的有一定驾驶经验的驾驶员及其单位向车辆管理机关申办载人证，并说明理由。车辆管理机关对驾驶员的安全经历、技术水平等条件进行审查，同时对汽车的车厢要求安装安全或乘坐装置。

（5）机动车除驾驶室和车厢以外，其他任何部位不准载人。其他任何部位指车头、车门边、车厢顶部等。

（6）二轮、三轮摩托车后座不准附载不满12岁的儿童，轻便摩托车不准载人。这一规定是为了保障乘车人的安全，因为儿童缺乏乘坐二轮和三轮摩托车后座的身体素质条件。轻便摩托车的安全技术标准尚不适宜附载人员。

2. 机动车载物常识

（1）不准超过行驶证上核定的载重量。即通常所称不准"三超"之一就是不准超载。

超载会使车辆某些机件超负荷运转,减少机动车使用寿命,油耗也增加,使机件受到损坏和失灵,甚至失效,有的还导致交通事故的发生。

(2)装载必须均衡平稳,捆扎牢固。装卸容易散落、飞扬、泄漏的物品,须封盖严密。这一规定是为了防止货物失落而伤害行人,影响其他车辆正常行驶,损坏道路和影响市容。

(3)大型货运汽车和大型拖拉机挂车载物,高度从地面起不准超过 4m,宽度不准超出车厢,长度前端不准超出车厢、后端不准超出车厢 2m,超出部分不准触地。这是根据中国道路的现状和安全的需要而做出的规定,如有的隧道只能通过 4m 高的车辆。

(4)大型货运汽车和大型拖拉机挂车载物,高度从地面起不准超过 3m,宽度不准超出车厢,长度前端不准超出车身、后端不准超出车厢 1m。

(5)载重量在 1000kg 以上的小型货运汽车载物,高度从地面起不准超过 2.5m,宽度不准超出车厢,长度前端不准超出车身、后端不准超出车厢 1m。这里所指的 1000kg 以上,包括 1000kg 在内。

(6)载重量不满 1000kg 的小型货运汽车、小型拖拉机挂车、后三轮摩托车载物,高度从地面起不准超过 2m,宽度不准超出车厢 50cm,长度前、后端均不准超出车厢。

(7)二轮摩托车、轻便摩托车载物,高度从地面起不准超过 1.5m,宽度左右各不准超出车把 15cm,长度不准超出车身 20cm(此种车型原则上不宜载物)。

(8)载物长度未超出车厢后栏板时,不准将栏板平放或放下;超出时,货物栏板不准遮挡号牌、转向灯、制动灯、尾灯。这一规定主要是为了保障其他车辆的安全。

根据《道路交通管理条例》第三十二条的规定,机动车载运不可解体的物品,其体积超过规定时,须经公安机关批准后,按指定时间、路线、时速行驶,并须悬挂明显标志。其目的是为了解决某些大型物件的运载问题。

3. 非机动车载物常识

(1)自行车载物,高度从地面起不准超过 1.5m,左右宽度各不准超出车把 15cm,长度前端不准超出车轮、后端不准超出车身 30cm。

(2)三轮车、人力车载物,高度从地面起不准超出 2m,左右宽度各不准超出车身 10cm,长度前后不准超出车身 1m。

(3)畜力车载物,高度从地面起不准超过 2.5m,左右宽度各不准超出车身 10cm,长度前端不准超出车辕、后端不准超出车身 1m。

非机动车同机动车载物一样,载运不可解体的物品时,其体积超过上述规定的,须经公安机关批准后,按指定的时间、线路、时速行驶,并须悬挂明显标志。

第三节 车辆通行常识

为确保行车安全,车辆的通行需要遵守的基本原则:安全原则、靠右行驶原则、各行其道原则和服从指挥原则。特别通行、非机动车的通行又有不同规定。

一、车辆通行原则

车辆行驶是指车辆受到一个朝前方向的推动力以克服各种与之相反的阻力,而使车轮滚动,牵引车辆向前运动的情形。车辆的行驶是多种状态的,因而必须遵守一定的规则。

1. 确保安全和畅通的原则

确保安全和畅通是道路交通的基础,安全是通行的第一要求,一切车辆的通行都必须以安全为前提条件,遇有不安全因素出现时停止通行。《中华人民共和国道路交通安全法》(以下简称《道路交通安全法》)规定:"车辆、行人必须在确保安全的原则下通行。"这是贯穿《道路交通安全法》中的基本原则。一方面从交通安全出发,考虑到中国地域广阔、人口众多,交通情况千变万化,一部法规不可能囊括一切情况,所以对《道路交通安全法》没有规定但又可能出现的情况做出了原则性的规定,以便人们在遇到《道路交通安全法》没明确规定的情况时想方设法安全通行;另一方面也为在《道路交通安全法》没有规定情况下发生的交通事故提供分清责任的法律依据。

2. 靠右侧通行的原则

《道路交通安全法》第三十五条规定:机动车、非机动车实行右侧通行。靠右通行是指车辆在双向道路上行驶时,从道路的右侧通行,这是交通管理制度中的又一项重要内容。

3. 各行其道的原则

各行其道是指交通参与者(行人、车辆等)只能在交通法规规定的道路上或专用道上行驶,不得随意侵入对方行经的道路。各行其道的基本内容是人车各行其道,各种类型的车辆各行其道。各行其道是解决交通参与者之间速度悬殊,人、车混行,车种混行和平面混行的重要手段。目的是保障交通安全,提高道路通行能力,使交通秩序井然有序,预防和减少交通事故的发生。

4. 服从指挥的原则

服从指挥是指交通参与者应服从交通的信号灯、交通标志和标线的指挥,服从交通警察的指挥。在交通信号灯、交通标志、标线与交通警察的指挥不一致时,应首先服从交通警察的指挥。在任何情况下均应服从交通警察的指挥(如无交通标志、道路堵塞时)。

二、车辆分道行驶

车辆行驶应遵守各行其道的基本原则。

1. 车道的分类

(1)机动车道和非机动车道。一般是机动车道紧靠中心线,非机动车道在机动车道的右边,并用交通标线分开,各行其道。

(2)大型机动车道和小型机动车道。一般是小型机动车道紧靠中心线、大型机动车道在小型机动车道的右边,并用交通标线分开,各行其道。

(3)无中心线和不划分机动车道与非机动车道的车道,要各行其道。

(4)单向车道与双向车道。单向车道常称"单行道",只准车辆只一个方向行驶。

2. 车辆分道行驶的规定

(1)在划分机动车道与非机动车道的道路上,机动车在机动车道上行驶,轻便摩托车在机动车道内靠右边行驶。这一规定中，除轻便摩托车只能在其道内靠右边行驶外，其余车辆都可以在车道内靠中间行驶。

（2）在没有划分中心线和机动车道与非机动车道的道路上，机动车在中间行驶，非机动车靠右边行驶。

（3）在划分小型机动车道与大型机动车道上，小型客车在小型机动车道上行驶，其他机动车在大型机动车道上行驶。不能认为在小型机动车道上，任何小型机动车辆都可以驶入，因为划分小型机动车道的目的是为了提高道路的通行能力，让快速小型客车单独快速通过，让低速的小型机动车辆行驶或遇有后车超车时须改在大型机动车道上行驶。

（4）大型机动车道的车辆，在不妨碍小型机动车道的车辆正常行驶时，可以借道超车。小型机动车道的车辆低速行驶或遇有后车超车时须改在大型机动车道上行驶。

（5）在道路上划有超车道的，机动车超车时可以驶入超车道，超车后须驶回原车道。我国目前很少有超车道的道路。

三、安全车速与安全距离

为保障道路交通安全，车辆行驶时应掌握一定的时速，车辆之间应保持一定的距离，即安全车速与安全距离。

1. 安全车速的含义

车辆行驶速度通常用时速（即车辆每小时行驶的距离）来表示，常见的有3种：（1）车辆技术性能说明书上写的最高速度，即车辆在道路平坦、空闲、视线良好的情况下的短时最高行驶速度；（2）车辆技术性能说明书上写的经济车速；（3）交通法规上写的限定速度。加快车辆行驶速度，有利于缩短运输时间提高运输效率，但并非能保障交通安全；降低车速以慢速行驶，不利于提高道路通行能力和保障道路畅通。因此要辩证地对待车速，以安全来衡量车速，倡导安全车速。

通俗地说，安全车速是快中有稳，稳中安全；慢中有快，也就是快中求安全。要始终遵循安全二字。

超速行驶就是违背客观规律，追求快车，最终给道路交通秩序和交通安全带来严重后果。其原因有：（1）超速行驶，驾驶员视力下降后易使判断失误，应急能力下降，事故隐患上升；（2）超速行驶，延长了车辆制动距离，扩大了非安全区；（3）超速行驶，干扰了其他车辆的正常行驶，增加了冲突点，增加了事故诱发率；（4）超速行驶，增加了车辆的冲击力，一旦发生事故会加大事故的严重程度。

由于超速行驶具有严重的危害性，所以应根据各种不同情况限制时速。

2. 我国对车辆时速的规定

机动车辆道路宽阔、空闲、视线良好，在保证交通安全的原则下，最高时速如下：

（1）小型客车在设有中心双实线、中心分隔带、机动车道与非机动车道分隔设施的道路上，城市街道为70km/h，公路为80km/h；在其他道路上，城市街道为60km/h，公路为70km/h。

（2）大型客车、货运汽车在没有中心双实线、中心分隔带、机动车道与非机动车道分隔设施的道路上，城市道路为60km/h，公路为70km/h；在其他道路上，城市街道为

50km/h，公路为 60km/h。

（3）二轮、侧三轮摩托车在城市街道为 50km/h，公路为 60km/h。

（4）铰接式客车、电车、载人的货运汽车、带挂车的汽车、后三轮摩托车在城市街道为 40km/h，公路为 50km/h。

（5）拖拉机、轻便摩托车为 30km/h。

（6）电瓶车、小型拖拉机、轮式专用机械车为 15km/h。

但是机动车遇有高于或低于上述规定的限速交通标志和路面文字标记时，高于上述规定的，准许按所示的时速行驶，低于上述规定的，应按所示的时速行驶。

机动车行驶中遇有下列情形之一时，最高时速不准超过 20km/h，拖拉机不准超过 15km/h：（1）通过胡同（里巷）、铁道路口、急弯路、窄路、窄桥、隧道时。（2）掉头、转弯、下陡坡时。（3）遇风、雨、雪、雾天能见度在 30m 以内时。（4）在冰雪、泥泞的道路上行驶时。（5）喇叭、刮水器发生故障时。（6）牵引发生故障的机动车时。（7）进出非机动车道时。

机动车在高速公路上行驶的时速有如下规定：（1）行人、非机动车、轻便摩托车、拖拉机、电瓶车、轮式专用机械车以及设计最大时速低于 70 km/h 的机动车辆，不得进入高速公路。（2）车辆在高速公路上行驶时，最低时速不得低于 50km/h，最高时速不得高于 110km/h；但遇有限速标志所示与上述规定不一致时，应当遵守交通标志的规定。（3）车辆进入高速公路起点时，应当心将车速提高到 50km/h 以上；从岔道入口进入高速公路的车辆，必须在加速车道上提高车速，驶入主车道时，不准妨碍其他车辆的正常行驶。

3. 安全距离的含义

车辆的安全距离主要指两个方面，一方面指纵向方位，同车道同方向行驶的车辆前后两车之间的安全距离；另一方面指横向方位，在会车、超车时车辆与车辆之间的侧向安全距离。如果安全距离留得不当就可能导致碰撞、擦剐车辆或行人等事故的发生。

实践证明，速度是影响安全间距的最大因素，因为速度越高需要使车辆停驶的制动距离越大，横向安全距离要求增大，反之，侧向间距减少。

一般来说，同方向行驶的车辆前后间距米数等于行车车速的公里数，如行车时速为 40km/h 时，行驶间距应不小于 30m 才安全；同向行驶的车辆侧向最小间距略小于同向行驶时车辆前后间距。

4. 机动车喇叭、灯光等信号装置的使用原则

机动车灯光一方面具备照明作用，供驾驶员在视线不清的道路上能看清前面障碍物及其地点、方位、尺寸、形状、种类、距离、变化、移动方向及速度；前面道路路面的宽度、平坡、弯道缓急、车道多少；前面道路上人流、车流的移动、速度变化的意图等。另一方面可发出信号，以表达本车辆正确判断前车的动态，保证行车安全。标志灯供群众及其他车辆识别，予以避让以保证特种车辆执行紧急任务时顺利行进。

机动车的喇叭（也称音响器）和特种车辆执行任务时使用的警报器，发出的音响是用以警告其他车辆驾驶员及行人注意或通知避让的设备，以保证行车安全和车辆顺利行驶。

保证机动车灯光装置的使用规定有如下 8 条：

（1）向右转弯、向右变更车道、靠路右边停车时，须开右转向灯。

（2）向左转弯、向左变更车道、驶离停车地点或掉头时，须开左转向灯。

（3）夜间路灯照明良好或遇阴暗天气视线不清时，须开防眩目近光灯、示宽灯和尾灯；夜间没有路灯或路灯照明不良时，须将近光灯改用远光灯，但同向行驶的后车不准使用远光灯。

（4）雾天行驶须开防雾灯。

（5）夜间通过有交通标志或交通信号控制的交叉路口，须将远光灯改用近光灯。

（6）夜间在没有路灯或照明不良的道路上会车时，须距对面来车150m以外互闭远光灯，改用近光灯；在窄路、窄桥上与非机动车会车时，不准持续使用远光灯。

（7）超前车，须开左转向灯（夜间改用变换远近光灯）；在同被超车保持必要的安全距离后，开右转向灯，驶回原车道。

（8）夜间在停车场以外的其他地方临时停车，遇风、雪、雨、雾天时，须开示宽灯、尾灯。

机动车音响器使用规定。机动车在禁止鸣喇叭的区域和路段不准使用喇叭。在非禁止鸣喇叭的区域或路段使用喇叭时，音量必须控制在105dB以内，每次按鸣不准超过半秒钟，连续按鸣不准超过3次，不准用喇叭唤人。

第四节　行人交通安全常识

行人就是指在道路上行走的人，行人参与交通活动时不用任何交通工具，与开汽车、骑自行车的人相比，行人是交通活动中的弱者。他（她）的行走没有自行车的速度快，也没有汽车的"抗震"能力，若行人与汽车对撞，汽车不会有什么损失，而行人则很可能被撞伤撞死。所以，在道路交通活动的对象中，汽车是强者，自行车及其他非机动车次之，行人是弱者。对这一点，我们每个行人应有自知之明，要增强自己的保护意识，避免与车辆碰撞。然而，有些"勇敢者"在车流中漫不经心地游荡，甚至在车前急穿马路。他们认为汽车是不敢撞上来的。这种想法非常危险，有时车辆避让不及，有些"勇敢者"往往血溅车轮，惨死路中。下面是行人交通安全的一些常识。

一、行人行走的安全区域

行人行走的安全规定为：

（1）在有人行道的道路上，除道路施工不能通行外，行人必须在人行道上行走。

（2）在没有人行道的道路上，要靠右侧的路边行走。

（3）在步行街上，行人可在道路中央行走，但有时步行街还有车辆通行，所以在步行街上行走也要注意来往车辆。

（4）高速道路、汽车专用道路禁止行人进入。其他禁止行人进入的道路上，设有禁止行人通行标志。

二、行人横过道路

行人横过道路时应注意：

（1）行人横过道路时应站在右边，看清车往车辆后，选择离自己最近的人行横道通过。通过时须先看左后看右，确认有无危险。不要突然改变行走路线，突然猛跑，突然往后退，以防驾驶员措手不及发生危险。

横过同方向有两条以上机动车道的道路时，要十分注意驶近或停下的车辆旁边是否还有车辆驶来，没看清时不要贸然行走，以免发生危险。

抱小孩过道路时，不要因抱小孩而使视线受到影响，也要做到先看左后看右。

（2）行人通过有人行横道灯的人行横道时，必须遵守人行横道灯信号的规定。即绿灯，准许行人通过人行横道；灯闪烁，不准人进入人行横道，但已进入人行横道的，可继续通行；红灯，不准行人进入人行横道。即使信号灯已经变成绿色，也应看清左右的车辆，然后再穿越马路；在信号将要变更时，绝对不要抢行，应等待下一个绿灯信号。

（3）在没有人行横道的地方横穿道路，应在路边看清左右是否有车辆驶近，确定无车辆驶来时，尽快直行通过，不许斜穿，也不准在车辆临近时突然跑过。

三、乘汽车安全

乘车，一般人都认为这是简单的行为，不须有什么学问，但怎样乘车才安全，也确实是每个人应掌握的常识。

（1）乘坐公共汽车、电车和长途汽车，须在站台或指定地点依次候车，待车停稳后，先下后上。

（2）不准在车行道上招呼出租汽车。

（3）不准携带易燃、易爆等危险物品乘坐公共汽车、电车、出租汽车和长途汽车。

（4）机动车行驶中，不准将身体任何部位伸出车外，不准跳车。

（5）下车后，不要从车前车后突然走出或猛跑过道路。

（6）不准催驾驶员开快车，不准与驾驶员闲谈或采用其他方式妨碍驾驶员驾驶。

（7）乘坐货运机动车时，不准站立，不准坐在车厢栏板上。

（8）乘坐货运机动车时，严禁站在驾驶室与货物之间的地方，防止急刹车时货物前移将乘车人挤伤。

（9）乘车人，特别是乘坐小客车的人，在停车下人时，应开右侧车门，如须开左侧车门时，应先观察，确认车后无来车时，再开车门下车，不能影响其他车辆行驶。

（10）乘车时不准往道路上抛物、吐痰。

以上10点是乘车时每位乘车人应遵守的、最简单的常识。但应特别注意，汽车坐椅如配有安全带，乘车人必须按规定系好安全带，这样可减轻碰撞事故中乘员受伤害程度。还有，乘坐电、汽车时不要在车上睡觉、打瞌睡。一是别坐过了站，二是车身摇摆不定，人处于动荡的环境中，大脑不可能得到休息和调节，相反有碍脑细胞进行新陈代谢，造成功能损坏。另外，遇险情时，驾驶员来个急刹车，睡觉的人被惊醒，中枢神经受到刺激，对人身心健康不利，还极容易使睡觉人的身体与车某部位相撞，造成伤亡事故。乘坐公共电、汽车时不要吃东西，车内空气相对来说较为浑浊，食物极容易被细菌和病毒污染，导

致"病从口入"。不要在汽车上看书,车上看书,注意力难以集中,损害视力。另外,由于车身不断摇晃、马达噪音,还会干扰大脑的记忆功能,极容易造成近视眼和神经衰弱。乘坐电、汽车时不要编织针织品、削水果,以免在车辆颠簸时,伤害自己和他人。

四、乘火车(地铁)安全

乘坐火车(地铁)出行应注意:
(1)进出车站时,要按规定的路线行走,不要图省力横穿轨道。必须跨越轨道时,不要在车辆前后通过,更不要在车底穿越。
(2)在站台候车,不要跨过安全白线,以防列车进站被带下站台。
(3)上、下车要等车停稳后,按秩序先下后上,扶住车门扶手,防止踏空。
(4)列车开动后,不可攀车,不要与亲友握手。
(5)不要把危险品(如爆炸品、易燃品、自燃品、有毒品、腐蚀品和杀伤性物品等)、政府法令限制运输的物品、妨碍公共卫生的物品、动物以及能损坏或污染车辆的物品带入车内。
(6)不要把头、手伸出窗外,也不要把手放在窗口和门缝里,以免挤伤。
(7)列车运行中,不要在车厢连接处逗留,防止因列车转弯或通过岔道时被撞伤。
(8)车门附近的制动闸,是遇紧急情况时急刹车用的,旅客不可随意搬动。
(9)红色信号是火车的停车信号,旅客切不可将红色衣物伸出窗外飘扬,以免引起误会导致事故的发生。

五、乘机安全

乘坐飞机应遵守的规定:
(1)旅客交运的行李和随身携带的物品内不准夹带危险品和政府法令规定禁运、禁带的物品。
(2)旅客乘坐民航客机随身不得携带武器。
(3)患重病者须持医疗单位出具的适于乘机的证明,并经民航方面同意,方可购票乘机。

六、乘船安全

乘坐轮船时应注意事项:
(1)上下船走浮桥时,注意脚下,防止滑倒跌入水。
(2)在船上,不要攀登安全护栏。
(3)乘船时不准携带危险品和其他禁运、禁带物品。

第五节 道路交通事故的预防和处理

预防和规避道路交通事故,要求驾驶员在行车中集中精力,及时发现事故先兆,正确判断瞬间突显信息，采取果断处理措施。

一、对交通突变情况的思想准备

司机在驾驶中应付突变情况的前提是要有充分的思想准备。思想上有准备，就能提前发现情况，判断正确，处理自如。

突变是指交通现象中突然发生的变化。从根本上说，交通事故往往发生在突变时刻。这是一个普遍的规律，因此，熟练地掌握和动用应付各种突变的方法和措施，提高司机的反应能力是预防汽车事故的根本对策。汽车司机在行车中要有充分的思想准备来应付突变的情况，必须注意以下几点：

1. 掌握突变的先兆

交通现象中任何突变都有先兆，司机要预防汽车交通事故必须掌握突变前的先兆，这是科学驾驶的基础。例如，在汽车行进前方出现一个小皮球，这时很可能随后出现小孩上公路抢球，小皮球的出现是小孩突然横穿公路的先兆。又如，骑自行车的人回头看望或减速，这时很可能出现骑自行车的人猛拐或横过马路。骑自行车人的行为就是供司机判断的先兆，司机应把握这种先兆，并采取及时的应急措施。

2. 对交通突变点保持充分的缓冲空间和时间

车辆运行到交叉路口时，要碰到不同方向行驶的车辆，行人密度大，视线受到限制，冲突点多，情况十分复杂，必须降低车速，使车辆能保持充分的制动距离或采取其他应变措施，争取有足够的缓冲时间应付突变。

3. 自觉遵守交通规则

交通规则是为了防止道路上交通参与者或交通物体之间相互冲突而制定的，是司机应付突变的准绳，必须模范地、严格地遵守交通规则，决不能存在侥幸心理。否则，在突变情况发生时，将会措手不及，造成行车事故的发生。

4. 善于注意和选择应付突变的交通信息

车辆的方向灯、制动灯、交通信号的警告标志、禁令标志等交通信息对司机提前预示了信号，有利于应付突变情况。在行车中，司机要集中注意力观察各种信息的变化情况，以便及时识别突变，发现征兆、采取减速、停车等措施。

二、驾驶员对瞬间突显信息的处理

车辆每行驶 1km，驾驶员约要接受 75 种不同的信息。其中有的信息给驾驶员引道指路，有的信息给驾驶员提醒与警告，还有的信息就是事故发生前一瞬间的征兆。驾驶员每分每秒都要适应信息的需要，正确驾驶汽车，保证行车安全。尤其对瞬间突显信息的处理，更是优化驾驶操作避免事物的关键。

1. 瞬间突显信息的先兆

交通现象中的突显信息是普遍存在的，从事故发生的统计规律来看，事故往往发生在瞬间突显信息的时刻。因此，正确处理突显信息是驾驶员保证行车安全的关键。瞬间突显信息虽然是瞬间突然出现的，但它与其他事物一样，也有表现强弱不一的先兆。这种先兆从形态来说，可分为两类：一是静态先兆,二是动态先兆。如车辆临近时，有小孩突然横

过马路捡球的瞬间信息，从静态来说，在临街有居住房、小学、幼儿园和商店的地方，就有小孩突然横过马路的可能；从动态来讲，在车辆运行的前方车行道上突然滚出一个小球，这时最有可能随后出现小孩横穿马路捡球，这就是小孩突然横过马路的动态先兆。又如自行车突然横过马路或猛拐的这种突显的瞬间信息，从静态来说，在胡同口、交叉路口或大机关、大商店门口最容易出现；从动态来说，当驾驶员看到车辆右前方的自行车速度变慢到骑自行车人回头看望，这时最有可能出现的是自行车横过马路或猛拐，这就是自行车横过马路或猛拐的先兆。动态先兆出现在静态先兆的基础上，动态先兆一般是出现诱发事故的瞬间突显信息的前提。驾驶员如能掌握突显信息的先兆，便可能有较多的时间采取应急措施，防止事故发生，这是优化驾驶操作的关键。但是在行车过程中，往往受到车内外环境的干扰和驾驶员素质的局限，不易掌握突显信息及其先兆。强化模拟训练和瞬间处理的心理适应性锻炼是解决这一问题的主要途径。

2. 对瞬间突显信息的处理

（1）处理瞬间突显信息的基础。处理瞬间突显信息的基础，是要做到全神贯注认真地驾驶车辆。因此，必须排除分心干扰。驾驶员驾驶车辆时，首先要静心、专心，把驾驶室收拾整齐，把一切可能妨碍工作的东西都去掉，同时保持舒适的驾驶姿势。这样就为静心驾驶打下良好基础。驾驶员要努力养成一进驾驶室就认真驾驶操作的习惯，出车前要把私事处理完毕，要询问的事情问清楚，把要交代的事向别人说明白，以免上车后牵肠挂肚，想东想西，分散注意力。

（2）处理瞬间突显信息的前提。处理瞬间突显信息的前提是驾驶员要善于注意和选择对驾驶应变有用的信息。行车中的许多交通信息对于驾驶员应变来说，有的是有用的，有的是没有用的，驾驶员要善于从中选择那些有用的交通信息。比如车辆的大小与形状对驾驶应变一般用处不大，而车辆的喇叭声、方向灯与制动灯等信息对驾驶应变就比较有用。因此，驾驶员应该集中注意有用信息。如在行驶中，驾驶员从路旁的警告标志得知，道路前方是上坡转弯道，并观察到弯道被树木房屋遮挡，行车盲区较大；当车辆驶近弯道时，突然出现一头猪跑在车行道上，同时听到下行车急促的喇叭声。此时，驾驶员应选择对驾驶应变起主要作用的下行车喇叭声，避免因猪侵占下行车道而发生撞车事故。

（3）处理瞬间突显信息的关键。处理瞬间突显信息的关键，是驾驶员应具有对信息判断迅速正确、动作处理敏捷无误的应变能力。如在车行道的前方突然滚出一只皮球，车辆临近时又出现快步横穿公路捡球的小孩。驾驶员处理这一瞬间突显信息可能有三种应变方式：第一种是打方向盘从小孩的前方绕行；第二种也是打方向盘，只是从小孩的后方绕行；第三种是抓住"滚球"的信息先兆，减速慢行，做好随时停车的准备。很显然，第一、二种应变方式难免不发生事故，第三种以从容地应付小孩横穿公路捡球的突显信息，应付小孩后方可能紧随看护者、小孩可能横向返回的潜伏信息，可以避免可能发生的与对向车相撞擦、驶出路肩或擦碰其他障碍物的事故。由此可见，对同一信息的不同应变，反映了驾驶员不同的应变能力。驾驶员应变能力强，才能对瞬间突显信息迅速做出正确的分析判断和采取敏捷无误的动作处理，做到优化驾驶操作，避免事故发生。

3. 驾驶应变能力的训练提高

驾驶应变能力愈强，驾驶操作愈能优化。驾驶应变能力是由许多能力组成的，其中比较重要的有反应能力、判断能力与动作处理能力，这些能力既要在实际驾驶中锻炼提高，也要在专业训练中学习提高。

（1）缩短反应时间，提高反应能力。驾驶员由眼、耳等感觉器官获得交通信息，传入大脑，经大脑处理后发出命令而产生处理动作，这一时间称为反应时间。驾驶员对瞬间突显信息的反应时间愈缩短，愈有可能化险为夷。驾驶员的反应时间分简单反应时间和选择反应时间。例如对于一种刺激信息，只需要做一个动作处理即可，这一动作所需要的时间称为简单反应时间，一般为0.15s；对两种以上的刺激信息，争取做一个以上的动作所需要的时间，称为选择反应时间。评价驾驶员的反应能力，应采用选择反应时间。驾驶员的选择反应时间，取决于驾驶员的年龄、驾龄、性别、疲劳度、反应灵敏度及专业训练。许多单位的统计表明，有60%以上的事故是由驾龄两年以下的驾驶员造成的，说明驾驶员的选择反应时间与驾龄密切相关。驾驶员疲劳和反应灵敏度低，更会延长选择反应时间。因此，在培养训练驾驶员时，除选训合格对象进行系统的驾驶技术训练外，在训练的末期，应增加驾驶瞬间突显信息的应变训练科目，采用灯光、信号、抛洒物等模拟车辆、行人和动物在公路上形成的突显信息，反复地对驾驶员进行视、听、嗅、触等方面的反应能力的严格训练，以提高驾驶员的反应灵敏度，尽量缩短反应时间，增强行车安全性。

（2）提高准确判断情况的能力。情况判断，是指驾驶员对各种信息进行分析和综合得出处理结论的过程。判断准确，才有最佳的动作处理，实现驾驶操作优化，避免事故发生。判断的准确程度，一般与驾驶员所处条件的复杂程度、感知材料的全面正确以及驾驶员的知识、经验有关。驾驶经验丰富、驾驶技术熟练的驾驶员往往临危不惧，判断准确，处理迅速适当；而驾驶技术一般、行车经验少的驾驶员，往往不能用自己的知识来认识突然出现的复杂信息，做出不正确的判断而导致驾驶失误，酿成车祸。因此，要想提高驾驶员准确判断突变情况的能力，必须在训练中侧重加强驾驶员安全行车心理学方面的学习。比如：应用心理反应原理，训练驾驶员在不利的心理状态下，能够正确而沉着地处理各种突显信息；应用心理适应原理，加强驾驶员操作技能的训练；应用心理容量原理，逐步提高驾驶员对挫折的容忍力；应用激发动机原理，调动全体驾驶员自觉锻炼瞬间反应能力与预防事故的积极性，从而提高驾驶员的心理素质，提高在瞬间突变情况下驾驶员准确判断的能力。

（3）提高敏捷无误的动作处理能力。动作处理，是指按照对突显信息的判断付诸行动，改变车辆运行状态的过程。此过程的优化程度既与驾驶员观察分析突显信息是否及时、全面、准确和综合判断的正误程度紧密相关，也与驾驶员驾驶技术的灵巧、熟练程度有关。所以，在训练驾驶员时，既要培养提高反应能力，也要严格训练驾驶操作技能，在切实抓好起步、停车、转向、制动、变速五大基本功训练的同时，还要重视五人基本功的综合运用训练，尤其是在复杂危险条件下动用五大基本功的综合训练，必须从难从严。对于在职驾驶员的复训，不是围绕开车不肇事的五大基本功的再训练，而是要灌输一种新的观念，即努力做到行车中别人的汽车不碰撞自己的车或碰不到自己的车。要想做到这一点，必须具备良好的驾驶素质，掌握安全边际观念和防御驾驶技术。总之，以正确处理突显信息，优化驾驶操作，预防事故的发生。

三、车辆遇险防护技术

保证车辆安全行驶是人们的良好愿望，但由于人们的主客观原因，以及一些无法抗拒

的原因，各种车辆事故仍不断发生。为了使车辆在遇险时能保证驾驶员的人身安全并减少损失，每个驾驶员都必须了解和掌握一些车辆遇险时的防护常识，以防万一。

1. 事故避让

除个别事故以外，大部分车辆事故在事故发生的瞬间，驾驶员都做了一些相应的避让动作。这些动作有的起到了减轻事故损失的作用，有的却起到了加重事故损失的反作用。在很多事故案例中可以看到：有些驾驶员为了避免撞上某件物体而撞压了行人；有些驾驶员为了避免撞到一名行人而致使更多的人员伤亡。为了防止避让事故反作用动作的出现，驾驶员应明确事故避让的原则。

（1）遇险要冷静。遇到险情时，驾驶员能否保持冷静的头脑，是做好避让动作的首要条件。一般说来，驾驶员一旦发现紧急情况，特别是知道事故已不可避免的一刹那间，几乎所有的驾驶员都会出现一种紧张状态：全身有瞬间的寒战，接着头"嗡"的一下像炸开似的，心口感到沉重，四肢发凉。这时，有的驾驶员尚能保持清醒的头脑，及时判明情况，采取正确的避让措施；而有的驾驶员则惊慌失措，稀里糊涂地做出一些避让动作；还有的驾驶员则完全惊呆了，忘却采取任何避让动作，眼睁睁地看着事故的发生和蔓延。头脑清醒的驾驶员能及时地中止事故，使事故损失减少到最小范围；惊慌失措的驾驶员能在事故后及时停车，但仍会有严重的事故损失；完全惊呆的驾驶员则会发生连续事故，扩大事故的损失。形成这三种不同处理后果的主要原因，在于驾驶员在事故初发时是否能够保持冷静的头脑。驾驶员临危不乱、遇险不惊的意志和冷静的头脑，需平时培养和陶冶。驾驶员平时要经常进行各种体育锻炼，设想并演练各种事故和危险情况的处理。行车中做好可能发生意外情况的思想准备，就能在危急情况面前沉着应付，紧张而不乱。

（2）先顾人后顾物。物资损坏可以补偿，而人的生命却是无法补偿的。所以，处理危急事故时先顾人后顾物是一项最基本的原则。在这一基本原则指导下，驾驶员做紧急避让的判断时，要考虑到避让车辆与物资相撞会不会伤害到人员。如果避让会伤害到人员，那么即使会损坏物资也不要避让。同样，在危急的情况下，车辆要向有物资的一方避让，不要向有人员的一方避让，宁愿让物资受损，也要保证人员安全。

（3）先别人后自己。事故一旦要危及生命时，作为一名驾驶员，要本着宁愿牺牲自己也要保护人民生命安全的原则，果断地采取措施，把生的希望留给别人，把死的威胁留给自己。一旦发生事故，驾驶员应先抢救处在危险中的乘客或受伤人员，不得为保自身安全而擅离职守。当车辆起火或有爆炸危险时，驾驶员应奋不顾身地将危险车辆开离人群、工厂、村镇，尽量减少事故车辆对人民生命财产的威胁。

（4）选轻避重。选轻避重是紧急避让的原则之一。选轻避重，就是在避让时要选择损失或危害较轻的一方避让，避开损失或危害较大的一方。比如，当道路右侧交通复杂、人员较多，而道路左侧情况简单或人员少，那么做紧急避让时，就应往左方避让，以免造成严重的事故。

（5）先方向后制动。任何事故的发生都有一个过程，这个过程时间虽然短暂，但是，驾驶员却可利用这短暂的时间，做出避让动作。驾驶员做避让动作时，应按先方向后制动的原则办理。因为在事故前转动方向，可以使车避开事故的中心位置，有时甚至能脱离危险，转危为安；如果方向稍转动得迟一点或制动早一点，就会使车辆失去避让的机会和机动能力。但是，对一些需缩短制动距离的事故，应在打方向的同时采取紧急制动。

2. 救生防护

在发生车辆事故时，应采用正确的救生防护方法，以求减轻或避免事故对人身的伤害。

（1）撞车时的救生防护。撞车是车辆事故中最常见的一种，也是对驾驶员人身安全威胁最大的一种事故。撞车时，只要及时采取措施，就可以避免或减轻伤害。撞车有侧面相撞、迎面相撞、碰擦和后面被撞等。

① 侧面相撞。侧面相撞一般发生在交叉路口。这种撞击如果是发生在驾驶室部位，危险相当大，因为车辆的侧翼部分是没有防控设施的。提防这种撞击的根本方法是：提前发现险情，及时调转车头方向，让车身部分与来物相撞。如果估计侧面的物体将会对着自己乘车的部位相撞时，应迅速往驾驶室的另一侧移动，同时用手拉着方向盘，一方面起稳定身体作用，另一方面控制车辆的方向。

② 迎面相撞。迎面相撞一般是与对面来车或障碍物相撞。与对面物体相撞时力量较大，形成的破坏力也大，但车辆在设计时就已经考虑到这一点。在每辆车车架前，都有一个置于车头的保险杠。保险杠与大架相连，车辆相撞时，首先接触的是保险杠，保险杠通过连接的大架吸收一定量的力，从而起到缓冲的作用。撞车力量较大时，这种力就不能被完全吸收，会造成保险杠变形后移，车头扁瘪。行车中如果看到两车不可避免地要相撞时，应迅速判断撞击的方位和力量，如果撞击的方位不在驾驶员一侧或撞击力量较小时，驾驶员应用手臂支撑方向盘，两腿向前蹬直，身体向后倾斜，以此形成与惯性相反的力，保持身体平衡，以免车辆在撞击时，头撞到前挡风玻璃上受伤。如果判断撞击的部位临近驾驶员座位或撞击力量较大时，驾驶员应迅速躲离方向盘，往副驾驶座位移动，同时迅速将两腿抬起。因为车体相撞时，发动机部位和方向盘都会产生严重的向后移动，如果驾驶员躲避不及时，胸腹部或腿部就可能被方向盘或发动机挤压致伤，有时甚至会危及生命。

③ 碰擦。碰擦一般是在会车、超车或避让障碍物时，车体与其他物体相碰擦。这种碰擦对乘车在靠近车厢边上的人有较大的危险。当发现车体要与其他物体相碰擦时，应迅速向内挤靠，以防身体外侧被碰撞。因此驾驶员在会车、超车或避让障碍物时要留心观察，以防万一。

④ 车后被撞。车后被撞一般是在停车时，后随车辆停不住而发生的撞击。这种撞车，驾驶员一般难以预料，发生得很突然。但由于车体后面也有保险杠，加之车辆本身是适应向前运动的物体，因此后面被撞时，对驾驶员威胁并不大。

（2）翻车时的防护。翻车一般都有先兆。急转弯翻车，事先有一种急剧转向、车身向外侧飘起的感觉；掉沟翻车，车身先慢慢倾斜，然后才会翻车；纵向翻车，先有前倾或后倾的感觉，然后才会完全翻转。

驾驶员在感到车辆已不可避免地倾翻时，应迅速采取防护措施，以防伤亡。如果驾驶室是壳棚式的，驾驶员应紧紧抓住方向盘，两脚钩住踏板，将身体固定，随着车体翻转。如果车辆翻的程度较大，可迅速趴到座椅下，抓住方向盘根管，稳住身体，避免身体在车厢里滚动受伤。如果驾驶室是敞式的，在预感到要翻车时，应紧抓方向盘，身体尽量往下

躲缩，在车体翻转时，更应抓紧，使身体随着车翻转，因为此时一松手，身体就会被抛出车外而碾压。翻车时，切不可顺着翻车的方向跳车，因为此时即使跳出车外也会被车体重新压上，而应向车辆运行方向的后方或翻转方向的相反一侧跳。如果在车中一旦感觉不可避免地要被抛出车外时，应在被抛出车厢的瞬间猛蹬双腿，增加向外抛出的力量，以增大离开危险区的距离，落地时，用双手抱头顺势向惯性力的方向跑动或滚动一段距离，以减轻落地的冲撞力，并躲开车体。

（3）爆炸的防护。车辆爆炸的事很少发生，偶尔发生此类情况，也是在装运危险品（炸药、汽油、氧气等）的车上，也有撞车碰到油箱或火灾引起油箱燃烧过长而导致爆炸。当有爆炸危险时，应及时离开危险区。在爆炸时，应迅速就地卧倒，尽量选择凹地、土坡后和房屋后等处躲避，不要使身体暴露在危险的空间，以免遭受伤害。

（4）燃烧时的防护。燃烧经常发生在撞车、翻车后，通常都是车辆动力燃料被剧烈撞击或明火点燃而引起的。虽然汽油、柴油着火迅猛，但它燃烧的范围有限，只要及时切断油源，便可迅速灭火。车上发生火灾时，应注意以下几点：①立即关闭点火开关，使电源断路，防止电流助长火势。②立即离开驾驶室，因驾驶室离油箱最近，而且驾驶室中的坐垫、操纵机件都是易燃品，一旦被引着，驾驶室内便是烟火一片。③当火焰逼近自己，无法躲避时，应用身体猛压火焰，冲出一条路。在冲出火焰时，注意保护好暴露在外面的皮肤。如果身上衣服被烧着，不能采取奔跑的方法灭火，应就地打滚，以压灭身上的火焰。如果身上被沾上汽油、柴油而燃烧时，应该迅速脱去衣服。④被烈火包围，辨别不清方向时，应蹲下身体，使头部尽量地靠近地面，因地面火势小，没有烟，便于辨别方向。一般来说，烟火的走向处便是出口处，在弄不清方向时，应顺着烟火的流动方向移动，寻找出口。⑤车辆燃油着火燃烧，不能用水浇或用拍打的方法灭火，只能用沙、土镇压或用棉被、篷布蒙盖灭火。

（5）坠崖（河）的防护。车辆且在悬崖或路基边上成半悬空状态停住时，驾驶员应稍停片刻，待车辆稳住后，弄清安全的出口处，再小心地离开车辆。千万要防止人员向悬空方向移动，以免慌乱中加剧车辆的倾斜，甚至导致颠覆。车辆一旦坠崖，要抓紧方向盘，让身体后仰紧贴着背垫，随着车体翻滚。这样，当车摔到地下时，身体有相应的护垫，起缓冲撞击的作用。车辆在翻滚当中，最危险的是身体在驾驶室里控制不住地滚动，这样就会因不断地撞击驾驶操纵机件而致伤。如果车辆掉进水里，应迅速判明水底、水面的方向和水的深度，判断水是否能淹没车辆。如果驾驶室不会被淹没，应待车辆稳定后，再设法从安全的出处脱离车辆。如果估计车厢将被水淹没，不要急着打开车门和车窗玻璃，因为驾驶室未进满水前，车门是难以推开的，即使推开或砸掉车窗玻璃，强大的水柱向车内灌注，也使人无法爬出车外。此时，应有片刻的冷静，迅速选择准备脱离的出口。同时，深呼吸几次，做好憋气潜水的准备，从容地等待水将驾驶室灌满。当车里和车外水压基本相等或驾驶室里的水将要淹没头顶时，再深吸一口气，破窗或推开车门潜游而出。当然，车辆一旦掉进水里，水下也许一片漆黑，甚至车辆在落水时，身体已受伤，此时重要的是保证头脑清醒，力争按上述方法脱离险情。

3. 汽车遇险的救援

汽车由于各种原因被陷或遇到危险，依靠本身的动力已不能驶出或脱离险境时，切忌盲目行动，以免加剧陷车和险情。驾驶员应根据汽车或遇险时的具体情况以及随车携带的救助工具，采取科学的切实可行的方法实施救援。

（1）侧翻的救助。在车辆半侧翻或侧翻后，应及时卸下蓄电池，接出油精燃油，防止燃油外溢起火，然后设法将车身端正。车辆半侧翻可利用大木杠撬抬，同时在另一侧用绳索牵引，以达到端正车体的目的。也可用千斤顶在侧翻的一侧进行顶抬。当千斤顶将车身升起一点，就用砖、石、木质物塞填间隙，然后千斤顶再换位置，将车再顶升一点，再用物资塞填间隙，如此往复，直至车身端正到能行驶为止。车辆发生倒翻或完全翻转后，一般都用吊车起吊。用吊车起吊时应注意吊车本身的稳定性，并注意吊绳的兜吊位置，防止吊坏车体。如果没有足够动力的吊车，则可先起吊车辆的某一角，使车依势离地一点，及时在离地部位垫上其他器材，然后再次起吊，使车身端正。当车辆恢复自行能力后，应避免再次起吊。

（2）车辆掉沟的救助。汽车的前轮或前、后一侧的两轮驶出路基，汽车掉到公路沟里或其他沟坎里时，车体都会有较大的倾斜度，有时甚至会有倾覆的危险。这时驾驶员应当判明情况，选择安全和不影响车辆保持现有平衡的驾驶室门出来。出来后，可用绳索拉紧车的倾斜或调整车厢里的货物的位置，使车辆保持稳定，然后再用锹、镐挖在路基一侧轮胎下的土，使轮胎下沉；达到平衡车架的目的、在车体恢复至能行驶的位置后，应赶快修整路面，设法使车驶上公路。

汽车掉入沟底但还有行驶的能力时，可对着公路或通向公路的地方挖一斜坡（斜坡角度不应过大），使车辆沿斜坡驶上公路。如果斜坡角度较大，车辆上驶较危险时，可在车厢板上拴根绳索，把绳索另一端拴在木桩或紧固的物体上，帮助车辆保持平衡地驶出，防止倾覆。汽车如果掉入较深的沟里，无法自行驶出时，可利用卷扬机牵引，将车拖出。在利用卷扬机时，应注意选择停放卷扬机的地点及其拖曳方向。拖曳时，要顺着车头或车尾方向拖，不要将车横着硬拖，以免加剧损坏车辆。在拖曳时，可用滑轮固定以改变拖曳方向和增大牵引力。

汽车如果是在沟边上半悬空地停住时，应先将货物卸下或将货物移至靠路面的一侧，使车辆的重心稳定在路面上，然后再清除或挖通悬轮下的障碍，从而设法使悬空的车轮落地。如果是主动轮悬空，则应以人力拉出。有条件时，也可用大跳板，以路基边缘为支点，将跳板插伸到悬空轮下，尽力撬起使之与路面相平，便于车辆驶出。

（3）车轮被陷的救助。车轮被陷是行车中经常遇到的，对陷车的救助可视情况采取下列六种方法：

① 人力协助推出法。车轮被陷时，如果前、后桥没有接触地面，可用一挡或倒挡配合人力协助推出。用人力协助推出时应注意以下几点：a. 先将车轮正正，以免车轮斜偏，增加前行或后倒时的阻力。b. 清除车轮前后的道路，便于车辆行进。c. 推车人员分布在被陷车轮或车厢后方进行推车，如果要使车往后退，推车人员应在车头处推车，车轮行进前方严禁站人。d. 推车时，驾驶员应坐在驾驶室中控制方向，并启动发动机，挂前进挡或后退挡配合人员推动车辆。e. 开始推车时，应在指挥人员的统一号令下，人员一齐用力，车辆同时起步，使人员的推力和车辆的动力协调一致。f. 推车人员应站稳，在指挥人员口令下，形成阵发性的力，尽量将车晃动。人员的阵发力要一致，口令采用"一、

二；一、二"为宜。g. 车轮出坑后，驾驶员要立即收油门，防止车辆突然加速行进，拖倒或撞倒推车人员。

② 硬木撬抬法。车轮陷入坑内较深，前、后桥已触及地面时，可用坚硬的木杆插入轮毂钢圈孔内，用一垫木或石块作为木杆的支点，用人力在另一端压下，使车轮升起。或者用千斤顶将车顶起，使车轮升出陷坑。当车轮升起后，用砖、石等硬质物填入轮下的空隙，并将前、后桥下的泥土挖掉，然后使车轮着地驶出。在挖泥土和填砖、石等硬质物时，为防止车轮滚动，应将变速杆拨到一档或倒档，并拉紧手制动器。

③ 车轮缠绳法。汽车陷入泥坑，车轮打滑时，可在车前适当距离处打下木桩，把粗绳或钢索的一端系在木桩上，另一端系在打滑车轮的轮辋孔内，再用一挡慢慢起步前进，当绳索绳入两轮中间，汽车即被拖出。如果左右车轮同时陷入，那么应在左、右轮上同时系上绳索，在进行绞拉时，人员应远离钢索或绳索，防止钢索或绳索拉断崩伤人员。

④ 绞盘拖曳法。带有绞盘装置的汽车被陷时，可在绞盘钢索允许的范围内选择坚固物体，将钢索一头固定在物体上，然后开动绞盘驶出泥坑。如果绞盘的牵引力不足，可以在钢索上加滑轮，以增加牵引力。如果周围没有固定物体，可在前方打下木桩代替，也可使用停着的车辆代替。但停着的车轮必须用三角木固定，或停着的车辆在绞盘开动时，同时起步，以增大牵引力。

⑤ 车辆拖曳法。条件允许时，可用其他车辆拖曳被陷车辆。用汽车拖被陷汽车时，应根据被陷汽车的情况和地形，决定是向前还是往后拖曳，并沿拖曳的方向修整道路。拖曳时，要尽量增大牵引车的附着系数，尽量减少牵引车和被拖车的角度，以免增大行驶阻力。牵引车应用一挡起步慢慢前进，待牵引绳索拉紧后再加大油门。如果牵引力不足，可同时启动被拖车，也可增加牵引车数量，用串联或并联的方法增大牵引力，将被陷车拖出。利用有绞盘的汽车拖出被陷汽车时，应首先将牵引车固定，然后再开动绞盘。但在一般情况下，牵引车仍以用直线行驶的方法，将被陷车拖出为宜。如果受路面限制，用绞盘拖车时，两车间距不可靠得太近，被牵引车可启动发动机协助绞盘，以增大牵引力。汽车拖曳被陷车时要注意配合，事先规定开始加速、停车等信号，两车之间严禁站人，以免发生牵引绳折断或脱落打伤人员。

⑥ 吸水和拆卸法。当汽车陷在泥泽和浅水滩中时，应及时在车周围打一小堤坝，将坝内水抽净，然后清除轮胎周围的泥沙，如果泥沙松散，那么就应在离轮胎稍远的地方清除泥沙，使轮胎四周的泥沙流至稍远的地方；如果车轮在泥泽水滩中继续下陷，则应用木板、备用轮胎横垫在前、后桥大架上，以增大车体触地面积，防止车体继续下陷；如果汽车陷在沼泽地带，下陷严重，则应果断拆抬发动机，将车辆化整为零地救出来，防止延误时间，致使车体全部沉入沼泽中。

4. 汽车事故处置

车辆一旦发生事故，应对事故的后果及时处置，以免扩大事故状态，增加事故损失。车辆发生事故后，驾驶员应注意做到以下几点：

（1）及时抢救受伤人员。汽车行驶中，一旦发生事故，应立即就地停车，迅速下车观察事故现场。先检查是否有人遭受伤害，如果受害者已死亡，则不应搬动，注意保持事故现场，用东西将尸体遮盖起来，待交通管理人员来处理。受害者是否确认死亡，必须抓紧时间诊断，以免一些休克、假死的人因误认为死亡而延误抢救的时机，造成真的死亡。死亡的主要判断标准包括心脏是否停止跳动、呼吸是否停止、瞳孔是否失散。当对受害者是否死亡无把握时，应将其作为受伤者来抢救。抢救受伤人员（包括自己受伤）的第一步是止血，特别是动脉血管有出血处时，应立即止血，然后再送医院，简单的止血方法是用大拇指或食指用力压住出血处的上端动脉，直至停止流血或流血较少时为止，然后再用干净的毛巾、布条之类的东西将该处绑紧。有受伤人员时，要及时拦阻来往车辆，将受伤人员送往医院抢救。如果情况紧急，可驾驶事故车辆直接送医院。但在抢救受伤人员或送受伤人员去医院时，必须注意保留现场，设置标记。抢救受伤人员时还应注意不能顾此失彼，在发现一名伤员后，应再检查一下周围是否还有受伤的人员，当有多名人员受伤时，应先抢救重伤的人员。

（2）消除危险因素。事故发生后，不但应注意人员伤害，而且应注意事故造成的危险因素。比如装载的危险品外溢、燃油流出等，这些危险因素不及时消除，很可能会引发第二次事故。因此驾驶员在事故发生后，应立即采取措施消除危险因素。比如应使危险器停止外溢；不让人员接近危险品；用容器接住漏泄的燃油；禁止明火接近等。

（3）保护现场。事故发生后，要立即保护好事故现场。现场的范围通常是指车辆采取制动时的地域至停车的地域，以及受伤害的对方所行进、终止的位置。简单保护现场的方法包括：在事故区域周围摆上小石头；用绳索拦围等。保护现场时，应根据事故性质和交通情况，灵活处理。如果在交通要道上发生小事故，就不应当为了保护现场而封闭交通，那样造成来往车辆的停驶损失，会远远超过事故本身的损失。

（4）保留证人和证据。发生严重或重大事故后，驾驶员应及时注意事故现场的见证人和证据。见证人，是指目击事故发生的人。证据是指事故现场的物件，一般包括障碍物、车辆等。驾驶员应请目击事故的人作证人，如果证人有事不能停留时，可将其姓名、住址记下。驾驶员要注意不得让事故现场的物件被移动或失落。

（5）及时报案。事故发生后，驾驶员应该亲自或请其他人及时向有关部门报案。报案时要讲清事故发生的时间、地点、车号。伤亡程度和损失情况等，以便有关部门及时处理。

专家提示 1

机动车辆的安全检查要点

机动车辆维护、检查时要注意以下几点：
（1）仪器仪表——油、水、气压、电气。
（2）前轮定位。
（3）转动轴
（4）轮、轴头。
（5）悬挂、车架。
（6）发动车，听有无异响。

（7）手刹车三档起步，试排气刹、断气刹、路试轮刹看拖痕。

（8）灯光——大灯、小灯、变光、雾灯、刹车灯、转向灯使用可靠。

（9）雨刮、喇叭、灭火器等。

（10）机油、水、刹车油、离合器油、空滤、机滤。

（11）修理要打好掩木、支撑，垃圾车在斗下作业时要支好支杆，油箱焊接要清洗，电瓶充电要打开放气孔，停驶车辆要拆除电瓶线。

（12）拖车宜采用硬拖。

（13）行灯用安全电压。

专家提示2

不能携带"三品"乘坐公共交通工具

易燃、易爆和危险品，能常简称为"三品"。

"三品"是指易燃品、易爆品和危险品，能常称为"三品"。

（1）易燃品、易爆品包括雷管、导火索、炸药、烟花爆竹、汽油、柴油、酒精、火油、花磷、赤磷、光粉、金属钾、金属钠以及压缩可燃气体等。

（2）危险品包括剧毒物品、腐蚀物品、放射性物质以及有刺激性异味的物品等。

（3）"三品"有易燃、易爆、有毒、辐射等特征，要是在公共场所发生意外，一定会造成重大的财产损失甚至是人员伤亡，产生严重的后果。

（4）某市一辆载有43人的客车行驶在崎岖不平的乡村公路上，正逢到某处拐弯时，不慎滑进了路边的稻田中，车头起火。大火烤爆了一位乘客携带的灌满了液化石油气的钢瓶，一声巨响，钢瓶从车顶冲出，造成车上9人死亡、33人重伤，加剧了因交通事故造成的重大损失。

某地一位乘客把爆竹放入编织袋中悄悄带上车。途中有乘客吸烟，烟头燃着了编织袋，爆竹爆炸造成车毁人亡。

要防止这类事故的发生，在乘坐公共交通工具时千万不要携带"三品"，如果携带必须主动交出；每个公民为了自己和他人的安全，不但要严格遵守乘坐公共交通工具的安全规定，在条件许可的情况下，还要协助有关安检人员进行监督检查，以确保公共安全。

专家提示3

横过道路的学问

行人在出行过程中，应当自觉遵守交通法律法规，增强自我保护意识和交通安全意识，倡导交通文明。横过道路要注意：

（1）在城市横过道路时要走人行横道，不要图一时方便，抄近道，更不要斜穿猛跑；在郊区以外的公路上通过道路，要确认无车或安全的情况下通过。

（2）有交通步行信号灯控制的道路上，应做到红灯停、绿灯行、黄灯等；没有交通步行信号灯控制的道路上，要看清情况，让车辆先行，不要在车辆临接近时突然横穿道路。

（3）横过道路要做到一慢、二看、三通过，行看左后看右，因为过马路首先接触的是左侧来车，后接触右侧来车，一定要在确认无车或在安全的情况下再通过。

专家提示 4

安全步行六要素

行人应牢记步行六要素：

（1）一定要在人行道上行走，没有人行道的要靠右侧行走。

（2）不在道路上强行拦车、追车、扒车或向车辆投掷物品。

（3）不要道路玩耍、打闹、坐卧或有其他妨碍交通的行为；不钻越、跨越、倚坐交通护栏或道路隔离设施。

（4）遵守交通标志、标线规定，随时注意地面上的坑坎或已经活动、被盗盖后的坑井。

（5）不进入高速公路、高架道路或者有人行隔离设施的机动车专用道。

（6）学龄前儿童应当由成年人带领在道路上行走；老年人上街最好有人陪伴。

专家提示 5

骑车安全九项注意

自行车是日常生活中最为普及的一种交通工具，为减少交通事故，骑车人应注意以下九项：

（1）遵守道路交通法律法规，服从交警指挥。

（2）自行车铃、闸、锁要齐全有效。

（3）在规定的非机动车道内行驶，不争道抢行，不逆向行驶。超越前车时，不应妨碍被超车的行驶。

（4）不扶肩并行，不互相追逐打闹，不左右绕骑。

（5）骑车时集中精力，随时保持警觉，小心危险路面及障碍物。

（6）不双手离把或手中拿其他物品，不骑车带人，携带物品不超宽超长，不携带影响行驶的重物。

（7）转弯前减速慢行，向后观望，伸手示意，不猛拐，并注意让机动车先行。

（8）掌握不同天气的骑车特点，顺风不骑快车，不撒把骑车；逆向不低头猛踏，注意观察前方情况；雾天控制车速；冰雪天把稳车把，遇情况不要猛刹闸；雨天慢行，不要让雨具遮挡视线。

（9）将车辆停放在存车处或指定地点，顺序码放，锁好车辆，不妨碍交通。

专家提示 6

酒后驾车"杀人害己"

《中华人民共和国道路交通安全法》规定饮酒后不准驾驶机动车辆。

所谓饮酒后,一是指不论多少,只要是喝了含有酒精的饮料,包括白酒、啤酒或果酒等,时间在 8h 以内的均为"饮酒后";二是用酒精检测器检测,只要血液中含有酒精成分的则为"饮酒后"。

机动车是一种速度快、冲击力大的交通工具,属于"高危"作业范畴。它要求司机行车时,对路上瞬息万变的交通情况要在 0.75s 内作出判断,并采取恰当的措施才能保证驾驶安全。司机酒后驾车,会产生 3 个方面的消极影响,对行车安全危害极大。

(1)触觉能力降低。司机酒后驾车,由于酒精刺激大脑中枢,使驾驶员反应迟钝(反应时间比不喝酒时增加 2~3 倍),对加速踏板、制动踏板以及方向盘的触觉能力降低,措施不能及时跟进,很容易酿成车祸。

(2)视觉能力下降。饮酒后司机对颜色的感觉、对物体的识别能力下降,不能及时发现和正确识别交通信号、标志和标线。因此,很容易引起交通事故。

(3)判断能力和操作能力下降。由于酒精的作用,大脑中枢异常兴奋或抑制,司机无法准确判断距离、速度等。由于判断上的失误,驾驶员就不能正确操纵方向盘和控制车速,很容易使车辆失去控制,最终导致事故。

据统计,驾驶员酒后开车,发生交通事故的可能性比没有饮酒情况下驾驶要高 15 倍。所以,不光中国《道路交通安全法》对酒后驾驶重罚,世界各国都有严格的法律法规规定。俗话说:"司机一杯酒,亲人两行泪",就是形容司机酒后开车的严重危害。

专家提示 7

十次事故九次快

"十次事故九次快",司机超速行驶至少有 4 点危害。

(1)超速行驶影响司机的视觉。交通管理部门测出这样一些数字:时速在 40km 时,司机可以观察到左右 90°~100° 范围内的物体;时速为 105km 时,就只能观察到 40° 内的物体了。时速在 40km 时,一般司机可看清前方 200m 以内的物体;时速为 100km 时,就只能看清 160m 以内的物体了。因此,超速行驶使司机的视野变窄、视力减弱,对前方、左右突然出现的险情,难以及时、准确、妥善地进行处理,很容易引发交通事故。

(2)超速行驶影响车辆稳定性。超速行驶会使车辆的稳定性恶化,特别是在弯道行驶时,由于离心力的作用,容易使车辆发生侧滑或倾斜。通过测算证明,在同等条件下,车速提高 1 倍,其离心力就会增大 3 倍。尤其是载重货车,其离心作用更大,极易酿成翻车事故。

(3)超速行驶会造成司机心理紧张,如果突然遇到意外情况,就会惊慌失措。慌乱之中，根本无暇冷静思考、准确判断，采取紧急措施时往往顾此失彼，很容易发生交通事故。

（4）超速行驶会增加车辆惯性。尤其车辆在下坡道路上行驶时，随着自身惯性的加大，制动难度系数增大，会导致刹车系统的加热、打滑，甚至失灵，造成失控的车辆像脱缰的野马肆意横行，最后，必然是一场惨不忍睹的车毁人亡事故。

"十次事故九次快，思想麻痹事故来"是人们从无数次交通事故中得出的有益教训，是广大司机长期行车实践的科学结论。因此，无论在什么情况下都不要盲目开快车，超速行驶。超速，意味着事故，盲目开快车，会拉近您与死亡的距离。

第十一章
施工作业安全基本知识

> 建筑施工是企业生产经常性的工作，重视建筑施工、维修作业安全，就是要杜绝或减少事故发生，使国家、企业和个人利益不受损失或减少损失。

第一节 建筑施工及其事故的特点

在建筑施工中，应根据建筑施工作业的特点来考虑制定措施，保障安全施工作业，减少和杜绝伤亡事故发生。

一、建筑施工（维修作业）的特点

1. 产品固定，人员流动

建筑施工（维修作业）最大的特点就是产品固定，人员流动。任何一栋建筑物、构筑物等一经选定了地址、破土动工兴建，它就固定不动了，但生产人员要围绕着它上上下下地进行生产活动。建筑产品体积大、生产周期长，有的持续几个月或一年，有的需要三五年或更长的时间，这就形成在有限的场地上集中了大量的操作人员、施工机具、建筑材料等进行作业，这与其他产业的人员固定、产品流动的生产特点截然不同。

建筑施工人员流动性大，不仅体现在一项工程中，当一座厂房、一栋楼房完成后，施工队伍就要转移到新的地点去建设新的厂房或住宅。这些新的工程可能在同一个街区，也可能在不同的街区，甚至是在另一个城市内，施工队伍就要相应在街区、城市内或者地区间流动。改革开放以来，由于用工制度的改革，施工队伍中绝大多数施工人员是来自农村的农民工，他们不但要随工程流动，而且还要根据季节的变化（农忙、农闲）进行流动，给安全生产管理带来很大的困难。

2. 露天高处作业多，手工操作，繁重体力劳动

建筑施工绝大多数为露天作业，一栋建筑物从基础、主体结构、屋面工程到室外装修等，露天作业约占整个工程的 70%。建筑物都是由低到高构建起来的，以民用住宅每层高 2.9m 计算，两层就是 5.8m，现在一般都是七层以上，甚至是十几层几十层的住宅，施工人员都要在十几米、几十米甚至百米以上的高空从事露天作业，工作条件差。

中国建筑业虽然有了很大发展，但至今大多数工种仍然没有改变，如抹灰工、瓦工、混凝土工、架子工等仍以手工操作为主。劳动繁重、体力消耗大，加上作业环境恶劣，如光线、雨雪、风霜、雷电等影响，导致操作人员注意力不集中或由于心情烦躁，违章操作的现象十分普遍。

3. 建筑施工变化大，规则性差；不安全因素随形象进度的变化而变化

每栋建筑物由于用途不同、结构不同、施工方法不同等，不安全因素也不相同；即使同样类型的建筑物，因工艺和施工方法不同，不安全因素也不同；即使在一栋建筑物中，从基础、主体到装修，每道工序不同，不安全因素也不同；即使同一道工序，由于工艺和施工方法不同，不安全因素也不相同。因此，建筑施工变化大，规则性差。施工现场的不安全因素，随着工程形象进度的变化而不断变化，每个月、每天、甚至每个小时都在变化，给安全防护带来诸多问题。

二、建筑施工（维修作业）伤亡事故类别

从建筑施工（维修作业）的特点可以看出，在施工现场必须随着工程形象进度的发展，及时调整和补充各项防护设施，才能消除隐患，保证安全。

1. 建筑业事故的特点是由建筑施工的特点决定的。

从建筑物的建造过程以及建筑施工的特点可以看出，施工现场的操作人员随着从基础到主体到屋面等分项工程的施工，要从地面到地下，再回到地面，再上到高空，经常处在露天、高处和交叉作业的环境中。建筑施工的伤亡事故主要有高处坠落、物体打击、触电和机械伤害4个类别。这4个类别的伤亡事故多年来一直居高不下，被称为四大伤害。随着建筑物的高度从高层到超高层，其地下室亦从地下一层到地下二层或地下三层，土方坍塌事故增多，特别是在城市里拆除工程增多，因此，在四大伤害的基础上又增加了坍塌事故，据2004年中国建筑施工伤亡事故分析，高处坠落占建筑业死亡总数的53.10%，坍塌占14.43%，物体打击占10.57%，机械伤害占9.82%，触电占7.18%，五类事故占95%以上。建筑施工也就从四大伤害变成了五大伤害。

2. 建筑施工中的危险源

五类事故发生的主要部位就是建筑施工中的危险源。

（1）高处坠落：人员从临边、洞口，包括屋面边、楼板边、阳台边、预留洞口、电梯井口、楼梯口等处坠落；从脚手架上坠落；龙门架（井字架）物料提升机和塔吊在安装、拆除过程坠落；安装、拆除模板时坠落；结构和设备吊装时坠落。

（2）触电：对经过或靠近施工现场的外电线路没有或缺少防护，在搭设钢管架、绑扎钢筋或起重吊装过程中，碰触这些线路造成触电；使用各类电器设备触电；因电线破皮、老化，又无开关箱等触电。

（3）物体打击：人员受到同一垂直作业面的交叉作业中和通道口处坠落物体的打击。

（4）机械伤害：主要是垂直运输机械设备、吊装设备、各类桩机等对人的伤害。

（5）坍塌：施工中发生的坍塌事故主要包括现浇混凝土梁、板的模板支撑失稳倒塌，基坑边坡失稳引起土石方坍塌，拆除工程中的坍塌，施工现场的围墙及在建工程屋面板质量低劣坍落。

第二节 施工现场及施工机械安全知识

　　了解、掌握施工现场的安全规定、施工作业过程中的安全知识、施工现场安全措施及施工机械安全知识，是保障施工作业安全的前提。

一、施工现场的安全规定

　　施工现场是建筑行业生产产品的场所，为了保证施工过程中施工人员的安全和健康，建立了如下多项规定。

　　（1）悬挂标牌与安全标志。施工现场的入口处应当设置"一图五牌"，即：工程总平面布置图和工程概况牌、管理人员及监督电话牌、安全生产规定牌、消防保卫牌、文明施工管理制度牌，以接受群众监督。在场区有高处坠落、触电、物体打击等危险部分应悬挂安全标志牌。

　　（2）施工现场四周用硬质材料进行围挡封闭，在市区内其高度不得低于1.8m。场内的地坪应当做硬化处理，道路应当坚实畅通。施工现场应当保持排水系统畅通，不得随意排放。各种设施和材料的存放应当符合安全规定和施工总平面图的要求。

　　（3）施工现场的孔、洞、口、沟、坎、井以及建筑物临边，应当设置围栏、盖板和警示标志，夜间应当设置警示灯。

　　（4）施工现场的各类脚手架（包括操作平台及模板支撑）应当按照标准进行设计，采取符合规定的工具和器具，按专项安全施工组织设计搭设，并用绿色密目式安全网全封闭。

　　（5）施工现场的用电线路、用电设施的安装和使用应当符合临时用电规范和安全操作规程，并按照施工组织设计进行架设，严禁任意拉线接电。

　　（6）施工单位应当采取措施控制污染，做好施工现场的环境保护工作。

　　（7）施工现场应当设置必要的生活设施，并符合国家卫生有关规定要求。应当做到生活区与施工区、加工区的分离。

　　（8）进入施工现场必须佩戴安全帽；攀登与独立悬空作业配挂安全带。

二、施工作业过程中的安全知识

　　施工现场的施工队伍中有两类人员参加施工：一类是管理人员，包括项目经理、施工员、技术员、质监员、安全员等；另一类是操作人员，包括瓦工、木工、钢筋工等各工种。施工管理人员是指挥、指导、管理施工的人员，在任何情况下，不应为了抢进度而忽视安全规定指挥工人冒险作业。操作人员应通过三级教育、安全技术交底和每日的班前活动，掌握保护自己生命安全和健康的知识与技能，杜绝冒险蛮干，做到不伤害自己、不伤害别人、也不被别人伤害。各类人员除了做到不违章指挥不违章作业以外，还应熟悉以下建筑施工安全的特点。

　　（1）安全防护措施和设施要不断地补充和完善。随着建筑物从基础到主体结构的施工，不安全因素和安全隐患也在不断变化和增加，这就需要及时地针对变化了的情况和新出现的隐患采取措施进行防护，确保安全生产。

（2）在有限的空间交叉作业，危险因素多。在施工现场的有限空间里集中了大量的机械、设施、材料和人。随着在建工程形象进度的不断变化，机械与人、人与人之间的交叉作业就会越来越频繁，因此，受到伤害的机会是很多的，这就需要建筑工人增强安全意识，掌握安全生产方面的法律、法规、规范、标准知识，杜绝违章施工、冒险作业。

三、施工现场安全措施

施工现场实行六项安全措施。

1. 安全目标管理

安全目标管理的主要内容如下：

（1）控制伤亡事故指标。

（2）施工现场安全达标。在施工期间内都必须达到中华人民共和国行业标准JGJ 59—2011《建筑施工安全检查标准》的合格以上的要求。

（3）文明施工。要制定施工现场全工期内总体和分阶段的目标，并要进行责任分解，落实到人，制定考评办法，奖优罚劣。

2. 文明施工

住房和城乡建设部JGJ 59—2011《建筑施工安全检查标准》在检查评定项目中对文明施工有专门的规定。

3. 安全技术交底

任何一项分部分项工程在施工前，工程技术人员都应根据施工组织设计的要求，编写有针对性的安全技术交底书，由施工员对班组工人进行交底。接受交底的工人，听过交底后，应在交底书上签字。

4. 安全标志

在危险处，如起重机械、临时用电设施、脚手架、出入通道口、楼梯口、电梯井口、孔洞口、桥梁口、隧道口、基坑边沿、爆破物及有害危险气体和液体存放处等，都必须按GB 2893—2008《安全色》、GB 2894—2008《安全标志及其使用导则》和GB 2158—2003《工作场所职业病危害警示标识》的规定悬挂醒目的安全标志牌。

5. 季节性施工

建筑施工是露天作业，受到天气变化的影响很大，因此，在施工中要针对季节的变化制定相应的施工措施，主要包括雨季施工和冬季施工。高温天气应采取防暑降温措施。

6. 尘毒防治

建筑施工中主要有水泥粉尘、电焊粉尘及油漆涂料等有毒气体的危害，随着工艺的改革，有些尘毒危害已经消除。如实施商品混凝土以后，水泥污染正在消除。其他的尘毒应采取措施治理。施工单位应向作业人员提供安全防护用具和安全防护服装，并书面告知危险岗位的操作规程和违章操作的危害。作业人员应当遵守安全施工的强制性标准、规章制度和操作规程。

四、建筑施工机械安全知识

建筑机械是指用于各种建筑工程施工的机械设备的统称，包括9类产品：挖掘机械、起重机械、铲土运输机械、压实机械、路面机械、桩工机械、混凝土机械、钢筋加工机械、装修机械。

中小型机械主要是指建筑工地上使用的混凝土搅拌机、砂浆搅拌机、卷扬机、机动翻斗车、蛙式打夯机、磨石机、混凝土振捣器等。这些机械设备数量多、分布广，常因使用维修保养不当而发生事故。

1. 混凝土搅拌机

混凝土搅拌机是由搅拌筒、上料机构、搅拌机构、配水系统出料机构、传动机构和动力部分组成。动力有电动机和内燃机两种。

1）搅拌机类型

按混凝土搅拌方式分类有自落式和强制式。自落式搅拌机，按其搅拌罐的形状和出料方法又可分为鼓形、锥形反转出料和锥形倾翻出料 3 种。

鼓形搅拌机的滚筒外形呈鼓形，靠 4 个托轮支承，保持水平，中心转动。滚筒后面进料，前面出料，是中国建筑施工中应用最广泛的一种。

2）搅拌机使用与管理

使用搅拌机应注意以下几点：

（1）固定式的搅拌机要有可靠的基础，操作台面牢固，便于操作，操作人员应能看到各工作部位情况；移动式的搅拌机应在平坦坚实的地面上支架牢靠，不准以轮胎代替支撑，使用时间较长的（一般超过 3 个月的），应将轮胎卸下妥善保管。

（2）使用前要空车运转，检查各机构的离合器及制动装置情况，不得在运行中做注油保养。

（3）作业中严禁将头或手伸进料斗内，也不得贴近机架查看，运转出料时，严禁用工具或手进入搅拌筒内扒动。

（4）运转中途不准停机也不得在满载时启动搅拌机。

（5）作业中发现故障时，应立即切断电源，将搅拌筒内的混凝土清理干净，然后再进行检修，检修过程中电源处应设专人监护（或挂牌）并拴牢上料斗的摇把，以防误动摇把，使料斗提升，发生损伤事故。

（6）作业后，要进行全面冲洗，筒内料出净，料斗降落到最低处坑内，如需升起放置时，必须用链条将料斗扣牢。料斗升起挂牢后，坑内才准下人。

2. 砂浆搅拌机

砂浆搅拌机是根据强制搅拌的原理设计的。在搅拌时，拌筒一般固定不动，以筒内带条形拌叶的转轴来搅拌物料。其卸料方式有两种：一种是使拌筒倾翻，筒口朝下出料；另一种是搅筒不动，底部有出料口出料。后者出料虽方便，但有时因出料口处门关不严而漏浆，故一般多使用倾翻式出料。

3. 卷扬机

1）卷扬机性能

卷扬机在建筑施工中使用广泛，可以单独使用，也可以作为其他起重机械的卷扬机构。其种类按动力分手动、电动、蒸汽、内燃等；按卷筒数分单筒、双筒、多筒；按速度分快速、慢速。常用形式为电动单筒和电动双筒卷扬机。

卷扬机的标准传动形式是卷筒通过离合器而连接于原动机，其上配有制动器，原动机始终按同一方向转动。提升时，靠上离合器；下降时，离合器打开，卷扬机卷筒由于载荷重力的作用而反转，重物下降，其转动速度用制动器控制。另一种卷扬机是由电动机、齿轮减速机、卷筒、制动器等构成，载荷的提升和下降均为一种速度，由电动机的正反转控制。电动机正转时物料上升，反转时下降。

2）安全使用要点
（1）安装位置：
① 视野良好。施工过程中影响司机对操作范围内全过程的监视。
② 地基坚固，防止卷扬机移动和倾覆。
③ 从卷筒到第一个导向滑轮的距离，按规定：带槽卷筒应大于卷筒宽度的15倍，无槽卷筒应大于20倍。
④ 搭设操作棚和给操作人员创造一个安全作业条件。
（2）卷扬机司机应经专业培训持证上岗。
（3）留在卷筒上的钢丝绳最少应保留3～5圈。
（4）钢丝绳要定期涂油并要放在专用的槽道里，以防碾压倾轧，破坏钢丝绳的强度。

4. 机动翻斗车
机动翻斗车是一种方便灵活的水平运输机械，在建筑施工中常用于运输砂浆、混凝土熟料以及散装物料等。各地大都使用的是载重量1t的翻斗车。该车采用前轴驱动，后轮转向，整车无拖挂装置。前桥与车架成刚性连接，后桥用销轴与车架铰接，能绕销轴转动，确保在不平整的道路上正常行驶。使用方便，效率高。
使用要点：（1）机动翻斗车属厂内运输车辆，司机按有关规定培训考核，持证上岗。（2）车上除司机外不得带人行驶。

5. 木工机械
施工现场中常见的木工机械主要是圆盘锯和平面刨（手压刨）。这两种机械也是木工机械中发生事故较多的机械。

1）圆盘锯
（1）锯片必须平整牢固，锯齿尖锐有适当锯路，否则易发生夹锯；锯片不能有连续缺齿，不得使用有裂纹的锯片。
（2）安全防护装置要齐全完整。分料刀的厚薄适度，位置合适，锯长料时不产生夹锯；锯盘护罩的位置应固定在锯盘上方，不得在使用中随意转动；操作者的位置与锯片之间应装置挡网，防止破料时遇节疤和铁钉时弹回伤人，挡网应有能防止木料弹回的刚度，同时又能不遮挡操作人员的视线，以看清锯木料的墨线。
（3）应有开关控制（不得装扳把开关，防止碰撞误开机），闸箱距设备距离不大于2m，以便在发生故障时，迅速切断电源。
（4）木料较长时，两人配合操作。操作中，下手必须待木料超过锯片20cm以外时，方可接料。接料后不要猛拉，应与送料配合。需要回料时，木料要完全离开锯片以后再送回，操作时不能过早过快，防止木料碰锯片。
（5）截断木料和锯短木料时，应用推棍，不准用手直接进料，进料速度不能过快。下手接料时必须用刨钩。木料长度不足 50cm 的短料，禁止上锯。

2）平面刨（手压刨）

（1）应明确规定，除专业木工外，其他工种人员不可操作。

（2）应装开关箱，开关箱距设备距离不大于 3m，以便在发生故障时，迅速切断电源。

（3）使用前，应空转运行，转速正常无故障时，才可进行操作。刨料时，应双手持料，按料时应使用工具，不要用手直接接料，防止木料移动手按空发生故障。

（4）短于 20cm 的木料不得使用机械。长度超过 2m 的木料，应由两人配合操作。

（5）刨料前要仔细检查木料，有铁钉、灰浆等物要先清除，遇木节、逆茬时，要适当减慢推进速度。

（6）必须装设灵敏可靠的护手装置。防护装置安装后，必须专人负责管理，不能以各种理由拆掉。发生故障时，机械不能继续使用，必须待装置维修试验合格后，方可再用。

第三节 施工作业工程安全技术

施工作业工程涉及拆除工程、高处作业工程、临时用电工程、焊接工程等诸项，对每项工程都必须做好安全防护技术措施，消除各种隐患，确保安全施工。

一、拆除工程

随着建设规模的不断扩大，一些旧建筑物、构筑物就要被拆除。近几年，有些地区拆除工程管理失控，由业主出资雇用队伍来拆除，变成了由包工队将建筑物拆除后还要付给业主一部分材料费的做法。因此，为了抢进度、多赚钱，承担建筑物拆除的队伍在拆除中违反安全规程，曾发生过多起拆除事故。

1. 拆除方法审查要求

对于建筑物、构筑物拆除的方法很多，主要有 3 类：一是人工拆除，二是机械拆除，三是爆破拆除。无论是采用哪种拆除方法，都应遵守安全生产法律法规和安全技术规程。

根据《建设工程安全生产管理条例》规定，建设单位应当在拆除工程施工 15 日前，将有关资料报送建设工程所在地的县级以上地方人民政府建设行政主管部门或者其他有关部门备案。需提供的资料包括：施工单位资质等级证明；拟拆除建筑物、构筑物及可能危及毗邻建筑的说明；拆除施工组织方案；堆放、清除废弃物的措施。

2. 安全措施

拆除工程施工组织设计或方案应针对拟拆除的建筑物、构筑物的周围环境；建筑物、构筑物结构类型；各部构件受力状况；水、电、暖、燃气布置情况；以及采取拆除施工方法等进行编制。施工组织设计的主要内容如下：

（1）定现场安全监护人员名单及职责。

（2）有工程作业区周边的安全围挡及警示标牌设置要求。

（3）切断原给排水、电、暖、燃气等源头和拆除各种管道、线网的安全要求。拆除工程施工所需要的水、电应另行设计专用的临时配电线路、供水管道。

（4）根据采用的拆除方法（人工拆除或机械拆除、爆破拆除）制定有针对性的安全作业措施。

（5）高处拆除作业应设计搭设专用的脚手架或作业平台。若作业人员站在（包括电焊机、氧气瓶等设备）拟拆除的建筑物结构、部分上操作，必须确定其结构是稳固的。

（6）拆除建（构）筑物，应自上而下对称顺序进行，先拆除非承重结构后拆除承重的部分。不得数层同时拆除。当拆除一部分时，另与之相关联的其他部位应采取临时加固稳定措施，防止发生坍塌。

承重结构件要等待它所承担的全部结构和荷重拆除后再进行拆除。

（7）拆除作业要设置溜放槽，将拆下的散碎材料顺槽溜下，较大的承重材料应用绳或起重机吊下或运走，严禁向下抛掷。

（8）拆除石棉瓦及轻型材料屋面工程时，严禁拆除作业人员直接踩踏在石棉瓦及其他轻型板材上作业。必须使用移动板梯，同时板梯上端必须挂牢，防止发生高处坠落事故。

（9）遇有六级强风、大雨、大雾等恶劣天气，应暂停高处拆除工程作业。强风、大雨后应检查高处作业安全设施的安全性，冬季应清除登高通道和作业面的雪、霜、冰块后再进行登高作业。

3. 采用推倒方法拆除建筑物的规定

拆除建筑物一般不应采用推倒方法，因特殊情况必须采用该方法时，必须遵守下列规定：

（1）砍切墙根的深度不能超过墙厚度的1/3，墙的厚度小于两块半砖的时候，不许进行掏掘。

（2）在掏掘时，要用支撑撑牢。

（3）推倒前应发出信号，待全体人员避到远离被拆高度2倍以上的安全处后，方可进行。

（4）用绳索牵拉。

4. 采用控制爆破拆除工程的规定

采用控制爆破拆除工程时必须遵守以下规定：

（1）必须经过爆破设计，对起爆点、引爆物、用药量和爆破程序进行严格计算；

（2）爆破材料严格分类存放在安全的库房内；

（3）要严格执行保管、领取、使用爆破材料登记手续。

5. 有关措施的执行

经批准的拆除工程施工组织设计和安全技术措施必须认真执行，遇到工程设计或施工组织设计有变更或施工条件等有变化，必须及时相应变更或补充有针对性的安全技术措施内容，并按规定办理变更审批手续。

6. 安全技术交底

（1）应建立和坚持在工程开工前进行层层安全技术交底制度。安全技术交底要有书面材料，并进行详细讲解说明后，由交底人和被交底人双方签字确认。

（2）安全技术交底要求。

① 施工安全技术总措施，应由组织编制该措施的技术负责人向项目工程施工负责人、施工技术负责人及施工管理人员进行安全技术交底。

② 单位工程施工安全技术措施，应由组织编制该措施的负责人向各工种施工负责人、作业班组长进行安全技术交底。各工种施工负责人在安排布置各作业班组施工作业时，应同时向作业班组的全体人员进行安全技术交底。

③ 专项施工安全技术措施应由项目工程技术负责人向专业施工队伍（班组）全体作业人员进行安全技术交底。

④ 各级专职安全生产管理人员应参加安全技术交底会，并监证。

（3）安全技术措施的实施。安全技术措施中的各种安全设施、安全防护设备都应列入任务单，责任落实到班组、个人。工程项目安全生产管理人员应进行督查，并实行验收制度。

各级施工管理人员在检查生产的同时应检查安全和安全技术措施落实情况，及时纠正不符合安全要求的状况，切实做到防患于未然。

所有安全设施、防护装置不得随意变动、拆除，如果确因生产作业需要将其暂时移位或拆除，必须向项目施工技术人员报告，并还应采取相应的暂时安全防范措施，作业完成后应立即复原。

各种安全设施、防护装置如有损坏的，必须及时整改，确保使用安全的可靠性。安全设施的拆除必须经项目工程技术负责人确认其已完成其防护作用并批准后，方可拆除。

二、高处作业工程

在建筑施工、维修作业中，高处作业基本上分为 3 大类：即临边作业、洞口作业及独立悬空作业。进行各项高处作业，都必须做好各种必要的安全防护技术措施。

1. 临边作业

施工现场任何处所，当工作面的边沿并无围护设施，使人与物有各种坠落可能的高处作业，属于临边作业。

（1）临边的防护主要为设置防护栏杆，并有其他防护措施。设置防护栏杆为临边防护所采用的主要方式。栏杆应由上、下两道横杆及栏杆柱构成。横杆离地高度，规定为上杆 1.0～1.2m，下杆 0.5～0.6m，即位于中间。

（2）防护栏杆的受力性能和力学计算。防护栏杆的整体构造，应使栏杆上杆能承受来自任何方向的 1000N 的外力。通常，可从简按容许应力法进行计算其弯矩、受弯正应力；需要控制变形时，计算挠度。

（3）用绿色密目式安全网全封闭。在建工程的外侧周边，如无外脚手架应用密目式安全网全封闭。如有外脚手架，在脚手架的外侧也要用密目式安全网全封闭。

（4）装设安全防护门。

2. 洞口作业

建筑物或构筑物在施工过程中，常会出现各种预留洞口、通道口、上料口、楼梯口、电梯井口，在其附近工作，称为洞口作业。

各种板与墙的孔口和洞口，各种预留洞口、桩孔上口、杯形、条形基础上口、电梯井口必须视具体情况分别设置牢固的盖板、防护栏杆、密目式安全网或其他防护坠落的设施。

防护栏杆的受力性能和力学计算与临边作业的防护栏杆相同。

3. 悬空作业的安全防护

施工现场,在周边临空的状态下进行作业时,高度在 2m 及 2m 以上,属于悬空高处作业。悬空高处作业的法定定义是:在无立足点或无牢靠立足点的条件下,进行的高处作业统称为悬空高处作业,因此,悬空作业尚无立足点,必须适当地建立牢靠的立足点,如搭设操作平台、脚手架或吊篮等,方可进行施工。

4. 交叉作业的安全防护

进行交叉作业时,不得在同一垂直方向上同时操作下层作业的位置,必须处于依上层高度确定的可能坠落范围半径之外。不符合此条件,中间应设置安全防护层。

三、施工现场临时用电工程

1. 施工现场临时用电的管理原则

(1)临时用电的施工组织设计。按照行业标准 JGJ 46—2005《施工现场临时用电安全技术规范》的规定:施工现场临时用电设备在 5 台及以上或设备总容量在 50kW 及以上者,应编制用电组织设计。编制临时用电施工组织设计是施工现场临时用电管理的主要技术文件。

(2)主要技术内容。一个完整的施工用电组织设计应包括现场勘测、负荷计算、变电所设计、配电线路设计、配电装置设计、接地设计、防雷设计、外电防护措施、安全用电与电气防火措施、施工用电工程设计施工图等。

2. 施工现场对外电线路的安全距离及防护

(1)外电线路的安全距离。外电线路的安全距离是指带电导体与其附近接地的物体以及人体之间必须保持的最小空间距离或最小空气间隙。在施工现场中,安全距离问题主要是指在建工程(含脚手架具)的外侧边缘与外电架空线路的边线之间的最小安全操作距离和施工现场的机动车道与外电架空线路交叉时的最小安全垂直距离。对此,《施工现场临时用电安全技术规范》已经作了具体的规定。

(2)外电线路的防护。为了确保施工安全,则必须采取设置防护性遮栏、栅栏,以及悬挂警告标志牌等防护措施。如无法设置遮栏则应采取停电、迁移外电线路或改变工程位置等,否则不得强行施工。

3. 施工现场临时用电的接地与防雷

在施工现场,由于现场环境、条件的影响,间接触电现象往往比直接触电现象更普遍,危害也更大。所以,除了应采取防止直接触电的安全措施以外,还必须采取防止间接触电的安全技术措施。

(1)接地。设备与大地作金属性连接称为接地。接地通常是用接地体与土壤相接触实现的。金属导体或导体系统埋入地内土壤中,就构成一个接地体。接地体与接地线的总和称为接地装置。

在电气工程上,接地主要有 4 种基本类别:工作接地、保护接地、重复接地、防雷

接地。

（2）施工现场建筑机械设备的防雷。施工现场建筑机械是参照第3类工业建（构）筑物的防雷装置。被保护物的高度系指最高点的高度，被保护物必须完全处在折线锥体之内方能确保安全。在《施工现场临时用电安全技术规范》中，规定单支避雷针的保护范围是以避雷针为轴的直线圆锥体，直线与轴即地面保护半径所对应的角为60°。这种简易计算，主要考虑到施工现场使用方便等因素。

4. 施工现场的配电室

配电室的位置及布置，要考虑以下因素：

（1）通常配电室的选择应根据现场负荷的类型、大小和分布特点、环境特征等进行全面考虑。

（2）配电室应尽量靠近负荷中心，以减少配电线路的长度和减小导线截面，提高配电质量，同时还能使配电线路清晰，便于维护。

（3）配电室内的配电屏是经常带电的配电装置，为了保障其运行安全和检查、维修安全，这些装置之间以及这些装置与配电室棚顶、墙壁、地面之间必须保持电气安全距离。

（4）配电室建筑物的耐火等级应不低于三级，室内不得存放易燃、易爆物品，并应配备砂箱、1211灭火器等绝缘灭火器材。配电室的屋面应该有隔层及防水、排水措施，并应有自然通风和采光，还须有避免小动物进入的措施。

5. 临时用电的负荷计算

在建筑施工中用电设备繁多，如塔式起重机、外用电梯、搅拌机、振捣器、电焊机、钢筋加工机械、木工加工机械、照明器以及各种电动工具。这些用电设备吸收电能的用电部分中的电流或功率，统称为用电设备的电力负荷或负载。为了使这些用电设备在正常情况下能够安全、可靠地获得其运行所需要的电力，而在故障情况下又能安全、可靠地得到保护，需要借助合理选择的配电线路、配电装置对电力进行传输、分配和控制。

6. 施工现场的配电线路

施工现场的配电线路包括室外线路和室内线路。其敷设方式：室外线路主要有绝缘导线架空敷设（架空线路）和绝缘电缆埋地敷设（埋地电缆线路）两种，也有电缆线路架空明敷设的；室内线路通常有绝缘导线和电缆的明敷设和暗敷设（明设线路或暗设线路）两种。

1）架空线的选择

架空线的选择主要是选择架空线路导线的种类和导线的截面，其选择依据主要是施工现场对架空线路敷设的要求和负荷计算的计算电流。

（1）导线种类的选择。按照施工现场对架空线路敷设的要求，架空线必须采用绝缘导线。或者为绝缘铜线，或者为绝缘铝线，但一般应优先选择绝缘铜线。

（2）导线截面的选择。导线截面的选择主要是依据负荷计算结果，按其允许温升初选导线截面，然后按线路电压偏移和机械强度校验，最后确定导线截面。

2）架空线路的安全要求

（1）架空线必须采用绝缘导线。

（2）架空线的挡距与弧垂：挡距为不得大于35m，线间距不得小于30mm，架空线的最大弧垂处与地面的最小垂直距离分别是施工现场一般场所4m、机动车道6m、铁路轨道

7.5m。

（3）架空导线的最小截面：铝线截面不得小于16mm²；铜线截面不得小于10mm²。

（4）架空导线的相序排列如下。

① 工作零线与相线在一个横担架设时，导线相序排列是：面向负荷从左侧起为A、（N）、B、C。

② 和保护零线在同一横担架设时，导线相序排列是：面向负荷从左侧起为A、（N）、C、（PE）。

③ 动力线、照明线在两个横担上分别架设时，上层横担，面向负荷从左侧起为A、B、C；下层横担，面向负荷从左侧起为A（B、C）、（N）、（PE）；在两个以上横担上架设时，最下层横担面向负荷，最右边的导线为保护零线（PE）。

3）电缆线路的安全要求

室外电缆的敷设分为埋地和架空两种方式，以埋地敷设为宜。

室外电缆埋地：安全可靠，人身危害大量减少；维修量大大减少；线路不易受雷电袭击。

室内外电缆的敷设：应以经济、方便、安全、可靠为依据；电缆直接埋地深度应不小于0.6m，并在电缆上下各均匀铺设不小于50mm厚的细沙，然后覆盖砖等硬质保护层；电缆穿越易受机械损伤的场所时应加防护套管；橡皮电缆架空敷设时，应沿墙壁或电杆设置；在建高层建筑内，可采用铝芯塑料电缆垂直敷设。

7. 施工现场的配电箱和开关箱

1）配电箱与开关箱的设置

（1）设置原则。现场应设总配电箱（或配电室），总配电箱以下设分配电箱，分配电箱以下设开关箱，开关箱以下就是用电设备。

施工现场的照明配电宜与动力配电分别设置，各自自成独立配电系统，以不致因动力停电或电气故障而影响照明。

（2）位置选择与环境条件。总配电箱是施工现场配电系统的总枢纽，其装设位置应考虑便于电源引入、靠近负荷中心、减少配电线路、缩短配电距离等因素综合确定。

分配电箱则应设置负荷相对集中的地区。

开关箱与所控制的用电设备的距离应不大于3m。

配电箱、开关箱的周围环境应保障箱内开关电器正常、可靠工作。

除此以外，配电箱、开关箱周围的空间条件，则应保证足够的工作场地和通道，不应放置有碍操作、维修和对电气线路有操作损伤的杂物，不应有灌木、杂草丛生。

2）配电箱与开关箱的电器选择

配电箱、开关箱的开关电器应能保证在正常或故障情况下可靠地分断电路，在漏电的情况下可靠地使漏电设备脱离电源，在维修时有明确可见的电源分断点。为此，配电箱和开关箱的电器选择应遵循下述各项原则。

（1）所有开关电器必须是合格产品。不论是选用新电器，还是使用旧电器，必须完整、无损，动作可靠，绝缘良好，严禁使用破、损电器。

（2）装有隔离电源的开关电器。

（3）配电箱内的开关电器应与配电线路一一对应配合，作分路设置。

（4）开关箱与用电设备之间应实行"一机一闸"制。

（5）配电箱、开关箱内应设置漏电保护器，其额定漏电动作电流和额定漏电动作时间应安全可靠（一般额定漏电动作电流不大于 30mA，额定漏电动作时间小于 0.1s，并有合适的分级配合）。但总配电箱（或配电室）内的漏电保护器其额定漏电动作电流与额定漏电动作时间的乘积最高应限制在 30mA·s 以内。

8. 施工现场的照明

在施工现场的电气设备中，照明装置与人的接触最为经常和普遍。为了从技术上保证现场工作人员免受发生在照明装置上的触电伤害，照明装置必须采取如下技术措施：

（1）照明开关箱中的所有正常不带电的金属部件都必须作保护接零；所有灯具的金属外壳必须作保护接零。

（2）照明开关箱（板）应装设漏电保护器。

（3）照明线路的相线必须经过开关才能进入照明器，不得直接进入照明器。

（4）灯具的安装高度既要符合施工现场实际，又要符合安装要求。室外灯具距地不得低于 3m；室内灯具距地不得低于 2.4m。

四、焊接工程

现代焊接技术中，利用电能转换为热能来加热金属的焊接方法，得到了最广泛普及。电能加热的热源形式很多，如电弧的热、等离子弧的热、电阻热和电子冲击工件表面放出的热等。手工电弧焊就是利用电弧放电时产生的热量，熔化焊接材料和被焊接工件，从而获得牢固接头的焊接过程。

1. 电弧的焊接性质

电弧是两电极间持久有力的一种放电现象。放电同时产生高热（温度可达 6000℃左右）和强烈弧光。电弧产生的热，可以用来焊接、切割和炼钢等；电弧产生的强烈弧光，可用以照明（如探照灯）或用弧光灯放映电影等。

为了使电弧在焊条与焊件之间保持连续稳定的燃烧，电焊机空载电压很高，工作电压较低。按照焊接电源的不同，可分交流焊机和直流焊机两类。焊接设备包括焊接电源、控制条及调节机构等。

2. 电焊操作的不安全因素

电焊操作的不安全因素主要表现在如下几方面：

（1）触电机会多。

① 焊工接触电的机会最多，经常要带电作业，如接触焊件、焊枪、焊钳、砂轮机、工作台等。还有调节电流和换焊条等经常性的带电作业。有时还要站在焊件上操作，可以说：电就在焊工的手上、脚上及周围。

② 电气装置有毛病，一次电源绝缘损坏，防护用品有缺陷或违反操作规程等都可能发生触电事故。

③ 尤其是在容器、管道、船舱、锅炉内或钢构架上操作时，触电的危险性更大。

（2）易发生电气火灾、爆炸和灼烫事故。

电焊操作过程中，会发生电气火灾、爆炸和灼烫事故。短路或超负荷工作，都可引起电气火灾；周围有易燃易爆物品时，由于电火花和火星飞溅，会引起火灾和爆炸，如压缩钢瓶的爆炸。特别是燃料容器（如油罐、气罐等）和管道的焊补，焊前必须制定严密的防爆措施，否则将会发生严重的火灾和爆炸事故。火灾、爆炸和操作中的火花飞溅，都有可能引发灼烫伤亡事故。

（3）易发生因触电造成的二次事故。

电焊高处操作较多，除直接从高处坠落的危险外，还可能发生因触电失控，从高处坠落的二次事故。

（4）机械性伤害。焊接笨重构件可能会发生挤伤、压伤和砸伤等事故。

3. 安全操作

为了防止触电事故的发生，除按规定穿戴防护工作服、防护手套和绝缘鞋外，还应保持干燥和清洁。操作过程应遵守以下要求：

（1）每台电焊机都应设置单独的开关箱，箱中装有电源侧的和把线侧（二次侧）的漏电开关，当焊接过程中或电焊机空载时，有漏电现象时，都能防止触电事故。

（2）焊接工作开始前，应首先检查电焊机和工具是否完好和安全可靠，如焊钳和焊接电缆的绝缘是否有损坏的地方，电焊机的外壳接地和电焊机的各接线点接触是否良好。不允许未进行安全检查就开始操作。

（3）在狭小空间、船舱、容器和管道内工作时，为防止触电，必须穿绝缘鞋，脚下垫有橡胶板或其他绝缘衬垫；最好两人轮换工作，以便互相照看，否则就需有一名监护人员，随时注意操作人的安全情况，一遇有危险情况，就可立即切断电源进行抢救。

（4）身体出汗后而使衣服潮湿时，切勿靠在带电的钢板或工件上，以防触电。

（5）工作地点潮湿时，地面应铺有橡胶板或其他绝缘材料。

（6）更换焊条一定要戴皮手套，不要赤手操作。

（7）在带电情况下，为了安全，焊钳不得夹在腋下去焊被焊工件或将焊接电缆挂在脖颈上。

（8）推拉闸刀开关时，脸部不允许直对电闸，以防止短路造成的火花烧伤面部。

（9）下列操作，必须切断电源才能进行：改变焊机接头时；更换焊件需要改接二次回路时；更换保险装置时；焊机发生故障需进行检修时；转移工作地点搬动电焊机时；工作完毕或临时离开工作现场时。

4. 气焊与气割

（1）气焊。气焊是将化学能转变为热能的一种熔化焊方法，它是利用可燃气体与氧气混合燃烧的火焰加热金属的。气焊所用的可燃气体主要是乙炔气（C_2H_2）。气焊应用的设备主要有氧气瓶、乙炔发生器（或乙炔瓶）；应用的器具包括焊炬、减压器及胶管等。气焊时，焊缝的填充焊丝，可根据被焊金属材料来选择，如碳钢焊丝、铸铁焊丝、黄铜焊丝、青铜焊丝、铝焊丝等。气焊主要应用于薄钢板、有色金属、铸铁件、刀具的焊接，硬质合金等材料的堆焊，以及磨损、报废零部件的焊补。

（2）气割。气割是利用可燃气体与氧气混合燃烧的预热火焰，将金属加热到燃烧点，并在氧气射流中剧烈燃烧而将金属分开的加工方法。可燃气体与氧气混合以及切割气流的

喷射是通过割炬来完成的。切割所用的可燃气体主要是乙炔和丙烷。

（3）气焊、气割与安全。火灾和爆炸是气焊与气割的主要危险。气焊与气割所用的能源为乙炔、液化石油气、氧气等，都是易燃易爆气体；氧气瓶、乙炔发生器、乙炔瓶和液化石油气瓶等都属于压力容器，而在焊补燃料容器和管道时，还会遇到许多其他可燃易爆气体和各种压力容器。气焊与气割操作中需与危险物品和压力容器接触，同时又使用明火。如果焊接设备或安全装置有问题，或者违反安全操作规程，就容易造成火灾和爆炸事故。由此可见，防火与防爆是气焊与气割安全的工作重点。

在气焊火焰作用下，尤其是气割时氧气射流的喷射，使火星、铁成熔珠和熔渣等四处飞溅，容易造成灼烫伤事故。而且较大的熔珠、火星和熔渣等能飞溅到距操作点 5m 以外的地方，有可能引燃工作地周围的可燃物和易爆物品而发生火灾和爆炸。

5. 气瓶

用于气焊与气割的氧气瓶属于压缩气瓶，乙炔瓶属于溶解气瓶，液化石油气属于液化气瓶，使用时，应根据各类气瓶的不同特点采取相应的安全措施。

第四节　建筑施工防火安全

建筑施工防火安全应了解、掌握各种建筑材料的燃烧性能，分析建筑施工引起火灾和爆炸的原因，制定切实有效的防火防爆措施。

一、建筑材料燃烧性能基本知识

建筑构件和建筑材料的防火性能是建筑构件的耐火极限和建筑材料的燃烧性能的综合表述。建筑构件，是指用于组成建筑物的梁、板、柱、墙、楼梯、屋顶承重构件、吊顶等。建筑构件的燃烧性能是由构成建筑构件的材料的燃烧性能来决定的。中国将建筑构件按其燃烧性能划分为 3 类：不燃烧体、难燃烧体、燃烧体。建筑物的耐火能力取决于建筑构件的耐火性能，是以耐火极限来衡量的。在建筑施工中这部分内容应由监理工程师和工程质量监督人员掌握。

建筑材料，按其使用功能有建筑装修装饰材料、保温隔声材料、管道材料以及施工材料等。建筑材料的防火性能一般用建筑材料的燃烧性能来表述。

二、建筑施工引起火灾和爆炸的原因

建筑施工中发生火灾和爆炸事故，主要发生在储存、运输及施工（加工）过程中。有间接原因也有直接原因。

1. 间接原因

间接原因可认为是由基础原因诱发出来的原因，可归纳为以下几种：

（1）技术的原因。储存材料的仓库等的设计及布置不符合防火规范要求；在制定施工方案时对易燃材料、易燃化学品认识不足，编制的防火防爆安全措施不够全面。

（2）管理的原因。安全生产责任制不落实，施工管理人员疏于管理；消防安全制度执行不力，动火作业督促检查不到位，不能及时发现或消除火灾隐患；施工人员缺乏防火安全思想和技术教育，对消防安全知识欠缺；未编制防火防爆应急救援预案或应急救援预案未进行演练。

2. 直接原因

建筑施工中引发火灾和爆炸事故的直接原因是导致事故即酿成火灾和爆炸的前提条件，是在间接原因的基础上，发生事故或扩大成灾的直接诱发原因。

直接原因可归纳为如下4个方面：

（1）现场的设施不符合消防安全的要求，如仓库防火性能低，库内照明不足，通风不良，易燃易爆材料混放；现场内在高压线下设置临时设施和堆放易燃材料；在易燃易爆材料堆放处实施动火作业。

（2）缺少防火、防爆安全装置和设施，如消防、疏散、急救设施不全，或设置不当等。

（3）在高处实施电焊、气割作业时，对作业的周围和下方缺少防护遮挡。

（4）雷击、地震、大风、洪水等天灾；雷暴区季节性施工避雷设施失效。

3. 灾害扩大的原因

基础原因、间接原因和直接原因引起的初期火灾和爆炸事故，如果控制不及时，扑救不得力，便会发展扩大成为灾害。灾害扩大的主要原因如下：

（1）作业人员对异常情况不能正确判断、及时报告处理。

（2）现场消防制度不落实，措施不落实，无灭火器材或灭火剂失效。

（3）延误报火警，消防人员未能及时到达火场灭火。

（4）因防火间距不足，可燃物质数量多，大风天气等而无法短时间灭火。

在生产加工和储存运输过程中，应全面系统地分析造成火灾爆炸事故的各种原因，有效地采取相应的防火技术措施和管理措施，达到预防事故的目的。

三、防火防爆措施

为了预防火灾和爆炸，重要的是对危险物质和点火源进行严格管理。

1. 引起火灾爆炸的点火源

在建筑施工过程中，引起火灾爆炸的点火源主要是：

（1）明火。如喷灯、火炉、火柴、锅炉房或食堂烟筒或烟道喷出火星。

（2）电火花。如高电压的火花放电、短路和开闭电闸时的弧光放电、接点上的微弱火花等。

（3）电焊、气焊和气割的焊渣。

2. 预防火灾的措施

施工现场合理的平面布置是达到安全防火要求的重要措施之一。工程技术人员在编制施工组织设计或施工方案时，必须综合考虑防火要求、建筑物的性质、施工现场的周围环境等因素。进行施工现场的平面布置设计时应注意以下几点：

（1）要明确划分出禁火作业区（易燃、可燃材料的堆放场地）、仓库区（易燃废料的堆放区）和现场的生活区，各区域之间要按规定保持防火安全距离：

① 禁火作业区距离生活不小于15 m，距离其他区域不小于25 m。

② 易燃、可燃材料堆料场及仓库与在建工程和其他区域的距离应不小于20 m。

③ 易燃的废品集中场地与在建工程和其他区域的距离应不小于30 m。

④ 防火间距内，不应堆放易燃和可燃材料。

（2）在一、二级动火区域施工，施工单位必须认真遵守消防法律法规，建立防火安全规章制度。在生产或者储存易燃易爆品的场区施工，施工单位应当与相关单位建立动火信息通报制度，自觉遵守相关单位消防管理制度，共同防范火灾。在施工现场禁火区域内施工，动火作业前必须申请办理动火证，动火证必须注明动火地点、动火时间、动火人、现场监护人、批准人和防火措施。动火证由安全生产管理部门负责管理，施工现场动火证的审批工作由工程项目负责人组织办理。没经过审批的，一律不得实施动火作业。

对易引起火灾的仓库，应将库房内、外按500m²的区域分段设立防火墙，把建筑平面划分为若干个防火单元。储量大的易燃仓库，应设两个以上的大门，大门应向外开启。固体易燃物品应当与易燃易爆的液体分间存放，不得在一个仓库内混合储存不同性质的物品。仓库应设在下风方向，保证消防水源充足和消防车辆通道的畅通。

（3）电气防火防爆措施。严格按照建设部行业标准（JGJ46—2005）《建设施工现场临时用电安全技术规范》的要求，编制临时用电专项施工方案和设置临时用电系统，以避免引起电气火灾。

（4）焊接、切割中防火防爆措施。对焊、割构件和焊、割场所，可采取以下措施：

① 转移。在易燃、易爆志气和禁火区域内，应把需要焊、割的构件拆下来，转移到安全地带实施焊、割。

② 隔离。对确实无法拆卸的焊、割构件，可把焊、割的部位或设备与其他易燃易爆物质进行隔离。高处实施电焊、气割作业部位要采取围挡措施，防止焊渣大面积散落地面。

③ 置换。对可燃气体的容器、管道进行焊、割时，可将惰性气体（如氮气、二氧化碳）、蒸气或水注入焊、割的容器、管道内，把残存在里面的可燃气体置换出来。

④ 清洗。对储存过易燃液体的设备和管道进行焊、割前，应先用热水、蒸汽或酸液、碱液把残存在里面的易燃液体清洗掉。对无法溶解的污染物，应先铲除干净，然后再进行清洗。

⑤ 移去危险品。把作业现场的危险物品搬走。

⑥ 加强通风。在易燃、易爆、有毒气体的室内作业时，应进行通风，待室内的易燃易爆和有毒气体排至室外后，才能进行焊、割。

⑦ 提高湿度，进行冷却。作业点附近的可燃物无法搬移时，可采用喷水的办法，把可燃物浇湿，进行冷却，提高耐火能力。

⑧ 备好灭火器材。针对不同的作业现场和焊、割对象，配备一定数量的灭火器材，对大型工程项目禁火区域的动火施工，以及当作业现场环境比较复杂时，可以将消防车开至现场，铺设好水带，随时做好灭火准备。

焊、割作业中的火灾事故，有些往往是工程的结尾阶段，或在焊、割作业结束后，因焊、割结束后留下的火种没有熄灭造成的。因此，焊、割作业结束后，必须及时彻底清理现场，清除遗留下来的火种，关闭电源、气源，把焊、割具放置在安全的地方。

（5）其他的防火防爆措施。

① 对于储存易燃物品的仓库，应有醒目的"禁止烟火"等安全标志，严禁吸烟，入库人员严禁带入火柴、打火机等火种。

② 烘烤、熬炼使用明火或加热炉时，应用砖砌实体墙完全隔开。烟道、烟囱等部位与可燃建筑结构应用耐火材料隔离，操作人员应随时监督。

③ 办公室、食堂、宿舍等临时设施不得乱拉乱扯电线，不得使用电炉子，取暖炉具应当符合防火要求，要由专人管理。

④ 施工现场内严禁焚烧建筑垃圾和用明火取暖。

⑤ 未经批准，严禁动火；没有消防措施、无人监护，严禁动火。

专家提示 1

防范高空坠落事故的措施

高空坠落包括由地面 2m 以上高度坠落和由地面向地坑、地井坠落。高空坠落在建筑施工和电梯安装等高空作业领域比较常见。坠落的人通常有身体的多个系统或多个器官损伤，严重者会当场死亡。预防高空坠落的安全技术措施有：

1. "三宝"防护措施

安全帽、安全带、安全网在建设安装工程施工中，挽救了无数的生命，被广大员工认为是安全"三宝"。因此，在施工现场人员应做到：进入施工现场的员工要戴安全帽；高空作业人员必须系安全带；高处作业点的下方必须设置安全网。

2. "临边"、"洞口"防护

大部分工地均设有临边和洞口的防护栏、防护盖板，但经常存在着不够规范、易被挪动或效果不佳等问题。因此，在施工现场必须做好各项临边、洞口的防护。

3. "架子把住 10 道关"

脚手架是建筑安装工程施工人员进行高处作业及垂直运输的设施，万一脚手架发生故障，往往会造成多人伤亡的重大事故。因此，对各种脚手架必须认真把好 10 道关：材质关、尺寸关、铺板关、拦护关、连接关、承重关、上下关、雷电关、挑梁关、检验关。

4. "屋面天棚有措施"

在天棚和轻型屋面上作业，行走十分危险。因此，在天棚和轻型屋面上作业，必须在上面搭垫板或下方铺上安全网。

5. "梯子牢固又坚固"

由于梯子而发生的高处坠落事故是较多的，因此要求：梯子要牢；踏步 30～40cm；与地面夹角 60°～70°；底脚要有防滑措施；顶端捆扎牢固或设专人扶梯。

专家提示 2

焊工应遵守的"十不焊割"规定

（1）焊工未经安全技术培训考试合格，未领取操作证者，不能焊割。

（2）在重点要害部门和重要场所，未采取措施，未经单位有关领导、车间、安全、保卫部门批准和未办理动火证手续者，不能焊割。

（3）在容器内工作没有 12V 低压照明和通风不良及无人在外监护时，不能焊割。

（4）未经领导同意，车间、部门擅自拿来的物件，在不了解其使用情况和构造情况下，不能焊割。

（5）盛装过易燃、易爆气体（固体）的容器管道，未经用碱水等彻底清洗和处理消除火灾爆炸危险的，不能焊割。

（6）用可燃材料充作保温层、隔热、隔音设备的部位，未采取切实可靠的安全措施，不能焊割。

（7）有压力的管道或密闭容器，如空气压缩机、高压气瓶、高压管道、带气锅炉等，不能焊割。

（8）焊接场所附近有易燃物品，未作清除或未采取安全措施，不能焊割。

（9）在禁火区内（防爆车间、危险品仓库附近）未采取严格隔离等安全措施，不能焊割。

（10）在一定距离内，有与焊割明火操作相抵触的工种（如汽油擦洗、喷漆、灌装汽油等能排出大量易燃气体），不能焊割。

事故案例 1

电源线裸露致人死亡事故

一、事故经过

2006 年 7 月 29 日 6 时 15 分左右，中国石油物资装备（集团）总公司咸阳钢管钢丝绳有限公司第四车间劳务工马某在新安装并正进行调试的 560 型水箱拔丝机旁进行钢丝接头打磨，由于手提砂轮机电源线有两处破损，虽使用 PVC 胶带包扎，但远离插头端的破损口包扎物破损，铜芯裸露约 3mm。马某启动开关前未检查，使钢丝触及铜线裸露部分，致使钢丝带电。马某左手触电，经抢救无效死亡。

二、事故原因

（1）对移动电器设备安全检查不到位，致使电源线损坏未及时发现。

（2）对生产过程中的安全风险认识不足，缺少安全操作常识。

三、事故教训

施工作业时，一定要对所使用的电器设备进行检查，要全面识别生产过程中的安全风险，确认安全后方可作业。

事故案例 2

焊接导致隔壁火灾事故

一、事故经过

2004年1月8日17时，某采油厂员工王某请外雇人员吴建波对期小房水管线进行改造，在气焊动火割水管线过程中，将仅一墙之隔、水管线相通的隔壁小商店引燃，18时18分王某发现火情后，拨报火警，公安局消防队立即出动一台消防车，6名消防员赶赴火灾现场，于18时28分将火扑灭。经现场调查，小商店商品全部被烧毁，造成直接经济损失2万多元。

二、事故原因

1. 事故的主要原因

王某家小房东墙距地面1.3m处有一根直径20cm的水管线穿墙与小商店相通，小商店在管线附近堆满了纸制包装的烟酒和塑料包装的其他食品饮料，墙壁管孔与水管线之间孔隙较大，未及时封堵。当王某让外雇人员切割水管线时，造成气焊动火时温度升高，气焊熔珠沿着水管线经墙孔与水管线之间的孔隙滚落至小商店的烟酒食品上，引起燃烧，导致火灾发生。

2. 事故的间接原因

（1）王某在雇用人员对水管线切割动火时，未采取任何安全防护措施，对相邻建筑物情况了解不够。小商店内堆满了各种可燃物品，在动火时店内无人。王某未及时通知店主前来看护，导致火灾蔓延。

（2）社区居民及出租房店主、员工消防意识淡薄，重利益轻安全，缺少法律制度观念，不掌握安全知识，防火灭火技能差，未引起足够的重视及采取相应的措施。

（3）平时消防安全宣传不到位，只停留在张贴标语、办板报等形式上，没有针对小区安全具体现状制定出行之有效的安全宣传教育计划并及时实施。

三、应吸取的主要教训

此次火灾事故更进一步警示我们，动火时要对周围环境认真了解，去掉侥幸心理，确保动火安全。

第十二章
危险化学品安全基本知识

> 危险化学品是指物质本身具有某种危险特性,当受到摩擦、撞击、震动、接触热源或点火源、日光、暴晒、遇水、受潮、遇性能相抵触物品等外界条件的作用,会导致燃烧、爆炸、中毒、灼伤及污染环境等事故发生的化学品。我们在工作、生活中常常遇到危险化学品。为此,掌握危险化学品安全基本知识是很有必要的。

第一节　危险化学品及其主要危害

要安全使用危险化学品,首先应了解其化学特性及分类,进而了解因其特性而易发事故的危害性,做到防患于未然。

一、化学品危险性类别的划分

GB 13690—2009《化学品分类和危险性公示　通则》将危险化学品分为16类,分别是爆炸物、易燃气体、易燃气溶胶、氧化性气体、压力下气体、易燃液体、易燃固体、自反应物质或混合物、自燃液体、自燃固体、自热物质和混合物、遇水放出易燃气体的物质或混合物、氧化性液体、氧化性固体、有机过氧化物及金属腐蚀剂。

我们接触到的危险化学品有天然气、液化石油气、烟花爆竹等。

二、危险化学品的主要危害

危险化学品具有以下特性而有一定的危害性。

(1) 化学品活性与危险性。许多具有爆炸特性的物质其活性都很强,活性越强的物质其危险性就越大。

(2) 危险化学品的燃烧性。可燃性气体和液化气体、易燃液体、易燃固体、自燃物、遇湿易燃物、氧化剂和有机过氧化物等均可能发生燃烧而导致火灾事故。

(3) 危险化学品的爆炸性。除了爆炸品之外,可燃性气体、压缩气体和液化气体、易燃液体、易燃固体、自燃物、遇湿易燃物、氧化剂和有机过氧化物等都可能引发爆炸。

(4) 危险化学品的毒性。许多危险化学品可通过一种或多种途径进入人的身体,当其在人体内达到一定量时,便会损伤机体,破坏正常的生理功能,引起中毒。

(5) 腐蚀性。强酸、强碱等物质接触人的皮肤、眼睛或肺部、食道等时,会引起表皮组织发生破坏作用而造成灼伤。内部器官被灼伤后可引起炎症,甚至会造成死亡。

（6）放射性。放射性危险化学品可阻碍和伤害人体细胞活动机能并导致细胞死亡。

第二节 危险化学品的管理技术

在危险化学品管理上，要注意储存安全和危险化学品泄漏控制与销毁处置。一定要遵守有关的安全法规和程序。

一、危险化学品储存的基本要求

对危险化学品的储存管理有以下要求：
（1）储存危险化学品必须遵照国家法律、法规和其他有关的规定。
（2）化学危险品必须储存在经公安部门批准设置的专门的危险化学品仓库中，经销部门自管仓库储存危险化学品及储存数量必须经公安部门批准。未经批准不得随意设置危险化学品储存仓库。
（3）危险化学品露天堆放，应符合防火、防爆的安全要求，爆炸物品、一级易燃物品、遇湿燃烧物品、剧毒物品不得露天堆放。
（4）储存危险化学品的仓库必须配备有专业知识的技术人员，其库房及场所应设专人管理，管理人员必须配备可靠的个人安全防护用品。
（5）储存的危险化学品应有明显的标志，标志应符合 GB 190—2009《危险货物包装标志》的规定。同一区域储存两种或两种以上不同级别的危险化学品时，应按最高等级危险化学品的性能标志。
（6）危险化学品储存方式分为3种：隔离储存；隔开储存；分离储存。
（7）根据危险化学品性能分区、分类、分库储存。各类危险化学品不得与禁忌物料混合储存。
（8）储存危险化学品的建筑物、区域内严禁吸烟和使用明火。

二、危险化学品事故控制与销毁处置技术

危险化学品事故主要指危险化学品泄漏和火灾。控制这类事故一定要注意危险化学品的特殊性质，在废弃物销毁时亦如此。

1. 泄漏处理及火灾控制

1）泄漏处理
（1）泄漏源控制。停止泄漏，减少泄漏量或使其安全释放。
（2）泄漏物处理。现场泄漏物要及时地进行覆盖、收容、稀释、处理。

2）火灾控制
扑救化学品火灾时，不要单独灭火，应协同作战，疏散口应始终保持畅通，保证人员的安全。扑救初期火灾；对周围设施采取保护措施；火灾扑救。

几种特殊化学品火灾扑救注意事项如下：

（1）扑救液化气体类火灾时，切忌盲目扑灭火焰，在没有采取堵漏措施的情况下，必须保持稳定燃烧。否则，大量可燃气体泄漏出来与空气混合，遇点火源就会发生爆炸，造成严重后果。

（2）扑救爆炸物品火灾时，切忌用沙土盖压，以免增强爆炸物品的爆炸威力；扑救爆炸物品堆垛火灾时，水流应采用吊射，避免强力水流直接冲击堆垛，以免堆垛倒塌引起再次爆炸。

（3）扑救遇湿易燃物品火灾时，绝对禁止用水、泡沫、酸碱等湿性灭火剂扑救。

（4）氧化剂和有机过氧化物的灭火比较复杂，应针对具体物质采取不同的方案。

（5）扑救毒害和腐蚀品的火灾时，应尽量使用低压水流或雾状水，避免腐蚀品、毒害品溅出；遇酸类或碱类腐蚀品最好调制相应的中和剂稀释中和。

（6）易燃固体、自燃物品火灾一般可用水和泡沫灭火剂扑救，只要控制住燃烧范围，逐步扑灭即可。但有少数易燃固体、自燃物品的扑救方法比较特殊，如2,4—二硝基苯甲醚、二硝基萘、萘等是易升华的易燃固体，受热放出易燃蒸气，能与空气形成爆炸性混合物，尤其是在室内，易发生爆炸。在扑救过程中应不时向燃烧区域上空及周围喷射雾状水，并消除周围一切点火源。

2. 废弃物销毁

（1）固体废弃物的处理。

① 危险废弃物。使危险废弃物无害化采用的方法是使它们变成高度不溶性的物质，也就是固化/稳定化的方法。

目前常用的固化/稳定化方法有：水泥固化、石灰固化、塑性材料固化、有机聚合物固化、自凝胶固化、熔融固化和陶瓷固化。

② 工业固体废弃物。工业固体废弃物是指在工业、交通等生产过程中产生的固体废弃物。

一般工业废弃物可以直接进入填埋场进行填埋。对于粒度很小的固体废弃物，为了防止填埋过程中引起粉尘污染，可装入编织袋后填埋。

（2）爆炸性物品的销毁。凡确认不能使用的爆炸性物品，必须予以销毁，在销毁以前应报告当地公安部门，选择适当的地点、时间及销毁方法。一般可采用以下4种方法：爆炸法、烧毁法、溶解法、化学分解法。

（3）有机过氧化物废弃物处理。有机过氧化物是一种易燃、易爆品。其废弃物应从作业场所清除并销毁。处理方法主要取决于该过氧化物的物化性质，根据其特性选择合适的方法处理，以免发生意外事故。处理方法主要有：分解，烧毁，填埋。

（4）液化气瓶残液处理。严禁住户个人私自将液化气瓶残液倾倒于下水道、排水沟，或私自检修气瓶装置。液化气瓶残液要有专业人员回收、处理。

> 专家提示1

怎样预防燃气泄漏

液化石油气、天然气、煤气等进入家庭，提高了人们的生活质量，但如果操作不当也会给家庭留下火险隐患，甚至造成人身和财产损害。预防燃气泄漏的措施如下：

（1）家庭装修时，若改造燃气管线，应该由天然气或液化石油气公司指定的专业施工人员进行施工，不应该找非专业施工或自行改动。燃气软管和与其匹配的软管卡扣、减压阀等，要到指定的或正规的商店购买合格产品。

（2）软管与硬管及燃器具的连接处一定要使用专用的卡扣进行固定，不要随便使用铁丝进行缠绕固定或没有任何的固定措施。软管不宜太长，不宜拖地，一般为1m左右，整根软管铺设后不能有受挤压的地方。

（3）定期检查管道、软管，防止软管受到意外挤压、摩擦和热辐射而老化破损、泄漏。发现老化破损现象及时按要求更换。

（4）严格按有关规定使用液化气钢瓶，不得倾倒使用，禁止在地下室使用，也不要碰撞敲打，严禁用火烤和用热水浸泡等方法对液化气罐加温。残液不得自行处理。

（5）使用炉灶时，要随时有人看管，防止中间火焰熄灭，导致漏气。

（6）点火时，必须遵循先点火、后开阀放气的程序。

（7）建筑内的燃气管道不要暗设，不得穿越卧室、浴室或地下室等。如必须穿越，应加设套管。

（8）燃气灶严禁安装在没有通风条件的地下室或住人的房间内。

> 专家提示2

燃气泄漏了怎么办

（1）当闻到家中有轻微可燃气味时，要进行仔细辨别和排除。如果确定是自己家有可燃气体轻微泄漏的话，要立即开窗开门，形成通风对流，降低泄漏出的可燃气体浓度，并关闭各截门和阀门。

（2）在开窗通风的同时，千万不要开关电器，如开灯（不论是拉线式还是按钮式）、开排风扇、开抽油烟机和打电话（不论是座式还是手机）等，以免产生火花和电弧，引燃和引爆可燃气体。

（3）如果检查发现不是因为燃器用具的开关未关闭或软管破损等明显原因造成的可燃气体泄漏，就要立即通知物业（供气）部门进行检修。

（4）如刚回家就闻到非常浓的可燃气体异味，要迅速大声喊叫，用最快方式通知周围邻居熄灭明火，切勿开关电器，同时离开泄漏区，迅速拨打119，说明是哪种可燃气体泄漏。

（5）燃气因泄漏着火时，可将毛巾或抹布淋湿盖住着火点，同时迅速关闭阀门。关闭阀门时要注意防止烫伤。灭火过程中要把气瓶弄倒，以免造成更大危险。可使用干粉灭火剂灭火。

专家提示3

农药废弃物要妥善处理

近年来，随着农药用量逐年增加，农药废弃物随处可见。这些残留农药或者能过自然挥发，或者经雨水冲刷渗入地下，不仅严重造成大气污染、水质污染、土壤污染，而且给人畜安全留下隐患，使农村生态环境恶化。这些废弃物的安全处理对于防止人畜中毒和防止环境污染起着十分重要的作用。

1. 农药废弃物的产生

（1）由于储藏时间过长或受环境条件的影响，农药变质失效而无法使用，变成需要处理的废弃物。

（2）在不需要使用农药的漏洒农药以及用于处理这些漏洒农药的材料，都成为需要处理的废弃物。

（3）农药废旧包装物，如瓶、桶、罐、袋等，都属于必须加以处理的废弃物。

（4）使用农药后剩余的药液，也成了要处理的废弃物。

（5）农药污染物和清洗这些污染的物品，也是必须处理的废弃物。

2. 处理农药废弃物的原则

（1）要遵守有关的法律和管理条例，不能随意处理。

（2）废弃物应及时清除，及时处理，不让污染面积和范围扩大。

（3）进行废弃物处理时，要穿戴适当的保护服。

（4）不要在对人、畜、农作物和水源有害的地方清理农药废弃物。

3. 处理农药废弃物的方法

（1）废弃农药的处理。对废弃的农药，一般采用深埋、焚烧等方式。深埋是常用的方法，但必须在远离住宅区和水源的地方。有很高毒性的农药一般先经过化学处理，然后在具有防渗结构的沟槽里掩埋。施用农药时，每次都要计划好用药量，配好的药液尽量用完，绝不能把剩余的农药倒在易污染水井、河流、湖泊和池塘的地方。

（2）农药废包装的处理。农药废包装不能作其他用途，不能丢放，要妥善处理。完好无损的包装可以由销售部门或生产厂家统一回收。高毒农药的废包装要按照高毒农药的处理方法进行处理。金属桶和罐要清洗压扁，然后埋掉，深埋时容器（桶和罐）的顶层距地面的距离至少50cm。玻璃容器要先打碎，然后再掩埋。杀虫剂的包装要焚烧，除草剂的包装纸板要埋掉，塑料容器要清洗并焚烧。

如果不能马上处理盛农药的容器，应把它们洗净后放在安全的地方。焚烧时，不要让在火争产生的烟雾中，更不能让小孩靠近。必须强调的是，绝不能用盛过农药的容器来装食品、饮料、酒、食用油等，更不能用来盛放粮食或饲料。

事故案例 1

居民私自排放液化气着火事故

一、事故经过

2005年5月22日下午18时许,渤海南区户主张某到楼下找到正在蹬三轮车送气的送气工董某,说上周你给我换的液化气不好用,要求到家证实。路上碰到熟人李某,三人一起到张某家。经试火,发现火苗不大,董某随即将液化气瓶减压阀卸下,打开阀门放气;后将减压阀装上试火,发现火苗仍小。当第三次放气后试火时,发生气体爆炸。造成户主张某深2度烧伤,李某2度烧伤,送气工董某2度烧伤。

二、事故原因

1. 直接原因

送气工严重违章操作。社区服务中心规定,送气工只能送气,不能进行维修作业,并且在辖区内公布了维修热线电话。而送气工董光扣无视规定,擅自进行试气,并在室内排放液化气,动用明火试验,直接造成爆炸发生,属于严重违章操作行为。

2. 管理原因

事故发生后,我们迅速把伤者送医院进行救治,及时成立了安全、纪检、工会、人事组成的调查组,对发生事故的管理原因进行了调查。

(1) 液化气站私自雇用临时工,违反了不能雇外雇工的规定;在雇用前,虽与被雇用者有协议,但没有明确安全责任,没有严格界定送气工的岗位职责。

(2) 送气工没有化学危险品运输证,就让其送气,属于管理违章。对送气工虽进行了入厂安全教育,但经常性教育抓得不够。

(3) 社区服务中心没有为雇用工制定岗位操作规程,没有按对员工的要求进行管理。

(4) 管理处及职能部门在安全生产管理上还存在漏洞,平时注重处属各单位的安全生产管理多,对辖区居民的安全生产管理做得不到位。

三、责任认定

经公安局消防队认定,送气工董某在室内排放液化气并动用明火试验,直接造成爆炸发生,属于严重违章操作行为,对这起爆炸事故负直接责任;户主张某负间接责任;液化气站站长李某,没有履行消防管理职责,负直接领导责任。

四、事故教训

这是一起典型的严重违章操作导致的事故,暴露了在安全生产管理上制度不完善、管理不到位、安全防范意识不强等问题,不但给受伤人员造成了肉体、精神上的伤害,也给单位造成了一定的经济损失,教训深刻。

事故案例 2

居民楼天然气泄漏着火事故

一、事故经过

2005年5月1日23时20分,某家属区户主彭某在阳台厨房烧完开水后,没有关闭炉灶开关,天然气管线三通接口处漏气,导致发生爆炸,造成火灾。

二、事故原因

该户主安全意识差,忽视了天然气使用过程中的危险性,没有按照要求使用天然气,做到人走火灭。没有定期检查天然气管线连接处连接是否完好。天然气管线三通接口处漏气,是造成该事故的主要原因。

三、事故教训

(1)要重视社区居民的安全教育,要将社区安全教育作为一个新的课题去研究。开展广泛深入、灵活多样、居民易于接受的安全宣传教育,以提高居民的安全意识。

(2)要完善社区居民家庭安全生产管理制度,规范居民家庭用电、用气标准。

(3)要加强社区安全检查和监督,特别是要定期检查和抽查居民家庭电、气安全使用情况。

第十三章
现场急救基本知识

据有关资料统计，因多发伤害而死亡的病人，50%死于创伤现场，30%死于创伤早期，20%死于创伤后期的并发症。这足以说明现场有效急救和创伤早期妥善处理的重要意义。实际上，现场急救的第一个救护者应是伤员自己和第一目击者。伤员自己在可能的情况下首先要自救，或者第一目击者、现场人员立即参与互救，并及时向急救部门呼救，这样就会为拯救生命、减少伤残赢得最宝贵的时间。

第一节 现场急救概述

现场急救是指进入医院前的急救护理，是拯救生命、减少伤残的第一步。本节主要介绍现场急救常用的几种急救技术。

一、急救的类型

（1）院前救护（现场急救）。院前救护指急危重病人进入医院前的急救护理，要求接到呼救后，争取在最短的时间内到达现场。给予现场伤员以最有效的救护措施。在不停止救护的情况下，安全、迅速地将伤员转运到相关医院继续救治。

（2）院内急诊救护。医院内急诊部门的医护人员接收各类急性伤病员、慢性病急性发作及危重症病人，对其进行抢救、治疗和护理。

（3）重症监护（ICU）。重症监护是指专业医护人员将各类危重病人集中管理，应用现代化的医疗设施和先进的临床检测技术对病人进行严密的监护、有力的治疗和护理，从而使病人能度过危险期，为康复奠定基础，提高危重病人的抢救成功率和治愈率。

二、现场急救的目的

现场急救的目的有三：
（1）保存生命。
（2）防止病情恶化。
（3）改善预后。

三、现场急救常用的几种急救技术

现场急救经常使用心肺脑复苏、止血、包扎、固定、转运等急救技术。

1. 心肺脑复苏

通常将心肺脑复苏分为三个阶段：基础生命支持、进一步生命支持和长程生命支持（即脑复苏）。下面着重介绍基础生命支持。

心肺脑复苏的目的是迅速恢复循环和呼吸，维持重要器官供氧和供血，维持基础生命活动，为进一步复苏处理创造有利条件。基础生命支持包括心脏骤停或呼吸停止的识别，气道阻塞的处理，建立气道、人工呼吸主循环。

（1）确定病人是否心脏骤停。发现突然丧失意识的病人时，立即呼唤和摇动病人肩部，观察有无反应，同时触摸病人颈动脉或股动脉有无搏动。

（2）呼唤救助。如果病人无反应，应立即呼唤救助。

（3）安置病人。当确定病人意识丧失时，立即将病人置于平坦、坚硬的地面或硬板上，复苏者位于病人右侧，开始心肺复苏。

（4）保持气道通畅。对意识丧失的病人迅速建立气道，并清除气道内异物或污物。

（5）人工呼吸。

① 口对口呼吸，复苏者用拇指和食指捏住病人鼻孔，深吸气后，向其口腔吹气2次。

② 口对鼻呼吸，对于严重口部损伤或牙关紧闭者，采用口对鼻通气法。

（6）建立人工循环。

① 判断病人有无脉搏人工通气支持时，应随时检查颈动脉有无搏动，5～10 s无脉搏，立即开始人工循环。

② 胸外心脏按压，复苏者应在病人右侧，按压部位与手法：双手叠加，掌根部放在胸骨中下 1/3 处垂直按压。

2. 止血技术

基本方法包括：

（1）加压包扎止血法。一般用于较小创口的出血。

（2）指压止血法。主要用于动脉出血的一种临时止血方法。

（3）抬高肢体止血法。抬高出血的肢体是减缓血液流速的临床应急止血措施。

（4）屈肢加垫止血法。主要用于无骨折和关节损伤的四肢出血的止血方法。

（5）填塞止血法。先可用明胶海绵填入伤口，后用大块无菌敷料加压包扎。

（6）止血带止血法。主要用于四肢大血管加压包扎不能有效止血时。在出血部位近心端肢体上选择动脉搏动处，在伤口近心端垫上衬垫，左手在距止血带一端约 10 cm 处用拇指、食指和中指捏紧止血带，手背下压衬垫，右手将止血带绕伤肢一圈，扎在衬垫上，绕第二圈后把止血带塞入左手食指、中指之间，两指夹紧，向下牵拉，打成一个活结，外观呈一个倒置 A 字形。

3. 包扎技术

包扎具有保护创面、压迫止血、骨折固定、用药及减轻疼痛的作用。

（1）包扎用物。绷带、三角巾、多头带、丁字带。

（2）包扎方法。主要包括绷带和三角巾包扎法。

4. 固定技术

对于骨折、关节严重损伤、肢体挤压和大面积软组织损伤的伤病员，应采取临时固定的方法，以减轻痛苦、减少并发症、方便转运。固定的注意事项如下：

（1）对于各部位骨折，其周围软组织、血管、神经可能有不同程度的损伤，或有体内器官的损伤，应先处理危及生命的伤情、病情，如心肺复苏、抢救休克、止血包扎等，然后才是固定。

（2）固定的目的是防止骨折断端移位，而不是复位。对于伤病员，看到受伤部位出现畸形，也不可随便矫正拉直，注意预防并发症。

（3）选择固定材料应长短、宽窄适宜，固定骨折处上下两个关节，以免受伤部位的移动。

（4）对于开放性骨折合并关节脱位，应先包扎伤口。用夹板固定时，先固定骨折下部，以防充血。

（5）固定时动作应轻巧，固定应牢靠，且松紧适度。

5. 转运技术

在转运过程中应正确搬运病人，并根据病情选择合适的搬运方法和搬运工具。

（1）徒手搬运。救护人员不使用工具，而只运用技巧徒手搬运伤病员，包括单人搀扶、背驮、双人搭椅、拉车式及三人搬运等。

（2）担架搬运包括帆布担架、可折叠式搬运椅等。

第二节 常见急症的急救

在现场常见急症多为出血、晕厥、抽搐与惊厥、昏迷、猝死、休克、中毒、软组织及腰扭伤、多发伤、烧伤、触电等。本节着重介绍常见急症的急救措施。

一、出血

出血是许多疾病的一个急性症状，也是创伤后的主要并发症之一。要及时判断血压是否正常，估计出血量。

首先判断出血性质。动脉出血者，出血为搏动样喷射，呈鲜红色；静脉出血者，血液从伤口持续涌出，呈暗红色；毛细血管出血，血液从伤口渗出或流出，量少，呈红色。根据出血性质，采用不同的止血措施，方可达到良好的止血效果。

500 mL 以下出血，病人常无明显反应。500～1000 mL 出血，病人可表现口唇苍白或紫绀、四肢冰凉、头晕、无力等。1000～2000 mL 出血，病人可表现心悸、四肢厥冷、脉搏细速、反应冷淡、心率 130 次 /min 以上、血压下降。

二、晕厥

晕厥是突然发生的短暂的、完全的意识丧失。

急救措施：卧床休息；保持呼吸道畅通，解开衣领，病人平卧或头低脚高位；注意环境空气流通；注意保暖；病人清醒后可给热糖水；安慰病人。

三、抽搐与惊厥

抽搐是由于各种不同原因引起的一时性脑功能紊乱，伴有或不伴有意识丧失，出现全身或局部骨骼肌群非自主的强直性或阵挛性收缩，导致关节运动。

惊厥是全身或局部肌肉突然出现的强直性或阵发性痉挛，双眼球上翻并固定，常伴有意识障碍。

抽搐与惊厥急救：抽搐与惊厥发作时，要平卧，头偏向一侧；开放气道；安全保护，保持环境安静，避免刺激；降温、解毒。发作后的护理，要安静、充分休息让其恢复体力；安慰病人。

四、昏迷

昏迷是指高级神经活动对内、外环境的刺激处于抑制状态。

急救措施：使昏迷的人取平卧位，避免搬动，松解衣领、腰带，取出义齿。头偏向一侧，防止舌后坠，或用舌钳将舌拉出，开放气道。保持呼吸道通畅。禁食。针灸。根据病情，可按压或针刺人中、合谷等穴位。转运。迅速转运到医院进一步救护。

五、猝死

猝死是指突然意外临床死亡（从发病到死亡不超过1小时）。

猝死原因：冠心病、心律失常、脑卒中、胰腺炎、触电、溺水、中毒、创伤等。

现场急救：参见心肺脑复苏。

六、休克

（1）原因、类型：①失血大于1000 mL引起的休克；②心肌梗塞、心衰引起的休克；③过敏引起的休克；④神经源性引起的休克；⑤放射性引起的休克；⑥烧伤引起的休克；⑦呕吐、腹泻引起的休克；⑧感染性休克。

（2）症状与体征：各种原因引起的休克的共同症状与体征表现为：低血压、心动过速、呼吸增快、少尿、意识模糊、皮肤湿冷、四肢末端皮肤出现网状青斑，胸骨部皮肤或甲床按压后毛细血管再充盈时间大于2 s等。

（3）急救：①据各种原因的不同，采取不同的措施。对最常见的低血容量性休克或神经源性休克，应取仰卧位，下肢抬高20°~30°，心源性休克有呼吸困难者，头部抬高30°~45°。②保暖。③观察病情并及时转院。

（4）提示：①对于休克病人一定要注意，在用担架抬往救治处时，病人的头部应靠近后面的抬担架者，这样便于对休克者随时密切观察，以应对病情变化。②在将病人送往医院的途中，病人头部的朝向应与载他的交通工具（救护车、飞机等）前进的方向相反，以免由于加速作用导致病人脑部进一步失血。③如休克者是大月份孕妇，应让她取侧卧位，否则胎儿以及巨大的子宫会压迫血管，致使回心血量减少，加重休克。

七、中毒

中毒分为以下几种：

1. 一氧化碳中毒

(1) 病因：吸入过量 CO。

(2) 症状：轻者头晕、心悸、恶心、呕吐、无力。

(3) 急救：① 脱离环境，打开门窗、吸入新鲜空气（氧气）；② 保温；③ 对猝死者立即进行心肺复苏；④ 急送医院高压氧舱治疗。

2. 蛇毒中毒

(1) 病因：不慎被蛇咬伤。

(2) 症状（与毒蛇毒素种类有关）：伤口疼痛、麻木、变色；心悸、头昏、胸闷、呼吸急速；严重时迅速昏迷、抽搐、心跳与呼吸停止。

(3) 急救：① 停止行走；② 结扎伤口近心端，防止毒物回流；③ 冲洗伤口减少毒素（可切开伤口挤压排毒后再冲洗）；④ 寻求救援；⑤ 密切观察，待送医院。

3. 蜂毒中毒

(1) 病因：不慎被毒蜂、黄蜂等叮伤。

(2) 症状：局部红肿、剧疼；恶心、呕吐；皮疹。严重时出现过敏性休克、喉头水肿，甚至猝死。

(3) 急救：轻者只需局部伤口冷敷、止疼；重者须立即抢救、抗过敏（激素）；对猝死者进行心肺复苏，送转医院。

(4) 预防：勿捅马蜂窝，绕开蜂巢，遭蜂攻击时用衣物遮住暴露部分。

4. 硫化氢中毒

(1) 病因：不慎吸入硫化氢气体。硫化氢气体无色、臭蛋味，溶于水、油，比空气的相对密度大，积聚于低洼处，易燃、易爆，剧毒。国家标准最高容许浓度为 10 mg/m^3。

(2) 症状：急性轻度中毒时眼睛畏光、流泪、胸闷、恶心、呕吐、晕厥；急性重度中毒时几秒钟内神志不清、抽搐、昏迷，"电击样死亡"。

(3) 急救：① 迅速将中毒者移到通风处，脱离污染区；② 吸氧，对猝死者实施心肺复苏；③ 药物解毒：用 10%DMAP（对—二甲氨基酚盐酸盐）2.0mL 肌注（该药是新型高铁血红蛋白形成剂，夺取氢硫基，使细胞色素氧化酶活性恢复）；④ 待病人生命体征平稳后转送附近医院（高压氧舱治疗）。

(4) 预防：安装硫化氢监测仪；在超标部位作业应用防毒面具；服用预防药对—氨基苯丙酮 90～180 mg，40 min 起作用，可维持 4～5h。

5. 食物中毒

(1) 病因：不洁、有毒的食物。

(2) 症状：①潜伏期短，起病急，来势凶，可造成集体中毒；②急性胃肠炎症状：剧烈腹痛，吐、泻频繁；③特异的中毒症状：根据毒物而定，如：河豚——神经麻痹；发芽土豆——龙葵素中枢衰竭；扁豆——生物碱凝、溶血；亚硝酸盐——窒息、紫绀等。

(3) 急救：①排除毒物，主要有催吐、导泻、洗胃、利尿；②对症处理，补液、休息；③对毒处理，微生物中毒选用抗生素；亚硝酸盐中毒选用 1% 美兰静脉注射。

(4) 预防：①认真清洗食物，不吃变质、过期、腐败食品；②把住采购关，不采购"三无"、污染食品；③食品要煮熟、合理加工；④剩余食品必须加热处理后才食用；⑤水

质、饮料须检验过才服用。

6. 铅中毒

（1）病因：人体内存在超标准的铅（100μg/L）。主要原因是焊接、印刷、油漆作业及吸入含铅汽油、使用陶器所致，经呼吸、口进入体内。

（2）症状：神经系统末梢神经炎（典型为腕下垂）、智力降低（儿童明显）、感觉迟钝、神经衰弱等，消化系统出现脐周阵发腹痛（绞痛）、消化不良；血液系统出现贫血、苍白无力；铅中毒特征表现为牙齿铅线、点彩红细胞、铅口味。

（3）急救：用依地酸二钠钙驱铅，10%葡萄糖酸钙推注止腹痛。

八、软组织扭伤（踝关节扭伤）

软组织扭伤是指踝关节受到外力冲击引起关节周围软组织的损伤。

（1）病因：①行、跑时足踩到不平地面，受力不平衡；②腾空落地时，足部受力不均匀；③躯体摆动时，足部摆动不平衡。

（2）症状：一般表现为红、肿、热、痛。红即损伤处皮肤发红或淤斑；肿即局部肿胀、发亮；热即用手触摸受伤部位温度增高；痛即局部疼痛难忍、压痛明显、不敢触摸。

（3）处置：①立即休息，受伤踝关节不许活动；②抬高患肢、冷敷（24h 内冷敷，24 h 后热敷）；③用绷带"8 字"缠裹固定；④服药——跌打丸、白药等；⑤怀疑骨折时，应去医院检查、治疗；⑥急性期过后，可按摩治疗。

（4）预防：①活动前，踝关节做适宜准备运动；②野外作业，穿高腰鞋（反复扭伤者更应如此）防护。

九、急性腰扭伤

腰部脊柱、软组织受到外力冲击。

（1）机理：过重外力、不平衡外力使脊柱关节、软组织过度牵拉或收缩、移位，而使关节结构改变、软组织受伤。

（2）症状：①局部撕裂感（响声），立即剧烈疼痛；②局部肿胀、僵直，不敢活动（翻身、起床、咳嗽时剧烈痛）；③明显的压痛点；④椎间盘突出者脊柱侧弯，出现下肢麻木、放射痛。

（3）处理：①立即休息，止动；②局部封闭治疗；③急性期后按摩治疗；④怀疑椎间盘突出时应送医院检查、处理。

预防：①干活前，腰部做适应活动；②扛重物时，腰、胸挺直，髋、膝弯曲；③提重物时，半蹲位、腰挺直，身体尽量接近物体；④集体扛物时，听指挥、迈步要稳；⑤负荷不应超过自己的能力（切勿不堪重负）；⑥强劳动时可用护腰带（举重、负重）。

十、多发伤

多发伤是指在同一伤因的打击下，人体同时或相继有两个或两个以上解剖部位的组织或器官受到严重创伤，其中之一即使单独存在创伤也可能危及生命。

多发伤的急救：（1）立即脱离现场，避免现场不安全因素的再度损害。（2）保持良好通气，使伤员呼吸道始终保持通畅。(3)对疑为呼吸、心脏停搏者，应立即试行心肺复苏。(4)止血，压迫、加压包扎，抬高伤肢，四肢大血管撕裂时可用止血带止血等。(5)包扎，因包扎可减轻疼痛和休克，并可避免骨折移位，而导致血管和神经损伤。现场固定材料可以是树枝、树皮、树干、木棍、木板、书卷成筒等。(6)观察病情，及时转入医院。

十一、烧伤

烧伤是由于热力、化学物质、电流及放射线所致引起的皮肤、黏膜及深部组织器官的损伤，一般指热烧伤。

(1)急救：①脱离致伤场所（灭掉伤员身上之火），若是酸、碱等化学品所致的伤，应用清水长时间冲洗，最好采用中和方法冲洗。②检查危及生命的情况，首先处理和抢救。如大出血、窒息、开放性气胸、严重中毒等，应迅速进行处理与抢救。③镇静、镇痛。④保持呼吸道通畅。⑤全面处理：防感染，用清洁被单、衣服等简单保护，冬季防寒保暖，急救包扎时，已肯定灭火的衣服不可脱掉，以减少再污染，若为化学烧伤，浸湿衣服必须脱掉。⑥掌握运转时机转运医院。

(2)提示：①若烧伤处皮肤尚完整，应尽快局部降温。如将其置于水龙头下冲洗约10min。这样会带走局部组织热量并防止进一步损害。②用一块松软潮湿，最好是消毒的裹布包扎伤处。注意不要太紧。③若皮肤已被烧坏，用一块干净的布覆盖其上以保护伤处，减少感染危险。

十二、中暑

中暑是由于高温环境或烈日暴晒，引起人的体温调节中枢功能障碍、汗腺功能衰竭和水、电解质丢失过多，从而导致代谢失常而发病。

现场处理：脱离高温环境，移到凉爽、低温处；积极降温，用冷水、风扇等方法；休息、安慰病人；补液、补盐；危重者送医院抢救。

十三、淹溺

淹溺是指人淹没于水或其他液体中，由于液体充塞呼吸道及肺泡或反射性引起喉痉挛，发生窒息和缺氧。

现场救护：清理呼吸道，将淹溺者救出水后，首先清理呼吸道；心肺复苏；保温；严密观察。

对淹溺时间较长者，仍然存在救活的可能性，不应轻易放弃抢救的机会。

十四、烫伤

烫伤是指无火焰的高温物体（如开水、热油）接触身体而引起组织的损伤。

提示：用冷水局部降温10min。用一块干净、潮湿的敷料覆盖。伤处肿胀时，去掉手表、手镯、戒指等，将敷料轻轻固定包扎，注意不要太紧。在伤处对侧系上绷带。

十五、触电

触电急救，动作要迅速，救护要得法。发现有人触电，切不可惊慌失措、束手无策，

首先要尽快地使触电者脱离电源，然后根据触电者的具体情况，进行相应的救治。

人触电以后，会出现神经麻痹、呼吸中断、心脏停止跳动等症状，外表上呈现昏迷不醒状态。但不应该认为是死亡，而应该看做是假死，并且迅速而持久地进行抢救。有触电者经 4h 或更长时间的人工呼吸而得救的事例。国外有资料报道说，从触电后 1min 开始救治者，90% 有良好效果；从触电 6min 开始救治者，10% 的良好效果；而从触电后 12min 开始救治者，救活的可能性极小。由此可知，动作迅速是非常重要的，同时也要掌握正确的触电急救知识。

1. 触电后的临床表现

触电造成的伤害主要表现为电休克和局部的电灼伤，电休克可以造成假死现象。所谓假死，是触电者失去知觉、面色苍白、瞳孔放大、脉搏和呼吸停止。触电造成的假死，一般都是随时发生的，但也有在触电几分钟、甚至 1~2 天后才突然出现假死的症状。

电灼伤都是局部的，常见于电流进出的接触处。电灼伤大多为三度灼伤，比较严重，灼伤处呈焦黄色或褐黑色，伤面有明显的区域。

2. 脱离电源的方法

人触电以后，可能由于痉挛或失去知觉等原因而紧抓带电体，不能自行摆脱电源。这时，使触电者尽快脱离电源是救活触电者的首要因素。

（1）对于低压触电事故，可采用下列方法使触电者脱离电源：①如果触电地点附近有电源开关或电源插销，可立即拉开开关或拔出插销断开电源。但应注意到拉线开关和平开关只能控制一根线，有可能只能切断零线而不能断开电源。②如果触电地点附近没有电源开关或电源插销，可用绝缘柄的电工钳或有干燥木柄的斧头切断电线、断开电源，或用干木板等绝缘物插入触电者身下，以隔断电流。③当电线搭落在触电者身上或被压在身下时，可用干燥的衣服、手套、绳索、木板、木棒等绝缘物作为工具，拉开触电者或挑开电线，使触电者脱离电源。④如果触电者的衣服是干燥的，又没有紧缠在身上，可以用一只手抓住他的衣服，拉离电源。但因触电者的身体是带电的，其鞋的绝缘也可能遭到破坏，救护人不得接触触电者的皮肤，也不能抓他的鞋。

（2）对于高压触电事故，可采用下列方法使触电者脱离电源：①立即通知有关部门停电。②戴上绝缘手套，穿上绝缘靴，用相应电压等级的绝缘工具拉开开关。③抛掷裸金属线使线路短路接地，迫使保护装置动作，断开电源。注意抛掷金属线前，先将金属线的一端可靠接地，然后抛掷另一端；注意抛掷的一端不可触及触电者或其他人。

上述使触电者脱离电源的办法，应根据具体情况，以快为原则选择采用。在实施过程中，要遵循以下注意事项：①救护人不可直接用手或其他金属或潮湿的物件作为救护工具，而必须使用绝缘工具，救护人最好用一只手操作，以防自己触电。②防止触电者脱离电源后可能的摔伤，特别是当触电者在高处的情况下，应考虑防摔措施。即使触电者在平地，也要注意触电者倒下的方向，注意防摔。

（3）要避免扩大事故。如触电事故发生在夜间，应迅速解决临时照明问题，以利于抢救。

3. 触电现场急救的方法

当触电者脱离电源后，应根据触电者和具体情况，迅速对症救护。现场应用的主要救护方法是人工呼吸法和胸外心脏挤压法。触电者需要救治的，大体按以下几种情况分别处理。

（1）精神清醒者。如果触电者伤势不重，神志清醒，但有些心慌、四肢发麻、全身无力；或者触电者在触电过程中曾一度昏迷，但已清醒过来，应使触电者安静休息，不要走动，严密观察，并请医生前来诊治或送往医院。

（2）呼吸停止、心搏存在者。对呼吸停止、心搏存在的患者，应用人工呼吸法（包括口对口呼吸、压胸或人工呼吸）、针刺膈神经或电泳脉冲刺激膈神经，诱导呼吸。有条件时，用正负呼吸器维持呼吸。呼吸频率为每分钟12次左右。

（3）心搏停止、呼吸存在者。对心搏停止（包括心室颤动）、呼吸存在的患者，主要进行心脏按压，也可辅以人工呼吸。首先选择胸外心脏按压法，并坚持不懈地进行下去。人工呼吸与心脏按压有时需持续数小时，直至患者复苏或确定死亡时为止。在有设备的情况下，可予胸外或胸内电除颤或其他除颤，起搏处理。

（4）呼吸、心搏均停止者。一旦患者呼吸、心搏均停止，则同时进行人工呼吸与心脏按压，在现场抢救的同时，迅速请医务人员赶赴现场，进行其他有效的抢救措施。

（5）并发症处理。电灼伤创面，在现场要特别重视消毒包扎、减少污染，伤面周围皮肤用碘酒、酒精消毒后加盖消毒敷料包扎。一旦坏死区域边界明确，即应立刻除去死组织。如现场无消毒包扎条件，可用干净的纱布临时包扎，送医院后再进一步处置。对于其他外伤如骨折等，应按骨折进行现场固定。

专家提示

食物中毒事故的应对措施

食物中毒包括细菌性食物中毒（如大肠杆菌食物中毒）、化学性食物中毒（如农药中毒）、动植物性食物中毒（如木薯、扁豆中毒）、真菌性食物中毒（毒蘑菇中毒）等。食物中毒时间集中，没有传染性，夏秋季多发。群体食物中毒的表现是：在短时间内，吃某种食物的人单个或同时发病，以恶心、呕吐、腹痛、腹泻为主，往往伴有发烧。严重的还会发生脱水、酸中毒，甚至休克、昏迷等症状。

1. 发生食物中毒后，可以采取的应急措施

（1）饮水。立即饮用大量的干净的水，对毒素进行稀释。

（2）催吐。用手指压迫咽喉，尽可能将胃里的食物排出。

（3）封存。将吃过的食物进行封存，避免更多的人受害。

（4）呼救。马上向急救中心120呼救。越早去医院越有利于抢救，如果超过2h，毒物就吸收到血液里，就比较危险了。

2. 预防日常食物中毒通常采用的有效方法

（1）良好的卫生习惯。个人要养成良好的卫生习惯，饭前、便后要洗手。外出不便洗手时，一定要用酒精棉或消毒餐巾擦手。

（2）餐具要卫生。餐具要洁净、经常消毒，每个人要有自己的专用餐具。

（3）饮食要卫生。生吃的蔬菜、瓜果、梨桃之类的食物一定要把皮洗净。不要吃隔夜变味的饭菜。不要食用腐烂变质的食物和病死的禽肉、畜肉。剩饭菜食用前一定要热透。不要随意食用野生动物，海蜇等产品最好用饱和食盐水浸泡保存，食用前应冲洗干净。扁豆一定要焖熟后食用。

（4）生、熟食品要分开。切过生食的刀和案板一定不能再切熟食，摸过生肉的手一定要洗净再去拿熟肉，避免生熟食品交叉污染。

（5）服药遵医嘱。服用药品时一定要遵照医嘱服用，千万注意不要超剂量服用，以免造成药物中毒。几种药物同时服用要遵医嘱，避免混合产生副作用。敌敌畏杀虫剂和灭鼠药等不能与食物放在一起。

3. 生活中发生产概率较多的食物中毒及其处理方法

（1）扁豆中毒。扁豆中含有皂素等有害物，如果吃了加热不透的扁豆，半小时到几小时之间就会发生中毒，表现为恶心呕吐，血细胞增高。食用急火炒或凉拌的扁豆发生中毒的人很多。中毒轻的人经过休息可自行恢复，用甘草、红豆适量煎汤当茶饮，有一定的解毒作用。

（2）蘑菇中毒。一旦误食蘑菇中毒，要立即催吐、洗胃、导泻。中毒不久而没有明显呕吐的人，可以先用手指、筷子等刺激舌根部催吐，然后用1∶2000～1∶5000高锰酸钾溶液或浓茶水，0～5%活性炭混悬液等反复洗胃。让中毒者大量饮用温开水或稀盐水，以减少毒素的吸收。

（3）细菌性中毒。食物在制作、储运、出售过程中处理不当会被细菌污染。食用这样的食物会导致细菌性食物中毒，中毒催吐后如胃内所吃的东西已吐完仍恶心呕吐不止，可用生姜汁1匙加糖冲服，帮助驱使呕吐停止。每天吃生大蒜，每次4瓣至5瓣。几天内尽量少吃油腻食物。

（4）亚硝酸盐中毒。误食亚硝酸盐的人通常会出现胸闷憋气、面颊紫红的现象。一旦发生亚硝酸盐中毒，应立即抢救，迅速灌肠、洗胃、导泻，让中毒者大量饮水。患者一定要卧床休息，注意保暖。应将患者置于空气新鲜、通风良好的环境中。

4. 典型案例

2004年6月22日18时起，江西南昌市勺丰城市部分地区发生因食用"煌上煌"卤制品群体性食物中毒事件，造成至少200人入院救治。中毒事件发生后，在当地卫生部门的监督下，"煌上煌"集团立即对发生中毒事件的5家代销店剩余的卤菜进行了封存，江西全省上百家销售点也全部停业整顿。有关部门通报说，经由卫生、工商、质监等部门组成的事故调查组开展的流行病学和卫生学调查显示，此次群体性食物中毒原因主要出在销售环节。发生中毒事故的5家"煌上煌"卤制品供销店，当天均因进货量过多以及没有较好的消毒设施等原因，造成金黄色葡萄球菌繁殖，从而引起群体食物中毒。

第十四章
社区安全管理基本知识

> 通过安全社区建设,最大限度地预防和降低伤害事故,改善社区安全状况,提高社区人员安全意识和安全保障水平,已引起广泛关注。

第一节 社区安全管理的概念与方法

一、社区的概念和含义

社区是指聚居在一定地域范围内的人们所组成的社会生活共同体。社区是社会的基本构成单位,是人们生活的基本区域。一般来说,社区的内涵包括相互联系的三个方面:

(1) 社区是一定的地理区域空间,人们在这个空间里共同生活;

(2) 社区是一个社会关系网络,它的形成基于人们共同生活中的社会互动;

(3) 社区是集体认同的一个标志,人们由于共同生活而产生了对社区所在区域或群体在一定程度上的心理认同,视自己为社区的一分子。

社区类型划分主要有以下几种方法:

(1) 按管理形式划分,如政府管理的社会型社区、企业主导型社区。社会型社区包括城市社区、农村社区以及同时包含有城市人口和农村人口的社区。

(2) 按规模大小划分,如巨型社区、大型社区、中型社区、小型社区和微型社区等;

(3) 按综合标准划分,如农村社区和城市社区等;

(4) 按形成方式划分。有些社区是人们在长期的共同生活中逐渐扩展而形成的,具有自然的社区边界,例如农村中的自然村。有些社区是出于行政管理的需要而人为设置的,例如城市中的区政府辖区、街道办事处辖区、居委会辖区,以及农村中的"行政村"等,其特点是一般都有相对规范的行政管理机构。

社区小到可以是一个自然村、居委会辖区,大到也可以是一个区、县乃至一个城市辖区。目前中国城市习惯称之为"社区"的一般是居委会辖区,但这并不代表只有居委会辖区才能称之为社区。

二、社区安全管理的概念

所谓社区安全管理,就是指为避免造成社区人员伤害和财产损失的事故而采取相应的预防和控制措施,以保证社区居民人员的人身安全,促进社区的发展和繁荣,满足社区居民安全与健康等特定需要而进行的一系列管理活动。

社区安全管理不仅包括对居民的安全宣传教育，也包含对社区公用设施和公共场所的安全管理。社区公用设施是指为居民提供生活、休闲、娱乐服务的水、电、暖、路、饮食、健身等方面的设施、器材。

社区安全管理的对象主要是社区居民，而生产安全管理的主要对象是从业人员，这是二者最显著的区别，同时也决定了开展社区安全管理既要遵循安全管理的一般原则、理论、政策和法律，更要按照自身要求积极探索、采取行之有效的方式方法，确保安全管理工作取得实效。

三、社区安全管理的模式

社区安全和生产安全是安全管理的两个领域或层面。社区安全毕竟是一项不同于生产安全的全新的工作，有其自身的要求和规律。根据国内外社区安全管理实践经验和国家相关政策、标准，社区安全管理应采用"安全社区"模式。

安全社区是指建立了跨部门合作的组织机构和程序，联络社区内相关单位和个人共同参与事故与伤害预防、控制和安全促进工作，持续改进地实现安全目标的社区。可以看出，安全社区具有三个基本特征：即资源整合，全员参与，持续改进。

安全社区建设的内容，涉及人们的生活、工作乃至环境各个方面，涵盖了交通、工作场所、公共场所、学校、老年人、儿童、家庭、体育运动等诸多领域。

安全社区建设总体框架大致可以按以下6个方面考虑。

（1）明确目标：坚持以人为本的原则，树立安全健康的理念，确定3年左右各类伤害控制目标。

（2）宣传发动：利用社区媒介和手段，搭建宣传平台，将安全社区理念渗透到社区单位和居民。

（3）资源保障：创建经费纳入财政预算，整合社区各类资源，保证创建工作顺利开展。

（4）制度保障：制定创建工作制度和评估监督制度，做到有布置、有落实、有检查、有评估、有总结。

（5）试点先行：每个社区可选取部分试点区域或单位，建立不同类型的示范点，努力探索，分步推进。

（6）总结推广：适时总结试点经验，推广安全促进的原则与方法，以点带面，全面推进。

安全社区建设是一个循环往复、持续改进的复杂过程。为此，要明确和理解安全社区建设的工作程序、基本流程，以便指导开展日常实际工作。

安全社区建设主要程序及工作内容包括：

（1）安全社区建设保障条件准备；

（2）建立安全社区的组织机构；

（3）举办安全社区建设启动仪式；

（4）安全社区知识培训与传播；

（5）社区事故与伤害风险辨识与评价；

(6）制定安全促进目标和计划；

(7）策划安全促进项目；

(8）组织实施安全促进项目措施；

(9）评估和持续改进。

开展安全社区建设工作，要分阶段、有重点地组织实施，一般按以下三个阶段进行。

(1）准备阶段。组织安全社区调研，进行广泛的宣传发动工作，正式启动安全社区建设。

(2）建立机制阶段。设立机构，建立制度，明确职责，制定实施方案和工作计划。

(3）发展完善阶段。推广试点经验，开展评估评审，完善安全促进目标计划和措施，大力开展安全促进项目。

安全社区建设基本流程如图14-1所示，是安全社区建设主要程序及工作内容的图表化，便于理解和掌握要素之间的关系，组织开展日常组要工作。

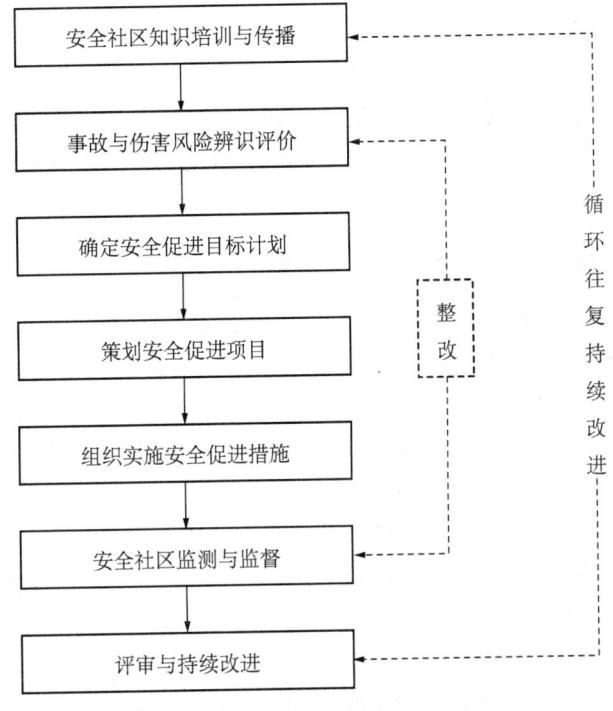

图 14-1 安全社区建设基本流程图

第二节 社区公共设施安全

一、社区公共设施的范围

社区公共设施是为小区居民提供生活、休闲、娱乐服务的水、电、暖、路、饮食、健身等的设施、器材、场所。可以说，小区的一砖一瓦都是居民需要的，都涉及安全管理问题。社区公共设施可以分为以下 8 类。

（1）供电设施。配电室、路灯、楼道配电箱、供电线路，以及房屋避雷设施。

（2）供排水设施。供水管线、检查井及井盖，雨水和污水排水沟、箅子、检查井及井盖。

（3）供暖设施。供暖管线、检查井及井盖。

（4）供气设施。天然气供气管线、分线装置，液化气瓶。

（5）出行设施。小区道路、人行道、楼前道。

（6）休闲娱乐设施。小区公园及小品景点、室外健身器材、石桌石凳、路边座椅。

（7）生活设施。超市、商店、粮店、理发店、饭店、话吧、舞厅。

（8）其他方面。社区文化活动场所、幼儿园、活动室、社区医院、户外大型广告、树木等。

二、社区公共设施的特点

社区公共设施有 4 个特点：一是点多面广，一栋住宅楼涉及供排水、供用电等一系列设施，还有小区公园等；二是使用对象复杂，使用人员不固定，有老年人、也有小孩等；三是室外环境，太阳暴晒，风吹雨淋，加快设施损坏程度；四是管理难度大，人为损坏现象严重，加重了日常管理的难度。

三、社区公共设施的安全要求

加强社区公共设施管理，就是要实现社区公共设施的本质安全，提高安全使用性，确保避免发生或少发生人身伤害、财产损失事故。

（1）社区公共设施要按有关标准设计、施工，加强日常维护，确保无安全隐患。

① 配电室容量、供电线路要满足用电实际需要；路灯底座、楼道配电箱要接地，防止漏电；房屋避雷设施要按期检验，确保有效。

② 供暖、供水管线、雨水和污水排水沟、箅子要完好；供水、污水检查井井盖要齐全，无破损，并与井座匹配；冬季铸铁井盖因蒸汽而容易滑动，要采取措施防止意外，或统一换装成水泥件。

③ 天然气供气管线、分线装置要有明显标示。

④ 小区道路、人行道、楼前道要平整，对损坏路面、道路伸缩缝要及时维修，防止人员摔（扭）伤。

⑤ 小区公园景点、石桌石凳、路边座椅安装要牢固，室外健身器材要及时润滑，防止连接处脱落。

⑥ 超市、商店、粮店按要求设置消防通道，按规定储存货物；理发店、饭店、话吧、舞厅严禁私拉乱接电器线路，私自使用电炉、热得快等。

⑦ 社区文化活动场所、幼儿园、活动室要有活动预案，消防通道要畅通，用电符合要求。

⑧ 户外大型广告要经常检查，发现锈蚀严重、脱焊的，要及时请专业人员维护。

⑨ 加强道路两侧树木养护，除及时修剪病虫害树枝外，在树木周围施工，不要损坏树木根系，防止树木遇大风倾倒或树枝折断伤人。

（2）社区公共设施要标示明确，提示清楚，便于操作和使用。

配电室、楼道配电箱要有注意安全等警示标志，小区公园小品景点、室内外健身器材要有使用须知，提示安全注意事项。

（3）社区公共设施要管理制度化，保证及时发现问题和隐患，及时整改，确保完好。

小区管理单位要将社区公共设施日常管理落实到人，实行管理责任制；要制定日常检查制度、维修保养制度，定期检查、巡查，确保设施完好、安全。

第三节　居民居住安全

居民居住安全主要指做好家庭用电安全、用火安全工作。近年来，居民火灾呈上升的趋势，主要是火险因素多，厨房炉具、家用电器使用不当，易燃易爆危险品的储存、使用不善，以及吸烟、小孩玩火等方面原因造成的。为此，大力开展防火安全宣传教育，使居民懂得家庭的火灾危险所在和防火的知识与措施，保障生命财产安全，是物业管理单位不容忽视的一个重要方面。

一、家庭安全教育知识

做好家庭安全知识教育，提高家庭成员的安全意识，是确保家庭用电安全、用火安全，防止事故发生的根本。许多事例充分说明，当家庭遇到危急情况时，包括老年人、幼儿在内的家庭成员，懂得处置方法、应急措施，就会避免事故发生。在此，主要阐述幼儿的家庭安全知识教育的基本要求。

1.  教育意义

儿童好奇心强，常常爱玩火，而且不顾环境后果。1980年12月29日，某市一居民家的两个孩子（3岁、5岁）在家玩火柴、蜡烛，引燃床上的易燃物成灾。火势迅速蔓延到邻近的饭馆、旅馆、商店、加工厂，燃烧面积达17300多平方米，受灾居民285户，烧死3人，经济损失达93.4万余元。

2. 安全知识

（1）告诉正确使用家用电器方法。使用电器，插销要插牢固；电视机、电脑等不要常时间使用。

（2）告诉正确使用火源的方法。不要私自使用、玩耍火柴和打火机，做饭时不要离开现场。

（3）讲清遇险时的自救方法。发现火情，会报警，即说清楚家庭住址、什么地方（物品）着火了，会逃生，即迅速到远离火源的房间（阳台、卫生间），能打开房门的就撤到楼外，并注意要弯腰匍匐或爬行；闻到液化气（天然气）的气味，不要动所有的电器开关，用毛巾捂嘴，迅速打开门窗。

3. 遇到的主要危险

（1）暑、寒假期间，小孩空闲时间较多，孩子们聚在一起，常以玩火开心取乐。有的家长上班或外出时，将孩子锁在家里，孩子玩火解闷，玩火取暖。

（2）玩具、文具等物品掉入床底、柜底后，孩子们往往划着火柴照明，不小心易将附近可燃物引着。

（3）夏季有的孩子点燃蜡烛或划着火柴，到易燃物品周围抓蟋蟀，结果引燃物品起火。

（4）小孩学大人的样子，点火吸烟，玩弄打火机等，常常将衣裤、床单等引燃。

（5）节日期间燃放鞭炮时，对小孩看管不严或不加看管，投掷的鞭炮掉进仓库和易燃品堆垛中，引起火灾。

4. 事故预防措施

（1）家长对自己的孩子要经常进行教育，将有关的情况和火灾案例讲解给孩子听，引导孩子从小就建立起防火意识。

（2）火柴、打火机等要放在小孩不易拿到的地方，平时不能将打火机当作玩物让孩子玩弄。家中的煤气灶、液化石油气炉灶等不要让孩子随意开启。

（3）家长外出时不能将孩子独自留在家中，更不能将其锁在室内，最好是委托邻居等照看。

（4）小孩燃放鞭炮家长要照顾看管，要告诉孩子哪些地方不准放鞭炮和烟花，正常不准用鞭炮、烟花对射、打闹等。小孩燃放鞭炮后，家长要进行检查，消灭火种，防止留下后患。

二、厨房安全知识

1. 液体石油气炉灶

1）结构及特点

液化石油气炉灶，由灶具和连接导管两部分组成。灶具分盘式炉、箱架式炉、红外线炉等，按引火形式可分为人工点火和自动点火两种。灶具与供气设备之间用导管连接，要采用耐压、耐油的夹布胶管。

液化石油气炉灶气源来自储存气钢瓶或管道。现在，油田家庭普遍使用的是15千克液化气钢瓶。

液化石油气是一种成分复杂的混合气体，无色透明，有臭味。其主要成分有丙烷、丁烷、丙烯、丁烯和其他碳氢化合物。平常居民所使用的液化石油气，是将这种气体加压使之液化输入钢瓶的。在常温下液态的液化石油气易挥发。液化石油气一旦逸出钢瓶，即由液态变成气态，体积能迅速扩大250～350倍，即1升液态液化石油气能变成250升以上的气体，而且比空气重1.5～2倍，往往停滞聚集在地板下面的空隙、下水道等低洼处，一时不易散开。液化石油气的爆炸极限约为2%～10%，热值较高，遇有明火会立即爆炸、燃烧，爆炸速度为2000～3000米/秒。有关试验表明，1千克的液化石油气爆炸威力相当于几千克梯恩梯炸药。管道供应的天然气是一种以甲烷为主的低级烃的混合物，具有易燃易爆特性。

2）主要危险

（1）因钢瓶和管道腐蚀或因连接导管老化破裂而造成液化气泄漏。

（2）炉灶设备不合格或破损、漏气。

（3）钢瓶内充装了过量液化石油气，在环境温度升高的情况下，瓶内液化气体剧烈膨胀，致使瓶体破裂。

（4）装有液化石油气的钢瓶靠近热源，使钢瓶内液态液化石油气迅速气化，压力随之增长，直到超过钢瓶允许压力而发生爆炸。

（5）钢瓶因撞击引起爆炸。

（6）角阀、减压器、炉开关、调风挡板失灵造成漏气。

（7）随意倒瓶，产生静电放电或挥发出的气体遇明火而起火。

（8）擅自处理残液或充装气瓶，引起燃烧爆炸。

3）预防事故措施

（1）必须严格执行液化石油气炉灶的管理规定，确保炉灶在完好状态下使用。

（2）装气的钢瓶不得存放在住人的房间。在厨房里，钢瓶与灶具要保持1～1.5m的安全距离，并保持室内空气流通。严防高温和日光暴晒，不得与其他火源同室布置。

（3）经常检查炉灶各部位，发现阀门堵塞、失灵、胶管老化破损等，要立即停用修理。如发觉室内有液化石油气味，要立即关闭炉灶开关和角阀，切断气源，及时打开门窗，严禁在周围吸烟、划火、开闭电气开关，并且熄灭相邻房间的炉火或关闭相邻房间的门窗进行隔离。检查泄漏点可用肥皂水，严禁使用明火试漏。

（4）炉灶点火时，要先开角阀后划火柴，再开启炉开关。如没有点着，应关好开关，等油气扩散后再重新点火。如果发现只有几个孔着火。火焰不稳定或发出扑扑声，以至将火扑灭，这是因为空气流量过大，可将调风板关小些。使用时，调节好进空气挡板，使火焰呈蓝色。

（5）用完炉火应关好炉灶的开关、角阀或户内供气管道上的阀门，以免因胶管老化泄漏、脱落或被老鼠咬破而使气体逸出。

（6）使用液化气炉灶不能离人，锅、壶不得装水过满，以防饭、水溢出扑灭炉火。

（7）不要让老人、小孩或病人以及不会使用的家庭成员或客人使用液化气炉灶。要教育小孩别玩弄钢瓶和开关等。

（8）钢瓶要防止碰撞、敲打。周围环境温度不得高于35℃，不得接近火炉、暖气等火源、热源，不得与化学危险品混存，更不能用热水烫、烘烤、火烧。

（9）钢瓶不能倾倒、倒置使用，以免液体流出发生危险。严禁用自流方法将油气从一个钢瓶倒入另一个钢瓶。

（10）不得自行处理残液，残液由充装单位统一回收。不许随意排放油气，更不得用残液生火或擦洗机械零件。

（11）发现角阀压盖松动、螺纹上反、手轮关闭上升等现象，应及时与液化气站联系，由他们派人处理，任何人不得私自处理。钢瓶不得带气拆卸。

4）相同的装置

与液体石油气炉灶相类似的装置还有热水器、天然气炉灶、烤箱等，都要采取上述预

防发生危险的措施，避免火灾事故发生。

5）家用天然气危险预防措施

（1）天然气管线的引火管要架空或在地面上铺设，不得埋入地下。管线的安装要由专业人员进行，个人不得乱拉乱接。

（2）天然气管线阀门必须完整好用，各部位不得漏气。严禁用其他阀门代替针开阀门。

（3）天然气连接导管两端必须用金属丝缠紧，经常用肥皂水检查是否漏气。严禁使用不耐油的橡胶管线作连接导管。

（4）在用户附近的进户线上，要设置相应的油气分离器，并定期排放混在管线内的轻质油和水。当发现灶具冒轻质油时，要立即停火，将轻质油排出后再点火。

（5）使用天然气炉灶前，要检查室内有无漏气或有天然气气味时，严禁动用明火或开、关电气开关。要打开门窗通风，及时查找漏气处。

（6）使用天然气炉取暖的火炕、火墙的烟道要畅通，烧火时如发现熄火，应隔几分钟后再点火。金属烟筒口距可燃建筑构件不应小于1m，烟筒口应装拐脖，防止倒风。

（7）天然气管线、阀门的维修，必须在停气时进行。停气、送气时，必须事先通知用户。新安装的管线、阀门应经试压、试漏检验合格后，方可使用。

2. 厨房器具

厨房器具主要包括电灶、电饭锅、电水壶和电烤炉等。

1）主要危险

（1）选用的电源线截面过小或维修后更换功率较大的元件，造成导线过负荷。

（2）导线绝缘损坏或用电线头直接插入插座而造成短路。

（3）厨房器具外壳温度较高，直接放在可燃物上或放在可燃物过近的地方或未及时拔掉电源插座引起可燃物着火。

2）事故预防措施

（1）按厨房器具功率大小合理地选用截面合适的导线，器具损坏后更换较大功率的元件时，必须及时更换导线，以免造成过载。

（2）由于厨房的湿度较大，所以要经常检查器具和线路的绝缘情况，防止因受潮而损坏。

（3）插销要完好无损，严禁用电线头直接插入插座，以防电源短路。

（4）器具的隔热材料要选择适当，不能用可燃物或熔点较低的材料隔垫，器具附近不许堆放可燃物品，以防引起火灾。

（5）使用时插上电源后要检查一下有无异常现象，用毕后要及时切断电源。

3. 炊事安全知识

炊事使用安全主要是指厨房内防火，厨房内除了炉灶和液化气（天然气）等以外，还有其他因素容易引起火灾。

1）主要危险

（1）在火炉上煮稀饭、煨（炖）肉类时，无人看管，溢出锅油遇明火燃烧，或溢出物将火扑灭，然而此时没有关闭阀门，致使燃气继续泄漏，当不慎使用电器开关或遇明火时爆燃。

（2）点燃火锅操作时，由于放置位置不当，将可燃物引着。

（3）油炸食品时，油锅加热时间过长，油温超过油的自燃点，即起火燃烧。

（4）油炸食品时，油过多或油锅搁置不稳食油溢出，遇火燃烧。

2）预防事故措施

（1）煮稀饭、煨（炖）各种肉汤时，应有人看管，汤不宜太满，在汤沸腾时要降低炉温或将锅盖打开，防止浮油外溢；遇到燃气不慎泄漏，千万不得开启电器开关，要及时开窗通气，确保安全时再使用电器（灯）。

（2）火锅在点火使用时，都必须远离可燃物或用阻燃物将其隔开。

（3）油炸食品时，油不能放得太满，搁置要稳妥。

（4）油温过高起火时，不要惊慌，可迅速盖上锅盖，隔绝空气灭火，熄灭火源，同时将油锅平稳地端离火源，待其冷却后才能打开锅盖。

三、家用电器安全使用知识

1. 照明器具：主要包括吊灯、壁灯、地灯、台灯、日光灯、变光灯等

1）主要危险

（1）照明灯具加上额定电压以后，灯泡表面温度就会逐渐升高，能烤燃邻近或接触的可燃物质而引起火灾。

（2）电压过高时，大功率灯泡的玻璃壳受热不均，或水滴溅在灯泡上引起灯泡爆碎，或使用不慎而将灯泡打碎等，使高温的灯丝落到可燃物上引起火灾。

（3）灯头接触部分接触不良产生火花，或在灯头与玻璃壳松动时因拧动灯头引起短路而引起周围可燃物起火。

（4）电器线路破损或接头松动，接触不良造成短路，接触电阻过大等，也会造成打火、过热引起火灾。

2）预防事故措施

（1）照明灯具必须与可燃物保持一定安全距离。白炽灯、高压水银灯与可燃物之间距离不应小于0.5米，且不准用纸、布等可燃物包裹灯泡。

（2）照明灯具正下方不准堆放可燃物品。

（3）照明灯具所采用的导线必须与环境和灯具的功率相适应，且忌乱接拉灯线和随意更换功率大的灯泡。

（4）灯泡距地面高度一般不应低于2m，如必须低于此高度时，应采取必要的防护措施；灯泡安装在易受撞的场所，应有金属或其他网罩防护。

（5）日光灯和高压水银灯的镇流器不准安装在可燃天花板和木质墙壁上，若必须安装，应用隔热的不燃材料进行隔离。

（6）镇流器的电压必须与灯具的电压与容量相同，配套使用。

2. 空调器具，主要包括电风扇、空调器、空气清洁器和空气去湿器等

1）主要危险

（1）安装时电源线绝缘损坏，造成短路或接点不牢，造成接触电阻过大而打出火花或

产生电弧。

（2）空调器具所使用的电压与电源电压不符，或不做保护接地或接地线接触不牢等。

（3）空调器的电动机受潮，绝缘降低，发生短路。

2）事故预防措施

（1）安装时，空调器具的电压必须和电源电压相符同时要做好保护接地。

（2）电源线要选择适当，安装时要防止绝缘损坏或接触不良等。

（3）根据安装环境的特点，分别选用带有防潮、防腐蚀、防火等安全装置的空调器具。

（4）空调器具要保持干燥，严禁受潮，以免电动机绝缘性能降低发生短路。

（5）要经常对使用的器具、线路和插座、插头进行检查维修，使之始终处于良好运行状态。

（6）在使用中，发现有烧焦、冒烟和异常现象时，应立即停止运行，及时检查维修，排除故障。

3. 电熨斗

1）主要危险

（1）电熨斗在工作时温度较高，一般可达 180～300℃，如用后将电熨斗放在布或木案上（布、木材的燃点都在 300℃以下）容易引起布或木案着火。

（2）安装时电源线绝缘损坏造成短路，或接点接触松动造成接触电阻过大等而打出火花或产生电弧。

（3）停电或者间歇不用时未切断电源，或虽切断电源但没有放于电熨斗架上，而放在木案或布料上，余热引燃木案或布料而起火。

2）事故预防措施

（1）使用电熨斗时应注意铭牌上所规定的电压，应与电源电压相符合，如为接地的电熨斗应接地（三芯线中的一根是接地线，一般为黑线，切勿接错）。

（2）电熨斗在使用过程中不要离人，间歇使用或不用时应切断电源并将电熨斗竖起来放置，不要放在工作台或可燃物上。

（3）自动调温电熨斗，在使用前应根据需要调节温度，并在用完后将调温旋钮复位。

（4）搁放电熨斗的基座必须耐火隔热，基座的材料一般要求不燃烧、不导电。

（5）电熨斗在熨完后待底板温度降至室温时，要将导线绕好置于干燥处保存，防止电热元件受潮，降低绝缘性能。

4. 洗衣机

1）主要危险

（1）电源线绝缘层损坏造成短路或导线的接点松动造成接触电阻过大等原因打出火花，产生电弧，有可能引起火灾。

（2）经常使用使洗衣机内的线圈受潮而绝缘性能降低，长时间使用或过负荷运行造成绝缘被击穿，有可能引起火灾。

（3）保险丝截面过小或过大，插座破损导线裸露等，都有可能引起火灾。

2）事故预防措施

（1）正确选用洗衣机的连接导线，连接导线上的各点必须接触紧密牢固。

（2）要接好接地保护线（注意接地不宜接在暖气管道或自来水管道上）。

（3）经常检查导线及其他部分的绝缘情况，防止电动机、电容或导线等受潮绝缘水平降低。

（4）要合理选用洗衣机开关用的保险丝，防止截面过大或过小。

（5）插销必须完好，禁止使用裸线头代替插头插入插座。

（6）防止电动机过载运行，发现电动机过热，转速明显下降等情况时，应立即停止运行，防止烧坏电动机引起火灾。

（7）洗衣机不允许易燃易爆场所使用，以免造成火灾爆炸事故。

5. 清洁器具，主要包括吸尘器、地板上蜡机、地板擦光机等

1）主要危险

（1）电源电压与标注的电压不符，或电源线选择不当，造成绝缘损坏，短路打火。

（2）电源线或各部件接触不良，造成接触电阻过大。

（3）使用环境温度过高或使用时间过长（1小时以上）造成电动机发热烧毁。

（4）在存在易燃易爆危险品的房间使用清洁器具，造成起火爆炸。

（5）使用清洁器具时缺乏维修保养，造成起火爆炸。

（6）插销损坏或保险丝熔断打火。

2）事故预防措施

（1）使用前要接好电源线和地线，各部件应装配良好，接触紧密，使用电压必须与设备铭牌要求一致。

（2）使用环境温度不宜过高（一般不超过40℃），并要求通风良好。

（3）不允许在易燃易爆场所使用无防爆装置的清洁器具。

（4）使用时间不要过长，一般不超过1个小时为宜，以免电动机过热烧坏。

（5）经常检查维修，使之始终处于良好状态。

（6）合理地选用保险丝，防止经常爆断。

（7）插销要完好无损，如有损坏要及时维修、更换。

6. 电视机（电脑）

1）主要危险

（1）高压放电。主要是因为电视机中的主要部件显像管的第二阳极需要很高的电压，一般黑白电视机需要 8000～17000V 的高电压，彩色电视机还高，大屏幕的电视机则更高。由于电压高，就容易发生放电现象，放电时能使电视机的塑料零件等可燃物着火。

（2）雷击。远离电视发射台的地方为了提高接收效果，往往装有室外天线，若防雷措施不当会遭受雷击引起火灾。另外，因导线的规格选择不当或电源线绝缘受损或长时间使用（电源未切断）等原因，也会引起火灾。

（3）击穿短路。电视机中的部件行输出变压器上的电压很高，有时会发生打火或因绝缘不良而击穿短路，使高压包起火。

（4）通风不良。电视机在工作时，机内温度会逐渐升高，尤其是夏季气候炎热，在气

温高、湿度大的情况下，如果通风不好，散热条件差，机内温度易超过允许界限而发生爆炸，以致造成火灾事故。

2）事故预防措施

（1）电视机不能放在有易燃易爆危险品的液体和气体附近，以防电视机放电打火引起燃烧爆炸。

（2）雷雨天不宜用室外天线收看电视节目，如用室外天线，一定要装有地线，同时要有防雷设施。

（3）收看完电视节目后，一定要拔掉插头，以防雷击和烧损电视元件。

（4）电视机要放在通风良好的地方收看，不要放在柜中和木箱中，以免影响散热。在夏季天气闷热时，看电视不宜时间过长，最好采用电风扇吹风散热等措施。

（5）对电源绝缘情况、插座插头、接地线、避雷器等注意检查维修，使之始终处于良好状态。

（6）在收看时，一旦发现荧光屏上出现异常现象或闻到焦糊气味时，要立即关机，拔掉电源插头，及时检修。

（7）电视机一旦着火，千万不能用水浇，应先拔掉电源插头，用二氧化碳灭火器、干粉灭火器等扑救或用棉被盖封窒息。

7. 收音机（扩音机、收录机）

1）主要危险

（1）电子管收音机和扩音机内部都装有变压器，当温度升到105℃左右时，漆包线就会熔化，绝缘电阻降低，线圈的绝缘层就会被击穿，造成短路，从而电流增大，温度升高，达到绝缘材料的燃点，引起绝缘材料燃烧。

（2）由于不注意检查、维修和保养，造成电源线路老化，接头插座松动，接触电阻过大或没有避雷装置遭到雷击或长时间使用忘关闭等，都会造成收音机、扩音机、收录机的着火，从而引起火灾事故。

2）事故预防措施

（1）采用的电源线截面应与器具相符，使用时注意保护，防止磨破绝缘层造成短路。

（2）使用的电源插头要完好无损，如发现有损坏等现象，要及时修复更换。

（3）使用室外天线绝缘器具时，要安设避雷装置，并做好接地工作。

（4）使用过程中要注意发现异常现象，且时间不要过长，一般不宜超过4个小时，尤其是夏季更应注意。

（5）不能安放在潮湿的地方，要通风干燥。

（6）用完后一定要切断电源。

8. 电热宝（电坐垫、电褥子）

1）主要危险

（1）选用的取暖设备质量差或者规格不当。

（2）电源线选择的规格不符或接头连接不牢，造成接触电阻增大。

（3）因导线过载或绝缘损坏，造成线路短路。

（4）电褥子里面的电热元件接触不牢而打火。

（5）使用时间过长或用完后忘记切断电源，烤着可燃物引起火灾。

（6）电褥子被小孩尿湿造成短路，或折叠使用等，也会引起火灾事故。

2）事故预防措施

（1）合理选用和正确使用取暖器具，特别是要注意器具的额定电压与家中所用电压是否相同。

（2）电源线选择要合理，连接要紧密。

（3）发现导线有过热或绝缘损坏等现象，应及时更换导线，以防止发生短路。

（4）电热元件如有接触不牢现象，应及时维修。

（5）使用的电源插座要保持完整好用。

（6）使用时间要掌握恰当，不要过长，用完后，要切断电源。

（7）如被小孩尿湿不应继续使用，更不能折叠使用，烘干后再使用。

9. 电热器具

电热器具包括电炉、电烙铁、电烘箱等，其功率一般都比较大，其发热元件一般都是铁路铝合金制成的螺旋形或其他形状的电阻丝，温度比较高，可达 700～1100℃，使用中麻痹大意就会引起火灾事故。

1）主要危险

（1）安置的位置不当或绝缘材料损坏，如在易燃易爆现场所使用开启式电热器具，或将电烙铁放在可燃物上，或电炉周围存放可燃物等，都会引起火灾事故。

（2）导线选择不当或安装时将绝缘材料损坏或导线过载、电热元件短路等，有可能引起火灾。

（3）温度过高或使用时间过长烤着附近可燃物。

（4）电源插头使用不当或损坏造成短路起火。

（5）违章使用、操作或管理不严。

2）事故预防措施

（1）合理使用和正确安装电热器具。

（2）认真检查绝缘性能和采取合适的隔热措施。

（3）严格选用导线的型号和截面，安装时各接点必须紧密牢固，防止接触不良。

（4）使用中发现导线老化、破损或电热元件损坏等现象时，应及时更换，以免短路引起火灾。

（5）使用电热器具时防止通电使用时间过长，并注意控制温度。

（6）电源线和电源插头都要完好无损，如发现有损坏现象，应及时更换或维修，不准凑合使用。

（7）使用电热器具必须有专人管理，并严厉违章使用。

（8）电热器具在用完后要及时切断电源。

（9）电炉使用的电源线截面必须和电炉的功率相匹配，以防导线过负荷引起火灾。

（10）电炉应有单独的线路供电或专用的插座，不许与其他电器设备共用一个插座。

（11）电炉应放在由泥砖、石棉板等非燃烧材料制作的基座上。

（12）电炉的引出导线应加石棉、瓷管等耐高温绝缘套管保护。

（13）电炉必须有良好的绝缘接地保护。

（14）使用电炉应有专用的房间和地点，不应随便将电炉移往其他房间和地点使用，在有可燃或易燃气体、液体、蒸汽和粉尘的房间及各种物资仓库内，不准使用电炉。

（15）电炉附近不许堆放可燃物，与可燃物保持一定的距离。

（16）使用电炉时必须有专人看管，无人看管时应切断电源。

（17）如遇停电，应及时将电源切断。

（18）使用电烙铁必须安放在不燃、隔热的基座上，并远离可燃物。

（19）电烙铁的引出线必须完好，中间不得有接头。

（20）快热式电烙铁每次连续通电的使用时间一般不得超过 2min，否则会烧坏变压器而引起火灾。

（21）长时间使用或用完后必须拔掉插销，并切断电源。

10. 电冰箱

1）主要危险

（1）电冰箱火灾一般是由爆炸引起的，这是因为人们在使用电冰箱时，把一些沸点低、闪点低的化学危险物品或药品放入电冰箱内保存。由于电冰箱所使用的都是非防爆型电器，尤其是温控器，电源自动切换，控制元件的触点会迸发出电火花。当电冰箱内温度在 0℃ 左右时，闪点低于 0℃ 的物质在箱内会挥发出一些可燃气体，与空气混合后形成爆炸性混合气体，这样遇到明火或电火花就会引起燃烧和爆炸。

（2）电源线路、插头、插座等因接触不良造成接触电阻过大或导线裸露与其他导线、金属接触造成短路等原因，也会引起线路、附近可燃物等着火。

（3）因通风不好，电冰箱的散热板热量发不出去，达到一定的热量也会引起周围可燃物自燃引起火灾。

2）事故预防措施

（1）严禁存放易燃易爆等化学危险物品，若确实需要存放时，应采取绝对安全的措施。

（2）经常检查和维修冰箱的电器线路，尤其是电冰箱的电源自动切换开关要经常检查和保养，发现问题及时维修，使之始终处于完备、安全、好用的状态。

（3）电冰箱要放置在通风良好的地方，并且不得用棉被等可燃物盖，以免影响热量的散发。

（4）教育小孩不要随意开、关冰箱拉门、自动切换开关，防止触电和损坏电器装置。

另外，医疗、科研、大专院校等单位的实验室，为保障储藏易燃易爆化学试剂的安全，最好不要用普通家用电冰箱而用实验室专用安全冷藏箱，即防爆冰箱。

四、家庭吸烟、易燃物品、烟花爆竹使用安全知识

1. 吸烟

1）烟头

烟头虽是不大的热源，但它能引起许多物质燃烧。烟头的表面温度为 200～300℃，中心温度为 700～800℃。一支香烟延烧时间为 4～15min。纸张、麻绒、布匹、松木等

可燃物质的燃点都低于烟头的表面温度。有关试验表明，烟头扔进深度为 5～10cm 的刨花中，有 75% 的机会经过 60～100min 开始燃烧。

烟头的烟灰在弹落时，有一部分呈不规则的颗粒，带有火星，落在干燥、疏松的可燃物上也会直接引起燃烧。

2）主要危险

（1）不分场合随便吸烟，如在化工生产单位和木工车间等禁火区内吸烟。化工生产设备常有跑、冒、滴、漏现象，而泄漏出来的大多是可燃气体和蒸汽。这些气体的点火能量很低，一般都在 1mJ 以下，遇到火星就可能引起燃烧爆炸。在木工车间乱丢烟头，易使刨花、锯末阴燃。

（2）违章吸烟，如维修汽车和清洗机器、零件时吸烟。这些作业大都用油盒或油桶、易燃液体挥发，操作人员手上沾有溶剂，如就地点火吸烟，极易引起燃烧。

（3）乱扔烟头和火柴杆。有的吸烟人，烟头和火柴杆没有弄灭就随手乱扔，如果掉进棉花、木屑、纸张、柴草等可燃物里，会慢慢阴燃。

（4）躺在床上、沙发上吸烟。一些人习惯在床上吸烟，也有的躺在沙发上吸烟，特别是醉酒后，常常是烟未吸完，人已睡着，结果烟头燃着了被褥、蚊帐、沙发等。

（5）把未完全熄灭的烟头塞入衣服口袋后，将衣服挂进室内，结果引燃衣物。

（6）将未熄灭烟头从窗外扔出，引燃楼下居民堆放的可燃物起火。

3）事故预防措施

（1）在一切易燃易爆部位、物资仓库和其他要害场所，以及挂有"禁止烟火"的警示牌的地方，都应自觉不吸烟。

（2）维修汽车和用有机溶剂清洗机器零件时，维修人员不准吸烟，需要吸烟时应远离油盆、油桶，吸烟后应将烟头熄灭。

（3）吸烟人必须注意：吸剩的烟头和划过的火柴杆一定要熄灭，放到烟灰缸里。不要躺在床上或沙发上吸烟，卧床和老弱病残者更不要吸烟，以免发生危险。

（4）烟头引起的火灾往往发现较晚，这是因为烟头阴燃其他可燃物质的时间较长，火灾隐蔽性强，不易被发现。因此，吸烟者应该格外当心，不能随意扔烟头，以免发生火灾。

2. 易燃物品

易燃物品主要包括蚊香、蜡烛，用于家庭车辆的汽油，用于装饰的油漆，以及香蕉水、泡沫塑料等，如果保管不当或使用中不加小心，极易引起火灾。

1）火灾危险性

（1）在居室、厨房、库房内存放大量汽油、柴油、电石等易燃易爆物品，因温度、湿度适宜而挥发或器皿破裂，易燃易爆物品外溢，触及明火发生燃烧。

（2）住宅周围的楼梯、过道间等公共走廊、通道上堆积大量草包、果筐、油苫、煤坯、木（料）刨花等可燃物品，遇到明火起火迅速蔓延。

（3）夏季或使用蚊香熏驱蚊子时，将点燃的蚊香放在靠近蚊帐、床单、沙发等可燃物附近，或直接放在地板上，引燃可燃物。

（4）家庭油漆家具时，油漆等物品保管使用不当，引起火灾。

2）事故预防措施

（1）家庭居室、厨房、库房、棚厦等，都不得储存汽油、柴油、煤油、电石等易燃易爆物品。凡生产、储存易燃易爆物品及其有关的物品的家庭，必须经当地公安、消防机关审批同意，并加强防火管理，在住宅明显位置上设置"禁止烟火"防火警示牌。

（2）住宅楼梯、走廊等公共通道上严禁堆放草包、果筐、纸盒、木材等可燃物，自家存放煤、劈材等杂物的棚厦，要定期进行清理，分类存放。

（3）使用蚊香时，与木制家具、床铺、蚊帐等可燃物的距离，最小不得少于1.5m，放在地板上要用金属架支起并放在盘子里，且不要放在风口处，以防火星被吹落到可燃物上。

（4）家庭使用蜡烛照明时，要特别小心，不能直接插在木板上，不能放在纸张等可燃物附近，用完后要及时熄灭，严禁将蜡烛带到棚厦等可燃物集中的地方照明。

（5）油漆家具的油精、香蕉水和硝基木器清漆，要用多少买多少，随用随买，存放地点必须安全可靠，不能接触明火和高温。刚油漆完的家具不能用火炉和大功率的白炽灯或卤钨灯烘烤。

3. 烟花爆竹

烟花爆竹是爆炸物品，居民在保存燃放中，稍有不慎，极易发生火灾。

1）主要危险

（1）居民将买回的鞭炮放置地方不当，有的放在火炉灶周围烘烤，有的放到火炕下面、暖气上面，这样都有可能在室内引燃鞭炮造成火灾。

（2）燃放鞭炮时不注意周围环境是否安全。住楼房的居民有的从窗口或阳台上朝下放，不顾下面有无可燃物。住平房的居民有的在室内走廊上燃放，有的朝附近工厂、仓库燃放。

（3）将燃着的鞭炮相互扔掷，有的直接插在筐里、木刨花堆里，还有的放在门缝里、窗台上，极易引燃可燃物。

（4）大量燃放鞭炮之后，不注意进行安全检查，致使带火的纸屑被风吹到可燃物上，引着起火。

2）事故预防措施

（1）居民购置烟花爆竹时，要严格按照当地公安消防机关的规定，不得购买明文规定不允许出售的（如拉炮、摔炮、钻天猴等）飞行无定向、危险性极大的烟花爆竹。

（2）到商店、货摊购买鞭炮时，要轻拿轻放，不能吸烟或动用其他火源。

（3）在家中保存鞭炮，要远离火源、热源，严禁烘烤、摔打、摩擦，不得放在与电视机、电冰箱等贵重物品邻近的地方。

（4）燃放烟花爆竹时，要自觉遵守当地公安部门颁布的有关规定，不得在室内、走廊、阳台上燃放；要远离工厂、仓库、影剧院、农贸市场等物资集中、人员稠密的场所。

（5）不准用燃放着的鞭炮打闹。燃放完烟花爆竹后要对周围情况进行检查，确认无火种后方能离开。

第四节 公共设施（场所）安全

公共设施（场所）社会性强，做好公共设施（场所）安全工作十分重要。

一、公共设施（场所）的主要危险

（1）公共设施设计、施工缺陷。路灯、楼道配电箱无接地线，或不规范；雨水和污水检查井井盖毁坏、不牢固；供电线路线径小，不能满足用电需要等。

（2）公共设施管理不善，破损严重。小区道路、人行道裂缝大、出现塌陷和突起现象；室外健身器材、石桌石凳没有及时保养、维修，致使出现断裂、不稳定现象。

（3）超市、理发店、饭店、舞厅使用的可燃物多，存在安全隐患，不按规定使用电器设备，堵塞消防通道等。

（4）幼儿园、活动室等文化活动场所人员相对密集，没有应急预案，不按规定设置、使用消防器材，堵塞消防通道等；举办活动没有告知安全注意事项和应急措施。

（5）公共设施（场所）安全警示标志不明显，或缺失，安全使用注意事项提示不清，或没有提示。

（6）户外大型广告年久失修，出现锈蚀、断裂现象。

（7）树木养护不到位，或擅自损坏树木根系，遇到恶劣天气容易倾倒。

二、公共设施（场所）事故预防措施

1. 公共场所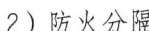

1）防火间距

公共场所在建设时，应与其他建筑物保持一定的防火间距。一般公共娱乐场所与生产厂房、库房之间应留有不少于 50m 的防火间距。在公共娱乐场所的上面、下面或贴邻位置，不准布置燃油、燃气的锅炉房和油浸电力变压器室，建筑物本身不应低于一、二级耐火等级，最低不应低于三级。

2）防火分隔

在建筑设计时应当考虑必要的防止火灾蔓延的措施。对超市、剧院等建筑，内饰应采用不可燃材料，耐火极限符合规定要求。

3）疏散出口

安全疏散出口，应当根据人流情况合理设置，数目不应少于两个，且每个安全出口平均疏散人数不应超过 250 人。疏散走道的宽度，应按其通过人数每 100 人不小于 0.6m 计算，但最小净宽不应小于 1.0m。边走道不宜小于 0.8m。入场门、太平门不应设置门槛，其宽度不应小于 1.4m。紧靠门口 1.4m 以内不应设置踏步。同时，太平门必须向外开，并应装置自动门闩，以利人员顺利疏散，不致摔倒挤伤。

疏散通道的管理。保证公共场所的安全疏散，日常的管理也是至关重要的。从火灾统计情况看，公共场所之所以在营业时发生火灾伤亡惨重，都是由于没有保证太平门畅通的缘故。因此，营业时，必须保证太平门畅通，绝不允许将太平门封堵、上锁，或在疏散走

道上放置任何影响疏散的物资。观众厅内不准增加临时座位，无票观众不准在疏散通道上观看，以确保安全疏散。同时还应加强对公共场所工作人员的培训，掌握组织疏散群众的方法和要求，并制定切实可行的疏散计划，根据座位的分布情况和疏散门的位置，划区定门，指定专人落实措施。在营业时，靠太平门外应留有服务员的固定座位，以便能在事故情况下及时开门引导观众顺利疏散。

4）维修保养

公共设施，小区道路、人行道裂缝大的，要及时修补；出现塌陷和突起现象，要按要求维护，恢复原貌；室外健身器材要及时润滑、刷漆保养，石桌石凳要采取措施加固，防止出现倾倒伤人。

2. 电源与火源的管理

1）电器设备的安装与使用

对公共场所，其用电设备应按要求负荷供电。连接的各条线路，必须绝缘良好。所有移动灯具都应采用橡胶电缆线。屋顶内有可燃结构时，其配电线路应采取穿金属管保护。对超过60W的白炽灯、卤钨灯、荧光高压汞灯（包括镇流器）等，不应直接安装在可燃装修物或可燃构件上。

2）严格控制和使用各种明火

公共场所不准随便动用任何明火。禁止使用电炉、火炉取暖，禁止使用液化石油气灶。

3. 幼儿园

1）防火安全管理

定期对幼儿保教人员进行安全教育，可聘请当地消防专业干部专题授课教育，提高对防火安全重要性的认识，人人懂得防火知识和发生火灾后的处置方法，会用灭火器材扑灭初期火灾。同时，因势利导地对幼儿进行普通的防火安全宣传教育，教育儿童不做玩火游戏，同时教师、保育员用的火柴、打火机等火源，要妥善保管，放置在孩子拿不到的地方。定期进行防火安全检查，督促检查厨房、锅炉房等单位搞好火源、电源管理。

2）建筑物安全要求

（1）幼儿园建筑宜单独布置。工矿企业的幼儿园应布置在生活区。

（2）附设在居住等建筑物内的幼儿园，应用耐火极限不低于1h的非燃烧体墙与其他部分隔开；设在幼儿园主体建筑内的厨房，应用耐火极限不低于1.5h的非燃烧体墙与其他部分隔开。

（3）幼儿园的安全疏散出口不应少于2个；每班活动室必须有单独的出入口；活动室或卧室门至外部出口或封闭楼梯间的最大距离，位于两个外部出口或楼梯间之间的房间，一、二级耐火等级为25级，三级为20m；位于袋形走道的房间，一、二级为20m，三级为15m。

（4）活动室、卧室的门应该向外开，不宜使用落地式玻璃门；疏散楼梯的最小宽度不宜小于1.1m，坡度不宜过大；楼梯栏杆上应加设儿童扶手；疏散通道的地面材料不宜太光滑；楼梯间应采用天然采光，其内部不得设影响疏散的突出物及易燃易爆危险物品管道。

（5）为了便于安全疏散，幼儿园为多层建筑时，应将年龄较大的班级布置在上层，年龄较小的布置在下层。

（6）幼儿园的院内要保持道路通畅，其道路、院门的宽度不应小于3.5m；院内留出幼儿活动场地和绿地，以便火灾时用作消防灭火和人员疏散用地。

3）设备安全要求

（1）幼儿园的采暖锅炉应单独修建，并且锅炉和烟囱不能靠近和穿过可燃物、可燃结构，要加设防护栅栏，防止幼儿玩火，室内的暖气片也应设防护罩，以防烤燃可燃物品和烫伤幼儿。

（2）幼儿园的电气设备应符合电气安装规程的要求；电源开关、电闸、插座等距地面应不小于1.8m。

（3）幼儿园不宜使用台扇、台灯等活动式电器，应选用吊扇、固定照明灯。

（4）托儿所、幼儿园的用电乐器、收录机等，应安设牢固可靠，电源线应合理布设，以防幼儿触电，引起火灾事故。同时，要对幼儿进行安全用电的常识教育。

楼道堆物隐患多

楼道堆放的杂物很容易成为住宅火灾的发源地。楼道上的废弃物多为木制品、棉制品、纸制品等可燃物，稍遇明火极易引发火灾。

楼道是居民行走的通道，如有人抽烟随便乱扔烟头、儿童玩火、燃放爆竹，都容易引起火灾事故。因为，堆放杂物的楼道往往是住宅火灾蔓延的通道。

很多火灾案例告诉人们，楼道堆放杂物还堵塞了居民疏散逃生的通道。居民住宅楼道本来就窄，堆放杂物后，不便于人员通过，一旦发生火灾，严重影响逃生。

为了人的生命和财产安全，请不要在楼道堆放杂物。

专家提示2

危急时刻怎样拨打"110"

许多人都知道在遇到危险或紧急情况时要拨打报警电话"110"，但是，当困难或危险真正降临的时候，许多人却不知如何正确拨打"110"。

"110"报警服务台以维护治安与服务群众并重为宗旨，除负责受理刑事、治安案例外，还接受群众突遇的、个人无力解决的紧急危难求助。

（1）下列情况拨打"110"报警。

①正在发生杀人、抢劫、绑架、强暴、伤害、盗窃、贩毒等刑事案件时；

②正在发生扰乱商店、市场、车站、体育文化娱乐场所的公共秩序，发现聚众赌博、

卖淫嫖娼、贩毒吸毒、结伴斗殴的治安案件时；

③发生各种自然灾害时；

④水、气、热等公共设施出现险情，威胁公共安全、人身安全或财产安全，破坏了工作、学习、生活秩序，需要公安机关先期紧急处置时；

⑤发生溺水、坠楼、自杀等情况，需要公安机关紧急救助时；

⑥突遇危险无力解决时，如老人、孩子以及智障人员、精神病患者走失，需要公安机关在一定范围查找时；

⑦要举报违法犯罪线索时。

（2）电话报警有3项注意。

①一定要在就近的地方抓紧时间报警，越快越好；任何有电话的单位、个人及公用电话都应为报警人提供方便。

②报警时要按民警的提示讲清报警求助的基本情况，现场的原始状态如何，有无采取措施，犯罪分子或可疑人员的人数、特点、携带物品以及逃跑方向等；打"110"还要提供报警人的所在位置、姓名和联系方式。

③没有特殊情况，报警人在报警后应在报警地等候。要注意保护案发现场，除了营救伤员，不要让任何人进入。

专家提示3

参加大型活动时遇到意外怎么办

如果在参加大型活动时遭遇意外的话，良好的心理素质是顺利逃生的最重要因素。

如果遇到意外情况，一定要保持镇定，不要盲目逃生，否则越挤越乱，场面会变得难以控制。只有保持冷静的情绪，理智应对，才能有序地撤离危机现场。

当预感危机将要发生时，作为活动的管理者和组织者应迅速采取应急措施。在大型的群众聚集场所，如大型演出现场、大型商场等，要及时采用隔离设施阻止人群过分拥挤，如设置隔离墩、栅栏等；当发现行进的人群中有人摔倒时，作为管理者，要迅速发生或制造出一声巨响（可故意摔破某种东西），以此来转移行进人群的注意力，借他们停下脚步的时候，大声命令他们原地不动，使摔倒者赶快站起来，以免发生踩踏。

在大的公共场所，参加人数众多的大型活动时，要听从指挥，有秩序地进出。要严防拥挤，堵塞，造成混乱。

1. 注意事项

（1）保持镇定，双脚站稳。

（2）要尽可能地利用地形和各种物品，选定逃生路线，尽快远离人流。

（3）当卷入混乱的人流时，最好趁早将领带解掉，领扣解开，不要将手插入口袋，不要做手指交叉等动作。

（4）多人一起行动时，可采取肩并肩、手拉手的方式，脚站稳，用肩和背承受外来的压力，避免被挤倒。

（5）应特别注意不要被挤到墙角或栅栏旁边，失去活动的余地，要随人流行动，不要被他人绊倒。

（6）如果身不由已被人群拥着前进，要用一只手紧握另一手腕，双肘撑开，平放于胸前，要微微向前弯腰，形成一定的空间，保证呼吸顺畅，以免拥挤时造成窒息晕倒，并避免使内脏受挤。

（7）如果自己被人推倒在地上，这时一定不要惊慌，应设法使身体靠近墙根或其他支撑物，把身子蜷缩成球状，双手紧扣置于颈后，虽然手臂、背部和双腿会受伤，却保护了身体的重要部位和器官。

（8）参加大型活动尽量穿平底鞋，高跟鞋比较容易失去平衡。

2. 典型案例

第二届北京密云迎春灯展 2004 年 1 月 31 日开幕。前 5 天，每天有 2000 名至 3000 名游人自发到现场观灯。2 月 5 日是农历正月十五，晚上公园游人剧增，达到 3 万人至 4 万人，白河两岸观灯游人约 4000～5000 人。

大量群众由白河东岸过拱型的彩虹桥到西岸观灯。桥上西侧下坡处一游人跌倒，其身后的游人向前拥挤，造成踩死挤伤游人的特大意外事故，导致 37 人死亡、37 人受伤。

3. 专家点评

造成此次事故的直接原因是，事发当晚，到公园观灯的群众增多，又有人传产桥西侧要放烟花。所以短时间内通过彩虹桥到白河西岸观灯的人员大增，而负责安全保卫的执勤人员没有到岗，现场没有人对游人进行组织、控制和疏导，加之部分游人被桥面西侧台阶破损上翘的金属压条绊倒，而且桥的坡度较陡，桥东侧游人看不到桥西侧发生的情况，仍继续由东向西拥挤，导致部分游人在桥西侧跌倒后相互挤压，造成特大伤亡事故。

专家提示 4

管道疏通作业严防发生中毒

为保证地下管疏通作业的安全，防止毫无防备的作业人员发生急性中毒事故，必须采取有效的安全措施。

城市下水管网中的污水包括经过净化处理的工业污水、城市的生活污水。这些污水中的有毒物质主要来源有三个方面：工业污水中所含的有毒有害物质；为净化工业污水而使用的有毒有害物质；生活污水中产生的有毒有害物质。

为保证地下管道疏通作业的安全，防止毫无防备的作业人员发生急性中毒事故，应采取相应的安全措施。

1. 加强管道工作人员的安全教育和培训

许多作业人员对这项工作存在的危险因素不清楚，缺少防毒措施，尤其是一些单位在地下管道作业中，大量使用农民工，他们对此项作业的危险性及应采取的安全措施几乎一无所知。

2. 建立健全安全操作规程

把正确的操作程序、具体的安全措施等制定详细，让作业人员一看就知道应该做什么，应该怎样做，使作业人员有章可循，照章办事。

3. 推行操作票制作

作业前，要采取安全确认制的做法，推行安全操作票制度。操作人员、项目负责人、分析人员、监护人、单位领导层层负责，人人把关，就能从制度上保证作业的安全。

4. 置换通风

地下管道长期处于半封闭的状态，缺少空气，氧气更少，但当井盖打开以后，易燃易爆气体与空气混合，形成爆炸性气体，此时如果进行管道维修和焊接等作业，就会有燃烧爆炸的危险。因此，在作业前必须先充入二氧化碳或氮气进行置换。置换以后，为防止地下作业中毒事故的发生，在作业前还必须进行通风。

5. 按时进行安全分析

安全分析的项目主要有三项：

（1）易燃易爆气体的含量分析（动火作业前必须分析）。

（2）氧含量的分析即氧含量为19%~22%（体积比）为合格。

（3）有毒气体含量分析。有毒气体含量应符合国家卫生标准。

6. 必须有人监护

监护人应由熟悉作业技术、懂得安全知识、会进行现场急救的人员担任。

7. 正确使用防毒面具

地下管道疏通作业中有时尽管采取了积极措施，但仍会有一些不安全因素无法排除。按规定穿戴好各种防护用品就可以避免这些危险因素对人的伤害。在作业中，主要是要正确佩戴防毒面具，以防中毒，绝不能因救人心切，就忘记戴防毒面具或只戴过滤式防毒面具。

第十五章
安全生产法规基本知识

近年来，中国建立了一系列的安全法规和标准，建立起较为严谨完善的安全生产管理体制，探索和推行了一系列安全生产管理方法。认真遵守安全生产法律法规，做好安全生产是企业的社会责任，也是企业员工应尽义务。

本章主要介绍安全相关的法律法规和企业安全生产管理主要制度。

第一节 国家安全生产法律法规知识

一、宪法

《中华人民共和国宪法》（以下简称《宪法》）是国家的根本大法，是其他法律、法规制定的准则，具有最高的法律效力。宪法中对安全生产有原则性条款，第四十二条规定："中华人民共和国公民有劳动的权利和义务。国家通过各种途径，创造劳动就业条件，加强劳动保护，改善劳动条件，并在发展生产的基础上，提高劳动报酬和福利待遇。劳动是一切有劳动能力的公民的光荣职责。国有企业和城乡集体经济组织的劳动者都应当以国家主人翁的态度对待自己的劳动。国家提倡社会主义劳动竞赛，奖励劳动模范和先进工作者。国家提倡公民从事义务劳动。国家对就业前的公民进行必要的劳动就业训练。"第四十三条规定："中华人民共和国劳动者有休息的权利。国家发展劳动者休息和休养的设施，规定职工的工作时间和休假制度。"第四十八条规定："中华人民共和国妇女在政治的、经济的、文化的、社会的和家庭的生活等各方面享有同男子平等的权利。国家保护妇女的权利和利益，实行男女同工同酬，培养和选拔妇女干部。"《宪法》中所有这些规定，是中国职业安全健康立法的法律依据和指导原则。

二、刑法

《中华人民共和国刑法》（2011年修正）对违反各项安全管理法律法规规定，情节严重者的刑事责任做了规定。

第一百三十四条规定："在生产、作业中违反有关安全管理的规定，因而发生重大伤亡事故或者造成其他严重后果的，处三年以下有期徒刑或者拘役；情节特别恶劣的，处三年以上七年以下有期徒刑。

强令他人违章冒险作业，因而发生重大伤亡事故或者造成其他严重后果的，处五年以下有期徒刑或者拘役；情节特别恶劣的，处五年以上有期徒刑。"对应的罪名分别是重大

责任事故罪和强令违章冒险作业罪。

第一百三十五条规定："安全生产设施或者安全生产条件不符合国家规定，因而发生重大伤亡事故或者造成其他严重后果的，对直接负责的主管人员和其他直接责任人员，处三年以下有期徒刑或者拘役；情节特别恶劣的，处三年以上七年以下有期徒刑。

举办大型群众性活动违反安全管理规定，因而发生重大伤亡事故或者造成其他严重后果的，对直接负责的主管人员和其他直接责任人员，处三年以下有期徒刑或者拘役；情节特别恶劣的，处三年以上七年以下有期徒刑。"对应的罪名分别是重大劳动安全事故罪和大型群众性活动重大安全事故罪。

第一百三十六条规定："违反爆炸性、易燃性、放射性、毒害性、腐蚀性物品的管理规定，在生产、储存、运输、使用中发生重大事故，造成严重后果的，处三年以下有期徒刑或者拘役；后果特别严重的，处三年以上七年以下有期徒刑。"对应的罪名是危险物品肇事罪。

第一百三十七条规定："建设单位、设计单位、施工单位、工程监理单位违反国家规定，降低工程质量标准，造成重大安全事故的，对直接责任人员，处五年以下有期徒刑或者拘役，并处罚金；后果特别严重的，处五年以上十年以下有期徒刑，并处罚金。"对应的罪名是工程重大安全事故罪。

第一百三十九条规定："违反消防管理法规，经消防监督机构通知采取改正措施而拒绝执行，造成严重后果的，对直接责任人员，处三年以下有期徒刑或者拘役；后果特别严重的，处三年以上七年以下有期徒刑。

在安全事故发生后，负有报告职责的人员不报或者谎报事故情况，贻误事故抢救，情节严重的，处三年以下有期徒刑或者拘役；情节特别严重的，处三年以上七年以下有期徒刑。"对应的罪名分别是消防责任事故罪和不报、谎报安全事故罪。

三、劳动法

《中华人民共和国劳动法》起到了职业安全健康领域基本法的作用，是我国制定各项职业安全健康专项法律的依据。该法以《宪法》为基础，共13章107条。

关于工作时间和休息放假，第三十六条规定："国家实行劳动者每日工作时间不超过八小时，平均每周工作时间不超过四十四小时的工时制度。"

第三十八条规定："用人单位应当保证劳动者每周至少休息一日。"第三十九条规定："企业应生产特点不能实行本法第三十六条、第三十八条规定的，经劳动行政部门批准，可以实行其他工作和休息办法"；第四十一条规定："用人单位由于生产经营需要，经与工会和劳动者协商后可以延长工作时间，一般每日不得超过一小时；因特殊原因需要延长工作时间的，在保障劳动者身体健康的条件下延长工作时间每日不得超过三小时，但是每月不得超过三十六小时。第四十四条规定："有下列情形之一的，用人单位应当按照下列标准支付高于劳动者正常工作时间工资的工资报酬：（一）安排劳动者延长工作时间的，支付不低于工资的百分之一百五十的工资报酬；（二）休息日安排劳动者工作又不能安排补休的，支付不低于工资的百分之二百的工资报酬；（三）法定休假日安排劳动者工作的，支付不低于工资的百分之三百的工资报酬。第四十五条规定："国家实行带薪年休假制度。

劳动者连续工作一年以上的，享受带薪年休假。具体办法由国务院规定。"

关于劳动安全卫生权利和义务，第五十二条规定："用人单位必须建立、健全劳动安全卫生制度，严格执行国家劳动安全卫生规程和标准，对劳动者进行劳动安全卫生教育，防止劳动过程中的事故，减少职业危害。"第五十四条规定："用人单位必须为劳动者提供符合国家规定的劳动安全卫生条件和必要的劳动防护用品，对从事职业危害作业的劳动者应当定期进行健康检查"。第五十六条规定："劳动者在劳动过程中必须严格遵守安全操作规程。劳动者对用人单位管理人员违章指挥、强令冒险作业，有权拒绝执行；对危害生命安全和身体健康的行为，有权提出批评、检举和控告"。这些规定明确了劳动者在劳动安全卫生方面享有的权利和承担的义务，即劳动者依法享有劳动保护权，可以拒绝违章指挥和冒险作业；对危害生命安全和身体健康的行为，有权提出批评、检举和控告。劳动者负有遵守劳动纪律，执行劳动安全卫生法规的义务；负有及时报告劳动过程中险情的义务；负有接受安全卫生教育的义务。

四、安全生产法

《安全生产法》是我国一部全面规范安全生产的专门法律，在安全生产法律法规体系中占有极其重要的地位。它是我国安全生产法律体系的主体法，是各类生产经营单位及其从业人员实现安全生产所必须遵循的行为准则，也是各级人民政府及其有关部门进行监督管理和行政执行的法律依据，是制裁各种安全生产违法犯罪行为的有力武器。

此法由 2002 年 6 月 29 日第九届全国人民代表大会常务委员会第二十八次会议通过，自 2002 年 11 月 1 日起施行。并根据 2009 年 8 月 27 日第十一届全国人民代表大会常务委员会第十次会议《关于修改部分法律的决定》修正、施行。2012 年 6 月 4 日，国务院法制办公室在官方网站公布《安全生产法（修正案）（征求意见稿）》，征求社会各界意见。本文对以下条款予以解读。

1. **安全生产法立法的目的**

从第一条"为了加强安全生产工作，防止和减少生产安全事故，保障人民群众生命和财产安全，促进经济社会发展，特制定本法"来看，立法目的：

（1）加强安全生产的监督管理。所谓"安全生产"，就是指在生产经营活动中，为避免发生造成人员伤害和财产损失的事故而采取相应的故事预防和控制措施，以保证从业人员的人身安全，保证生产经营活动得以顺利进行的相关活动。

（2）防止和减少生产安全事故，保障人民群众生产和财产安全。所谓安全生产事故，是指在生产经营活动中发生的意外的突发事件的总称，通常会造成人员伤亡或财产损失，使正常的生产经营活动中断。

（3）促进经济发展。安全生产，是要在生产经营活动的过程中保证安全，不是单纯为安全而安全，不能脱离生产经营活动讲安全，保证生产安全，本身也是为了保证生产经营活动的正常进行，促进经济的健康发展。

2. **安全生产管理方针**

从第三条"安全生产管理的方针是：安全第一，预防为主。"来看，安全生产管理方针指的是：

第一，所谓"安全第一"，就是说，在生产经营活动中要处理保证安全与实现生产经营活动的其他各项目标关系上，要始终把安全特别是从业人员和其他人员的人身安全放在首要的位置，实行"安全优先"的原则。在确保安全的前提下，努力实现生产经营的其他目标。安全生产管理，是以保证生产经营过程中的人身安全和财产安全为目标的管理活动，是在生产经营活动中对安全的管理。

第二，所谓"预防为主"，就是说，对安全生产的管理，主要不是在发生事故后去组织抢救，进行事故调查，找原因、追责任、堵漏洞，这些当然都是安全生产管理工作中不可缺少的重要方面，对事故预防也有亡羊补牢的作用。

第三，所谓"综合治理"，这是第三次要修订补充的内容。因为安全生产涉及方方面面，实行综合治理是必要的。

从实践中看，贯彻"安全第一、预防为主"的方针，应当做到以下几点：

一是制定和完善有关保证安全生产的法律、法规和规章制度，从制度层面上保证"安全第一、预防为主"方针的落实，这是更带有根本性、长期性的事情。

二是各级政府领导对"安全第一、预防为主"的方针必须要有足够的认识，抓经济工作必须抓安全，部署、检查、总结经济工作必须对安全生产管理工作进行部署、检查和总结。

三是企业事业单位必须正确处理保证安全与追求生产经营活动的效率、效益的关系。

四是每个从业人员都要牢固树立"安全第一、预防为主"的意识，严格执行各自工作岗位的安全生产制度，增加自我保证意识，任何时候都不能违章作业，对危及安全的违章指挥应拒绝执行。

3. 安全生产基本制度

为了从法律制度上保证"安全第一、预防为主"的方针落实，本法规定了有关的基本制度和措施，主要包括：

（1）安全生产的市场准入制度。

（2）生产经营单位主要负责人对本单位安全生产工作全面负责的制度；

（3）企业必须依法设置安全生产管理机构或安全生产管理人员的制度；

（4）对生产经营单位的主要负责人、安全生产管理人员和从业进行安全生产教育、培训、考核的制度；

（5）对特种作业人员实行资格认定和持证上岗的制度；

（6）建设工程项目的安全措施应当与主体工程同时设计、同时施工、同时投入生产和使用的"三同"制度；

（7）对部分危险性较大的建设工程项目实行安全条件论证、安装、使用、检测、维修和报废必须符合国家标准的制度；

（8）对危险性较大的特种设备实行安全认证和使用许可，非经认证和许可不得使用的制度；

（9）对从事危险品和生产经营活动实行前置审批和严格监督的制度；

（10）生产经营单位对重大危险源的登记建档及向安全监督管理部门报告备案的制度；

（11）对爆破、吊装等危险作业的现场安全管理制度；

（12）生产经营单位的安全生产管理人员对本单位安全生产状况的经常性检查、处理、报告和记录的制度等等。

4. 生产经营单位的安全生产义务和责任

从第四条规定看出，关于生产经营单位确保安全生产的基本义务包括：

（1）生产经营单位必须遵守本法和其他有关安全生产的法律、法规。

（2）生产经营单位必须加强安全生产管理。

（3）生产经营单位必须建立、健全安全生产责任制度。

（4）生产经营单位完善安全生产条件。

（5）生产经营单位的主要负责人对安全生产工作负责。

从第五条看出，关于生产经营单位主要负责人对本单位安全生产工作所负责任主要内容包括：

（1）本条所称的生产经营单位的主要负责人，对企业而言，不同组织形式的企业有所不同。公司的董事长是公司的法定代表人，经理负责"主持公司的生产经营管理工作"。因此，有限责任公司和股份有限公司的主要负责人应当是公司董事长和经营（总经理、首席执行官或其他实际履行经理职责的企业负责人）。对于非公司制的企业，主要负责人为企业的厂长、经理、矿长等企业行政"一把手"。

（2）安全生产工作是企业管理工作中的重要内容，涉及企业生产经营活动的各个方面，必须要由企业"一把手"挂帅领导，统筹协调，负全面责任。生产经营单位可以安排副职负责人协助主要负责人分管安全生产工作，但不能因此减轻或免除主要负责人对本单位安全生产工作所负的全面责任。

5. 从业人员的安全生产权利和义务

从第六条"关于生产经营单位的从业人员在安全生产方面享有权利和负有义务的规定。"可以看出：

（1）本法所称的生产经营单位的从业人员、是指该单位从事生产经营活动各项工作的所有人员，包括管理人员、技术人员和各岗位的工人，也包括生产经营单位临时聘用的人员。

（2）生产经营单位的从业人员有依法获得安全生产保障的权利。

（3）从业人员在享有获得安全生产保障权利的同时，也负有以自己的行为保证安全生产的义务。

6. 安全生产监督管理体制

从第九条"关于安全生产监督管理体制的规定"看出：

（1）国务院负责安全生产监督管理的部门。

（2）指除国家安全生产监督管理局以外的依照有关法律、行政法规和国务院有关部门的"三定"方案的规定，对有关的安全生产事项负有监督管理职责的除本条第一款规定的部门以外的部门。

7. 安全生产标准

从第十条"关于保障安全生产的国家标准、行业标准的制定和执行的规定"看出，包括三层意思：

一是国务院有关部门应当按照保障安全生产的要求,依法及时制定有关国家标准或者行业标准。

二是对现有的有关保障安全生产的国家标准或者行业标准,应当根据科技进步和经济发展适时加以修订。

三是生产经营单位必须执行依法制定的保障安全生产的国家标准或者行业标准。

8. 安全生产条件

从第十条"关于生产经营单位从事生产经营活动应当具备安全生产条件规定"看出,安全生产条件包括:

一是生产经营单位要保证生产经营活动安全地进行,防止和减少生产安全事故的发生,必须在生产经营设施、设备、人员素质、管理制度、采用的工艺技术等方面都达到相应的要求,具备必要的安全生产条件。

二是本法规定的安全生产的国家标准或者行业标准,是指由国务院标准化行政主管部门或其有关主管部门依照标准化法的规定所制定的与安全生产有关的、对生产中的设计、施工、制造、检验等技术事项所作的一系列统一规定。

三是生产经营单位主要负责人的安全生产职责。具体包括:

管生产必须安全、谁主管谁负责,这是我国安全生产工作长期坚持的一项基本原则。

根据本条规定,生产经营单位的主要负责人对本单位的安全生产工作负有下列职责:

第一,建立、健全本单位的安全生产责任制。安全生产责任制主要内容包括三个方面:一是生产经营单位的各级负责生产和经营的管理人员,在完成生产或经营任务的同时,对保证生产安全负责;二是各职能部门的人员,对自己业务范围内及有关的安全生产负责;三是所有的从业人员应在自己本职工作范围内做到安全生产。

第二,组织制定本单位安全生产规章制度和操作规程。包括两个内容:一是安全生产管理方面的规章制度。二是安全生产技术方面的规章制度。

第三,保证本单位安全生产投入的有效实施。

第四,生产经营单位的主要负责人应当经常性地对本单位的安全生产工作进行督促、检查,对检查中发现的问题及时解决,对单位的生产安全事故隐患及时予以排除。

第五,组织制定并实施本单位的生产安全事故应急救援预案。

第六,及时、如实报告生产安全事故。

9. 对生产经营单位的主要负责人和安全生产管理人员的安全生产知识和管理能力的要求

从第二十条"对生产经营单位的主要负责人和安全生产管理人员的安全生产知识和管理能力要求的规定"可以看出:

一是生产经营单位的主要负责人对本单位的安全生产工作负责。

二是生产经营单位的安全生产管理人员是本单位直接负责安全生产工作的人员。

三是危险物品的生产、经营、储存单位以及矿山、建筑施工单位的主要负责人和安全生产管理人员,应当由有关主管对其安全生产知识和管理能力考核合格后方可任职。

四是有关主管部门对本条第二款规定的生产经营单位的主要负责人和安全生产管理人员的考核,是政府的一种行政行为,考核所需费用应当由政府承担。

10. 安全生产教育和培训

从第二十一条"关于生产经营单位对从业人员进行安全生产教育和培训的规定"看出,应做到以下几点:

一是安全生产教育和培训是安全生产管理工作的一个重要组成部分,是实现安全生产的一项重要的基础性工作。

二是生产经营单位采用新工艺、新技术、新材料或者使用新设备时的安全要求,内容包括:

第一,生产经营单位对采用的工艺、技术、材料或者使用的设备,必须要掌握其安全技术特性,对该工艺、技术的原理、操作规程有清楚的把握,了解该材料、设备的构成、性质。

第二,生产经营单位采用新工艺、新技术、新材料或者使用新设备,还应当对相关的从业人员进行专门的安全生产教育和培训,使其掌握相关的安全规章制度和安全操作规程,具备必要的安全生产知识和安全操作技能。

11. 建设项目的安全设备"三同时"制度

从第二十四条"关于建设项目的安全设备'三同时'原则的规定"可以看出,"三同时"原则的具体内容包括:

一是建设项目的安全设施必须与主体工程同时设计、同时施工、同时投入生产和使用,通常称为"三同时"原则。

二是一般来说,建设项目安全设施的"三同时",应当达到以下要求:

① 建设项目的设计单位在编制项目设计文件时,应同时按照有关法律、法规、国家标准或者行业标准,编制安全设施的设计文件;

② 生产经营单位在编制建设项目投资计划和财务计划时,应将安全设施所需投资一并纳入计划,同时编报;

③ 对于按照有关规定项目设计要求报经主管部门批准的建设项目,在报批时,应当同时报送安全设施设计文件;

④ 生产经营单位应当要求具体从事建设项目施工的单位严格按照安全设施的施工图纸和设计要求施工;

⑤ 在生产设备调试阶段,应同时对安全设施进行调试和考核,对其效果作出评价;

⑥ 建设项目预验收时,应同时对安全设施进行验收;

⑦ 安全设施应当与主体工程同时投入生产和使用。

12. 安全警示标志

从第二十八条"关于生产经营单位设置安全警示标志的规定"看出,有以下要求:

一是在存在危险因素的地方,设置安全警示标志,是对劳动者知情权的保障,有利于提高劳动者的安全生产意识,防止和减少安全事故的发生。因此,本条规定,生产经营单位应当在有较大危险因素的生产经营场所和有关设施、设备上,设置明显的安全警示标志。

二是安全警示标志,其目的是要引起人们对危险因素的注意,预防生产安全事故的发生。(1)红色,表示禁止、停止,也代表防火;(2)蓝色,表示指令或必须遵守的规定;

（3）黄色，表示警告、注意；（4）绿色，表示安全状态、提示或通行。

而我国目标常用的安全警示标志，根据其含义，也可分为四大类：（1）禁止标志，即圆形内划一斜杠，并用红色描画成较粗的圆环和斜杠，表示"禁止"或"不允许"的含义；（2）警告标志，即"△"，三角的背景用黄色，三角图形和三角内的图像均用黑色描绘，警告人们注意可能发生各种危险；（3）指令标志，即"○"，在圆形内配上指令含义的颜色——蓝色，并用白色绘画必须履行的图形符号，构成"指令标志"，要求到这个地方的人必须遵守；（4）提示标志，以绿色为背景的长方几何图形，配以白色的文字和图形符号，并标明目标的方向，即构成提示标志，如消防设备提示标志等。

13. 劳动防护用品

从第三十七条"关于用人单位为劳动者提供劳动防护用品的规定"看出，有以下要求：

一是劳动防护用品主要是指劳动者在生产过程中为免遭或者减轻事故伤害和职业危害所配备的防护装备。劳动防护用品根据不同的分类方法，可分为很多种类。

二是劳动防护用品是保护职工安全所采取的必不可少的辅助措施，在某种意义上说，它是劳动者防止职业伤害的最后一项措施。

14. 安全检查

从第三十八条"关于生产经营单位安全检查的规定"看出，有以下要求：

一是人的不安全行为和物的不安全状态，是造成生产安全事故发生的基本因素。

二是根据本条规定，生产经营单位的安全生产管理人员应当根据本单位的生产经营特点，对本单位的安全生产状况进行经常性的检查。一般来说，安全检查主要从以下几个方面进行：（1）查制度，即检查本单位的安全生产规章制度是否健全、完善；（2）查设备，即检查本单位安全设备、设施是否处于正常的运行状态；（3）查安全知识，即检查从业人员是否具备应有的安全知识和操作技能；（4）查纪律，即检查从业人员是否具备应有的安全生产规章制度和操作规程；（5）查事故隐患；（6）查从业人员的劳动防护用品是否符合标准，真正能够起到保护劳动者的作用；（7）其他事项。

三是生产经营单位的安全生产管理人员还应当将安全检查的情况，包括检查的时间、范围、内容、发现的问题及其处理情况等都详细地记录在案，作为本单位的安全生产档案，以备需要时查阅，如发生事故时作为调查事故原因的依据等。

15. 从业人员的权利和义务

从第四十四至四十八条看出，从业人员的安全生产知情权和建议权包括：

一是生产经营单位的从业人员的有关知情权。

二是对本单位的安全生产工作的建议权。

三是从业人员的批评、检举、控告和拒绝违章指挥或者强令冒险作业的权利。

① 这里讲的批评权得指从业人员对本单位安全生产工作中存在的问题提出批评的权利。

② 从业人员享有拒绝违章指挥、强令冒险作业权，是保护从业人员生命安全和健康的一项重要权利。

四是从业人员的紧急撤离权。依照本条的规定，从业人员的紧急撤离权，是指其发现直接危及人身安全的紧急情况时，享有的停止作业者或者在采取可能的应急措施后撤离作业场所的权利。

五是事故受害者的民事赔偿请求权。

从四十九至五十一条看出，"从业人员应履行的安全生产义务"包括：

一是从业人员在作业过程中应当遵章守制，服从管理。

二是从业人员在作业过程中，应当正确佩戴和使用劳动防护用品。

三是从业人员应当接受安全生产教育和培训。

四是从业人员应当接受安全生产教育和培训。这是因为，第一，伤亡事故的发生，不外乎人的不安全行为和物的不安全状态两种原因。其中控制人的不安全行为是减少伤亡事故的主要措施。第二，安全教育培训的基本内容包括安全意识、安全知识和安全技能教育。第三，从业人员接受安全教育培训的形式多种多样，如组专门的安全教育培训班。

五是从业人员对事故隐患或者不安全因素的报告义务。

16. **安全生产的监督管理**

从五十三至五十八条看出，安全生产的监督管理相关部门职责包括：

一是地方各级政府的安全生产职责。安全生产法第五十三条规定是关于县级发上地方各级人民政府在安全生产监督管理方面应履行的主要职责的规定。改善劳动条件，保护劳动者在生产过程中的安全，是宪法规定的原则。（1）依照本条规定，县级以上地方各级人民政府对安全产生监督管理的主要职责包括：根据本行政区域区安全生产状况，组织有关部门按照职责分工，对本行政区域内容易发生重大生产安全事故的生产经营单位进行严格检查。（2）对监督检查中发现的事故隐患应当及时处理。所谓"事故隐患"，是指可能导致生产安全事故发生的物（场所、设施、设备、原材料等）的危险状态、人的不安全行为（如违章操作），以及管理上的缺陷。

二是负有安全生产监督管理职责的部门必须依法履行审批、验收等监督管理职责。安全生产法第五十四条规定是关于负有安全生产监督管理职责的部门必须依法履行审批、验收等监督管理职责的规定。第一，本条所讲的"负有安全生产监督管理职责的部门"，是指本法第九条所规定的政府有关部门，包括国务院负有安全生产监督管理职责的部门，县级以上地方各级人民政府负责安全生产监督管理的部门，以及其他依照有关法律、法规的规定负有安全生产监督管理职责的国务院有关部门和县级以上地方各级人民政府有关部门。第二，依照本条规定，负有安全生产监督管理职责的部门必须依法履行以下职责：（1）依法审批、验收。（2）对依法应当经过审批、验收，而未经审批、验收即从事有关活动违法行为，必须依法予以取缔、处理。（3）发现已经审批的生产经营单位不再具备安全生产条件的，应当撤销原批准。

三是禁止在对涉及安全生产的事项进行审查、验收时收取费用和要求被审查、验收的单位购买指定产品。安全生产法第五十五条规定是关于禁止在对涉及安全生产的事项进行审查、验收时收费用和要求被审查、验收的单位购买指定产品的规定。本条规定包括：（1）对安全产生事项的审查、验收不得收取费用。（2）不得要求受审查、验收的单位购买其指定的产品。（3）负有安全生产监督管理职责的部门的监督检查权。

四是生产经营单位必须配合安全生产监督检查人员履行监督检查职责。安全生产法

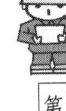

第五十七条规定是关于生产经营单位必须配合安全生产监督检查人员履行监督检查职责的规定。

五、环境保护法

《中华人民共和国环境保护法》是中国环境保护的基本法。该法确立了经济建设、社会发展与环境保护协商发展的基本方针，规定了各级政府、一切单位和个人保护环境的权利和义务。

第二节　HSE 管理基本知识

HSE 是健康（Health）、安全（Safety）、环境（Environment）的英文缩略语。HSE 管理体系是一种事前通过识别与评价，确定在活动中可能存在的危害及后果的严重性，从而采取有效的防范手段、控制措施和应急预案来防止事故的发生或把风险降到最低的程度，以减少人员伤害、财产损失和环境污染的有效管理方法。

一、HSE "两书一表"

HSE "两书一表" 是指《HSE 作业指导书》、《HSE 作业计划书》、《HSE 现场检查表》。"两书一表" 可理解为是现场的体系文件。

1. 作业指导书

作业指导书的内容包括队伍基本情况：资质、能力、人员、设备等，分工序、分岗位划定的危险源辨识、评价、控制内容，各类管理规定、操作指南，岗位职责，重要危险源应急预案。

2. 作业计划书

作业计划书的内容包括：单井（项目）现场、勘察（地理位置、地方民俗、古迹等）、现场布置（逃生路线）图，单井（单项）风险识别与控制，应急预案等。

3. 作业检查表

作业检查表是分工序、岗位对已识别出的危险源进行定期检查，防止危险源失控造成事故的一种检查表。

《HSE 作业指导卡》是《HSE 作业指导书》中的内容，是针对操作岗位制定的、操作人员必须掌握、遵守的要素内容，包括岗位要求（素质要求、技能要求、工作经历）、岗位职责（责任、权利和义务）、操作指南（工作程序、工作要求、注意事项）、风险应急（岗位风险、应急责任）等。现在，还增加了本岗位的操作规范。从而使《HSE 作业指导卡》更符合实际、更加实用。

二、HSE 体系的基本术语

HSE 体系涉及 10 个基本术语，具体如下：

（1）事故。造成死亡、职业病、伤害、财产损失或环境破坏的事件。

（2）危害。可能造成人员伤害、职业病、财产损失、作业环境破坏的根源或状态。

（3）风险。发生特定危害的可能性或发生事件结果的严重性。

（4）风险评价。依照现有的专业经验、评价标准和准则，对危害分析结果做出判断的过程。

（5）审核。判别管理活动和有关过程是否符合计划安排，这些安排是否得到有效实施，系统地验证企业实施安全、环境与健康方针和战略目标的过程。

（6）评审。高层管理者对安全、环境与健康管理体系的适应性及其执行情况进行正式评审。评审包括有关安全、环境与健康管理中存在的问题及方针、法规以及因外部条件改变而提出的新目标。

（7）资源。实施安全、环境与健康管理体系所需的人员、资金、设施、设备、技术和方法等。

（8）安全、环境与健康管理体系。指实施安全、环境与健康管理的组织机构、职责、做法、程序、过程和资源等而构成的整体。

（9）不符合。任何能够直接或间接造成伤亡、职业病、财产损失、环境污染事件；违背作业标准、规程、规章；与管理体系要求产生的偏差。

（10）管理者代表。由公司最高领导者任命，在公司内代表最高领导者履行HSE管理职能的人员。

三、HSE关注的新的健康管理问题

在安全生产管理取得了比较大的成绩的今天，各个国家对健康问题十分重视，人们对健康的定义扩大了，由过去只重视生理的健康扩展到注意心理和社会行为的健康。而且，管理者也越来越认识到，健康问题处理不好，与企业经常发生事故的效果是一样的。员工如果心理不健康，感觉不到自信和轻松，就和一个因为受伤或者生病住院的员工一样，会降低生产效率。

1. 压力与心理健康

传统的人事管理认为员工的心理与精神状态是不应该包括在管理范围内的，认为那是医务人员的责任。而在新的管理模式中，对人的管理已经进化为一种对"心"的管理，维护和提高员工健康是企业的基本职责之一，要求企业预防和治疗其心理疾病也成为员工的基本权利。因此，发达国家的企业普遍在管理中重视心理健康问题，从招聘阶段就开始避免招收有心理隐患的员工，在培训阶段也加强了对管理者和员工心理健康意识的培养，在工作设计上排除或缓解压力源，在企业文化建设方面积极营造有利于员工身心健康的环境，防止心理健康问题的发生，进而避免安全事故的发生，确保企业安全、健康发展。

2. 室内环境质量与不良建筑综合征

这是近10年来在发达国家中引起人们重视的新问题。室内环境质量主要指商业环境中的空气质量，而不良建筑综合征则是指由于建筑的原因而引起的不利于员工健康的症状，如噪声、照明、通风、温度、建筑设计、建筑材料选择不当而造成的皮肤、五官不适，头疼、感染等。

3. 累积性创伤失调

累积性创伤失调主要是指由于重复性运动所造成的对腰部、背部和上肢的伤害，这是发达国家近年来相当突出的一种职业伤害。据美国劳动统计局的资料，1996年由于重复性运动造成的伤害所引起的病休占总病休的比例最高，在短短10年之间，报道的累积性创伤失调增长了10倍。过去，人们在产业安全、环境与健康领域还有许多更重要的问题需要关注，如职业性的中毒、职业性传染病和职业性肿瘤等，因此，对累积性创伤失调这样的问题无暇顾及。当这些严重的职业性疾病得到控制的时候，伤害程度不那么明显的累积性创伤失调也就进入了人们的视野，引起了人们的重视。这一健康问题涉及的行业和领域相当广泛，文字处理工作者、流水线员工、计算机从业人员、护理人员、驾驶员以及服装加工业、美容和美发、餐饮服务业从业者等。目前，这一职业病还没有被纳入中国职业病的范围，相信在不久的将来，中国也会提出是否将这一类疾病纳入职业病的问题。这是提高中国人民工作、生活质量的必然趋势。

第三节　国外石油公司 HSE 体系剖析

学习借鉴国外一些企业先进的安全管理理论方法，有助于积极探索适合中国国情的安全生产管理模式。在此介绍几个西方国家大型石油公司的经验和做法。

一、菲利普斯石油公司 HSE 体系

菲利普斯石油公司是美国一家国际化经营的大型石油公司，成立于1917年，拥有员工1.72万人。在健康、安全与环境管理方面，菲利普斯石油公司的信念是"做任何事情都力争最优"。

长期以来，菲利普斯石油公司一直把安全作为最重要的工作来抓，把安全工作作为工作评价和酬劳计划的一个重要参考内容。对于每一个在菲利普斯石油公司的项目中工作的人来说，安全是"必须的"，换句话说，严格遵守安全规章是聘用的条件之一。

他们在安全工作中取得成功的重要原因之一是不把重点放在事后的事故报告上，而是放在对行为的系统管理上。1994年引入了"安全创优计划"，这是一个指导作业系统和个人日常工作的综合管理进程。"安全创优计划"对他们在安全上取得的优秀成绩起了积极作用。现在，他们把这个计划管理方法扩展到作业创优的一个邻近的领域：环境保护。与安全一样，环保也是菲利普斯石油公司的一个中心价值。对他们事业的成功起着至关重要的作用。

与其他各项工作一样，实施是成功的关键，菲利普斯石油公司鼓励每一个菲利普斯石油公司相关人员为成功执行"安全创优计划"而负起个人的责任。菲利普斯石油公司的承诺是：（1）成为本行业中最安全的公司。（2）保护员工健康，维护环境。（3）成为社区中

有价值的一员。

菲利普斯石油公司 HSE 管理体系的中心包括三个组成部分：人员、设施、系统。他们认为人员是公司最有价值的资源。为了使人员发挥最大的价值，应当使员工：（1）了解自己的职责和责任。（2）有权积极参与促进安全环保系统。（3）得到充分的培训，能够健康、安全、环保地履行自己的职责。

与此同样重要的是他们认为应当使作业单位所在社区的人们：（1）知道公司的作业内容。（2）能够有机会反映对公司的作业的意见。（3）了解并认同公司为安全、环保所做的不懈努力。

设施是实现"为公司股份持有人创造价值回报"的目的而所使用的工具。保护公司设施需要做到：（1）为在持续的安全、环保条件下进行生产而设计作业设施。（2）对设备进行维修保养，使其保持最大的可靠性和作业完整性。（3）对作业进行隐患评估和管理。（4）确定防治污染的各种途径，制定实施方案，获得最大利益。

有效的安全环保系统对于为保护员工和财产所做的努力来说是极为重要的。这些努力通过执行下列工作而得到提高：（1）建立企业标准和程序以不断获得新的成绩。（2）确定事故的根本原因。（3）随时监控健康、安全和环保表现。（4）根据确定的标准对结果进行检查。（5）对产品生产、储运、销售、消费和废弃过程中的健康、安全环保危险源进行评估。

菲利普斯石油公司推行的安全创优计划是一个旨在对健康、安全和环保危险进行管理控制的工作过程，只有将这个过程贯穿到公司整体工作计划中去，而不是把它片面理解为一种"特殊"的工作，这个过程才能发挥其效力。同其他各项工作一样，最高管理层的领导和承诺是成功的重要保障。计划中的每一个要素都建立在这种承诺的基础之上。这些要素中的每一级都包括一些具体的要求，只有完成了所有这些要求，才能进入该要素中的更高一级。

安全创优计划包括 17 个要素。这些要素是使公司在健康、安全和环保方面保持先进水平的管理方法，它们构成了总体计划的三大组成部分：人员、设施、系统。这 17 个要素对菲利普斯石油公司健康、安全和环保努力提供了一个框架，允许各分支机构根据他们具体的各类作业危险的程度灵活掌握努力方向，改进工作。每个要素都对各个级别进行了定义，以便各分支机构评估工作的进展情况。

1. 人员

（1）职务和责任。公司以书面形式确定各个职务及有关责任，进行必要的修订，并清楚地传达到公司各个部门。每一个员工都应该明白自己的职责范围，有充足的权力能够安全、环保地履行自己的职责，有责任完成自己在健康、安全和环保创优计划中所承担的义务。支持这一要素的体系包括组织机构表、工作守则、各项职务技术要求等。

（2）培训。为了使员工能胜任各自的工作，公司将会根据工作需要为他们提供必要的培训。培训系统将包括初始培训、周期性培训和持续性培训。公司制定出工作标准，通过与明确定义的工作目标进行比较，可以保证培训教员和培训系统的质量。支持这一要素的系统和程序可以有：培训课程、新员工 HSE（健康、安全、环保）讲座、培训需求分析、技术培训计划以及培训档案记录系统等。

（3）工业卫生与健康。工业卫生与健康计划能够识别、评估和控制潜在的危害健康的隐患，来保护员工目前和将来的身体健康。支持这一要素的系统和程度包括：隐患信息通知、接触危害评估、健康检查计划、福利计划、人机工程学评估计划、下班后的安全计划以及个人防护用品计划。

（4）岗位责任。每一个机构应该具备一整套行之有效的系统使员工分担并拥有安全生产管理作业责任。管理层有责任为此建立工作框架，充分发挥员工的能动性。

（5）行为修正。行为修正工作必须通过下面的鼓励及表扬来进行。必须为员工选定培训计划，对他们进行培训，使他们理解权利和责任。这些培训计划必须能够促进通过减少"危险"行为而实现的可评价的持续性进步。

（6）社区参与。每一个机构应该具备一整套行之有效的信息交换系统，借助于这套系统，可与公众及政府官员进行有效的沟通。管理层应负责就社区引起的有关健康、安全、环保方面的疑虑及其关心的事情做出解释并采取有效的措施。管理层也要支持恰当的预防性措施以保护和改善环境。社区参与还包括员工参与社区活动。有关的辅助系统和计划包括：社区咨询小组、巡查、开放参观、投诉解答、社区清洁活动、参加公益组织、支持环保活动。

2. 设施

（1）工程设计。良好的工程设计是长期安全生产保护环境的基础。设备的设计应满足生产运作的要求（强度与压力），同时考虑腐蚀、冲蚀、人员误操作、生产启动、关断和生产异常等因素的影响。当生产运作的状况、技术或规范改变时，工程设计人员必须审核所用设备的适应性，以防止事故发生。良好的设计标准、危害性分析和设备变更管理制度有助于保护良好的工程设计。

（2）防止污染。系统的防污染计划的实施对减少作业过程中对环境的影响是至关重要的。防止污染包括降低和消除污染物、废物影响的所有业务。支持这一要素的系统和程序包括：有效的废物和排放物的跟踪管理、能源利用的跟踪管理、有效的废物处理花费统计、回收、风险评估、流程和产品设计审查。

（3）设备与操作的连贯性。设备与操作的连贯性将最大限度地提高设备的可靠性和运作性能，因而消除事故的发生。支持这一要素的系统和程序包括：生产流程及控制图、废物监控系统、预防性维修、设备操作手册、生产流程总图、防爆区划分图、员工资格培训、设备变更管理制度、质量控制与保证系统和以风险分析为基础的检测体系。

（4）风险管理。有效的风险管理对可能造成人员、设施和环境损害的情况进行辨别、评估及管理。对可能出现险情的预见和日常作业分析是制定充分有效的、降低危害应变措施的根本。对事故进行充分的评估就可以得出足够的资料来防止类似事故的重复发生。支持这一要素的系统和程序包括：事故调查程序、应急及防溢油程度、危险辨别技术、风险管理策略、风险评估方法、地表水监控、社区参与计划、应急准备、关键工作任务安全分析、意外减轻及缓解模式。

3. 系统

（1）系统测评。测评是实施和不断完善健康、安全和环保工作的一个关键部门。该系统将测评多项计划的完成情况以及衡量多项规章制度、工作许可和多种标准的落实情况，同时对多种受伤、疾病和事故进行监控。对测评工作提供支持的系统和程序有以下几项：事故疾病报告系统、财产损失报告系统、统计程序、有毒物质排放数据、异常情况、溢油、罚款、指证、守法检查及报告跟踪系统。

（2）审查。审查可帮助管理层检查公司健康、安全、环保程序与工作的落实情况。通过审查，不仅可以记录已取得的成绩，而且可了解应做的改进。有关的辅助系统和计划包括：自我审查计划、总公司审查和评估、第三方检查计划、推荐的检查系统及政府机构检查。

（3）产品管理。产品管理要求开发对产品进行适当的使用、运输和废弃的健康、安全、环保信息，同时要有可行的方法使产品使用者、承运者等各方面都能获得这些信息。支持这一要素的系统和计划包括：产品信息表、产品检测报告和产品隐患分析报告。

（4）事故调查。要有事故调查系统以便对工作场所中的HSE隐患和危险源进行确定、评估、减缓及通告。应有适当的员工参与事故调查工作。对调查结果要进行适当的传达，以使大家从中吸取教训。事故调查中提出的整改措施应涉及事故发生的根本原因，并要对这些措施进行检查、跟踪，直至完成为止。支持这一要素的系统和计划包括：事故调查计划、事故根本原因分析方案、整改措施跟踪管理系统。

（5）法规的评估及守法。法规的评估及守法工作需要建立系统对法规的草案及最终条文进行跟踪以利于评估和实施及时有效地选择方案来达到守法的目的。与政府部门制定法规的人员、相关大众和其他商业团体结成统一战线共同制定合理的法律、法规和政策，从而提高安全工作条件、环境保护和经济发展的共同目标。支持这一要素的系统和计划包括：法规预测、守法计划、贸易活动、政府关系、社区活动和防止污染。

（6）企业标准及程度。企业标准及程度用于保证危险隐患在可行时得以消除或得到充分控制。这些程度应该明确完成工作的具体方法，并符合有关法规的要求。标准及程度应以书面形式进行传达，经常重审修订，保持与业务目标的一致性。支持这一要素的系统和计划包括：作业规章（如热工作业、密闭空间、电工、疏散撤离、危险能源泄漏控制计划、材料处理程序、培训以及业务单位的政策和程序等）。

（7）承包商安全表现。承包商必须有基本的健康、安全和环保管理系统来保证拥有必要的安全、环保要素，从而取得出色的安全环保成绩。必须建立一套系统，保证对承包商提供的服务进行适应的评估。支持这一要素的系统和计划包括：选择承包商的标准、培训系统、安全检查、安全简介计划、事故报告和调查系统以及职务和责任的定义等。

二、BP Amoco 石油公司 HSE 体系

BP Amoco 石油公司 HSE 管理体系框架要素是：领导重视并负责；风险评估和管理；人员、培训和行为；与承包商和其他方合作；装置设计和安装；运行和维修；变更管理；信息和资料保存；用户和产品；社区和相关各方的意识；危机和应急管理；事故分析和预防；评估、保障和改进。

1. 领导重视并负责

BP Amoco 石油公司的各级主管领导有责任领导并发动全体员工来实现健康、安全、技术整体性以及环境的目标和指标，但各级主管领导要通过展示正确的 HSE 行为，通过

明确 HSE 的职责和义务，通过提供所需的资源，通过考核、审查并不断改善 HSE 业绩，对落实上述任务负责。要求如下：

（1）主管领导要通过岗位上下的身体力行树立 HSE 的正确行为榜样，强化并奖励正确行为。

（2）主管领导要就 HSE 方面的有关问题与员工、承包商和其他方面的人士进行明确的双向交流。

（3）主管领导要把 HSE 的要求归纳贯彻到业务发展计划和决策中去，确保建立起有文字记载的管理体系来满足这些要求。

（4）主管领导要建立明确的 HSE 目标、标准、职责、业务考核办法，配备相应的人力和物力资源，必要时要指派有关方面的专家。

在企业上下要建立 HSE 管理体系，形成制度，实施有力，组织落实。管理体系要按照有关的要求，兼顾到健康、安全、技术整体性、环境、治安、产品及生产经营风险各方面。

在本系统的管理层、同级业务单元及其他人士意见反馈的基础上，对照本年度目标要对主管领导的 HSE 业绩进行考核。

（5）主管领导要将集团的 HSE 指标落实到各自的业务活动中去。其中包括外部认证、气候变化、可持续发展、生物多样性及二氧化碳减排等。

（6）主管领导要促进本业务单元内外取得的 HSE 方面的经验教训的交流。

2. 风险评估和管理

风险管理是一个不间断的过程，是所有 HSE 要素的基础。定期检查危害存在，并评估与业务活动相关的风险。采取适当的措施管理这种风险，从而防止潜在事故的发展或降低其影响。要求如下：

（1）主管领导要制定管理程序，并促进这些程序的应用，以识别与 BP Amoco 石油公司业务活动有关的危害，评估风险，控制危害，并将这种风险控制在可接受的水平。

（2）对现有的业务活动、产品业务拓展项目、并购、项目改造、新项目、关闭工厂、资产处置及退役等对人员、装置、公众、用户潜在危害和风险进行评估。

（3）经评估的风险由各管理层依其性质及级别高低，加以管理处置，做出的决定要有明确的文字记载。

（4）风险评估、风险管理、控制措施要在项目的审查批准文件中加以说明。每隔一定时间或在计划进行变更时均需要重新进行风险评估。

3. 人员、培训和行为

人的行为对 BP Amoco 石油公司的成功至关重要，因此，要对人员进行认真的选拔、定期系统培训并进行能力评估。要求如下：

（1）员工和承包商要自身实践并强化安全、健康和有利于环境的行为。建立 HSE 职责和责任，并以此为依据来确定个人的业绩目标。个人的业绩目标记录存档，并对个人业绩情况提供反馈。

（2）招聘、选拔程序要能确保人员称职、生理心理素质适合指派工作的需要。

（3）BP Amoco 石油公司的全体员工要具备必要的技能，接受相应的培训，以便能以健康、安全并有利于环保的方式称职地完成工作。培训要进行评估以确保其有效性。

（4）在员工的参与下，识别工作场所的物理、化学、生物、人类工程和心理健康方面的危害，并对工作场所的风险进行管理。

（5）每个工作场所都要有适当水平的医疗支持，配备相应的资源和设施以促进健康，保障良好的工作环境。

（6）建立制度确保全体工作人员不受毒品或酒精的影响。

（7）新入厂或转岗的员工、承包商和其他来访人员都要进行适当的入厂教育或培训，其中包括HSE规定及应急程序。

4. 与承包商和其他合作

承包商、借贷商及其他方对集团的企业业绩十分重要。将评估他们代表公司完成工作的能力和称职程度。与他们合作确保HSE要求得到遵守。监督承包商和合作伙伴的工作表现，确保采购制度严格体现HSE要求。要求如下：

（1）由承包商、供应商和其他方完成的工程和工作，要制定资格预审、选拔和续用标准，其中包括上述各方遵守BP Amoco石油公司HSE标准的保障系统。

（2）管理和沟通生产经营活动中与承包商和采购活动相关的危害和风险。确定并有效管理BP Amoco石油公司与服务和产品供应商间的衔接、责任和业绩标准，建立相应系统以保证满足HSE和技术方面的要求。

5. 装置设计和安装

新装置和对现有装置的改造要采用公认的标准、规程和管理体系进行采购、安装和调试，以使装置在整个运行寿命期间有安全、健康和环保的性能。要求如下：

（1）新建项目、增添新装置或进行重大改造前，要收集技术、环境及健康方面的基础数据。

（2）装置设计和安装要使用能平衡商业风险和财务利益的技术，以管理技术风险，最大限度地减少或消除废气、废水的排放，降低对生物多样性的影响或其他影响。

（3）管理体系及规程要注重整体性，HSE责任要文字制度化，并得到全面理解。设计、采购标准要得到指定技术或工程管理部门的正式批准。正式的设计审查、校核和批准要在风险评估的基础上进行。

（4）在项目或设计的初期，就要将操作、维修和HSE方面的因素考虑进去。

（5）从项目概念设计到投产之间的各个阶段，要识别潜在危害，运用风险评估方法（如定量风险评估、危害及可操作性研究和HSE审查）评估HSE风险，并采取风险措施降低风险。

（6）识别非标设计，将对非标设计的管理控制在适当的水平，采用非标设计的原因要记录存档。

（7）满足或优于当地法规要求。如果当地没有相应的要求或要求过低，要制定相应的标准以保护人员和环境。

（8）建立质量保证和检验体系，确保装置符合设计和采购规范，符合批准的标准。

（9）对所有新安装或改造的设备，要进行开车前审核，审核情况要记录存档，保证制造与设计相符，完成各项性能试验并验收，所有建设和采用非标设计的地方都告知指定的技术负责部门并获批准。

6. 运行和维修

装置将在现有综合设计范畴内运行并维修，确保获得良好的健康、安全和环保性能。要求如下：

（1）对所有新安装或经改造的设计，要进行开车后的检验，确保制造与设计相符，完成各项性能试验并验收，所有建议及采用非标设计的地方都要得到指定技术负责部门的认可和批准。

（2）满足或优于适用的法规要求，运用明确的、正式成文的操作、维修、检验和防腐体系，来保持经济、技术、机械的整体性。

（3）设置并定期监测关键运行参数。操作员应了解为保持装置在上述参数范围内运行自己所扮演的角色并尽其职责。

（4）编制明确的开车、操作、维修和停车规程，明确授权（如：作业许可证、交接、设备和工艺分离等）。停产检修和改造的设备在再次投产前要进行有文字记载的验收和试车。

（5）通过相应的测试和维护，包括临时解除值班的管理，保持系统的可靠性和常备不懈性。

（6）监测废渣、废水、废气、噪声、生物多样性和能源使用所带来的HSE影响，并采取措施将此影响降到最低限度。

（7）制定综合性的"三废"管理办法，确保最大限度地降低、利用、回收并恰当地处置三废。

（8）在使用寿命到期的设备和装置风险的研究上，制定停产补救和恢复运行的计划。要制定质量保证程序、确保设备的更换或改造，能保持运行完好，不受影响。

7. 变更的管理

评估各种有关机构、人员、系统、规程、设备、产品、原材料等方面的临时和永久性变更，并对这些变更加以管理，使其对健康、安全、环境所造成的风险保持在可接受的水平，要满足法律法规方面的变化要求，并考虑有关HSE影响方面新的科学证据。要求如下：

（1）正式评估管理、记录临时和永久性变更对健康、安全、治安、环保、技术方面的影响，并得到正式批准。

（2）跟踪法律法规要求、技术规范与有关健康和环境影响知识等领域的变更，并做出相应变更。

（3）评估管理变更对人员或机构的影响，其中包括对培训要求方面的影响。评估因生产工艺变更对产品质量的影响及其带来的危害，使风险得到控制。

（4）不经过审核和批准，任何临时性的变更都不得超过原批准范围的期限。

8. 信息和资料保存

保存有关生产和产品的准确信息，这些资料的保存既要安全，又要方便查询。要求如下：

（1）建立安全生产管理图纸、设计数据和其他资料的管理制度，资料保存应明确职责。

（2）确认适用的法律、许可证、技术规范及操作方式。依此制定出的操作要求要记录存档，使操作员做到应知应会。

（3）保存有效的记录，方便查阅。分辨过时资料并从系统中删除。

（4）确定每一装置技术资料的保存范围和格式，并作为新装置改造的设计基础。

（5）记录员工的健康、医疗和职业病情况，并适当保密，必要时长期保存。

9. 用户和产品

评估、管理、沟通 BP Amoco 石油公司产品有关的潜在危害。提供最新产品信息帮助用户或其他方面以安全的、不损害环境的方式运输或使用他们的产品。要求如下：

（1）新产品在上市或分销前要进行评估，识别其健康、安全和环境方面的危害，正常使用中所涉及的风险，以及可预见的使用不当情形下的风险。

（2）定期评估所生产的和以不同品牌的产品、半成品、包括审查产品使用者报告或经历的不良效果。

（3）评估现有产品的新用途或新市场，以识别其健康、安全、环境方面的危害和风险，并制定相应的对策。

（4）在产品寿命周期内，要及时更新并妥善保管产品记录、背景资料和有关结论的记录。

（5）有关使用、储存、装卸、运输和处置产品过程中的健康、安全和环保的最新信息要对全体员工、用户和有关方面开放。编制产品安全技术说明（MSDS）、标签和其他资料，并根据法规或用户要求以及在资料发生更换时，向接触和使用产品的单位分发。

（6）建立系统以收集、审核产品使用者所报告或经历的不良反应，找出问题的原因并采取措施。

（7）建立有效的回收系统，回收因产品质量缺陷可能导致健康、安全或环境危害的产品。

（8）建立 24h 值班制度，随时提供产品健康、安全和环保方面的信息，以满足应急中的需求。

10. 社区和相关各方的意识

珍视社会意识，积极与有关方面对话，以保持公众对经营、产品整体性的信息及对 HSE 业绩承诺的信任。要求如下：

（1）针对业务中 HSE 的有关事宜，建立并保持与员工、承包商、法律法规制定机构、公众组织和社区间公开、主动的交流。

（2）充分了解并响应政府和社区对生产及产品在 HSE 方面的要求与担心。

（3）公开评估、沟通业务开发对当地社区 HSE 的影响，并将其视为业务研究不可缺少的组成部分。

（4）审核、沟通、管理优秀产品出售关闭装置设施对现有装置、邻里或当地社区带来的 HSE 影响，上述影响在业务开发阶段已做出确认。

（5）主要业务实体定期发布经外部核实的关于 HSE 业绩及管理计划的公报。

11. 危机和应急管理

制定覆盖全部装置、厂区和产品的应急管理计划，该计划将明确万一发生事故时，为

保护全体员工、用户、公众、环境以及 BP Amoco 石油公司声誉所需的设备需求和人员培训。要求如下：

（1）应急管理计划根据生产经营具有潜在影响的风险而制定。该计划要成文存档，可供查阅，上下明确地沟通，并与 BP Amoco 集团应急体系严格一致。确定、检验应急所需装备、设施和人员，并做到常备不懈。

（2）对应急人员进行培训，使其了解应急计划、自己的角色和职责，并知道如何使用危机管理工具和资源。

（3）进行学习，以便评估并改进应急反应和危机管理能力，其中包括与外部机构的联络和外部的参与。

（4）定期更新应急计划、开展培训，以吸取以往事故和学习中所取得的经验教训。

12. 事故分析和预防

报告、调查并分析事故，改善安全状况以防止事故的再将发生。调查重点在找出事故根源或系统缺陷，采取纠正、预防措施，以减轻将来事故的伤害和损失。要求如下：

（1）公开报告、调查、分析并记载所有健康、安全、技术完好性、治安、环保方面的事故和事故隐患。

（2）重大事故要由多部门或多级别人员组成的事故调查组进行调查，该小组成员要有非事故单位以外的人员并担任领导。

（3）事故调查包括事故的判断和预防措施，要有文字记载并得到落实。

（4）要分析事故调查收集到的信息，以找出事故趋势，制定预防计划。

（5）调查得出的事故教训要在 BP Amoco 石油公司范围内沟通，有关人员在收到这方面的信息后应采取相应的措施。鼓励在能源和化工行业内，进行经验和教训的相互交流。

13. 评估、保障和改进

定期地评估 HSE 要求的执行和实施情况，向有关方面保证管理体系的存在，并且行之有效，这涉及内部的自评和相应的外部评估。利用评估中所得到的信息改进 HSE 业绩管理方法。要求如下：

（1）制定、公布 HSE 业绩的指标（包括输入和输出），并使全集团上下充分理解。根据 HSE 的要求，员工积极参加针对 HSE 体系和程序有效性的定期自查。

（2）定期运用 HSE 业绩指示来确定何时需要对管理体系进行哪方面的改变。在对 HSE 某个要素进行变动时，评价对整个管理体系的影响。

（3）建立相应的系统，通过观察、记录和辅导，不断地改善 HSE 行为。

（4）建立以风险为基础的审计，以定期评价实现 HSE 目标的进展、遵守法规情况和各业务单元管理体系的有效性。业务单元与管理体系的有效性。业务单元与审计组共同制定审计计划。审计计划要记录存档，由有经验的专业人员实施。

（5）学习过程（审计、事故调查、事故隐患、危害操作性研究等）中的发现依据重要性次序进行排除，用以改善 HSE 管理体系。

（6）业务单元的领导层要审查管理体系，确认体系能够不断实现理想的 HSE 业绩，在审查的基础上考虑并制定以风险为依据的目标。

（7）各业务单元要按照集团报告的要求，报告其 HSE 业绩的资料。

(8) 建立制度并通过这种制度向首席执行官提供保障，证明 BP Amoco 石油公司的 HSE 承诺和要求得到了有效实施。各业务单元针对要求每年进行一次自检，每三年至少进行一次 HSE 外部审计。

三、美国杜邦公司先进的 HSE 管理

美国杜邦公司是当今西方世界 200 家大型化工企业中的第一大公司，该公司在海外 50 多个国家和地区中设有 200 多家子公司、联合公司，该公司员工约有 20 万人。杜邦公司的企业经营管理是先进的，安全卫生管理也是同样是第一流的。例如，该公司在 1984 年安全成绩显著，每 20 万个小时内，工伤事故损失只有 2 个小时，事故率十分低。它的突出经验主要表现在以下三个方面：

1. 科学的安全原则

杜邦公司把安全放在经营战略的重要地位来考虑，它认为"安全是他们的传统"、"安全是个好职业"、"安全使他们放心"。杜邦公司安全工作的十项原则如下：

（1）所有的工伤和职业病是可以预防的，这是可以实现的目标，而不是理论上的目标。

（2）从董事长到一线管理人员，都直接承担预防工伤和职业病的责任。

（3）每个员工必须承担安全责任，这是雇用的条件。

（4）安全培训是实现安全的基本因素。

（5）必须进行安全检查。

（6）所有不足之处，立即通过调整设备、改变工艺过程、改进培训工作等加以改进。

（7）调查不安全操作及可能发生工伤的事件。

（8）非工作岗位安全像工作岗位安全一样抓。

（9）预防工伤和职业病是一项重要工作，否则将直接或间接地影响成本。

（10）人是最重要的因素，听取员工的意见，改善安全卫生条件，使规划获得成功。

2. 一切事故的原因在于管理

杜邦公司认为："所有的工伤事故都应归于管理上的失误。"从管理出发对一切不安全因素进行反省，用管理的先进性来杜绝一切事故的可能性。

杜邦公司把引起危险和工伤的因素归结为三要素：设备的设计、材料和危害和人的行为。前两点，公司通过管理、科学的设计和科学研究等途径解决。对个人的安全行为，杜邦公司同样从管理的角度加以分析。它认为：

（1）每个员工必须承担安全责任，这是雇用的条件。

（2）将安全培训作为保证安全的基础要求。

（3）培训的主要目的是使操作者理解而不畏惧。

（4）公司宁愿解雇违章员工，也不愿意参加他们的葬礼。

在有毒、有害气体岗位上，杜邦公司从管理上采取多种措施来尽可能避免员工发生失误行为的可能性。如现场一名操作工，同时配有三名备工（都是受过训练的），每周在班上要进行一次事故演习；每个月工人要进行一次考试。同时，杜邦公司强调，对员工的安全教育要包括有关员工自身安全的一切领域，如乘车安全、驾驶车辆安全、家务安全等各

个方面。

3. 先进的应急措施

杜邦公司在美国得克萨斯州的萨拜茵河化工厂，它不但保持了州工业界的最好安全记录，而且在整个杜邦公司系统内也是名列前茅的。他们的主要经验是：不但有一套安全的连锁报警系统，而且有完整的预防、维护管理制度。即使这样，他们仍提出"没有安全连锁报警系统我们不能保护自己，单靠安全连锁报警系统仍不能绝对防止灾难"。因此，仍配备一套相当先进的急救和自救装置。

杜邦公司一个生产光气的化工厂的事故控制中心，用7台工业闭路电视，就可以把工厂生产全过程都置于它的监视之下，生产中的主要参数（温度、压力、液面、气压等）都随时可以得到。一旦发生泄漏，计算机可根据风向计算出周围空气中有毒气体的含量，用图像显示出三种不同浓度区，一是对皮肤有影响的区域；二是对呼吸有影响的区域；三是对生命有影响的区域。据此可以组织厂内及周围人员撤离或疏散。同时，该控制中心还能对200m以外的火灾在控制室给水补救，实现远距离灭火控制。

第四节 中国石油 HSE 管理体系简介

一、领导承诺、方针目标和责任

公司高层管理者对 HSE 管理体系建立实施的认可和承诺，是 HSE 管理标准体系建立工作最基本的要求。实践证明，高层管理者的决心和承诺，不仅是公司能够启动 HSE 管理体系的内部动力，而且也是动员公司不同部门和全体员工积极投入体系建立、运行的重要保证。

（1）领导承诺。公司高层管理者应人提供强有力的领导和自上而下的承诺，并建立 HSE 保障体系。公司承诺应以实际行为表明对 HSE 的重视，特别是高层管理者应做到：HSE 管理应为公司整个管理体系的优先事项之一；确保承诺转变为人、财、物的支持；认识到预防事故和改进集团公司形象的意义；理解实施 HSE 管理体系对公司经济效益、公众形象等的促进作用。

（2）方针目标。方针和目标是公司的 HSE 管理方面的指导思想和原则，是公司的行动原则和公开声明，是实现良好的 HSE 业绩的保证。

（3）责任。公司和直属企业建立 HSE 管理体系组织机构，明确不同部门、岗位、不同工种人员责任落实。实现安全、环境与健康一体化管理。

二、组织机构、职责、资源和文件控制

（1）组织机构。人是企业管理体系的运作者，管理体系的成功实施取决于整体的工作效能。人人各司其职、各负其责的组织机构，能保证公司的各种活动按要求进行，并在发生异常情况时做出正确的反应。公司设立 HSE 管理委员会，公司和直属企业应建立相应的 HSE 管理机构。也就是总公司和局级及下设二级、三级、基层单位都建立相应的 HSE

不同层次的管理部门（一般附上企业HSE组织机构图），并对各层次的职责和权限做出明确规定。

（2）职责。建立HSE管理体系应做到接口明确，结构合理以避免不协调或职责不清。建立HSE管理机构一定要明确各职能部门人员职责权限、隶属工作关系。对照本年度的HSE目标对最高管理者、管理者代表、管理层其他成员的HSE业绩进行考核，并与经济责任制相挂钩。

（3）资源。公司在建立和实施安全、环境与健康管理体系过程中，应充分了解掌握本公司人力资源、物力资源和财力资源。在此基础上公司无论是对现状评价、设备更新，还是人员培训等都需要一定财力作保证。这就要求公司在现有财务资源允许的条件下，分阶段地不断改进公司安全、环境与健康管理体系。

① 人力资源。人的行为对公司事业的成功至关重要，因此，对岗位人员应认真选拔，确认其称职程度，进行系统培训，并建立其技能和能力进行评估的程序。人力资源配置，主要指HSE专家和HSE管理人员。例如企业、二级、三级单位，关键生产装置、生产要素单位和基层兼职HSE管理人员。要对不同层次所有人员进行HSE能力评价，包括资格评价、评价范围、能力要求、素质要求等，制定培训计划和培训内容。

② 物力资源。公司和直属企业的最高管理者应对HSE管理部门提供必要的检测仪器、防护用品、应急医疗用品、通信器材和交通工具等。信息交流，HSE关键性的程序和指导性应以适当的语言和方式使全体员工理解。它包括内部信息、外部信息、信息网络、信息收集、整理、传达和交流。

③ 财力资源。公司应优先安排用于HSE管理方面的资金，确保HSE管理体系的有效运行。资金主要用于：安全卫生、环境设施与装备；安全卫生环保技术与产品的开发应用；应急反应与缓和应急情况所需的人员、设备和基础设施；事故隐患的整改治理；劳动防护用品用具；HSE教育培训、HSE管理活动先进单位及个人奖励。

（4）文件控制。为了保证HSE管理体系的正常运转，确保现场使用文件的适宜性、完整性和有效性，对文件进行控制。文件形成的主要目的是为HSE管理体系提出一个适当的描述，并把文件当做实施和维护该系统的长期性的参考资料。把信息有效地运用到职员使用和需要的地方。

公司文件分为外部文件和内部文件，应控制HSE管理文件，以确保这些文件：①与公司的活动相适应。②定期评审，必要时进行修订，发布前经授权人批准。③需要时现行版本随时可行。④失效时能及时从颁发处和使用处收回。⑤建立文件发放、修订和管理制度，使公司员工、承包商、政府机构等随时获得文件的现行有效版本。

三、风险评价和隐患治理

风险管理一般包括以下几个方面：风险识别、风险评价、风险控制（隐患治理）、影响恢复。

1. 风险识别

风险识别是HSE管理的最重要环节，是一个不间断的过程，风险识别是所有HSE要素的基础。企业的各级管理者应不间断地组织风险识别工作，识别与业务活动有关的危

害、影响和隐患，并对它们进行科学的评价分析，确定最大危害程度和可能影响的最大范围，以便采取有效或适当的控制措施，从而把风险降到最低。

2. 风险评价

风险评价是在风险识别基础上进行的，也是一个不间断的过程。企业主管领导应直接负责并制定风险评价管理程序，每隔一定时间或发生重大变更时，应重新进行风险评价。风险评价程序如下：

（1）明确评价对象，建立科学的风险评价方法和程序。企业应依据相应的法律、法规和标准要求，确定科学的评价方法和程序，进行风险预评价和风险评价，判定风险等级。

（2）危害和影响的确定。企业应系统地确定生产经营活动、产品、运输及售后服务中危害和影响的全过程，并应考虑到：①规划、设计和建设、投产、运行等阶段环境因素。②常规和非常规的工作环境及操作条件。③事故及潜在的紧急情况，包括来自：原材料、产品的运输和使用过程中的缺陷；设备失效；气候、地震及其他自然灾害；违反生产操作规程；违反安全规程；人为因素，包括违反HSE管理体系要求。④在敏感地区、水域活动作业，因物料泄漏导致重大污染的事故。⑤丢弃、废弃、拆除与处理。⑥以往活动遗留下来的潜在危害和影响。公司应鼓励全员参与危害影响的确定。进行评价和风险管理时，应考虑所评价项目的优先顺序。

（3）选择相应的判别准则。判别准则表述了与公司或设施有关的目标，对危害及其影响的判断可以依据该准则。判别准则来自法律法规要求、合同规定、公司方针或标准等。在新装置设计或运行期间，企业应确定相关活动的判别准则并评价是否符合标准。若达不到运行判别准则要求，则应强化风险削减措施。任何关于修订判别准则的提议或放宽准则要求的建议，都应得到公司高层管理者的批准。

（4）评价危害和影响。在进行风险评价时，应考虑对下列因素影响的可能性和严重程度：人、环境、财产。风险评价应包括：①活动、产品和服务的影响。②强调人与物两方面因素导致的影响和风险。③考虑来自与风险区直接有关的人员的意见。④由具有资格的、有能力的人员来实施。⑤定期进行。

健康与安全的风险和影响评价应考虑到：①火灾和爆炸。②冲击与撞击。③溺水、窒息与触电。④暴露于粉尘、化学品、物理因素和生物药剂的环境中。⑤人机工程因素。⑥有害物料的泄漏。

（5）记录重要危害和影响。企业应将已确定的健康、安全和环境的显著危害和影响形成文件，说明削减措施。直属企业应记录适用于其活动、产品、服务的HSE方面的法规、要求和规定，以确保与这些要求和规定相符。

（6）建立详细目标和量化指标。企业应建立适当、具体的风险评价目标和量化指标。这些目标与量化指标应根据公司的方针、目标、风险管理要求、生产及商业的需要而制定，并且是可验证的、现实的和可实现的。

（7）确定和评价风险控制措施。企业应采取措施来削减风险及其影响。风险削减措施应包括预防事故、控制事故、预防急慢性职业病、降低事故长期的和短期的影响等部分。①风险削减措施能够在许多方面减少健康安全与环境的风险和影响，例如：预防长期严重事故；减少人们在工作区域内经常暴露在有害介质中的强度或时间；减少在环境中的泄漏或排放水平。②风险削减措施包括控制危害操作和维护设施完整的特定设备，例如：防喷设备；高压系统；专用防护设备；安全系统。③风险削减措施在重要的地方还要采取系统措施，例如：内部安全设计；质量保证维修和检测程度；安全工作惯例；批准工作系统；考虑人为因素的规划；材料安全数据单的使用；预防医疗（接种/免疫）；酒精和药物使用程序。④风险削减措施失败，采取的降低或减轻有害影响措施包括：点火控制系统；防爆墙；二级罐容量；无源火防护；煤气、火、烟探测。

3. 隐患治理

在危害和影响评价后，对各项风险隐患必须采取控制措施。如程序、工作指南、立法、设计、个人能力、批准工作、准则、气体的泄漏测量、排放检测等。所有的隐患和事故苗头都必须得到控制。

（1）隐患评估。直属企业应实事求是地按照推荐的评估方法对隐患进行评估，评估后的隐患应建立完整、齐全的档案资料。其内容包括评估报告、评审意见、技术结论、隐患治理方案、整改进度和责任人、资金概预算情况等。

（2）隐患治理。直属企业的最高管理者对事故隐患应做到心中有数，并亲自组织隐患治理工作。

四、承包商和供应商管理

承包商和供应商及相关公司的 HSE 业绩十分重要，应评估他们的 HSE 表现，对供应商的产品和售后服务应进行验证，确保其符合公司的 HSE 管理规定和要求。

五、装置（设施）设计和建设

新建、改建、扩建装置（设施）时，应遵守"三同时"制度，即劳动安全和环境保护设施要与主体工程同时设计、同时施工、同时投入使用的原则。

六、运行和维修

运行和维修应建立必要的程序、规程、标准等，对作业场所、过程、装置、机械、设备以及运行程序、操作程序和维修程序进行控制，从根本上消除或降低职业危险和危害，避免偏离 HSE 方针、目标，以确保 HSE 方针、目标的实现。

运行和维修的基本要求：（1）对所有新安装和改造的设备，应进行开车前、开车后审查。（2）满足或优于适用的法规要求。（3）设置关键运行参数并定期监测。（4）编制明确的开车、操作、维修和停车规程，并指定专门的审查批准人员。（5）停车维修和改造的设备再次投入使用前应进行检查和试验，并应记录检查结论和实验结果。（6）制定保护系统试验和维修计划，包括临时解除的管理办法，以保持可靠性和可用性。（7）评估、管理因在运行装置上或其附近进行同时施工、作业所带来的风险。（8）公司应建立关键生产装置监控系统，实现信息化管理。（9）对重要环境因素应建立并保持控制程序。（10）对于使用达到报废期的设备或装置，应在风险评价的基础上，制定废弃、修补或恢复再用的计划。（11）要有质量保证体系，确保更换或改造的设备保持完好运行。

七、变更管理和应急管理

1. 变更管理

在生产经营过程中，企业内部都会发生很多变更，尤其是编制的基层队 HSE 实施程序在项目接标过程中，在工程或装置运行过程中，会发生各种各样的变更。对这些方面的管理如果失控，往往会引发事故，因此必须实施严格的变更管理，进行有计划的控制。变更主要包括：工艺、技术变更，机械设备及设施变更，管理变更。变更实施结束后，应由变更主管部门对变更的实施情况进行验收，形成文件，并及时将变更结果通知相关部门和有关人员。

2. 应急管理

应急管理是指对生产、储运和服务进行全面、系统、细致地分析和调查研究，识别可能发生的突发事件和紧急情况，制定可靠的防范措施和应急预案。

企业和生产经营中，由于各种原因，难免发生这样或那样的事故，但事故一旦发生时，为确保人身、财产安全，不破坏环境，不损害公司的声誉，应实施应急管理。

应急管理实行分级管理，集团公司直属企业、二级单位、基层单位各级组织都应建立相应的应急指挥系统，制定应急预案。

制定应急预案前，应系统地确定和评估运行系统中可能产生的危害。（1）危害的辨识分析应明确：最严重事件；导致最严重事件的过程；非严重事件可能导致严重事件的时间间隔；引起其他事件的可能性；事件的后果。（2）应急预案的制定：每一个重大危险设施或装置、要害部位和可能发生环境污染事故的场所都应有相应的现场应急预案。

应急预案的演练、评估与修订：应急管理部门应定期组织对应急预案的演练；应急管理部门应在演练后对应急预案进行评估；评估后找出存在的不足并进行修改，修改后的应急预案及时通知到相关部门和有关人员。

八、检查和监督

检查和监督是 HSE 管理体系的关键活动，它确保了组织按照其所述的 HSE 管理方案开展工作。是对组织从事的活动进行检查和监督，管理体系标准要求组织对重大危险因素进行监测，保持它们始终处于受控状态。检查和监督的结果评价，要与国家的法律、法规和组织的 HSE 管理目标、指标进行跟踪比较，考察组织活动的吻合性。

不符合要求的种类及纠正措施：（1）不符合种类，任何能够直接或间接造成伤亡、职业病、财产损失或环境污染的事件；违背国家、集团公司或企业的标准、规章制度、操作规程的行为；与管理体系要求产生的偏差；违章指挥、违章作业、违反劳动纪律等。（2）不符合情况发生后企业应采取以下措施：主要包括纠正措施和预防措施。纠正措施：为了防止已出现的不合格、缺陷或其他不希望出现的情况的再次发生，消除其原因所采取的措施。预防措施：为了防止潜在的不合格、缺陷或其他不希望出现的情况的发生，消除其原因所采取的措施。企业具体措施是：通知责任单位和相关方；确定导致不符合的原因及可能的结果；制定整改计划和改进方案。根据不符合情况，制定并采取纠正措施，以确保预防活动的有效性；修改程序以预防不符合情况的再次发生，并通知有关人员，实施修改后的工作程序；对于违章指挥和违章操作应及时予以纠正，对严重违章部门和有关人员按有关规定给予处罚。

对检查出的重大隐患和问题，公司和企业实施《整改通知书》管理。《整改通知书》内容有：项目、整改要求、责任人和整改期限。整改结果要在规定时间反馈到《整改通知书》签发单位。

九、事故处理和预防

公司应建立事故报告、调查和处理管理程序，所制定的管理程序应保证能及时地调查、确认事故（未遂事件）发生的根本原因。根据事故的原因，制定出相应的纠正和预防措施，防止类似事故再次发生。

事故预防：根据事故调查所分析的事故原因和责任，制定事故预防措施。主要包括以下方面：

（1）工程技术措施。对设备、设施、工艺、操作等从HSE管理的角度考虑设计、检查和保养等措施，减少和消除不安全状态。

（2）教育措施。通过不同形式和途径的安全教育，提高员工预防事故的意识和技能，规范员工的安全行为。

（3）管理措施。进一步贯彻实施有关法令、标准、规范、制定或修订、完善操作规程。

事故发生后，应采取各种方式迅速传递事故信息，重大事故要在一定范围内进行通报。阐明事故原因，吸取教训，杜绝类似事故再次发生。对于一些潜在事故隐患，也要制定一些防范措施，预防事故的发生，防患于未然。

十、审核、评审和持续改进

公司应按适当的时间间隔对HSE管理体系进行审核和评审，以确保其持续的适应性和有效性。审核是企业方针和战略目标的关键手段，它既可以对一个体系全部实施审核，也可对一个要素、一项活动或一个过程实施审核。审核的实施一般包括：举行首次会议，开始审核；现场收集证据，记录审核发现；对照标准、文件要求，确定不符合项、举行末次会议，宣布审核结果。

持续改进：评审工作形成的结果、结论或决定在评审后予以贯彻落实，只表示体系是本轮循环的结束和下一个循环的开始，而不意识着体系的终结。HSE管理体系的基本思想是实现持续改进，是一个对管理体系不断强化的过程，周而复始地进行"计划、实施、检查、改进"活动，也被称为PDCA循环。体系功能不断强化，才能使公司安全、环境与健康表现不断改进。

第五节 企业安全生产规章制度知识

各企业根据国家法律和实际情况，制定了较为完善的安全生产管理制度，在确保安全生产方面发挥了重要作用。下面,以华北石油管理局为例介绍企业有关安全生产规章制度。

一、员工安全培训管理规定

为规范员工的安全培训,提高员工的安全素质,管理局对员工培训工作进行规定,主要内容如下:

1. 生产经营单位主要负责人和安全生产管理人员安全培训的内容

(1)国家和集团公司有关安全生产的方针、政策、法律和法规及相关的规程与标准。
(2)安全生产管理的基本知识、方法与安全生产技术。
(3)重大事故防范与应急救援措施及调查处理方法。
(4)重大危险源管理与应急救援预案编制原则。
(5)事故的统计、报告及现场勘验技术。
(6)国内外先进的安全生产管理经验。
(7)典型事故案例。

2. 从业人员的安全培训

对新从业人员,由从业人员单位对其进行厂、车间、班组三级安全教育培训,三级安全教育培训时间不得少于40学时,危险性较大的行业和岗位,安全教育培训时间不得少于48学时。

(1)厂级安全教育培训内容。包括:①安全生产基本知识;②本单位安全生产规章制度与劳动纪律;③有关事故案例等。
(2)车间级安全教育培训内容。包括:①本车间安全生产状况和安全生产规章制度;②作业场所和工作岗位存在的危险因素、防范措施及事故应急措施;③有关事故案例等。
(3)班组级安全教育培训内容。包括:①岗位安全操作规程;②生产设备、安全装置、劳动防护用品的性能及正确使用方法;③有关事故案例等。
(4)特种作业人员安全培训。特种作业人员包括:

① 电工作业人员,含发电、送电、变电、配电工、电器设备的安装、运行、检修(维修)、试验工。
② 金属焊接与切割作业人员(不含锅炉压力容器焊工)。
③ 起重机械作业人员,含起重机械(含电梯)司机、司索工、信号指挥工、安装与维修工。
④ 企业内机动车驾驶员,含在企业内及生产作业区域和施工现场行驶的各类机动车辆的驾驶人员。
⑤ 登高架设作业人员,含2m以上登高架设、拆除、维修工、高层建(构)筑物表面清洗工。
⑥ 锅炉作业人员,含承压锅炉的操作工(分为以下4类)、锅炉水质化验工(Ⅰ类:额定工作压力不超过2.5MPa的蒸汽锅炉和热水锅炉水处理设备管理操作);Ⅰ类:操作蒸汽锅炉、热水锅炉、有机热载体锅炉;Ⅱ类:操作工作压力小于等于3.8MPa的蒸汽锅炉、热水锅炉、有机热载体锅炉;Ⅲ类:操作工作压力小于等于1.6MPa的蒸汽锅炉、额定功

率小于等于 7MW 的热水锅炉、有机热载体锅炉；Ⅳ类：操作工作压力小于等于 0.4MPa 且额定蒸发量小于等于 1t/h 的蒸汽锅炉、额定功率小于等于 0.7MW 的热水锅炉。

⑦ 压力容器作业人员，含压力容器（含气瓶）充装工、检验（检查）工、运输押运工、大型空气压缩机（有独立储气罐）操作工、液化气体汽车罐车的驾驶员、押运员。

⑧ 危险物品作业人员，含危险化学品、民用爆炸品、放射性物品的操作工、运输押运工、储存保管员。

⑨ 钻井司钻。

⑩ 经安全环保与技术监督处确认的其他作业人员。

各单位及控股企业从事特种作业的人员必须按本规定参加特种作业安全培训，取得特种作业操作证。参加特种作业安全培训的人员必须符合下列条件：

① 年龄满 18 周岁；

② 初中以上（含初中）文化程度（对于Ⅰ类、Ⅱ类锅炉司炉人员，应有高中以上文化程度）；

③ 身体健康，没有不适合特种作业的疾病和生理缺陷；

④ 两年内没有严重违章作业记录；

⑤ 没有因违章作业造成 2 人轻伤或 1 人重伤以上事故的记录。

（5）其他情况的教育培训。

① 从业人员调整工作岗位或离岗一年以上重新上岗时，应进行相应的车间级、班组级安全教育培训。

② 采用新设备、新材料或实施新工艺时，应对从业人员进行有针对性的安全教育培训。

③ 有驾驶证的非顶岗人员，经过单位领导批准，由特种作业人员安全培训单位进行培训，考试合格后，由熟练的驾驶员进行一个月的传、帮、带，达到要求后逐步独立顶岗。

二、安全生产违章与事故处罚规定

管理局为严肃各项规章制度，杜绝违章，消除隐患，减少事故，制定本规定。

1. 对违章单位的处罚

（1）有下列行为之一的，责令限期改正，并处 20000～50000 元罚款：

建设项目未按照规定进行安全评价、履行"三同时"审批手续的；特种设备（锅炉、压力容器、压力管道、电梯、起重机械、厂内机动车辆、大型游乐设施）未经取得专业资质的机构检测、检验合格，未取得安全使用证或者安全标志，投入使用的；未取得相应资格，擅自从事特种设备制造、安装、修理改造的；使用国家明令淘汰、禁止使用的危及生产安全的落后工艺、落后设备的；进行爆破、吊装等危险作业，未安排专门管理人员进行现场安全生产管理的；生产经营单位将生产经营项目、场所、设备发包或者出租给不具备安全生产条件或者相应资质的单位或者个人的；生产经营单位未与承包单位、承租单位签订专门的安全生产管理协议或者未在承包、租赁合同中明确各自的安全生产管理职责，或者未对承包单位、承租单位的安全生产进行统一协调管理的；两个以上生产经营单位在同

一作业区域内进行可能危及对方安全生产的生产经营活动,未签订安全生产管理协议并未指定专职管理人员进行安全检查与协调的;生产、经营、储存、使用危险化学品的车间、商店、仓库与员工宿舍在同一座建筑物内,或者与员工宿舍的距离不符合安全要求的;生产经营场所或者员工宿舍未设有符合紧急疏散需要、标志明显、保持畅通的出口,或者封闭、堵塞生产经营场所或员工宿舍出口的。

(2) 有下列行为之一的,责令限期改正,并处 5000~20000 元罚款:

未按照规定设立安全生产管理机构或者配备安全生产管理人员的;未按照规定对从业人员在上岗前进行安全生产教育和培训的;采用新工艺、新技术、新材料或者使用新设备,未采取有效的安全防护措施,未对从业人员进行专门的安全生产教育和培训的;特种作业人员未按照规定经专门的安全作业培训并取得特种作业操作资格证书,上岗作业的;危险物品的生产、经营、储存单位及建筑施工单位的主要负责人和安全生产管理人员未按照规定经考核合格的;在规定场所,未经审批擅自进行工业动火或者降低动火等级的;未按标准设置、配备消防设施、器材的;未按规定为从业人员提供符合标准的劳动防护用品的。

(3) 有下列行为之一的,责令限期整改,并处 1000~5000 元罚款:

要害部位、公共聚集场所、施工作业等生产经营场所未制定应急预案或者未按期组织应急演练的;基层单位未编制实施 HSE "两书一表"或者未向施工人员交底的;钻井、试油(作业)未经验收合格擅自开工的;试油(作业)、钻井二次开钻前未安装井控设备的;规定范围内油气生产、储存场所未安装可燃气体检测报警仪器的;有毒有害施工作业未按规定审批的;产生有毒有害物质的场所,未安装、配备检测仪器和个人防护用具的;选用未取得相应资格证的起重机械、电梯、游乐设施的安装、检修队伍或未经安全环保与技术监督处审查擅自施工的;选用未取得相应资格证的锅炉、压力容器的安装、检修、清洗队伍或安装、检修、清洗方案未经安全环保与技术监督处审查擅自开工的;未取得省级以上安全生产监督管理部门颁发的许可证,擅自生产、经营、销售劳动防护用品或未经安全环保与技术监督处同意擅自采购劳动防护用品的;未在有较大危险因素的生产经营场所和有关设施、设备上设置明显的安全警示标志的;购置、使用的设备、产品未经审查办理《安全生产许可证》的;未按照管理局《HSE 许可证认证办法》规定办理《HSE 许可证》,擅自开工生产的;将本单位机动车辆卖给外单位或个人,不办理过户手续的;以单位名义为局外单位或个人办理车辆落户、年检手续出具证明的;利用公车组织集体旅游的。

(4) 有下列情况之一的,责令限期整改,并处 200~1000 元罚款:

机具设备安全防护设施、装置(护栏、护罩、护网、联锁、自动保护等)不齐全完好的;用电设备保护接地或保护接零不符合标准,移动电气设备、施工现场临时用电设备、手持电动工具未安装漏电保护器或漏电保护器失灵的;乱接乱拉电气线路、线头裸露、闸刀开关缺盖、保险丝不符合标准的;安全阀、压力表、氧气瓶、乙炔气瓶、液化气瓶、避雷装置、静电接地装置、高压电工用具等未按规定检测检验的;禁火区域内有烟头的;消防设施(器材)管理不善,造成失灵或损坏的;其他违章情形。

2. 对个人违章的处罚

(1) 对下列违章行为之一负有主要责任的直接责任人,给予 30 天以上离岗教育、500

元以上罚款,并视情节轻重给予组织处理、处分。

无岗位操作规程从事操作;在特殊环境下,违反管理局安全生产管理规定,进行工业动火、进入有限空间(密闭容器、管道、地沟等)、动土施工(挖掘等)、爆破作业;酒后或无驾驶证驾驶局内车辆;在易燃易爆场所吸烟或动用明火;未经培训取得特种作业操作证的人员从事特种作业;违规排放污染物。

(2)对下列违章行为之一负有主要责任的直接责任人,给予2~5分的违章记分50~200元的处罚,一年内累计达到5分的,给予离岗教育30天、罚款50~200元的处罚,每增加1分,递增离岗教育10天、罚款50元。

具体主要涉及以下几方面:

(1)登高作业方面。高处作业不按规定戴安全带;在规定戴安全帽的作业区内不戴安全帽;使用梯子登高作业未采取防滑、防倒措施;在可能使作业人员滑、掉落造成伤害的场所施工作业,未采取安全措施;站在堆放的管材上撬排作业。

(2)运输作业方面。违反规定运输、储存、使用爆炸物品;在施工现场、货场,没有指挥人员指挥的情况下,吊车司机擅自进行起吊作业,机动车辆司机擅自进行倒车;违反《道路交通安全法》驾驶机动车辆;站在行进的机动车辆上进行挑线等作业;无路单出车、擅自改变行驶路线;节日期间车辆无"准行证"行驶;无局内"准驾证"驾驶公车;驾驶员私自将车辆交给别人驾驶;长途车辆违反规定疲劳驾驶;驾驶车辆时未按规定系安全带;在人员上下车过程中行车;在视线不良的情况下强行行车;长途(出省)车辆未按规定办理审批手续;客运车辆超员载客;机动车辆客货混载;机动车辆安全设施带故障行驶;大宗物料拉运、队车长途行驶不制定安全措施;机动车辆进入油气区不戴防火帽;出车途中擅自拉商贩、搞黑运输;驾驶员在执行任务期间饮酒,乘车人和其他有关人员不加劝阻;将本单位机动车辆卖给外单位或个人,不办理过户手续;以单位名义为局外单位或个人办理车辆落户、年检手续出具证明;起重设备安全保护装置失灵仍然进行起吊作业;在吊装作业中未使用符合安全要求、标准的吊具、吊索;吊装超过额定载荷或起吊物重量不能确定、起吊物捆绑不牢或不平衡,歪拉斜挂、起吊现场光线暗淡视线不清、起吊易燃易爆危险品、起重臂或吊物下有人、起吊物上站人或有浮动物、起吊物棱角与吊索之间未加衬垫;机动车辆和移动设备修理未采取安全防护措施。

(3)电工作业方面。带电作业,在邻近高压带电设施或在部分停电的高压电气场所没有安全措施或未按规定办理作业许可证;在高压电气作业过程中,与高压带电体不按规定保持安全距离;在电气线路下未采取安全措施,未经安全部门批准进行起吊作业;电气设备接地或接零不规范,未采用漏电保护器;乱接乱拉电气线路、线头裸露、保险丝不规范、开关无标识。

(4)安全监督方面。安全监督人员发现违章作业不按规定进行处罚;未按照规定对从业人员进行安全生产教育和培训。

(5)消防安全方面。未按标准设置、配备消防设施、器材;将安全出口上锁、遮挡,或占用、堆放物品影响疏散通道畅通;油气生产、储存场所未安装可燃气体检测报警装置;易燃、易爆、剧毒生产区域、场地无醒目的安全标志;易燃、易爆场所不符合防爆要求;消防器材未实行"三定"管理;擅自关闭消防设施、切断消防电源、水源;消火栓、

灭火器材被遮挡影响使用或被挪作他用；生产经营场所或员工宿舍未设有符合紧急疏散需要、标志明显、保持畅通的出口，或者封闭、堵塞生产经营场所或员工宿舍出口；在公众聚集场所未设置疏散指示标志、未安装应急照明灯或应急照明灯失效；有毒有害场所未按规定配备检测仪器和个人防护用具；进入易燃易爆场所不穿防静电服；在有较大危险因素的生产经营场所和有关设施、设备上，未设置明显的安全警示标志；危险物品的生产、经营、储存单位和建筑施工单位的主要负责人和安全生产管理人员未按照规定经考核合格。

（6）岗位操作方面。机床等机械设备操作人员留长发不戴工作帽；机床等机械设备操作人员操作时戴手套；机床、砂轮机等机械设备操作人员不戴防护镜；未经批准使用电炉、煤炉及其他明火取暖；作业人员在旋转设备未停止运行的情况下对旋转部位进行作业；违反工艺、工序作业；违反操作规程进行作业（由各二级单位根据实际制定细则）；安全防护设施不齐全完好（由各二级单位根据实际制定细则）；不按要求组织、参加安全活动。

（7）工业动火方面。公共娱乐场所在营业期间动火；装卸油、气不接防静电接地线；气焊焊接与切割作业氧气瓶和乙炔气瓶的间距不符合安全规定；氧气瓶和乙炔气瓶同库存放；乙炔气瓶使用时未安装回火防止器。

（8）施工作业方面。新建、扩建、改建项目未按规定进行"三同时"审批；工程施工或检修方案无安全技术措施和应急预案，或未向施工人员交底；修理设备未挂警示标志或无专人看管；施工作业未编制实施HSE"两书一表"，或未向施工人员交底；两个以上单位在同一作业区域内进行可能危及对方安全生产的生产经营活动，未签订安全生产管理协议并指定专职管理人员进行现场指挥与协调的；采用新工艺、新技术、新材料或者使用新设备，未采取有效的安全防护措施，未对从业人员进行专门的安全生产教育和培训；购置、使用的设备、产品，未按照管理局《安全生产许可证认证办法》办理《安全生产许可证》；未按照管理局《HSE许可证认证办法》规定办理《HSE许可证》，擅自从事生产经营、施工作业。

（9）劳保使用方面。未取得劳动防护用品生产、经营许可证，擅自生产、经营劳动防护用品或不按规定擅自采购劳动防护用品；未按规定为从业人员配备个人劳动防护用品；上岗不按规定穿戴劳动防护用品（工作服、工作鞋、工作帽、护目镜等）。

（10）房屋租赁方面。将房屋、场所出租给个人从事易燃易爆、公众聚集性质的经营活动；将生产经营项目、场所、设备发包或者出租给不具备安全生产条件或者相应资质的单位或者个人；发包、出租单位未与承包、承租单位签订专门的安全生产管理协议，也没有在承包、租赁合同中明确各自的安全生产管理职责。

（11）特种设备方面。选用未取得相应资格证的起重机械、电梯、游乐设施的安装、检修队伍，或未按规定经安全部门审查擅自施工；选用未取得相应资格证的锅炉、压力容器的安装、检修、清洗队伍，或安装、检修、清洗方案未按规定经安全部门审查擅自施工；特种设备、防雷装置和设施、防静电接地装置、高压电工用具等未按规定检测检验；特种设备未注册、未取得合格证或合格证过期私自运行；未取得相应资质擅自从事特种设备制造、安装、修理、改造；未经审批擅自进行特种设备安装、修理、改造施工。

（12）其他违章行为。

3. 对发生员工伤亡事故单位的处罚

每死亡一人，罚款 100000～300000 元；每重伤一人，罚款 30000～50000 元；每轻伤一人，罚款 3000～10000 元；一年内重复发生死亡事故的，加倍处罚。

4. 对发生交通事故单位的处罚

每死亡一人，全部责任罚款 50000～100000 元，主要责任罚款 30000～50000 元，对等责任罚款 10000～30000 元，次要责任罚款 5000～10000 元；每重伤一人，全部责任罚款 20000 元，主要责任罚款 15000 元，对等责任罚款 10000 元，次要责任罚款 5000 元；每轻伤一人，全部责任罚款 5000 元，主要责任罚款 4000 元，对等责任罚款 3000 元，次要责任罚款 2000 元。

5. 对员工伤亡事故责任者的处理

小事故：视情节给予罚款 500～1000 元或通报批评并罚款 1000 元。

一般事故：主要责任者，视情节给予行政警告并罚款 1000 元，行政记过并罚款 1500 元，行政记大过并罚款 2000 元；次要责任者，视情节给予通报批评并罚款 800 元，行政警告并罚款 1000 元，行政记过并罚款 1500 元；一定责任者，视情节给予罚款 500～1000 元、通报批评并罚款 800 元，行政警告并罚款 1000 元。

较大事故：主要责任者，视情节给予行政记大过并罚款 2000 元，留用察看并罚款 3000 元，开除；次要责任者，视情节给予行政记过并罚款 1500 元，行政记大过并罚款 2000 元，留用察看并罚款 3000 元；一定责任者，视情节给予行政警告并罚款 1000 元，行政记过并罚款 1500 元。

重、特大事故：视情节给予行政记大过并罚款 4000 元，留用察看并罚款 6000 元，开除。

6. 对交通事故责任者的处理

小事故：视情节给予罚款 500～1000 元。

一般事故：视情节给予罚款 1000 元、通报批评并罚款 1000 元、行政警告并罚款 1500 元、行政记过并罚款 2000 元。

较大事故：全部责任者，视情节给予行政记大过并罚款 2000 元、留用察看并罚款 3000 元，开除；主要责任者，视情节给予行政记过并罚款 1500 元，行政记大过并罚款 2000 元，留用察看并罚款 3000 元；对等责任者，视情节给予行政警告并罚款 1000 元，行政记过并罚款 1500 元，行政记大过并罚款 2000 元；次要责任者，视情节给予通报批评并罚款 500 元，行政警告并罚款 1000 元，行政记过并罚款 1500 元。对等（含对等）以上责任者，一律吊扣驾驶证一年。重、特大事故：视情节给予行政记大过并罚款 3000 元，留用察看并罚款 5000 元，开除。凡发生重、特大事故，不分责任大小，一律吊销驾驶证。

7. 对负有领导责任人员的处理

（1）对负直接领导责任的基层单位负责人的处理。小事故：罚款 200～500 元；一般事故：视情节给予罚款 1000 元，通报批评并罚款 500 元，行政警告并罚款 1000 元，行政记过并罚款 1500 元；较大事故：视情节给予行政警告并罚款 1000 元、行政记过并罚款 1500 元、行政记大过并罚款 2000 元，行政降级、撤职，视情况并处罚款；重、特大事故：视情节给予行政记过并罚款 2000 元，行政记大过并罚款 3000 元，行政降级、撤职、留用

察看，视情况并处罚款。

（2）对发生的较大及以上责任事故，根据情节对负有主要领导责任、重要领导责任的二级单位主要负责人、分管安全工作的副职、业务分管副职等，分别给予组织处理或行政处理、处分。组织处理分批评教育、主动辞职、引咎辞职、责令辞职、免职等。行政处理、处分依据事故等级确定：

①发生较大事故的，视情节给予罚款 1000～3000 元、通报批评并罚款 1000 元，行政警告并罚款 2000 元，行政记过并罚款 3000 元；

②发生重、特大事故的，视情节给予通报批评并罚款 1000 元，行政警告并罚款 2000 元，行政记过并罚款 3000 元，行政记大过并罚款 4000 元，行政降级、撤职，视情况并处罚款。

8. 其他

有下列情况之一的，二级单位行政正职、安全总监应辞职或由管理局予以免职：本单位发生一次死亡 3 人以上（含 3 人）责任事故（含员工伤亡、交通对等以上责任、火灾）；本单位一年内累计发生死亡 3 人以上（含 3 人）责任事故（含员工伤亡、交通对等以上责任、火灾）。

有下列情况之一的，科级（含科级）以下基层单位，行政正职、主管安全副职，由原任命单位予以免职：本单位发生员工死亡责任事故；本单位发生一次死亡 2 人以上（含 2 人）或一年内累计发生死亡 2 人以上（含 2 人）对等以上责任交通事故。

专家提示

对员工进行 HSE 培训的重要性、方式和内容

1. 为什么要对员工进行HSE培训

在苏北一对外合作项目中，有一次，一名餐厅服务员的手腕被碗柜玻璃划破，自己贴上"创可贴"继续工作，被外方 HSE 顾问发现后受到严厉批评。他说："手被划破，不是你个人的事，如果感染了可能危害他人的健康。"服务员立即被送到医务室进行检查治疗。这种事在我们的理念中可能被认为是"重伤不叫苦，轻伤不下火线"的英雄行为，甚至会受到表扬，但它与先进的 HSE 管理理念是不相符合的。因此，时时注意宣传和培训员工的 HSE 管理理念是非常重要的。应针对不同的情况编制培训计划，使员工接受 HSE 管理体系知识培训，让 HSE 的思想深入人心。

2. 对员工进行HSE培训的方式

岗位工作能力的培训，包括正规培训和现场实际操作两种。

健康、安全与环境意识的提高，要采取正面教育和行为示范相结合的方法。

3. 对员工HSE培训的内容

培训的内容主要包括全体员工重视健康、安全与环境的意识的培养；必要的岗位职能培训，如知识、经验和技能。具体包括：

（1）健康、安全与环境方面的法律、法规。
（2）作业者的健康、安全与环境方针、规定和要求。
（3）健康、安全与环境管理的规定和实施方案。
（4）人员急救、自救和人身保护。
（5）设备、工具和仪器操作使用及维护。
（6）水、电、讯设备设施安全使用规定。
（7）油料、化学药品及其他有害物质安全处理方法。
（8）应急程序及演练。
（9）健康、安全与环境预防措施及记录和汇报程序。
（10）安全生产、健康、环保基本知识等。

附录

安全生产知识测验题库

一、安全常识部分

（一）选择题

1. 企业安全的第一责任者应该是（C）。
   A. 生产部主管 B. 安全部主管 C. 厂长（经理）
2. 企业安全生产制度规定，管生产必须管（A）。
   A. 安全 B. 效益 C. 生活
3. 生产经营单位的主要负责人，对本单位的安全生产工作（B）负责。
   A. 要 B. 全面 C. 全部
4. 安全生产责任制要在（B）上下真功夫，这是关键的关键。
   A. 健全、完善 B. 贯彻落实 C. 分工明确
5. 依据《安全生产法》第十六条的规定，不具备安全生产条件的生产经营单位（B）。
   A. 经主管部门批准后允许生产经营 B. 不得从事生产经营活动 C. 经安全生产监管部门批准后可从事生产经营活动
6. 《安全生产法》第二十四条规定：生产经营单位新建、改建、扩建工程项目的（C），必须与主体工程同时设计、同时施工、同时投入生产和使用。
   A. 生活设施 B. 福利设施 C. 安全设施
7. "三同时"是指新建、改建、扩建的工程项目的安全设施必须与主体工程同时设计、同时施工、(A)。
   A. 同时投产 B. 同时结算 C. 同时检修
8. 消防工作应贯彻（C）的方针。
   A. 安全生产，人人有责 B. 安全第一，预防为主 C. 预防为主，防消结合
9. 安全监察是一种带有（A）的监督。
   A. 强制性 B. 应急性 C. 自觉性
10. 安全检查的内容包括查领导、查思想、（B）、查管理和查隐患。
    A. 查账目 B. 查制度 C. 查技术
11. 查事故隐患就是要查安全生产管理漏洞、人的不安全行为和（C）。
    A. 家属工作的配合 B. 人的不安全思想 C. 物的不安全状态
12. 下面人员中（C）需要接受安全培训。
    A. 管理人员 B. 工人 C. 以上两类人员都同样
13. 新工人的"三级安全教育"是指厂级教育、（B）和班组教育。
    A. 启蒙教育 B. 车间教育 C. 礼仪教育
14. 企业全员安全教育是面向全体干部、（A）的定期安全教育。

A. 工人　B. 家属　C. 职工和家属

15. （C）应当参与事故预防工作和担当责任。

A. 用人单位　B. 工人本身　C. 用人单位和工人本身两方面

16. 总体来说，事故发生的主要原因是（A）。

A. 人的失误和不安全行为　B. 物的不安全状态或设备缺陷　C. 运气不好

17. 劳动者因工负伤并被确认丧失或部分丧失劳动能力的，用人单位不得（B）。

A. 停止其原工作　B. 解除劳动合同　C. 另行安排工作

18. 一切经济部门和生产企业的头等大事是（B）。

A. 多出效益　B. 安全生产　C. 合理避税

19. 我国的安全理念是（B）

A. 安全第一　B. 安全发展　C. 安全和谐

20. 实施（A）是落实和保障劳动者劳动安全卫生权益强有力的手段。

A. 劳动安全卫生法规　B.《刑法》　C.《民法》

21. 用人单位与劳动者发生的争议称为（A）争议。

A. 劳动　B. 住房　C. 待遇

22. 发生劳动争议的当事人可以依法申请（A）或者提出诉讼，也可以协商解决。

A. 调解仲裁　B. 拖延不决　C. 找人私了

23. 劳动者有权拒绝（B）的指令。

A. 安全人员　B. 违章作业　C. 班组长

24. 怀孕（B）的女职工，企业要给予工间休息，一般不安排夜班劳动。

A. 五个月　B. 七个月　C. 八个月

25. 未成年工是指年满16周岁、未满（A）周岁的劳动者。

A. 18　B. 19　C. 20

26. 安全色表示禁止、警告、指令、提示等意义，表达了一定的（C）。

A. 危险情况　B. 环境装饰　C. 安全信息

27. （C）表示提示、安全状态及通行的规定。

A. 红色　B. 蓝色　C. 绿色

28. 安全标志分为禁止、警告、指令和（C）标志四类。

A. 交通　B. 温度　C. 提示

29. 《安全色》标准中，表示警告、注意的颜色为（A）。

A. 黄色　B. 蓝色　C. 绿色

30. 《安全色》标准中，表示禁止、停止的颜色为（C）。

A. 绿色　B. 蓝色　C. 红色

31. 事故系统构成的四要素是（B）。

A. 人、物、能量、信息　B. 人、机、环境、管理　C. 职工、设备、工具、车间

32. 根据安全理论进行系统科学地分析，事故的直接原因是（C）。

A. 生产效益不好，无章可循　B. 情绪不佳，技术不好　C. 人的不安全行为，物的不安全状态

33. 预防事故三大对策是（C）。

A. 控制三违　B. 安全技术、安全检测、安全设施　C. 工程对策、教育对策和管理对策

（二）简答题

1. 我国安全生产的方针是什么？

答："安全第一，预防为主"。

2. 《劳动法》中规定了劳动者享有哪些基本权利？

答：（1）平等就业和选择职业的权利；（2）取得劳动报酬的权利；（3）休息休假的权利；（4）获得劳动安全卫生保护的权利；（5）接受职业技能培训的权利；（6）享受社会保险和福利的权利；（7）提请劳动争议处理的权利；（8）法律规定的其他。

3. 《劳动法》中规定劳动者应履行哪些义务？

答：（1）完成劳动任务的义务；（2）提高职业技能的义务；（3）遵守安全操作规程、遵守劳动纪律和职业首先的义务；（4）法律法规规定的其他义务和劳动合同约定的义务。

4. 用人单位为了赶生产任务，强令员工违章冒险操作，员工该怎么办？

答：按照法律规定，可以拒绝操作，并有权批评、检举或控告领导者。

5. 生产中遇到特别严重险情，员工可采取什么行动？

答：员工有权停止作业，采用紧急防范措施，并撤离危险岗位。

6. 对待安全问题，员工有什么权利？

答：（1）对违章指挥有权拒绝操作。（2）险情严重时，有权停止作业。（3）对漠视员工安全健康的领导者，有权批评、检举和控告。

7. 国家对未成年工的特殊劳动保护有哪些规定？

答：（1）禁止安排未成年工从事矿山、井下、有毒有害、国家规定的第四级体力劳动强度的劳动以及禁忌从事的劳动；（2）用人单位须按要求对未成年工定期进行健康检查；（3）对未成年工的使用和特殊保护实行登记制度；（4）未成年工上岗前用工单位应对其进行有关职业安全卫生的教育和培训。

8. 用人单位必须建立哪些劳动安全卫生制度？

答：用人单位必须建立的劳动安全卫生制度包括：安全生产责任制；编制劳动安全卫生技术措施计划制度；劳动安全卫生技术措施经费制度；劳动安全卫生教育制度；劳动安全卫生检查制度；劳动防护用品发放管理制度；职业病危害作业劳动者的健康检查制度；伤亡事故与职业病统计报告调查处理制度。

9. 企业安全生产责任制指什么？

答：安全生产责任制是企业各级领导、职能部门、工程技术人员、岗位操作人员在劳动生产过程中对安全生产层层负责的制度。

10. 从事哪些工作的人员应该发放劳动保护用品？

答：（1）井下作业；（2）有强烈辐射性烧灼危险的作业；（3）有刺割绞伤危险或严重磨损而引起外伤的作业；（4）接触有腐蚀物质的作业；（5）接触有毒、有放射性物质的作业；（6）经常在低温环境中的作业；（7）其他对身体健康有害的作业。

11. 新工人入厂三级安全教育指什么？

答；厂级教育、车间教育和班组教育。

12. 什么是"三不伤害"?

答：我不伤害自己，我不伤害他人，我不被他人伤害。

13. 什么是"三违"?

答：违章指挥，违章操作，违反劳动纪律。

14. 企业安全文化的含义是什么?

答：企业安全文化是指企业员工在预防事故、抵御灾害、创造安全文明的工作环境的实践过程中所形成的物质和精神财富的总和。

15. 企业员工伤亡事故指什么?

答：指员工在劳动过程中发生的人身伤害、急性中毒事故。即员工在本岗位劳动，或虽不在本岗位劳动，但由于企业的设备和设施不安全，劳动环境和作业环境不良，管理不善，以及受企业领导指派到企业外从事本企业活动，所发生的人身伤害和急性中毒事故。

16. 大多数事故发生的原因是什么?

答：作业环境的不安全状态和作业人员的不安全行为造成的，后者的因素又占大多数。

17. 什么是"四不放过"原则?

答：事故原因不清不放过；事故责任者和员工没有受到教育不放过；没有采取切实有效的防范措施不放过；领导责任不追究不放过。

18. 事故隐患的含义?

答：可导致事故发生的物的危险状态，人的不安全行为及管理上缺陷。

19. 安全色指哪几种颜色?

答：红、蓝、黄、绿。

20. 不同安全色的含义分别是什么?

答：红色表示禁止、停止和防火；蓝色表示指令、必须遵守；黄色表示警告、注意；绿色表示提示、安全状态、通行。

二、机械安全部分

（一）选择题

1. 所有机器的危险部分，应（C）来确保工作安全。

A. 标上机器制造商名牌　B. 涂上警示颜色　C. 安装合适的安全防护装置

2. 新员工操作机器设备前，应（A）。

A. 进行培训与指导　B. 让其独立操作　C. 配备工具

3. 在（B）的情况下，不可进行机器的维修工作。

A. 没有安全员在场　B. 机器在开动中　C. 没有操作手册

4. 机器防护罩的主要作用是（B）。

A. 使机器较为美观　B. 防止发生操作事故　C. 防止机器受到损坏

5. 操作转动的机器设备时，不应佩带（B）。

A. 戒指　B. 手套　C. 手表

6. 金属切削过程中最有可能发生（C）。

　A. 中毒　B. 触电事故　C. 眼睛受伤事故

7. 机器停用时要关上电源，是为了（B）。

　A. 节省能源　B. 预防事故　C. 保养机器

8. 操作旋转机床时，不准戴手套的原因是（B）。

　A. 容易损坏　B. 较易缠上机器的转动部分，发生事故　C. 手部出汗

9. 机床上安装安全防护装置的目的是防止（B）。

　A. 工件丢失　B. 工人身体或手部受到伤害　C. 物件进入机器里面

10. （A）有防止操作人员与机械的危险部分接触的作用。

　A. 固定式护罩　B. 互锁式护罩　C. 触摸式护罩

11. 当操作砂轮机时，必须使用（C）。

　A. 围裙　B. 防潮服　C. 护眼罩

12. 刚刚车切下来的切屑温度高达（B），极易引起烫伤。

　A. 400℃　B. 600～700℃　C. 1000℃

13. 工人操作机械设备时，穿紧身合适工作服的目的是防止（B）。

　A. 着凉　B. 被机器转动部分缠绕　C. 被机器弄污

14. 使用砂轮机时，哪种行为是严重违章行为（C）？

　A. 禁止侧面磨削　B. 不准正面操作　C. 2人共用1台砂轮机同时操作

15. 维修机器时，应先将开关关上，然后（A）。

　A. 断开电源，并在显眼处挂上"停机维修"标示牌，方可工作　将机器护罩拆除，方便修理　C. 即可进行维修工作

16. 被加工的工件超出机床机身的部分，必须（B）。

　A. 在地上画上黄线，警告行人　B. 装上防护罩　C. 定期检查及加油润滑

17. 进行机加工时，要（C）。

　A. 不顾旁人，只顾快速完成工作　B. 和旁人聊天　C. 专心致志，遵守操作规程

18. 清理机械器具上的油污时应（C）。

　A. 用汽油洗刷　B. 用压缩空气喷　C. 用抹布擦净

19. （B）不宜用来制作机械设备的安全防护装置。

　A. 金属板　B. 木板　C. 金属网

20. 机械设备在运转中，操作人员应（C）。

　A. 对机械进行加油清扫　B. 与旁人聊天　C. 严禁拆除安全装置

（二）简答题

1. 金属切削机床应装的安全防护装置有哪些？

答：防护罩、防护挡板、防护栏杆、保险装置和制动装置。

2. 操作切削机械设备的人员穿戴有何要求？

答：工作服要做到三紧（袖口紧、领口紧、下摆紧）；不允许戴手套、围巾；不允许穿凉鞋、高跟鞋；女工或留长发的工人应戴工作帽。

3. 机就要工作结束后应做哪些工作？

答：工作结束后，应关闭机床电器系统和切断电源，然后再做清理工作，并润滑机床。

4. 机械防护装置有哪几种形式？

答：固定防护式、联锁防护式和自动防护式。

5. 哪些原因容易导致发生机械伤害？

答：（1）工、夹具、刀具不牢固，导致工件飞出伤人；（2）设备缺少安全防护设施；（3）操作现场杂乱，通道不畅通；（4）金属切屑飞溅等。

6. 机械设备的操作人员工作服要求哪"三紧"？为什么？

答：袖口紧、领口紧和下摆紧，主要是为了防止被绞缠及飞屑掉进衣领。

7. 为防止机械伤害事故，有哪些安全要求？

答：对机械伤害的防护要做到"转动有罩、转轴有套、区域有栏"，防止衣袖、发辫和手持工具被绞入机器。

8. 使用钻孔机械时有哪些安全要求？

答：不手持工件，不徒手清除碎屑或碎片，而使用刷子或木棒；当钻尖快要钻穿工件时，减慢钻尖下降速度，以免钻尖断裂；钻机操作时应戴上防护眼镜。

9. 使用砂轮机的安全要求是什么？

答：（1）禁止侧面磨削。按规定用圆周表面做工作面的砂轮不宜使用侧面进行磨削，砂轮的径向强度较大，而轴向强度很小，操作者用力过大会造成砂轮破碎，甚至伤人。

（2）不准正面操作。使用砂轮机磨削工件时，操作者应站在砂轮的侧面，不得在砂轮的正面进行，以免砂轮出故障时，砂轮破碎飞出伤人。

（3）不准共同操作。2人共用1台砂轮机同时操作，是一种严重的违章操作行为，应严格禁止。

10. 机械装置运行过程中存在着不安全因素是什么？

答：一类是机械危害，包括夹挤、碾压、剪切、切割、缠绕或卷入、戳扎或刺伤、摩擦或磨损、飞出物打击、高压流体喷射、碰撞或跌落等危害；另一类是非机械危害，包括电气危害、噪声危害、振动危害、辐射危害、温度危害等。

11. 机械设备操作前要进行检查，首先进行什么运转？

答：空车。

三、电气安全部分

（一）选择题

1. 在较短时间内危及生命的最小电流是（C）。

A. 感知电流　B. 摆脱电流　C. 致命电流

2. 装用漏电保护器，属于（C）。

A. 绝对保安措施　B. 辅助保安措施　C. 基本保安措施

3. 漏电保护器的作用是防止（B）。

A. 电压波动　B. 触电事故　C. 电荷超负

4. 使用三相的手动电动工具，其导线、插销、插座应符合（B）的要求。

A. 三相三眼 B. 三相四眼 C. 二相三眼

5. 国际标准规定，电压小于（C）伏时不必考虑防止电击的安全措施。

A. 110 B. 70 C. 25

6. 手持电动工具在没有双重绝缘的情况下，应有（B）。

A. 防爆保护装置 B. 接地装置 C. 负荷保护装置

7. 在潮湿的工作场地上使用手持电动工具时，为避免触电，应（A）。

A. 站立在绝缘胶板上操作 B. 站在铁板上操作 C. 不穿任何鞋具

8. 停电检修时，在开关上应悬挂（C）的标示牌。

A. "在此工作！" B. "止步，高压危险！" C. "禁止合闸，有人工作！"

9. 如果触电者呼吸停止或心脏停止跳动，应施行（C）和胸外心脏按压进行急救。

A. 按摩 B. 点穴 C. 人工呼吸

10. 触电事故中，（A）是导致人身伤亡的主要原因。

A. 人体接受电流遭到电击 B. 烧伤 C. 电休克

11. 静电电压最高可达（C），可放电产生静电火花引起火灾。

A. 50伏 B. 220伏 C. 数万伏

12. 抢救触电者时，不可直接用（A）或其他金属及潮湿的物体作为工具使触电者脱离电源。

A. 手 B. 木棒 C. 塑料棒

13. 长期在高频电磁场作用下，操作者会感到（C）。

A. 精神失常 B. 呼吸困难 C. 疲劳无力

14. 应找（C）来修理电气设备。

A. 懂电的人员 B. 有修理电器经验的朋友 C. 合格电工

15. 如需进入高压配电室工作，应（A）。

A. 遵守工作许可证制度 B. 使用双重绝缘工具 C. 系安全带

16. 使用电动工具前，应（C）。

A. 用水清洗，确保卫生，才可使用 B. 看是否需要改装工具，提高效率 C. 进行检查，确保机件正常

17. 为消除静电危害，可采取的有效措施是（C）。

A. 保护接零 B. 绝缘 C. 接地放电

18. 当通过人体的电流达到（B）毫安时，就能使人致命。

A. 20 B. 50 C. 100

19. 能发生触电事故的危险电压一般最低是（B）伏。

A. 36 B. 65 C. 80

20. 防止触电事故通常可采取绝缘、防护、（C）等技术措施。

A. 密闭 B. 连接 C. 隔离

21. 雷电放电具有（A）的特点

A. 电流大，电压高 B. 电流小，电压高 C. 电流大，电压低

22. 车间内的明、暗插座距地面的高度一般不低于（A）。

A. 0.3米 B. 0.2米 C. 0.1米

23. 静电危害的形式主要有三种，即静电放电、静电电击和静电吸附。其中，（C）是造成静电事故的最常见的原因。

A. 静电吸附 B. 静电电击 C. 静电放电

（二）简答题

1. 我国国家标准规定安全电压的额定值有哪些？

答：42V、36V、24V、12V 和 6V。

2. 影响人体电阻大小的因素是什么？

答：皮肤厚薄，皮肤潮湿度，汗液，以及创伤等。

3. 电气设备出了故障时应怎样办？

答：不得带故障运行，也不得私自修理，而应立即请电工检修。

4. 电气设备按有关安全规程，其外壳应有什么安全防护措施？

答：防护性接地或接零。

5. 移动某些非固定安装的电气设备（如电风扇、电焊机等）时，在移动前应先怎样做？

答：先切断电源。

6. 使用手电钻、电砂轮等手持电动工具时，应采取什么安全措施？

答：装设漏电保护器。

7. 预防电焊工触电事故的原则是什么？

答：采取绝缘、屏护、间隔、自动断电和个人防护措施，使人体脱离带电体。

8. 触电伤害的主要形式有哪些？

答：电伤和电击两种。

9. 预防交流、直流电触电事故的基本措施有哪些？

答：将带电设备安装防护设施，要求能防止意外接触、意外接近或做到不可能接触；对于偶然带电的设备，应采用保护接地和保护接零或安装漏电断路器等措施；另外，要对电气线路或电气设备进行检查、修理或试验。在需要进行带电检修时，应使用适当的个人防护用具。

10. 防止静电危害的基本措施有哪些？

答：对容易产生静电的场所，要保持地面潮湿，或者铺导电性能好的地面；工作人员要穿防静电的衣服和鞋靴，让静电及时导入大地，防止静电积聚，产生火花。

11. 静电有哪些危害？

答：静电的危害主要有：（1）因静电放电发生火花引起火灾或爆炸；（2）静电放电时对人体造成电击；（3）静电为生产增加困难或使产品质量降低。

12. 焊接作业发生触电事故的直接原因有哪些？

答：（1）电焊操作中人体触及焊钳口、焊条或电极等带电体；（2）在布线或调节焊接电流时，触及接线柱、极板；（3）在登高焊接时，靠近高压电网或触及低压电网。

13. 用电安全有哪些基本要素？

答：电气绝缘、安全距离、设备及其导体载流量、明显和准确的标志等是保证用电安

全的基本要素。只要这些要素都能符合安全规范的要求，正常情况下的用电安全就可以得到保证。

14. 使用手电钻或其他手持电动工具时应注意哪些安全问题？

答：（1）所有的导电部分必须有良好的绝缘。（2）所有的导线必须是坚韧耐用的软胶皮线。在导线进入电机的壳体处，应用胶皮圈加以保护，以防电线的绝缘层被磨损。（3）电机进线应装有接地或接零的装置。（4）在使用时，必须穿绝缘鞋、戴绝缘手套等防护用品。（5）每次使用工具时，都必须严格检查。

15. 使用漏电保护器有哪些安全要求？

答：（1）漏电保护器既可用来保护人身安全，还可用来对低压系统或设备的对地绝缘状况起到监督作用；（2）漏电保护器安装点以后的线路应是对地绝缘的，线路应是绝缘良好；（3）照明以及其他单相用电负荷要均匀分配到三相电源线上，偏差大时要进行调整，力求使各项漏电电流大致相等；（4）漏电保护器使用中应加强日常维护，并定期在通电状态下按动试验按钮，检查是否灵敏可靠，以确保其性能良好。

16. 预防线路绝缘老化有哪些主要措施？

答：（1）电线不要受潮、受热、受腐蚀或碰伤。（2）定期检查插座和电器设备的插头中火线、零线是否紧固在螺丝上。大功率电热器的插座，更应经常检查。（3）耗电量大的电器，应加装分路保险丝。（4）电线绝缘老化时，应及时更换，以防零线、火线相碰而发生短路。

17. 静电的危害是什么？

答：工艺过程中产生的静电可能引起爆炸和火灾，也可能给人以电击，还可能妨碍生产。其中，爆炸或火灾是最大的危害和危险。

四、消防安全部分

（一）选择题

1. 燃烧是一种同时伴有（A）效应的激烈的氧化反应。

A. 放热和发光　B. 声和火　C. 色彩和声音

2. 国家对化学危险品经营实行（B）制度。

A. 申报　B. 许可　C. 批准

3. 消防工作方针是（A）。

A. 预防为主，防消结合　B. 安全第一，预防为主　C. 预防为主，齐抓共管

4. 按照毒性分级标准吸入 LC_{50}（mg/m^3）值小于（B）为剧毒。

A. 2000　B. 200　C. 20000

5. 汽油的爆炸上限、下限为（A）。

A. 7.6%，1.4%　B. 5.3%，1%　C. 7.1%，3.4%

6. 民用燃气燃烧器的额定压力人工煤气（　）kPa；天然气（　）kPa；液化石油气（　）kPa。（B）

A. 2，1，3　B. 3，2，1　C. 1，2，3

7. 闪点在28℃以下的石油库存油品的火灾危险性为甲类；（C）属于此类。

A. 灯用煤油，汽油　B. 轻柴油，原油　C. 原油，汽油

8. 车间空气中有害物质的最高容许浓度 ≤ 10mg/m³ 的物质有（A）等。

A. 乙腈、二硫化碳、丁醛、甲醛、丙烯醇　B. 甲苯、乙醚、丁烯、丙烯腈、氧化锌　C. 氨、臭氧、氯、糖醛、氯丁二烯

9. 石油化工生产（A）的设备间换气次数应 ≥ 10 次 / 时。

A. 氯、氯乙烯、联苯、氟、液化石油气　B. 乙烷、乙炔、二氧化氨、丙烯腈、乙醚　C. 硫酸、盐酸、硝酸、硫化氢、一氧化碳

10. 使用或生产闪点（C）的可燃气体的工艺装置及其内部的设备、机械、建筑物的火灾危险性为甲类；闪点（　）的为乙类；闪点（　）的为丙类。（C）

A. ≤ 32℃　> 32℃至 < 56℃　≥ 56℃　B. ≤ 25℃　> 5℃至 < 56℃　≥ 65℃　C. ≤ 28℃　> 28℃至 < 60℃　≥ 60℃

11. 火灾事故的防范原则包括预防、（A）、灭火和疏散四个方面。

A. 限制　B. 报告　C. 检察

12. 除文艺、体育和特种行业外，禁止用人单位招用（B）的未成年人。

A. 已满 16 周岁　B. 未满 16 周岁　C. 16 ~ 18 周岁

13. 职工患职业病或因工负伤并被确认丧失或部分丧失劳动能力时，用人单位（A）解除与该职工的劳动合同。

A. 不得　B. 可以　C. 随便

14. 灭火中使用二氧化碳灭火器时，人应站在（A）。

A. 上风位　B. 下风位　C. 无一定

15. 火灾发生的原因多数是由于可燃物（C）引起的。

A. 闪燃　B. 自燃　C. 被点燃

16. 油的爆炸极限范围是（C）。

A. 10% ~ 12%　B. 7% ~ 10%　C. 1% ~ 6%

17. 扑灭电器火灾时应使用（A）。

A. 二氧化碳灭火器　B. 泡沫灭火剂　C. 泡沫灭火器

18. 扑救电器火灾，你必须尽可能首先（B）。

A. 找寻适合的灭火器扑救　B. 将电源开关关掉　C. 大声呼叫

19. 爆炸现象的最主要特点是（B）。

A. 温度升高　B. 压力急剧升高　C. 周围介质振动

20. 灭火器的检查周期是（A）。

A. 半年　B. 一年　C. 二年

21. 灭火器应放置在（B）。

A. 隐蔽的地方　B. 易于取用的地方　C. 远离生产车间的地方

22. 易燃物料与液体的存放必须（B）。

A. 与其他化学品一齐存放　B. 储放危险品仓库内　C. 放在车间方便取用的角落

23. 易燃液体应盛装在（C）。

A. 玻璃容器　B. 瓷器　C. 具有防腐功能的金属容器

24. 在生产场所使用易燃物料时，应（B）。
    A. 禁止聘用外地工人 B. 严禁烟火 C. 关闭所有窗门
25. 任何场所的防火通道内，都要装置（B）。
    A. 防火标语及海报 B. 出路指示灯及照明设备 C. 消防头盔和防火服装
26. 为了（A），在储存和使用易燃液体的区域必须要有良好的通风。
    A. 防止易燃气体积聚而发生爆炸和火灾 B. 冷却易燃液体 C. 保持易燃液体的质量
27. 在易燃易爆区显眼的地方要设有"（B）"的标志，以预防发生火灾爆炸事故。
    A. 严禁携带香烟 B. 严禁吸烟和明火 C. 严禁逗留
28. 从事易燃易爆作业的人员应穿（C），以防静电危害。
    A. 合成纤维工作服 B. 防油污工作服 C. 含金属纤维的棉布工作服
29. 扑救电气火灾时，应使用黄沙、二氧化碳、（A）等灭火器材灭火。
    A. 四氯化碳 B. 水 C. 泡沫

（二）简答题

1. 什么是最小点火能？

答：指能引起爆炸性混合物燃烧爆炸时所需的最小能量。最小点火能数值愈小，说明该物质愈易被引燃。

2. 爆炸主要分为哪三类？

答：物理爆炸、化学爆炸和原子爆炸。

3. 企业防火防爆的根本措施是什么？

答：在生产中尽量不用和减少可燃物，用不燃物或难燃物代替可燃易燃物。

4. 什么是消防工作方针？

答：预防为主，防消结合。

5. 报火警时应注意哪些事项？

答：要讲清楚起火单位、详细地址、着火情况、有无爆炸危险及是否有人被困等。

6. 可用哪类灭火器来扑灭电气火灾？

答：可用黄沙、二氧化碳、四氯化碳等灭火器材灭火，但绝不能用水或泡沫灭火器。

7. 工厂里主要有哪些着火源？

答：工厂内能引起着火或爆炸的着火源很多，常见的主要有：（1）明火；（2）化学反应热；（3）热辐射；（4）高温表面；（5）摩擦和撞击；（6）绝热压缩；（7）电火花；（8）雷击；（9）日光照射；（10）自燃性物质的自燃着火；（11）静电放电等。

8. 按燃料性质划分，火灾有几种类型？

答：按燃料性质划分，火灾又可分为A类、B类、C类和D类火灾。A类火灾是固体物质火灾；B类火灾为液体或可熔化的固体火灾；C类火灾为气体火灾；D类火灾为金属火灾。

9. 安全出口及设置有哪些要求？

答：安全出口包括疏散楼梯和直通室外的疏散门。设置要求：（1）门应向疏散方向开启。（2）供人员疏散的门不应采用悬吊门、侧拉门，严禁采用旋转门，自动起闭的门应有手动开启装置。（3）当门开启后，门扇不应影响疏散走道和平台的宽度。（4）人员密集的公共场所观众厅的入场门、太平门，不应设置门槛，门内外1.40m范围内不应设置踏步；太平门应推闩式外开门。（5）建筑物内安全出口应分散不同方向布置，且相互间的距离不应小于5.00m。（6）汽车库中的人员疏散出口与车辆疏散出口应分开设置。

10. 哪些火灾不能用水扑救？

答：电器起火，油锅起火，燃料油、油漆起火，电脑起火，化学危险品起火。

11. "四懂四会"的具体含义是什么？

答：四懂为懂本岗位火灾的危险性，懂扑救火灾的方法，懂预防火灾的措施，懂逃生的方法，四会为会报警，会扑救初期火灾，会组织人员疏散，会使用消防器材

12. 灭火的基本原则是什么？

答：迅速报警；隔离火场、控制火势；查清火源和燃烧物性质；根据火势大小、蔓延方向及燃烧物性质确定施救方案；严格按照消防组织分工展开扑救；确保迅速畅通。

13. 二氧化碳灭火器的使用方法？

答：将灭火器提至起火地点后，迅速使喇叭喷射口对准火源，打开保险和开关，向火源喷射。

14. 干粉灭火器的使用方法？

答：使用干粉灭火器时，将其提至火场后，选择上风有利地形，一手握住喷管，另一手拔掉保险并紧握提柄，提起机身对准火焰根部迅速扑救。

15. 防火的基本技术措施有哪些？

答：消除着火源；控制可燃物；隔离空气；防止火灾范围扩大。

16. 灭火的基本方法有哪些？

答：冷却灭火法；隔离灭火法；窒息灭火法；抑制灭火法。

17. 干粉灭火剂可用于扑救哪类火灾？

答：油品；有机溶剂及电气设备初期火灾。

18. 乙炔瓶的储藏仓库，应该避免阳光直射，与明火距离不得小于多少？

答：10m。

19. 当你发现液化石油气瓶、灶具漏气时应怎么办？

答：首先关闭气瓶，并开窗通风，使可燃气体散开；二是严禁动用电器和一切火源；三是立即找液化石油气站及时修理或更换。

20. 一旦发生火灾怎么办？

答：一旦发生火灾，一方面要组织人采用正确的灭火方法和选用适当的灭火工具积极扑救；在密闭房间内起火，未准备好充足的灭火器材时，不要打开门窗，防止空气流通，扩大火势。一方面赶快打电话报警，火警电话"119"。报警时要沉着、冷静，讲清楚着火单位的详细地址、着什么东西、火势怎样、报警人姓名及使用电话号码。报警后要派人去街道路口迎接消防车，以便及时到达着火地点。

21. 居民楼内堆放杂物的危险性是什么？

答：（1）容易引起火灾，并使火灾扩大蔓延；（2）发生火灾后，通道堵塞，人员、物资不易疏散；（3）不易火灾的扑救。

22. 为什么不能躺在床上吸烟？

答：躺在床上吸烟，稍有不小心，烟蒂会掉在被褥上引起火灾。特别是身体疲倦或者酒醉之后，常常烟未吸完，人就睡着了，致使烟蒂燃着被褥、蚊帐等可燃物。

23. 灭火器应放在什么位置？
答：应放在被保护物的附近和通风干燥及取用方便的地方。

五、特种设备部分

（一）选择题

1. 特种作业人员须经（A）合格后，方可持证上岗。
  A. 专业技术培训考试 B. 领导考评 C. 文化考试
2. 特种作业人员的安全培训，一般采取按工种分批集中，（B）的方式进行。
  A. 师傅带领 B. 脱产集体授课 C. 大家讨论
3. 电焊工应穿（B）。
  A. 棉衣服 B. 防护服，尽量将所有皮肤遮盖 C. 防酸鞋
4. 电焊作业可能造成的危害是（C）。
  A. 爆炸与火灾危险 B. 触电伤害 C. 以上两者都有
5. 乙炔瓶的储存仓库应与明火距离不得小于（A）。
  A. 10m B. 15m C. 20m
6. 锅炉的三大安全附件分别是（C）、压力表、水位表。
  A. 电表 B. 温度计 C. 安全阀
7. 压力表刻度盘上的红线表示（B）。
  A. 最低工作压力 B. 最高工作压力 C. 中间工作压力
8. 电焊作业时，必须（A）。
  A. 佩戴装有适当滤光镜片的眼罩或面罩 B. 佩戴安全帽 C. 佩戴耳塞
9. 电焊作业时，为保证安全，应（C）。
  A. 二人同时操作 B. 把工件摆放在地上 C. 保持地面干燥及电焊设备完好
10. 电焊作业的地点不应（C）。
  A. 缺少急救员 B. 多设合适的灭火器 C. 存放易燃物体
11. 气焊前点焊枪时，应用（A）。
  A. 点火枪 B. 火柴 C. 打火机
12. 起重作业中信号员的主要职责是（B）。
  A. 考核起重机司机的工作表现 B. 在吊运过程中，给司机适当的指示信号，使工作安全进行 C. 负责维修起重机械的信号系统
13. 在作业场所液化气浓度较高时，应佩戴（A）。
  A. 面罩 B. 口罩 C. 眼罩
14. 导致锅炉爆炸的主要原因之一是（B）。
  A. 24小时不停地使用锅炉 B. 炉水长期处理不当 C. 炉渣过多
15. 起重机起吊重物时，（A）起重机的额定起重量。
  A. 不得超过 B. 不必限制 C. 可超过

16. 在锅炉房中长时间工作时要重点预防（B）。
A. 高噪声的危害　B. 高温中暑　C. 食物中毒

（二）简答题

1. 特种作业包括哪些作业？
答：特种作业包括：（1）电工作业；（2）金属焊接切割作业；（3）起重机械（含电梯）作业；（4）企业内机动车辆驾驶；（5）登高架设作业；（6）锅炉作业（含水质化验）；（7）压力容器操作；（8）制冷作业；（9）爆破作业；（10）矿山通风作业（含瓦斯检验）；（11）矿山排水作业（含尾矿坝作业）；（12）由省、自治区、直辖市安全生产综合管理部门或国务院行业主管部门提出，并经国家经济贸易委员会批准的其他作业。

2. 特种作业人员必须经过哪些过程才能上岗操作？
答：必须经过专业部门的专业技术教育，考试合格，并取得作业证，才能上岗。

3. 电工在停电检修时，必须在闸刀处悬挂什么？
答："正在检修，不得合闸"的警示牌。

4. 起重机工作完毕后应做哪些安全工作？
答：把起重机开到指定地点，把各种机构的控制手柄扳到零位，拉断电源开关。露天的起重机还应把防风装置放下后才能下车。

5. 起重司机操作时有哪些基本安全要求？
答：基本要求是稳、准、快。

6. 起重机司机应具备哪些安全知识？
答：（1）所操纵的起重机各机构的构造和性能；（2）起重机操作规程及有关法令；（3）安全运行要求；（4）安全防护装置的结构原理和性能；（5）电动机和电气方面的基本知识；（6）指挥信号；（7）保养和基本的维修知识。

7. 使用电梯时，有哪些安全规则？
答：（1）遵守电梯操作规则，按完全警示标志操作；（2）七岁以下儿童、精神病患者及其他因病残不能独立使用电梯的人使用电梯时，应由具有能力的人扶助；（3）注意爱护电梯的设施；（4）不得在电梯内追逐、嬉戏、玩耍；（5）未经管理人员许可，不得使用载人电梯运载货物。

8. 电梯在运行中有哪些安全要求？
答：（1）操作者在电梯运行时间内，不得离开操作岗位，防止非操作者误操作；（2）操作者负责检查轿厢的载重，不得超过额定的载重量；（3）不允许装运易燃易爆等危险品；（4）开动电梯之前，必须将厅门和轿厢门关闭。严禁在厅门或轿厢门敞开的情况下，使用电梯；（5）轿厢顶上除去属于电梯的固定设备以外，不得有其他物件存在；也不许有人进入轿厢顶上；（6）当电梯在自动平层装置的作用下，如所达到的平层准确度仍不能满足个别情况下的特殊要求时，可以用启动按钮来控制达到；（7）电梯运行时，绝对禁止揩试、润滑或修理机件等作业。

9. 导致电焊设备过度发热的原因是什么？
答：（1）短路会使温度急剧上升；（2）焊机、导线超负荷运行会使导线过热，甚至引起短路着火事故；（3）接触部位表面粗糙不平，有氧化皮杂质或连接不牢等，会引起局部

接触电阻增大而产生过热；（4）通风不良，无法散热，也会使焊机过热。

10. 储存瓶的仓库有哪些安全要求？

答：这类仓库内不得有地沟、暗道，并且严禁明火和其他火源进入，仓库内应通风、干燥，避免阳光直射。

11. 压力容器的安全装置主要有哪些？

答：安全阀、爆破片、压力表、液面指示器、温度计等。

12. 使用割炬时有哪些安全要求？

答：必须先检查吸射性能和气密性；点火时，先打开乙炔阀，并点燃，后开氧气调节火焰，熄火时，应先关乙炔后关氧气；发生回火时，应立即关闭乙炔和氧气。

13. 什么是焊接作业中的回火现象？

答：回火，指可燃混合气体在焊炬、割炬内发生燃烧，并以很快的燃烧速度向可燃气体导管里蔓延扩散的一种现象。

14. 气焊枪在点火时应如何操作？

答：焊枪点火时，应先开氧气调节门，后开乙炔气门，熄火时与此相反。

15. 手工焊机应具备哪些安全要求？

答：（1）有适当的空载电压；（2）具有满意的调节特性和适当的功率，能根据不同产品和焊条选用需要的电流；（3）能承受瞬时短路；（4）电焊机的结构必须牢固、轻巧、维修方便，同时要安全可靠。

16. 焊接作业主要有哪些危害？

答：（1）由焊接火花可引发燃烧爆炸事故；（2）由焊接火焰或焊件可引起烧伤、烫伤事故；（3）发生触电事故及高空坠落事故；（4）焊工在作业中会引起血液、眼、皮肤、肺部等职业病；（5）焊接中焊工常受到强光、红外线、紫外线等辐射危害，焊接中产生的 X 射线，会影响焊工的身体健康；（6）焊接过程中，由于高温使焊接部位的金属、焊条、污垢、油漆等蒸发或燃烧，形成烟雾状蒸气粉尘，引起中毒；（7）焊接中产生的高频电磁场人使人头晕疲乏。

17. 应建立哪些制度以保证锅炉安全运行？

答：（1）锅炉安全操作规程；（2）运行记录制度；（3）交接班制度；（4）水质化验制度；（5）维护保养检修制度；（6）事故处理和报告制度；（7）岗位责任制；（8）循回检查制。

18. 使用锅炉的单位应办理哪些手续，才能将设备投入运行？

答：必须向当地锅炉压力容器安全监察机构登记，取得使用证后才能使用。

19. 对锅炉进行定期检查的规定是什么？

答：《锅炉安全监察规程》规定，发电用锅炉每年至少进行一次内外部检查；其他锅炉一般一年至少进行一次内部检查；对于设备状态和管理工作较好的锅炉可以每两年进行一次。每六年对锅炉进行一次超水压试验。

20. 进入锅炉内部工作时，应如何保证安全？

答：（1）首先要上好盲板，将停用锅炉与正在运行锅炉的蒸汽、给水、排污管道隔开；（2）打开锅筒上的入孔和集箱上的手孔，进行适当的通风；（3）派专人进行监护；

（4）利用口状的低压行灯照明；（5）在进入烟道或燃烧工作室工作前，还应做好防火、防爆、防毒等工作。

21. 生产经营单位的特种作业人员必须取得什么证书方可上岗作业？

答：特种作业操作资格证。

六、交通安全部分

（一）选择题

1. 道路交通系统的基本要素中（A）是最关键因素。

A. 人（包括驾驶员、行人、乘客） B. 车（包括公务车、客车、货车、特种车辆、家庭车辆、非机动车等） C. 路（包括公路、城市道路、小区道路及相关设施）

2. 驾驶员都正确驾驶汽车，保证行车安全，尤其对把握好（B），是优化驾驶操作避免事物的关键。

A. 方向盘 B. 瞬间突显信息 C. 自己

3. 行人通过有人行横道灯的人行横道时，方式是（A）。

A. 必须遵守人行横道灯信号的规定 B. 没人管、有机会就快速通过 C. 没有车辆、即使是红灯就立即过。

4. 乘车人（B）按规定系好安全带。

A. 可以 B. 必须 C. 看情况

5. 夜间路灯照明良好或遇阴暗天气视线不清时，须开的灯有（A）。

A. 防眩目近光灯、示宽灯和尾灯 B. 示宽灯、近光灯或远光灯 C. 防眩目近光灯、远光灯。

6. （B）是影响安全间距的最大因素。

A. 路面 B. 速度 C. 车辆

（二）简答题

1. 提高车辆被动安全性的装置有哪些？

答：安全带、安全气囊、安全玻璃、安全门、灭火器等。

2. 道路交通安全设施有哪些？

答：包括交通标志、路面标线、护栏、隔离栅、照明设备、视线诱导标、防眩设施等。

3. 为确保行车安全，车辆的通行需要哪些遵守的基本原则？

答：安全原则、靠右行驶原则、各行其道原则和服从指挥原则。

4. 厂内各种机动车出入车间大门的速度应为多少？

答：不得超过3公里/小时。

5. 对从事运输作业的人员有何要求？

答：从事运输作业的人员，应定期进行体格检查，凡患有色盲、严重近视、耳聋、精神病、高血压、心脏病等禁忌症者，不得从事该作业。

6. 超速行驶就是违背客观规律，追求快车，最终给道路交通秩序和交通安全带来严重后果。其原因是什么？

答：① 超速行驶，驾驶员视力下降后易使判断失误，应急能力下降，事故隐患上升；② 超速行驶，延长了车辆制动距离，扩大了非安全区；③ 超速行驶，干扰了其他车辆的正常行驶，增加了冲突点，增加了事故诱发率；④ 超速行驶，增加了车辆的冲击力，一旦发生事故会加大事故的严重程度。

7. 司机酒后驾车，对行车安全危害极大，会产生哪些消极影响？

答：（1）触觉能力降低。司机酒后驾车，由于酒精刺激大脑中枢，使驾驶员反应迟钝（反应时间比不喝酒时增加2~3倍），对加速踏板、制动踏板以及方向盘的触觉能力降低，措施不能及时跟进，很容易酿成车祸。（2）视觉能力下降。饮酒后司机对颜色的感觉、对物体的识别能力下降，不能及时发现和正确识别交通信号、标志和标线。因此，很容易引起交通事故。（3）判断能力和操作能力下降。由于酒精的作用，大脑中枢异常兴奋或抑制，司机无法准确判断距离、速度等。由于判断上的失误，驾驶员就不能正确操纵方向盘和控制车速，很容易使车辆失去控制，最终导致事故。

8. 什么情况下不能驾驶机动车辆？

答：（1）饮酒、服用国家管制的精神药品或者麻醉药品；（2）患有妨碍安全驾驶机动车的疾病；（3）过度疲劳影响安全驾驶的，不得驾驶机动车。

9. 道路通行的一般规定有哪些？

答：（1）车辆、行人应当按照交通信号通行；（2）遇有交通警察现场指挥时，应按指挥通行；（3）在没有信号灯的道路上，应当在确保安全畅通的原则下通行。

10. 机动车行驶对驾驶员和乘车人的要求是什么？

答：驾驶人、乘坐人员应当按规定使用安全带、摩托车驾驶人员及乘坐人员应当按规定戴安全头盔。

11. 发生交通事故如何处理？

答：（1）驾驶人员应当立即停车，保护现场；（2）造成人员伤亡的，应当立即抢救伤员，并报警；（3）因抢救伤员变动现场，应标明位置。

12. 造成交通事故逃逸，未构成犯罪的如何处罚？

答：（1）处二百元以上二千元以下罚款；（2）吊销机动车驾驶证，且终生不得重新取得机动车驾驶证。

七、施工安全部分

（一）选择题

1. 建筑施工中最主要的三种伤亡事故类型为（A）。
A. 高处坠落、物体打击和触电　B. 坍塌、火灾、中毒　C. 机械伤害、触电、坍塌

2. 工人挖基坑时，操作人员之间的安全距离一般应大于（A）。
A. 2.5m　B. 2m　C. 5m

3. 采用人工挖孔时，挖孔作业人员下班休息必须盖好孔口，或设高于（B）厘米的护身栏封闭围住。
A. 50m　B. 80m　C. 120m

4. 吊篮脚手架悬挂吊篮的挑梁应（B）。

A. 外低里高　B. 外高里低

5. 拆除脚手架时拆除顺序应遵循先搭后拆、后搭先拆、（A）的原则。

A. 由上而下　B. 由下而上　C. 都行

6. 在建筑物内作业时，若在（B）米以上的架子进行操作，即为高处作业。

A. 1m　B. 2m　C. 3m

7. 高处作业人员一般（A）年要进行体检。

A. 1　B. 2　C. 3

8. 在使用直爬梯进行攀登作业，攀登高度以一级高处作业即5m为限，超过（A）m时应加设安全防护圈。

A. 2m　B. 3m　C. 4m

9. 安装管道严禁在（C）站立和行走。

A. 已完成结构上　B. 操作平台上　C. 安装中的管道上

10. 夜间施工，必须有足够的照明，一般场地照明电源电压宜选（A）伏，在潮湿地点或易触及带电体场地，照明电源电压不可超过（A）

A. 220V, 24V　B. 110V, 12V　C. 220V, 36V

11. 不同的作业环境要求佩带安全帽的颜色也不同，在爆炸性作业场所工作宜戴（A）的安全帽。

A. 红色　B. 黄色　C. 白色

12. 安全带主要应用于（A）。

A. 高处作业　B. 悬挂作业　C. 吊物作业

13. 挖掘土方作业的边缘设置挡板主要是防止（A）。

A. 车辆过度接近坑边　B. 人员过度接近坑边　C. 被人占用

14. 为防止窒息事故，人下管井之前应（A）。

A. 用仪器检测氧气浓度　B. 携带急救设施　C. 通知主管便可工作

15. 高空作业时，工具应放在（B）。

A. 工作服口袋里　B. 手提工具箱或工具袋里　C. 手中

16. 高处作业的工作台围栏高度应大于（A）。

A. 1m　B. 0.6m　C. 0.8m

17. 高空作业的安全措施中，首先需要（C）。

A. 安全带　B. 安全网　C. 合格的工作台

（二）简答题

1. 在密闭场所内作业有哪些危险？

答：（1）缺氧窒息；（2）有毒气体中毒；（3）火灾或爆炸等。

2. 为什么要佩带安全帽？

答：防止物料下落或飞出击中头部及身体在运动中头部碰撞设备或设施而受伤。

3. 在危险作业区域作业应采取哪些安全措施？

答：施工现场的危险区域，要采取围栏、盖板等措施或设置醒目的"危险"、"禁止通行"等安全标志牌及安全宣传画，夜间应设红灯示警，非危险区内作业人员不得擅自进入

危险区域。

4. 建筑施工中安全"三宝"指什么？

答：安全帽、安全带、安全网。

5. 施工现场应采取哪些防火措施？

答：应根据工程性质、特点、施工条件，采取分区防范，设置防火分隔物，防火间距，安全疏散通道及其他有关措施。

6. 如何预防高处坠落事故？

答：预防高处坠落的措施主要有两类：（1）设置护栏，立网满铺架板，盖好洞口等；（2）架设安全网，将坠落人员网住或使用安全带将坠落人员吊住，使坠落者不受伤害。

7. 哪些人不能从事高处作业？

答：患有心脏病、贫血病、高血压病、低血压病、癫痫病及其他不适于高处作业的病症者。

8. 高处作业现场的三大纪律是指什么？

答：（1）进入施工现场带好安全帽，扣好帽带；（2）高处作业系好安全带；（3）高处作业不准往下乱抛工具、物件。

八、危化安全部分

（一）选择题

1. 化学危险品的包装和（B）必须符合国家规定。

　A．商标　B．标志　C．颜色

2.（B）对人体骨髓造血功能有损害。

　A．二氧化硫中毒　B．铅中毒　C．氯化苯中毒

3. 装卸危险化学品使用的工具应能防止（B）。

　A．锈蚀　B．产生火花　C．折断

4. 化学品仓库保管人员进行培训的主要内容是（C）。

　A．文化知识　B．礼仪常识　C．化学品专业知识

5. 储存化学品的仓库有（A）要求。

　A．不得同时存放酸与碱　B．同时存放酸与碱　C．任意存放各类化学品

6.（A）不可存放于码头普通仓库内。

　A．爆炸品　B．棉料　C．塑胶料

7. 当作业场所空气中有害化学品气体的浓度超过国家规定标准时，工人必须使用适当的（B）。

　A．预防药剂　B．个人防护用品　C．保健品

8. 化学品事故的应急处理，一般包括报警、（B）、现场急救、溢出或泄漏处理和人员控制几方面。

　A．发布新闻信息　B．紧急疏散　C．减少噪声

9. 接触化学品的工作人员应定期进行防火演习，提高紧急事态时的（A）能力。

　A．应变　B．承受　C．逃跑

10. 用人单位应对化学品建立安全标签和（A）制度。

A. 安全技术说明书　B. 请示报告　C. 生产经营

11. 储存危险化学品的建筑物或场所应安装（C）。

A. 电表　B. 指示灯　C. 避雷设备

12. 在化学品生产过程中，（C）会引起误操作，导致发生事故。

A. 照明不良　B. 设备布局不合理　C. 以上两者都是

13. 化学污染物以废水、废气和废渣等形式排放到环境中，对环境造成的结果是（B）。

A. 改善　B. 污染　C. 无影响

14. 储存危险化学品的仓库的管理人员必须配备可靠的（A）。

A. 劳动防护用品　B. 安全检测仪表　C. 手提消防器材

15. 液化石油气钢瓶属于（C）。

A. 高压气瓶　B. 中压气瓶　C. 低压气瓶

16. 气瓶充装液化石油气时，应（A）充装。

A. 按充装系数　B. 按70%容积　C. 满瓶

17. 瓶装二氧化碳属于（B）。

A. 永久气体　B. 低压液化气体　C. 高压液化气体

18. 氢气瓶的规定涂色为（B）。

A. 淡黄　B. 淡绿　C. 银灰

19. 发现煤气泄漏后，下列（B）作法是正确的。

A. 打开电灯，仔细寻找破损地方　B. 及时关闭总阀门　C. 立即关闭窗户，防止煤气扩散

20. 危险化学品应按（C）分类进行存放和保管。

A. 元素符号　B. 开头字母的缩写　C. 化学性质

21. 各种气瓶的存放，必须保证安全距离，气瓶距离明火在（B）以上，避免阳光暴晒。

A. 2m　B. 10m　C. 30m

22. 扑救电器、精密仪器、贵重生产设备、图书档案火灾（A）更合适。

A. 二氧化碳灭火剂　B. 水　C. 干粉

（二）简答题

1. 装运危险化学品的车辆经过市区时应注意什么？

答：遵守当地公安机关规定的行车时间和路线，中途不得随意停车。

2. 搬运易燃易爆化学物品有什么安全要求？

答：搬运时，要轻拿轻放，不准拖、拉、抛、滚等。

3. 对化学品安全进行管理控制的目的是什么？

答：通过登记注册、安全教育、使用安全标签和安全技术说明书等手段，对化学品实行全过程管理，从而杜绝或减少事故的发生。

4. 扑救危险化学品火灾有哪些注意事项？

答：决不可盲目行动，应针对每一类化学品，选择正确的灭火剂和灭火方法来安全地控制或扑灭火灾。

5. 化学品事故的应急处理过程包括哪些？

答：包括报警、紧急疏散、现场急救、溢出或泄漏处理和火灾控制几方面。

6. 从事化学品生产、使用、储存、运输的人员和消防救护人员平时应掌握什么知识，以确保化学品的安全？

答：应熟悉和掌握各类危险品的特性及其相应的灭火措施，并定期进行防火演习，加强紧急事态时的应变能力。

7. 报告化学品事故应包括什么内容？

答：包括事故单位、事故发生的时间和地点、化学品名称和泄漏量、事故性质、危险程度、有无人员伤亡以及联系电话等。

8. 从事有关解除化学品作业的人员应具备什么条件？

答：仓库工作人员应进行培训，经考核合格后才能持证上岗；装卸人员也必须进行必要的教育；消防人员除了应具有一般消防知识外，还应进行化学品专业知识的培训。

9. 气瓶的瓶体有肉眼可见的突起（鼓包）缺陷的应如何处理？

答：报废处理。

10. 液化气瓶与炉具之间的安全距离是多少？

答：不得小于 1m。

11. 在气瓶运输过程中，如何操作？

答：同车装卸不同性质的气瓶，并尽量多装。

12. 搬运气瓶时应该注意什么？

答：戴好瓶帽，轻装轻卸。

参 考 文 献

1. 曹根金. 建筑工程施工安全技术操作规程. 北京：中国建筑工业出版社，2004
2. 董国永. 安全监督. 北京：石油工业出版社，2003
3. 何峰. 石油作业安全环境与健康管理. 山东：石油大学出版社，2003
4. 焦辉. 建筑施工安全教育读本. 北京：中国建筑工业出版社，2002
5. 金磊夫. 全民安全知识读本. 北京：煤炭工业出版社，2005
6. 金龙哲. 安全科学原理. 北京：化学工业出版社，2004
7. 刘铁民. 安全生产管理知识. 北京：煤炭工业出版社，2005
8. 卢鉴章. 安全生产技术. 北京：煤炭工业出版社，2005
9. 唐云歧. 企业安全员工作指导读本. 北京：中国劳动社会保障出版社，2003
10. 吴宗之. 危险评价方法及其应用. 北京：冶金工业出版社，2004
11. 杨有启. 电气安全工程. 北京：北京经济学院出版社，2000
12. 赵一归. 基层干部安全生产培训教材. 北京：中央广播电视大学出版社，2005
13. 朱献清. 物业供电与电气设备. 北京：机械工业出版社，2001